Karsten Schwanke
Nadja Podbregar
Dieter Lohmann
Harald Frater

Landschaftsformen

Karsten Schwanke
Nadja Podbregar
Dieter Lohmann
Harald Frater

Landschaftsformen

**Unsere Erde im Wandel –
den gestaltenden Kräften auf der Spur**

2., vollständig erweiterte
und überarbeitete Auflage

 Springer

Nadja Podbregar ist Biologin und Wissenschafts-journalistin und arbeitet als Redak-teurin für das Wissensmagazin scinexx.de.

Dieter Lohmann ist Biologe und Wissenschafts-journalist und arbeitet als Redak-teur für das Wissensmagazin scinexx.de.

Harald Frater studierte Geowis-senschaften und beschäftigt sich als Inhaber der MMCD NEW MEDIA GmbH seit vielen Jahren mit der Vermittlung naturwissenschaft-licher Inhalte.

ISBN 978-3-642-01312-6   e-ISBN 978-3-642-01313-3

DOI 10.1007/978-3-642-01313-3

Bibliografische Information der Deutschen Nationalbibliothek
Die Deutsche Nationalbibliothek verzeichnet diese Publikation in der Deutschen Nationalbibliografie; detaillierte bibliografische Daten sind im Internet über http://dnb.d-nb.de abrufbar.

© 2010 Springer-Verlag Berlin Heidelberg

Grafik, Satz & Layout: MMCD NEW MEDIA GmbH, Düsseldorf

Umschlagbild: Harald Frater
Gedruckt auf säurefreiem Papier

9 8 7 6 5 4 3 2 1
springer.de

VORWORT

Karsten Schwanke, Meteorologe und Moderator des ZDF-Magazins „Abenteuer Wissen"

Wir stehen darauf! Unsere Erde ist mehr als ein Himmelskörper, ist mehr als eine deformierte Kugel. Unsere Erde ist Wasser, sehr viel Wasser. Und nur auf knapp einem Drittel unseres Blauen Planeten kommt die Erde zum Vorschein.

Aber dieses Drittel ist so facettenreich wie das gesamte Leben auf ihm. Das Land kann hart sein, weich, matschig, staubig, sandig, felsig, nass, trocken, sumpfig, kantig, dunkel oder hell, heiß oder kalt.

Die Böden sind unsere Lebensgrundlage – auf ihnen wächst, was wir sähen. Aber wie gehen wir mit ihnen um?! Auf ihnen errichten wir unsere Städte, ziehen unsere Straßen – wir vernachlässigen und zerstören sie. Der Schwarzboden – einer der fruchtbarsten Böden überhaupt – ist in Deutschland nur noch selten zu finden.

Die Erde bietet aber noch mehr: Sie formt sich, türmt sich auf, wird von den Naturgewalten bearbeitet und formt sich wieder neu. Dieses Buch widmet sich dieser lebendigen Schönheit unseres Planeten. Die wir leider – allzu oft – keines Blickes würdigen. Aber die Urlaubsprospekte sind voll davon: ob Dünen, Wattenmeer oder Kreidefelsen am Meer oder beeindruckende Felsformationen in den Bergen. Am Bild vom Matterhorn kommt letztlich keiner so leicht vorbei.

Diese unterschiedlichen Landschaftsformen sind ein Buch – für diejenigen, die es lesen können. Sie erzählen etwas über die Geschichte unserer Erde und über den Lauf des Lebens: vom Entstehen (in der Nähe eines Vulkans) über Veränderungen (beim bröckelnden Permafrost der Alpen) bis hin zum Verschwinden – wenn letztlich selbst aus den größten Felsbrocken ein Staubkörnchen geworden ist.

Die „Landschaftsformen" sind ein Kapitel unserer Erde – sie sind ihr Gesicht: von den Wüsten bis zur Mündung des Amazonas, von der Spitze eines Berges bis zur Unendlichkeit einer Salzwüste.

Karsten Schwanke

Inhalt

Gebirgsbildung, Abtragung und Ablagerung: die südlichen Ausläufer der Anden im argentinischen Feuerland. © Harald Frater

Highlights
Landschaftsformen der Erde

Der Blaue Planet – nur einer der unzähligen Himmelskörper in unserem Sonnensystem, aber vielleicht der einzige, auf dem sich ein so artenreiches Leben entwickeln konnte. Die Vielfalt der irdischen Organismen ist nahezu unüberschaubar. Und genauso vielfältig, wie sich die belebte Umwelt darstellt, bieten auch die Landschaften der Erde einen vielgestaltigen und abwechslungsreichen Formenschatz.

Auf den folgenden Seiten erhalten Sie einen Überblick über die Formenvielfalt unseres Planeten. Dabei will dieses Buch kein Lehrbuch ersetzen. Es will vielmehr Interesse an den Geowissenschaften wecken und damit an der Frage, warum eine Landschaft eigentlich so ist, wie sie ist, und welche Faktoren an ihrer Entstehung und Formung beteiligt sind.

Formen, Falten, Feuerberge

Aus dem All gleicht die Erde einem glatten Planeten, doch in Wirklichkeit bietet sie einiges an Extremen. © NASA Goddard Space Flight Center/Reto Stöckli

Aus dem Weltraum betrachtet, sieht die Erde aus wie ein runder, glatter Planet. Auf den ersten Blick erkennt man vor allem die riesigen Ozeane und Kontinente. Je weiter man sich jedoch der Erdoberfläche nähert, desto mehr Details tauchen auf.

Besonders ins Auge fallen vor allem die vielen imposanten Hochgebirge, die sechs, sieben oder gar acht Kilometer in den Himmel ragen. Alle anderen Bergmassive und Hochebenen überragt dabei das Dach der Welt – der Himalaya. Zehn der 14 mächtigsten Gipfel des blauen Planeten liegen hier. Darunter der Mount Everest, mit 8.848 Metern über dem Meeresspiegel der höchste Berg der Welt. Im Vergleich zur Gesamtfläche des Planeten ist das allerdings eher unbedeutend.

Doch nicht nur auf den Kontinenten, sondern auch in den Ozeanen ist die „Haut der Erde" keineswegs ebenmäßig glatt. Auch hier zeigt sie uns ein Gesicht mit unendlich vielen Dellen, Falten und Schluchten. Zu den auffälligsten und mysteriösesten gehören dabei die Tiefseegräben, die Geowissenschaftlern und Biologen heute noch immer viele Rätsel aufgeben. Erst ein einziges Mal sind Menschen nahe an den tiefsten Punkt, den Marianengraben im Pazifik (11.034 Meter unter dem Meeresspiegel), herangekommen. Am 23. Januar 1960 waren es der Schweizer Tiefseepionier Jacques Piccard und der amerikanische Marineleutnant Don Walsh, die – eingepfercht in die winzige Stahl-kugel des Bathyscaphen Trieste – in 10.910 Meter Tiefe auf dem Boden aufsetzten: Weltrekord.

Eis oder heiß?

Aber es sind nicht nur diese Extreme nach oben und nach unten – zwischen dem Gipfel des Mount Everest und dem Grund des Marianengrabens liegen rund 20 Kilometer –, die der Erde ihr besonderes Profil verleihen. Da gibt es beispielsweise gewaltige Wüstengebiete wie die Atacama in den chilenischen Anden, die als gelb-liche Bänder oder Flecken große Teile der Kontinente bedecken. Die Atacama gilt sogar als trockenste Wüste überhaupt. Obwohl sie auf über 1.000 Kilometern Länge unmittelbar an den Pazifik grenzt, gibt es hier nur äußerst selten und vielerorts sogar gar keine Niederschläge.

Extreme Gegensätze: Oben die Oase San Pedro de Atacama in der trockensten Wüste der Welt, der Atacama. Unten das Ross-Schelfeis in der Antarktis mit mehr als 100 Meter dickem Eis. © gemeinfrei, NOAA NESDIS/ ORA (SSC)/Michael Van Woert

Schon mehr, wenn auch nicht wirklich viel Regen fällt da schon am Toten Meer und in der Turpan-Senke. Mit –420 beziehungsweise –154,5 Metern unter Normalnull handelt es sich dabei um die beiden tiefsten Senken der Erde. Ein ebenso auffälliges „Fenster in die Erde" ist aber auch Death Valley – der tiefste (–85,5 Meter) und zugleich heißeste Punkt Amerikas. Hier sind im Laufe der Jahr-tausende massive Salzablagerungen und bizarr geformte Berge entstanden. Das Tal des Todes ist ein abgeschlossenes Becken, Niederschläge und Zuflüsse aus den umgebenden Bergen können nicht abfließen. Während die große Hitze heute fast alles Wasser sofort verdunsten lässt, zeigen die abgelagerten Sedimente, dass sich im Zentrum des Beckens noch vor 2.000 Jahren ein neun Meter tiefer See befand.

Eine ebenso unwirtliche wie gegensätzliche „Parallelwelt" tut sich dagegen in der Antarktis auf. Der kälteste und eisreichste Kontinent der Erde ist noch heute mit einer zum Teil kilometerdicken Eisschicht bedeckt. Darin versteckt sind das über 4.500 Meter hohe Transantarktische Gebirge und zahlreiche untereisische Seen wie der Lake Vostok. Dem Festland vorge-lagert sind fast vier Millionen Quadrat-kilometer Schelfeis. Dazu gehört eine der spektakulärsten Landschaften der Erde: das Ross-Schelfeis mit seinen über 60 Meter hohen Eisklippen. Es ist der Ursprung vieler Eisberge, die bis zu 160 Kilometer lang werden können.

Explosiv oder feucht

Aber nicht nur Eis kann einzigartige Szenarien erschaffen, auch Feuer hat in vielen Regionen weltweit seine Spuren hinterlassen. So wie in Italien, wo mit dem Ätna einer der bekanntesten Vulkane der Erde über 3.350 Meter hoch in den Himmel ragt. Dass er seit Jahrhunderten regelmäßig und nur von kurzen Ruhephasen unterbrochen Lava und Asche speit, verdankt er seiner Lage im Bereich einer Plattengrenze zwischen Europa und Afrika.

Ungewöhnliche Formen und Phänomene sind nicht nur typisch für die Oberfläche des Blauen Planeten, auch der „Keller" der Erde hat reichlich davon zu bieten. So findet man im Südosten von New Mexico eines der faszinierendsten Höhlensysteme weltweit – die Carlsbad Caverns. Die riesigen Tropfsteinhöhlen und Tunnelsysteme reichen mehr als 300 Meter unter die Erdoberfläche; die größte heute zugängliche Kammer ist fast 80 Meter hoch. Die bislang erforschten Gänge – vermutlich erst ein Bruchteil des gesamten unterirdischen Netzwerks – haben eine Länge von über 30 Kilometern. Die Tropfsteinhöhlen sind etwa 60 Millionen Jahre alt.

Eine ganz besondere Kultur- und Naturlandschaft ist dagegen im Laufe der Jahrtausende am mit 6.671 Metern längsten Fluss der Welt, dem Nil, entstanden. Das langsam fließende Wasser und die damit verbundene Ansammlung von feinen Sedimenten führten mit der Zeit dazu, dass sich entlang des Flusses fruchtbare Böden bildeten. Vor allem in den kargen und öden Wüstenregionen des Nordsudans und Ägyptens bildet der Nil eine bis zu 20 Kilometer breite Flussoase, die fast vollständig im Zeichen der Landwirtschaft steht.

Vulkaninsel Surtsey, Island

Giant`s Causeway, Nordirland

Yellowstone Park, USA

Niagarafälle, USA/Kanada

Mammoth Cave, USA

Yosemite, USA

Grand Canyon, USA

Angel Falls, Venezuela

Amazonas, Brasilien

Iguacu-Fälle, Brasilien/Argentinien

Los Glaciares, Argentinien

Berge, Höhlen, Wüsten, Vulkane und Gletscher gibt es viele auf der Erde. Doch was sind die interessantesten Landschaftsformen der Erde? Welche Regionen und Phänomene sind ein „must-see" – sowohl für jeden Geowissenschaftler als auch für jeden naturbegeisterten Menschen? Diese Frage lässt sich weder pauschal noch ein für alle Mal beantworten. Ein Blick in die Liste der Welterbe-Stätten und Biosphärenreservate der UNESCO gibt allerdings einen guten Überblick darüber, wohin die Reise gehen könnte.

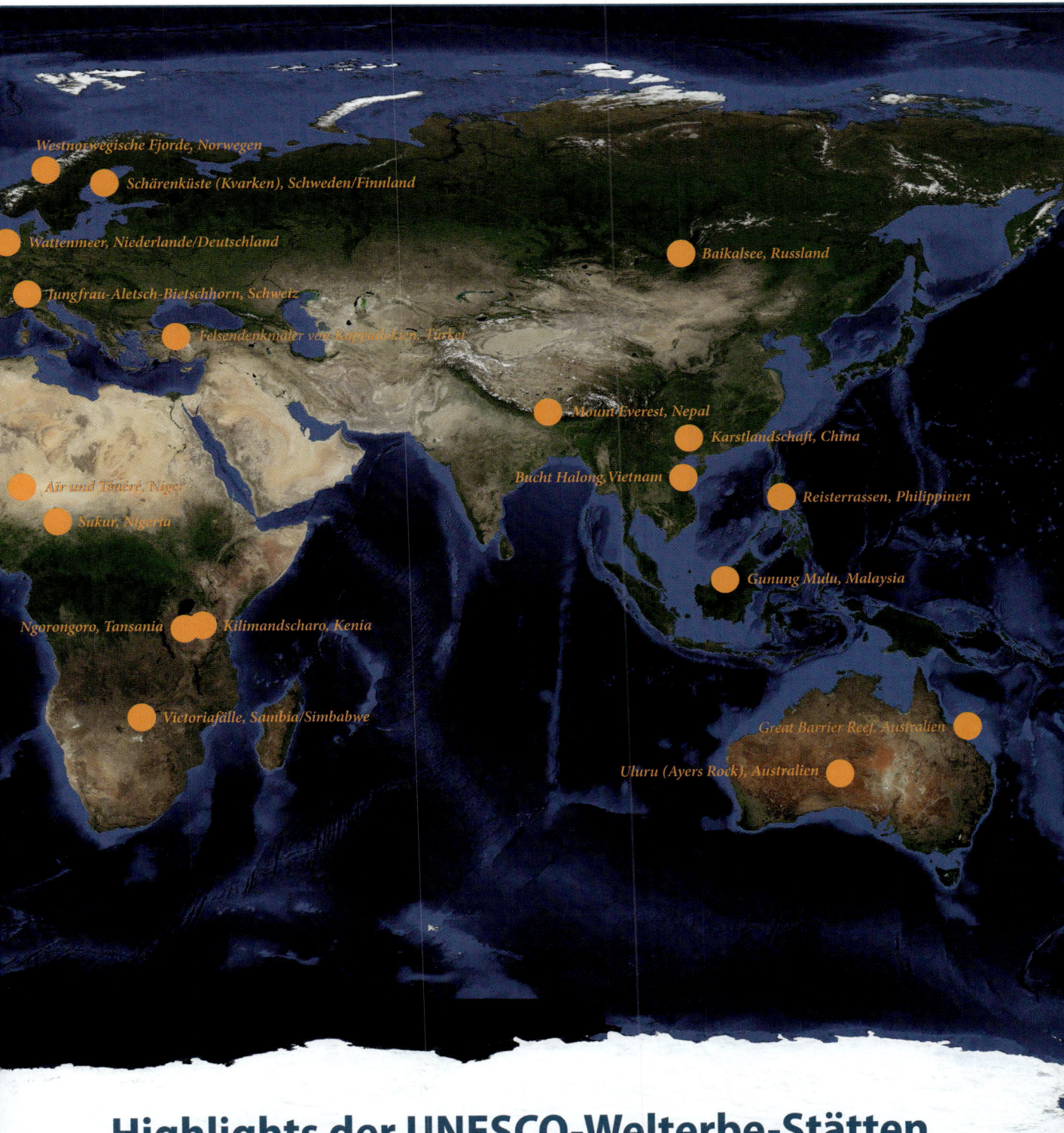

Westnorwegische Fjorde, Norwegen

Schärenküste (Kvarken), Schweden/Finnland

Wattenmeer, Niederlande/Deutschland

Jungfrau-Aletsch-Bietschhorn, Schweiz

Felsendenkmäler von Kappadokien, Türkei

Baikalsee, Russland

Mount Everest, Nepal

Karstlandschaft, China

Bucht Halong, Vietnam

Reisterrassen, Philippinen

Aïr und Ténéré, Niger

Sukur, Nigeria

Gunung Mulu, Malaysia

Ngorongoro, Tansania

Kilimandscharo, Kenia

Victoriafälle, Sambia/Simbabwe

Great Barrier Reef, Australien

Uluru (Ayers Rock), Australien

Highlights der UNESCO-Welterbe-Stätten

Nordamerika

Grand Canyon, USA

Rund fünf Millionen Touristen besuchen jedes Jahr den Grand Canyon im Norden des US-Bundesstaats Arizona. Wer schon einmal selbst am Rand der 450 Kilometer langen und zwischen sechs und 30 Kilometer breiten Schlucht gestanden hat, weiß warum: Bis zu 1.800 Meter geht es hier nahezu senkrecht in die Tiefe. Ebenso spektakulär ist das Farbenspiel der Gesteine im Sonnenlicht – und die Aussicht auf die Windungen des Colorado River, der den Grand Canyon in den letzten sechs Millionen Jahren ausgewaschen hat. Freigelegt wurde dabei eine der vollständigsten Schichtenabfolgen der Erde.

Mammoth Cave, USA

Rund 590 Kilometer misst die wahrscheinlich längste Höhle der Welt: die Mammoth Cave im U.S. Bundesstaat Kentucky. Das in einer hügeligen Karstlandschaft gelegene unterirdische Netzwerk aus Gängen und Wegen ist die Heimat von zahlreichen seltenen Tieren und Pflanzen. Berühmt geworden sind vor allem die Fledermäuse der Mammuthöhle, die mit ihren Ausscheidungen die Grundlage für die dort ehemals reichen Salpetervorkommen lieferten. Genutzt wurden sie unter anderem im Britisch-Amerikanischen Krieg von 1812, als große Teile des für die Schießpulver-Produktion benötigten Salpeters hier gewonnen wurden.

Yosemite, USA

Der Yosemite-Nationalpark im Westen der USA ist nicht nur für seine einzigartige Tier- und Pflanzenwelt bekannt, sondern auch für die höchsten Wasserfälle Nordamerikas. Weite Strecken des mit insgesamt 739 Metern imposanten Höhenunterschieds überwindet das Wasser dabei im freien Fall. Allerdings sind die Yosemite Falls nur im Frühjahr und im Herbst ausreichend mit Wasser versorgt. Im Winter ist der zuführende Yosemite Creek meist gefroren und im Sommer liegt der Fall aufgrund großer Hitze oft trocken.

Grand Canyon (oben), Mammoth Cave (Mitte) und Blick über die Berge des Yosemite Parks (unten). © GFDL, Daniel Schwen/GFDL, Sanjay Acharya/GFDL

Niagarafälle, USA/Kanada

„Donnerndes Wasser" nannten die Indianer den wohl berühmtesten Wasserfall der Welt: die Niagarafälle. Und sie hatten Recht. Denn hier stürzen durchschnittlich 4.200 Kubikmeter Wasser bis zu 58 Meter in die Tiefe – pro Sekunde. Die Niagarafälle sind geologisch gesehen der Prototyp für die Wasserfälle, die durch eine Abfolge unterschiedlich widerstandsfähiger Gesteinsschichten entstehen. Der weiche Schiefer am Fuß des Wasserfalls wird ausgehöhlt, die darüberliegenden harten Gesteine (Dolomit) brechen mit der Zeit ab und der Wasserfall verlagert sich so stromaufwärts. Bis 1969 wichen die Niagarafälle dabei um etwa einen Meter pro Jahr zurück. Seitdem vermindert eine Betonplombe die Erosion.

Oben: Die Niagarafälle – links die amerikanischen Fälle, rechts die kanadischen Horseshoe Falls.
Unten: Der Grotto-Geysir im Yellowstone-Nationalpark.
© GFDL, RG Johnsson/NPS Photo

Nationalpark Yellowstone/Rocky Mountains, USA

Der Yellowstone-Nationalpark ist Teil der über 4.000 Kilometer langen Rocky Mountains und liegt durchschnittlich etwa 2.440 Meter über dem Meeresspiegel. Mit seinen zahlreichen Geysiren, heißen Quellen und brodelnden Schlammlöchern ist er eine der Haupttouristenattraktionen der USA. Die Wärmeerzeugung der vielen geologischen Phänomene beträgt insgesamt 5.500 Megawatt, also mehr als ein großes Kernkraftwerk produziert. Nur die wenigsten der drei Millionen Besucher jährlich wissen aber, auf was für einer gigantischen flüssigen Zeitbombe sie stehen. Tief unter der Erdoberfläche liegt ein Supervulkan, der irgendwann ausbrechen könnte.

Südamerika

Amazonas, Brasilien

Der Amazonas ist mit Abstand der größte Fluss der Erde – zumindest was sein mehr als 7.000 Quadratkilometer umfassendes Einzugsgebiet betrifft. Über 10.000 Zuflüsse nimmt er auf seinem Weg im riesigen Amazonasbecken auf. Im 320 Kilometer breiten Delta liegt zudem die größte Flussinsel der Erde, die Ilha do Marajó. Mit einer Fläche von knapp 50.000 Quadratkilometern ist sie sogar größer als die Schweiz. Noch vor 65 Millionen Jahren, vor der Auffaltung der Anden, mündete der Amazonas nicht in den Atlantik, sondern in den Pazifik. Das Schutzgebiet Zentral-Amazonas mit dem Jaú, einem Schwarzwasserfluss, steht seit 2000 auf der UNESCO-Liste.

Nationalpark Canaima/Angel Falls, Venezuela

Inmitten des Nationalparks Canaima in Venezuela liegen die „Angel Falls" (Salto Angel). Aufgefüllt durch die Niederschläge der Regenzeit, stürzt dort im unzugänglichen Bergland von Guayana der Churun-Fluss über die steile Klippe des Teufelsberges 978 Meter in die Tiefe – der höchste freifallende Wasserfall der Erde. Allein seine erste Kaskade ist mehr als zehn Mal höher als die Niagarafälle. Benannt wurde der Salto Angel nach dem amerikanischen Piloten Jimmy Angel, der 1933 über den Teufelsberg hinwegflog und dabei den Wasserfall entdeckte.

Iguacu, Brasilien/Argentinien

Die Wasserfälle von Iguacu liegen im Länderdreieck Brasilien, Argentinien und Paraguay und zählen zu den größten und spektakulärsten der Welt. Nach starken Regenfällen verschmelzen die fast 300 einzelnen Wasserfälle sogar zu einer einzigen mächtigen Wasserwand. In einem großen Halbkreis angelegt, donnern die Wassermassen auf einer Gesamtbreite von 2.700 Metern mehr als 70 Meter in die Tiefe. Der Fluss Iguacu verengt sich an dieser Stelle aufgrund einer tektonischen Spalte von über 1.000 Metern Breite oberhalb auf 100 Meter unterhalb der Fälle.

Nationalpark Los Glaciares, Argentinien

Eines der größten Gletschergebiete außerhalb der Antarktis liegt nicht etwa im Himalaya, sondern in Südamerika. Genauer gesagt in Patagonien. Denn dort befindet sich der Nationalpark Los Glaciares, zu dem neben einer einzigartigen Natur auch 13 Gletscher gehören. Der bekannteste von ihnen, der Perito-Moreno-Gletscher, ist einer der wenigen weltweit, die noch stetig wachsen. Pro Tag schiebt sich der 60 Kilometer lange Eisriese ungefähr einen Meter vorwärts in den Lago Argentino.

Der Amazonas (oben), Salto Angel im Nationalpark Canaima (Mitte) und die Iguacu-Wasserfälle an der Grenze zwischen Brasilien und Argentinien (unten).
Rechte Seite: Der Perito-Moreno-Gletscher im Nationalpark Los Glaciares.
© NASA, GFDL, gemeinfrei, Harald Frater

Asien

Mount Everest/Sagarmatha-Nationalpark, Nepal

„Stirn des Himmels" – so nennt man den mit 8.848 Metern höchsten Berg der Welt, den Mount Everest, im Nepalesischen. Er liegt an der Ostflanke des Himalajas über der Hochebene von Tibet und ist wie der gesamte Gebirgszug rund 50 Millionen Jahre alt. Entstanden ist der Himalaja bei der Kollision der Indischen mit der Eurasischen Kontinentalplatte. Dabei wurden enorme Kräfte frei, die im Laufe der Zeit die Erdoberfläche aufwölbten und falteten. Da sich die Erdplatten auch heute noch aufeinander zu bewegen, wächst der Himalaja langsam weiter in die Höhe – er wird aber durch Erosion ständig auch wieder abgetragen.

Everest, Baikalsee und Halong. © gemeinfrei, Andrzej Barabasz/GFDL, gemeinfrei

Baikalsee, Russland

Der in Ostsibirien liegende Baikalsee ist ein Ort der Superlative: Rund 25 Millionen Jahre alt und über 1.700 Meter tief, ist er der älteste und tiefste Süßwassersee der Welt. Im Baikal gespeichert ist so viel Wasser, wie in den fünf Großen Seen Nordamerikas zusammengenommen. Das entspricht rund 20 Prozent der Trinkwasserreserven der Erde. Entstanden ist der Baikalsee in einer Riftzone. Genau hier bricht der Eurasische Kontinent langsam auseinander – unter stetigem Druck, den der Indische Subkontinent, von Süden herantreibend, auf die Eurasische und die Amurische Platte ausübt. Aus diesem Grund wächst der Baikalsee jährlich noch immer um zwei Zentimeter.

Bucht von Halong, Vietnam

Sie ist 1.500 Quadratkilometer groß und liegt im Norden Vietnams im Golf von Tonkin: die Halong-Bucht oder „Bucht des untertauchenden Drachen". Bekannt geworden ist sie durch den James-Bond-Film „Der Mann mit dem goldenen Colt" – und durch eine bizarre Welt von mehr als 2.000 Inseln, die zum Teil mehrere hundert Meter hoch aus dem Meer ragen. Es handelt sich dabei um die Überreste von rund 300 Millionen Jahre alten Muschelkalkformationen. Durch die abtragende Wirkung von Wind und Wasser sind in den Kalkfelsen im Laufe der Zeit zahlreiche Grotten und Höhlen mit einzigartigen Tropfsteinformationen entstanden.

Reisterrassen in den Kordilleren, Philippinen

Sie sind vermutlich über 2.000 Jahre alt und werden noch heute nach traditionellen Anbaumethoden genutzt: die Reisterrassen in den philippinischen Kordilleren. Erbaut vom Volk der Ifugao bedecken die steinernen Zeugen der menschlichen Siedlungs- und Kulturgeschichte bis auf eine Höhe von rund 1.500 Metern die Hänge inmitten der Insel Luzon. Doch an dem ausgeklügelten System aus Stützmauern, Bewässerungsanlagen und Feldern nagt längst der Zahn der Zeit. Die Bewirtschaftung wird mehr und mehr zur reinen Touristenattraktion und die Pflege der Anlagen lässt zu wünschen übrig. Die Reisterrassen sind deshalb auch von der UNESCO auf die „Rote Liste des gefährdeten Welterbes" gesetzt worden.

Karstlandschaft, Südchina

Es gibt sie in Deutschland, im Mittelmeerraum, aber auch auf Neuseeland oder den Großen Antillen: Karstlandschaften sind fast überall auf der Welt zu finden. Sie entstehen bei der Verwitterung von Kalkstein und sind nach dem „Kras"-Gebirge, einem südöstlichen Teil der Alpen in Slowenien benannt. Als unverwechselbar gelten jedoch die oft bizarren Karstformationen im Süden Chinas. Bekannt sind vor allem die Karstberge mit ihren mannigfaltigen Formen und den unzähligen Grotten entlang des Li-Flusses nahe Guilin oder der berühmte „Steinwald" von Shilin. Dort hat die Erosion über Jahrmillionen schmale, bis zu 30 Meter hohe Felsnadeln und andere ungewöhnliche Gesteinsformationen geschaffen – eines der bemerkenswertesten Naturphänomene Chinas.

Nationalpark Gunung Mulu, Malaysia

Ein 2.377 Meter hoher Berg aus Sandstein (der Gunung Mulu), tropischer Bergregenwald und eine einzigartige Karstlandschaft sind nur einige der Highlights des Nationalparks Gunung Mulu in Malaysia. Berühmt geworden ist die Region jedoch durch das riesige Höhlensystem im Untergrund, das zu schönsten und imposantesten auf der Erde gehört. Dazu zählt beispielsweise die Gua-Nasib-Bagus-Höhle mit der weltweit größten unterirdischen Kammer überhaupt. Der Raum ist rund 700 Meter lang, 400 Meter breit und 70 Meter hoch. Mindestens ebenso eindrucksvoll ist die Clearwater Cave mit ihrem über 100 Kilometer langen Tunnelnetzwerk, das unter anderem einen unterirdischen Fluss beherbergt.

Reisterrassen in den philippinischen Kordilleren (oben), Turmkarstlandschaft am Li-Fluss in Südchina (Mitte) und der Gunung-Mulu Nationalpark auf Borneo (unten). © GFDL, Miguel A. Monjas/GFDL, GFDL

Afrika

Kilimandscharo-Massiv, Kenia

5.895 Meter hoch reicht das Kilimandscharo-Massiv in den Himmel über Afrika. Aufgetürmt wurde es vermutlich vor zwei bis drei Millionen Jahren durch Vulkanismus. Es besteht aus den drei Feuerbergen Kibo, Mawensi und Shira und hat eine Größe von gut 2.400 Quadratkilometern. Das Gebirge ist Teil einer Ost-West-Kette von rund 20 Vulkanen, die am südlichen Ende des Ostafrikanischen Grabens beginnt. Bekannt ist der Kilimandscharo vor allem wegen der weißen Eiskappe auf dem Kibo-Gipfel. In den letzten Jahren haben Klimaforscher jedoch ein rapides Abschmelzen der Gletscher beobachtet. Spätestens 2020 könnte das Massiv komplett eisfrei sein.

Das Kilimandscharo-Massiv mit dem Berg Kibo (oben) und die Sahara bei Arakao im Niger (unten). © Charles J. Sharp/GFDL, Michael Martin/GFDL

Sahara/Naturparks Aïr und Ténéré, Niger

Die Sahara ist mit einer Fläche von 9,1 Millionen Quadratkilometern nicht nur die größte, sondern auch eine der trockensten und heißesten Wüsten der Erde. Nur 15 Prozent ihrer Fläche sind von den angeblich so typischen Sanddünen bedeckt, der größere Teil besteht aus felsigem Hochland und Geröllflächen. Wohl nirgendwo sonst wird dieser Gegensatz so deutlich wie in zwei benachbarten Naturparks im Niger. Während „Aïr" vor allem schroffe Berge und karge Mondlandschaften zu bieten hat, dominieren im „Ténéré" Sand, Wadis und vereinzelte Oasen.

Naturschutzgebiet Ngorongoro, Tansania

Er gilt als Arche Noah für Tiere, als gigantischer Zoo in freier Wildbahn, als Symbol für die Magie Afrikas: der Ngorongoro-Krater im Norden Tansanias. Der rund 250 Quadratkilometer große Kessel mit bis zu 600 Meter hohen Steilwänden ist Überbleibsel eines Vulkans, dessen Krater durch geologische Aktivitäten des Ostafrikanischen Grabenbruchs vor mehreren Millionen Jahren einstürzte. Entstanden ist dabei die größte vollständig erhaltene und nicht mit Wasser gefüllte Caldera der Welt. Rund 25.000 große Wildtiere leben heute auf dem Kraterboden – so viel wie nirgendwo sonst auf der Welt auf so engem Raum.

Kulturlandschaft von Sukur, Nigeria

Die uralte Kulturlandschaft Sukur im nigerianischen Bundesstaat Adamawa gilt als herausragendes Beispiel für die Entwicklung der Landnutzung im Rahmen der menschlichen Siedlungsgeschichte. Hier gibt es neben dem auf einem Hügel gelegenen Palast des Häuptlings und terrassenförmig angelegten Feldern noch die Relikte einer lange Zeit blühenden Eisenindustrie. Über mittlerweile Jahrhunderte ist diese außergewöhnliche Kulturlandschaft nahezu unverändert erhalten geblieben. Die Ernennung zum Weltkulturerbe durch die UNESCO im Jahr 1999 soll dazu beitragen, dass dies auch in Zukunft so bleibt.

Victoriafälle, Sambia/Simbabwe

2.574 Kilometer fließt der Sambesi durch Angola, Sambia und Mosambik, bevor er in einem gewaltigen Delta in den Indischen Ozean mündet. An der Grenze von Sambia und Simbabwe kommt es dabei zu einem einzigartigen Naturspektakel: dem größten „Wasservorhang" der Welt. Auf einer Breite von über 1.700 Metern stürzen hier die Wassermassen des Flusses in die Tiefe. Der erste Europäer, der die Victoriafälle im Jahr 1855 erblickte, der Brite David Livingstone, beschreibt sie so: „Das Erste was man aus einer Entfernung von etwa zwei Stunden erblickt, gleicht in der Tat ganz und gar den riesigen Rauchsäulen, die bei dem in Afrika so gewöhnlichen Wegbrennen des dürren Graswuchses auftreten. Vom Winde gebogen und sich anscheinend mit den Wolken vermischend, leibhaftiger Rauch!"

Der Ngorongoro-Krater (oben), die Kulturlandschaft von Sukur (Mitte) und die Victoriafälle am Sambesi (unten). © GFDL, Nicholas David/gemeinfrei, John Walker/gemeinfrei

Australien/Ozeanien

Great Barrier Reef, Australien

Dass auch Lebewesen landschaftsformend sein können, zeigt sich eindrucksvoll im größten Korallenriff der Erde, dem Great Barrier Reef. Der einzigartige Komplex vor der Ostküste Australiens besteht aus mehr als 3.000 Einzelriffen und bedeckt eine Fläche von insgesamt 347.800 Quadratkilometern. Das Great Barrier Reef ist deshalb sogar mit bloßem Auge vom Weltall aus zu sehen. Erbauer des Riffes sind Milliarden winziger Korallenpolypen. Mithilfe ihrer Symbionten – einzelligen Algen – ist es ihnen möglich, Kalk aus dem Meerwasser und ihrer Nahrung abzusondern. Daraus bauen sie Wohnhöhlen, die das Skelett des Riffes bilden. Pro Jahr wächst auf diese Art ein Korallenriff zwei bis fünf Zentimeter.

Das Great Barrier Reef in Australien (oben) und der Uluru (unten). © NASA/GSFC/Landsat, gemeinfrei

Uluru (Ayers Rock), Australien

Für die Australier ist das trockene, heiße Innere ihres Kontinents einfach das „Outback". Einsam ragt dort der Ayers Rock oder Uluru mitten aus der Wüste des Northern Territory auf. Der rund drei Kilometer lange und zwei Kilometer breite Berg ist kein Monolith, sondern ein aus rostrotem Sandstein bestehendes Überbleibsel einer rund 500 Millionen Jahre alten ehemaligen Gebirgskette. Sie wurde im Laufe der Zeit allmählich abgetragen. Zusammen mit den nahegelegenen Kata Tjuta (die Olgas), einer Ansammlung von 36 Inselbergen, gehört der Ayers Rock – der heilige Berg der Ureinwohner Australiens – zu einem Nationalpark, der bereits 1987 in die Welterbe-Liste der UNESCO aufgenommen wurde. In mehreren Höhlen am Berg gibt es jahrtausendealte Felszeichnungen.

Europa

Schärenküste (Kvarken-Archipel), Schweden/Finnland

Die Schärenküsten Skandinaviens sind ein Relikt der letzten Eiszeiten. Damals drangen Gletscher durch die Ostsee nach Süden vor und formten dabei die dortigen Felsgesteine in besonderer Weise um. Durch die Bewegung der Eismassen über den Untergrund wurde dieser abgeschliffen, zermahlen und teilweise sogar abgesprengt. Nach dem Rückzug der Gletscher eroberte das Meer Teile des Landes zurück. Zugleich hob sich die Erdkruste an und die vom Eis geformten länglichen Felshügel, so genannte Rundhöcker, tauchten auf. Sie sind heute als Schären der Küste vorgelagert – etwa im Kvarken-Archipel im Bottnischen Meerbusen.

Die Schärenküste im Kvarken-Archipel (oben), der Giant´s Causeway in Irland (Mitte) und die isländische Vulkaninsel Surtsey (unten). © Mark A. Wilson/ gemeinfrei, gemeinfrei, NOAA/ Howell Williams

„Straße der Riesen" (Giant´s Causeway), Nordirland

Der Riese Finn MacCumhaill gilt der Legende nach als Baumeister des Giant´s Causeway in der Grafschaft Antrim in Nordirland. In Wahrheit jedoch ist die rund fünf Kilometer lange „Straße der Riesen" mit ihren 40.000 schwarz-grauen Basaltsäulen bei der Abkühlung von Lava nach einem Vulkanausbruch vor 60 Millionen Jahren entstanden. Die Gesteinsformationen sind gleichmäßig geformt – viele besitzen einen sechseckigen Querschnitt – und erreichen zum Teil Höhen von zehn Meter oder mehr. Der Giant´s Causeway gilt als eines der berühmtesten Naturwunder Europas und wurde deshalb schon 1986 in die UNESCO-Welterbe-Liste aufgenommen.

Vulkaninsel Surtsey, Island

Gewaltige Eruptionen türmen schwarze Hügel auf, glühende Lavaströme fließen ins Meer – die Geburt der Vulkaninsel Surtsey im Jahr 1963 war ein beeindruckendes Naturspektakel – und ein Glücksfall für die Wissenschaft. Denn auf Surtsey haben Forscher mehr über den Vulkanismus am Mittelatlantischen Rücken erfahren. Sie konnten aber auch die Besiedlung eines nackten Flecken Landes miterleben. Doch kaum hat die Natur Surtsey erobert, droht die Insel auch schon wieder ausgelöscht zu werden. Mittlerweile ist sie bereits auf die Hälfte ihrer ehemaligen Fläche geschrumpft. Geht die Abtragung durch Wind, Wellen und Wasser so weiter, wird Surtsey in rund 100 Jahren fast vollständig verschwunden sein.

Der Geiranger-Fjord in Nor-wegen (oben) und das deutsche Wattenmeer (unten).
© GFDL, Harald Frater

Westnorwegische Fjorde, Norwegen

Eine der größten Attraktionen Norwegens liegt fernab der Hauptstadt Oslo an der Westküste: die Fjorde. Zwei der berühmtesten sind Geiranger- und Nærøy-fjord, die sowohl für Naturwunder wie die Wasserfälle „Die sieben Schwestern" als auch für ihre bewegte Vergangenheit bekannt sind. Begonnen hat ihre Geschichte schon vor den Eiszeiten. Damals wurden tiefe Kerbtäler durch Flüsse in die harten Gneise und Granite der Region eingeschnitten. Beim Vormarsch der Gletscher in den Kaltzeiten sind diese V-förmigen Kerbtäler in so genannte Trogtäler mit ihrer typischen U-Form und den sehr steilen Hängen umgeformt worden. Der mit dem Abschmelzen des Eises verbundene Meeresspiegelanstieg sorgte später für deren Überflutung.

Wattenmeer, Niederlande/Deutschland

Das Wattenmeer gehört noch immer zu den wenigen, fast vollkommen unbe-rührten Naturlandschaften in Europa. Von Den Helder in den Niederlanden bis hoch ins dänische Esbjerg reicht dieses weltweit größte zusammenhängende Wattengebiet, in dem man bei Ebbe zweimal am Tag – ohne nass zu werden – stundenlang über den Meeresboden laufen kann. Doch nicht nur stressgeplagte Urlauber sind hier zu finden, auch für zahlreiche Tier- und Pflanzenarten ist das Wattenmeer zu einem der letzten Rückzugsgebiete geworden. Typisch für das Wattenmeer ist das geringe Gefälle des Meeresbodens, das auf einem Kilometer Länge nicht einmal einen Meter beträgt.

Nationalpark Göreme und Felsendenkmäler von Kappadokien, Türkei

Auffällige, kegelförmige Tuffsteinformationen machen das Göreme-Tal und seine Umgebung zu einer ebenso ungewöhnlichen wie bizarren Vulkanlandschaft. Die unermüdliche abtragende Kraft von Wind, Wasser, Hitze und Frost hat hier zahllose zum Teil hohe „Pilze", Türmchen oder Felsnadeln (Feenkamine) geschaffen. Doch auch der Mensch ist in Kappadokien seit langem als Baumeister aktiv. Er grub im Laufe der letzten Jahrtausende Höhlen in das relativ weiche Gestein, die Platz für Felsenkirchen, Kapellen, Klöster und Wohnungen bieten. Es existieren sogar ganze unterirdische Städte wie Derinkuyu und Kaymakli, die viele Stockwerke tief unter die Erdoberfläche reichen.

Gebirgslandschaft Jungfrau-Aletsch-Bietschhorn, Schweiz

Schon seit dem Jahr 2001 steht eine besondere Alpenlandschaft in der Schweiz auf der Liste des UNESCO-Weltnaturerbes. Zu dem über 800 Quadratkilometer großen Gebiet gehören mit Jungfrau, Eiger und Mönch nicht nur einige der markantesten und namhaftesten Berge in den Kantonen Bern und Wallis, sondern auch der Große Aletschgletscher – mit über 23 Kilometern Länge und rund 26,5 Milliarden Tonnen Eis der mächtigste Gletscher der Alpen. Doch auch dieser muss mittlerweile der globalen Erwärmung Tribut zollen. Seit den Zeiten seiner größten Ausdehnung am Ende der Kleinen Eiszeit – um die Mitte des 19. Jahrhunderts – hat er massiv an Volumen und Ausdehnung verloren.

Göreme in Kappadokien (oben) und der Große Aletschgletscher in den Alpen (unten).
© Karsten Dörre/GFDL, Dirk Beyer/GFDL

Messel, Helgoland und Co. – Geoziele in Deutschland

Die Kreidefelsen auf Rügen, hier der Königsstuhl, haben schon den Maler Caspar David Friedrich inspiriert. © gemeinfrei

Nicht nur Länder wie die USA, Australien oder Nepal haben von der Geologie und der Natur her einiges zu bieten, auch in Deutschland gibt es ebenso eindrucksvolle wie einzigartige Oberflächenformen und Landschaften. Manche stehen ebenfalls auf der UNESCO-Liste und werden Jahr für Jahr von vielen Touristen besucht. Andere dagegen schlummern eher im Verborgenen und sind nur Insidern bekannt. Gehen wir zusammen auf eine geologische Reise durch unser Heimatland.

Die Expedition beginnt weit im Norden bei 54° 33" nördlicher Breite und 13° 39" östlicher Länge. Hier, im Nordosten der Ostseeinsel Rügen, liegt der Nationalpark Jasmund mit seiner Kreideküste, die eine Fläche von 2.200 Hektar umfasst. Schon der deutsche Maler und Zeichner Caspar David Friedrich war zu Beginn des 19. Jahrhunderts von dieser Landschaft so fasziniert, dass er sie in seinem Gemälde „Kreidefelsen auf Rügen" für immer festgehalten hat. Ein beliebter Aussichtspunkt vor Ort ist der 118 Meter hohe Kreidefelsvorsprung Königsstuhl, von dem jedes Jahr rund 300.000 Rügenurlauber ihren Blick über die Küstenformen der Insel wandern lassen.

Von Rügen aus machen wir einen großen Sprung nach Westen bis wir – 70 Kilometer entfernt von der deutschen Küste – inmitten der Nordsee auf Helgoland stoßen. Zwar befindet sich der „Doppelpack" aus Hauptinsel und Insel Düne noch im flachen Wasser auf dem so genannten Festlandsockel, trotzdem gilt Helgoland als Deutschlands einzige Hochseeinsel. Verwaltungstechnisch gehört sie zum Kreis Pinneberg. Typisch für Helgoland ist der Millionen Jahre alte rote Buntsandstein, den Wind, Wasser und Wellen unter anderem zu einer imposanten Steilküste geformt haben. Als das Wahrzeichen von Helgoland gilt jedoch die „Lange Anna", eine 47 Meter hohe Felsnadel mit nur 18 Quadratmeter Grundfläche, an der kräftig der „Zahn der Zeit" nagt.

Lüneburger Heide bei Schneverdingen. © GFDL

Von Helgoland aus geht die Deutschland-Tour weiter Richtung Südwesten, bis wir kurz hinter Hamburg auf ein großes, meist relativ flaches Gebiet mit einer einzigartigen Landschaft stoßen – die Lüneburger Heide. Ihr heutiges Aussehen hat sie im Rahmen der letzten Eiszeiten erhalten. So lagerten die Gletscher hier in der Saale-Kaltzeit, vor 230.000 bis 130.000 Jahren, gewaltige Mengen an Sedimenten ab. In der später folgenden Weichsel-Kaltzeit vor 110.000 bis 10.000 Jahren, war die Region zwar nicht vereist, dafür kam es zu einer massiven Erosion durch Wind, Wasser und Frost. Entstanden sind so die weiten Ebenen, aber auch abwechslungsreichere Gebiete mit trockenen Hügeln und Tälern wie dem Totengrund. Doch zu dem gemacht, was sie heute ist, hat die Lüneburger Heide erst der Mensch. Er verwandelte in den letzten 10.000 Jahren den früher dicht bewaldeten Naturraum in eine einzigartige Kulturlandschaft – mit Heidschnucken, Wacholder, Heidekraut, aber auch Äckern und Weiden.

Felsen, Höhlen, Täler

Völlig anders, aber ebenso ungewöhnlich, ist der nächste Haltepunkt auf unserer Reise. Um diese Attraktion zu Gesicht zu bekommen, muss man sich in den „Keller" der Erde vorwagen. Dort wartet in Ennepetal am südlichen Rand des Ruhrgebiets mit der Kluterthöhle eine der größten Naturhöhlen Deutschlands mit insgesamt 360 Gängen und mehr als 5.000 Meter Länge auf uns. Die mehr als zwölf Meter dicke Riffkalkschicht, in der sich das unterirdische System befindet, entstand vor rund 370 Millionen Jahren im Erdzeitalter des Devon durch die Arbeit von Korallen und anderen riffbildende Ozeanorganismen. Kohlensäuregesättigtes Grundwasser sorgte anschließend dafür, dass sich ein Netzwerk aus Hohlräumen und Gängen bildete. Später fiel die Kluterthöhle dann durch verschiedene geologische Prozesse trocken. Heute gibt es dort zwar nur wenige Tropfsteine, dafür aber Seen, Bäche und „Untermieter" wie Fledermäuse.

Helgoland mit Hauptinsel (Vordergrund) und Insel Düne (Hintergrund) aus der Vogelperspektive. © GFDL

Das Elbtal mit Dresden (links). Die Bastei im Elbsandsteingebirge (rechts). Im Hintergrund erkennt man den Lilienstein. © Martin Röll/gemeinfrei, Andreas Steinhoff/gemeinfrei

Vom südlichen Rand des Ruhrgebiets aus geht es nun einige hundert Kilometer quer durch die Republik Richtung Südosten, bis wir in das Dresdner Elbtal kommen. Typisch für diese Region sind neben der wiederaufgebauten und restaurierten historischen Altstadt vor allem die Elbwiesen und Flussbögen, die einen großen Teil des Reizes dieser Kulturlandschaft ausmachen. Für rund fünf Jahre – 2004 bis 2009 – gehörte das Dresdner Elbtal sogar zum UNESCO-Weltkulturerbe, ehe es wegen des Baus der so genannten Waldschlösschenbrücke wieder von der Liste gestrichen wurde. Ein von der UNESCO in Auftrag gegebenes Gutachten vom Lehrstuhl und Institut für Städtebau und Landesplanung der RWTH Aachen kam zu dem Schluss: „Die Waldschlösschenbrücke zerschneidet den zusammenhängenden Landschaftsraum des Elbbogens an der empfindlichsten Stelle und teilt ihn irreversibel in zwei Hälften."

Nur wenige Kilometer südöstlich treffen wir anschließend auf einen Naturraum, wie er gegensätzlicher kaum sein könnte. Im 700 Quadratkilometer großen Elbsandsteingebirge findet man Tafelberge wie den Lilienstein, das Bielatal mit seinen 239 Gipfeln oder die 305 Meter hohe Bastei. Von ihr aus bietet sich ein einmaliger Blick über das Elbtal und große Teile der Sächsischen Schweiz. Die Grundlage für das heutige Mittelgebirge wurde bereits in der Kreidezeit geschaffen, als die Region von einem flachen Meer bedeckt war, in dem sich große Sandmengen ablagerten. Mit der Zeit entstand so eine kompakte Sandsteinschicht, die später, nach dem Zurückweichen der Wassermassen, durch Verwitterung umgestaltet wurde. Aber auch Flüsse wie die Elbe schnitten sich immer tiefer in das Sandsteinfundament ein und waren so an der Entstehung der markanten Landschaft und ihren Felsformationen beteiligt.

Natur pur oder man-made

Wie sehr der Mensch die Erde gestaltet und verändert, zeigt dagegen die nächste Station auf unserem Weg durch Deutschland. Zwischen Elsdorf, Niederzier und dem Forschungszentrum Jülich in der Niederrheinischen Bucht gelegen, ist der

Tagebau Hambach der größte seiner Art in Deutschland. Fast 400 Meter tief in die Erde haben sich die gewaltigen Maschinen hier bereits vorgegraben. Sie bauen täglich 240.000 Tonnen Kohle oder Gestein ab. Gigantisch ist aber auch der Abraum in Hambach. Fast 300 Millionen Tonnen fallen im Jahresverlauf an. Ein großer Teil davon wird anschließend in einem bereits abgebaggerten Bereich des Tagebaus eingelagert. Noch bis zum Jahr 2040 soll die Kohlegewinnung hier weitergehen. Danach wird auf dem Gelände ein See der Superlative entstehen: mehr als 4.200 Hektar groß, 400 Meter tief und mit 3,6 Milliarden Kubikmeter Wasser gefüllt.

Absetzer im Tagebau Hambach (links) und die Dauner Maare in der Eifel (rechts). © GFDL, Martin Schildgen/GFDL

Weiter geht es südwestwärts in eine Region, die schon Alexander von Humboldt im Jahr 1845 begeisterte – die Vulkanlandschaft der Eifel: Maare, Kohlensäurequellen und Vulkanschlote reihen sich dicht an dicht im Dreiländereck Deutschland, Luxemburg, Belgien. Doch nicht immer war es in der Eifel so beschaulich wie heute. Kaum 11.000 Jahre ist es her, dass hier die Vulkane noch Feuer spuckten. Der Höhepunkt des Vulkanismus liegt allerdings viel weiter zurück in der Vergangenheit. Ungefähr vor 45 bis 35 Millionen Jahren, im Tertiär, brodelte die Erde an vielen Stellen, wo heute saftige Wiesen und üppige Wälder zu finden sind. Auch wenn nach menschlichem Ermessen derzeit nicht mit einem Ausbruch der Vulkane zu rechnen ist, so ist die Erde unter der Eifel doch alles andere als ruhig. Denn geologisch gesehen haben die Feuerberge vermutlich nur eine Ruhephase eingelegt.

Von der Grenze nach Belgien und Luxemburg aus reisen wir anschließend weiter nach Osten Richtung Rhein. Dort machen wir Station im Mittelrheintal zwischen Bonn und Bingen. Die durch den Fluss geprägte Landschaft hat eine Vielzahl an Natur- und Geophänomenen zu bieten. Das Siebengebirge, der Schieferfelsen Loreley bei Sankt Goarshausen, der mit bis 60 Metern weltweit höchste Kaltwassergeysir in Andernach oder die Moselmündung am Deutschen Eck in Koblenz sind nur einige der Attraktionen, die jedes Jahr hunderttausende von

Loreley und Rheintal mit Blick auf St. Goarshausen. © Peter Weller/GFDL

Besuchern aus aller Welt anlocken. Geologisch gegliedert ist dieser Flussbereich in das Obere Mittelrheintal, das an der Talpforte von Bingen beginnt und bis zum Quarzitriegel bei Koblenz reicht, das Mittelrheinische Becken und den unteren Mittelrhein mit der Andernacher Pforte als Start und Bonn als Endpunkt.

Der nächste Halt auf unserer Deutschlandreise ist nicht allzu weit entfernt und befindet sich in der Nähe von Darmstadt. Hier wartet ein Ziel, das bereits seit 1995 auf der UNESCO-Liste der Naturdenkmäler steht: die Grube Messel. Dabei handelt es um einen ehemaligen Tagebau, der aber vor allem als Fossilienfundstelle weltweit berühmt geworden ist. In den vor knapp 50 Millionen Jahren entstandenen Ölschiefern – Gesteine, die Bitumen oder Öle enthalten – haben die uralten Überreste von Krokodilen, Riesenschlangen, Straußen, Flamingos, Affen, Urpferden, schillernden Insekten, Teesträuchern, Palmen und Platanen die Zeit über dauert. Sie erlauben den Paläontologen einen Blick zurück in eine längst vergangene Welt.

Ein Krater und ein Berg der Superlative

Der nächste Abstecher führt uns weit Richtung Südosten bis ins Grenzgebiet zwischen Schwäbischer Alb und Fränkischer Alb. Heidelandschaften, Äcker und Weiden, dazu kleinere Waldinseln: Auf den ersten Blick deutet im Nördlinger Ries nicht mehr viel auf die gewaltige Katastrophe hin, die sich dort vor rund 14,5 Millionen Jahre ereignete. Damals drang ein knapp 1.000 Meter großer Steinmeteorit in die Erdatmosphäre ein und traf mit mehr als 40.000 Kilometer pro Stunde auf die Oberfläche. Innerhalb kürzester Zeit bildete sich dabei ein Krater von enormer Größe. Seit damals ist die Impaktstruktur stark verwittert und die Überreste sind nur noch aus der Luft deutlich zu erkennen.

In der Grube Messel gefundenes Fossil eines ausgestorbenen Ibis aus dem Eozän. © GFDL

Zu Ende geht unsere Reise ganz weit im Süden der Republik. 2.962 Meter ragt die Zugspitze inmitten des Wettersteingebirges in die Höhe und hat sich damit die Auszeichnung „Deutschlands höchster Berg" verdient. Kurioserweise ist die Zugspitze für Österreicher sogar noch 27 Zentimeter höher als für die Deutschen. Das liegt daran, dass dort der mittlere Pegelstand der Adria als Ausgangspunkt für die Höhenmessung verwendet wird (Triester Pegel), in Deutschland hingegen der der Nordsee (Amsterdamer Pegel). In der Gipfelregion der Zugspitze befinden sich drei Gletscher, Höllentalferner, Südlicher Schneeferner und Nördlicher Schneeferner. Noch. Denn aufgrund der globalen Erwärmung rechnen viele Klimaforscher damit, dass die Zugspitze – und mit ihr viele andere Gipfel in den Alpen –

spätestens in einigen Jahrzehnten eisfrei sein werden. Die Auswirkungen des Klimawandels sind deshalb auch einer der wichtigsten Schwerpunkte der Arbeit im so genannten Schneefernerhaus. Das frühere Hotel liegt auf 2.650 Meter Höhe knapp unterhalb des Gipfels und ist vor einigen Jahren in eine Forschungsstation umgewandelt worden.

Zwölf Stationen, ein Dutzend einzigartige Landschaften und Phänomene. Trotzdem sind sie nur ein winziger Ausschnitt aus der Vielfalt an Landschafts-formen und Naturräumen, die in Deutschland zu finden sind. Egal ob der Vulkan Kaiserstuhl im Oberrheintal, die Externsteine bei Horn-Bad Meinberg im Lippischen Land, die Solnhofener Plattenkalke, der Scheibenberg bei Annaberg im Erzgebirge, der Weserdurchbruch an der Porta Westfalica, das Werdenfelser Land oder die Mettlacher Saarschleife: Auch sie alle – und noch viele andere mehr – gehören zu den Zielen, bei denen es sich lohnt, sie einmal „live" zu sehen.

Zugspitze, der höchste Berg Deutschlands, von der Alpspitze aus gesehen. Links der Jubiläumsgrat. © Christian Nawroth/ GFDL

Die Erde ist ein bewegter Planet – sowohl innerlich als auch in Bezug auf das Weltall. © NASA/GSFC

Die Erde
Ein dynamischer Planet

Unser Planet erscheint uns oft unwandelbar fest, als Inbegriff der Stabilität. Doch dieser Eindruck täuscht. Die Erde ist in ständigem Wandel begriffen: Sie verändert sich im Laufe der Zeit und hat bereits eine lange, wechselvolle Geschichte hinter sich. Von den Anfängen als glühender Brocken in der Urwolke bis zu ihrer heutigen Gestalt als blauer, wasserreicher und lebensfreundlicher Planet. Aber nicht nur das: Sie ist auch kontinuierlich in Bewegung und steht in Wechselwirkung mit anderen Himmelskörpern des Sonnensystems. Diesen Einflüssen verdanken wir Tag und Nacht, Ebbe und Flut, aber auch die Jahreszeiten.

Ganz am Anfang –
die Geburt der Erde

Ein rotierender protoplanetarer Nebel stand am Anfang unseres Sonnensystems. In seinem Zentrum entstand ein Stern – die Sonne. © NASA/JPL-Caltech/ T. Pyle (SSC)

Die Erde, wie wir sie heute kennen, ist das Ergebnis einer andauernden Entwicklung, die vor rund 4,6 Milliarden Jahren begann. Das scheint zwar sehr lange her, doch gemessen an galaktischen Zeiträumen ist die Erde damit noch relativ jung: Das gesamte Universum ist mindestens dreimal so alt. Es entstand vor 15 bis 20 Milliarden Jahren. Die genauen Abläufe und Mechanismen am Ursprung des Sonnensystems und damit auch der Erde liegen bis heute noch weitgehend im Dunkeln, doch einige Indizien gibt es, die eine grobe Rekonstruktion der Ereignisse ermöglichen.

Am Anfang der Geschichte unseres Planeten steht eine Wolke aus Gas und Staub. In ihr kreisen vor allem Wasserstoff und Helium, aber auch Wasserdampf, Kohlenstoff- und Siliziumverbindungen in einer riesigen wirbelnden Scheibe. Die Drehung dieser so genannten Akkretionsscheibe wirkt der Schwerkraft entgegen und verhindert – zunächst – ihr Zusammenfallen. Doch dann geschieht etwas Dramatisches: In der Nähe explodiert ein Stern. Aus der Messung von Sauerstoffisotopen in Meteoriten schätzen Astronomen den Zeitpunkt dieser Supernova auf ungefähr 750.0000 Jahre vor Entstehung unseres Sonnensystems.

Die Schockwellen der Explosion treffen die Urwolke und stören kurzzeitig ihre Drehung. Dadurch kann die Zentrifugalkraft die Schwerkraft der angesammelten

Materie nicht mehr ausgleichen und die Wolke kollabiert. Der größte Teil von Gas und Staub stürzt ins Zentrum der Wolke und ballt sich hier immer dichter zusammen. Der starke Druck heizt die Materie immer weiter auf. Temperatur und Druck werden so extrem, dass sogar Atomkerne miteinander verschmelzen. Diese Kernfusion setzt gewaltige Energien frei, die als Strahlung nach außen abgehen – ein Stern ist entstanden, die junge Sonne. Bis heute liefert die Kernfusion in ihrem Inneren die Energie, um der Umgebung Licht und Wärme zu spenden.

Die Strahlung der Sonne verhindert das weitere Zusammenfallen der Wolke und stabilisiert sie. Vor rund 4,568 Milliarden Jahren klumpen die noch immer kreisenden Staubteilchen zusammen und bilden größere Brocken, die so genannten Planetesimale. Allmählich kühlt sich auch das Gas so weit ab, dass es kondensiert. Im inneren Bereich der protoplanetaren Scheibe entstehen dadurch vor allem Ansammlungen der schwerflüchtigeren Elemente und Verbindungen wie Silizium, Eisen oder Nickel. Durch Kollisionen mit anderen Brocken und Anlagerungen von Staub und kleineren Teilchen bilden sich hier allmählich die Vorläufer der inneren Planeten Merkur, Venus, Erde und Mars. Noch allerdings ist ihre Oberfläche nicht fest, sondern heiß und glutflüssig. Im Außenbereich der Scheibe sind die schwereren Elemente rar, hier bilden sich daher Protoplaneten aus Eis, vermischt mit Staub und Gas. Sie sind die Vorläufer der heutigen Gasriesen Jupiter, Saturn, Uranus und Neptun.

Doch noch ist es nicht so weit. Zunächst wachsen die um die Sonne kreisenden Protoplaneten immer weiter an . Wie große „Staubsauger" ziehen sie in ihrer Umgebung und entlang ihrer Umlaufbahn durch ihre Schwerkraft Staub und Teilchen an sich. Die Schwerkraft beeinflusst teilweise auch die benachbarten Protoplaneten und führt dazu, dass sich jeder von ihnen in einer bestimmten Bahn „einnischt". Nach neuesten Erkenntnissen wirkt vor allem der Protojupiter, der größte Körper im jungen Sonnensystem, auf die anderen ein. Er verhindert vermutlich auch, dass sich in der Lücke zwischen ihm und dem Protomars ein weiterer Protoplanet bildet. Stattdessen bleibt dort bis heute eine Ansammlung von kleineren und größeren Brocken erhalten – der Asteroidengürtel.

Etwa eine Million Jahre nach dem Abkühlen des planetarischen Nebels und dem Beginn der Planetenbildung setzt dann ein starker Sonnenwind

Die Protoplaneten entstanden inmitten einer dichten Wolke von Staub und Gasen. Erst später blies ein starker Sonnenwind diesen Nebel weg. © NASA/JPL-Caltech/T. Pyle (SSC)

ein. Der Strom von Strahlung und geladenen Teilchen weht die Reste der ursprünglichen Gaswolke aus dem System hinaus. Die Gravitation der kleineren, inneren Protoplaneten ist zu gering, um ihre Gashüllen festzuhalten. Sie werden endgültig zu erdähnlichen Gesteinsplaneten mit höchstens dünnen Uratmosphären. Die großen Protoplaneten im Außenbereich des Sonnensystems schaffen es jedoch, einen Großteil ihrer Gase zu binden. Sie werden zu Gasplaneten.

Vom Glutball zur Wiege des Lebens – die Erde

Doch zurück zur Erde: Vor rund 4,5 Milliarden Jahren ist unser Planet eine glühende Kugel aus zähflüssigem Magma ohne feste Kontinente, Ozeane und eine lebensnotwendige Atmosphäre – nicht gerade lebensfreundlich. Noch immer wird sie zudem ständig von größeren und kleineren Materiebrocken aus dem umgebenden Weltraum bombardiert. Einer dieser Treffer bedeutet fast das Ende des noch jungen Planeten: Ein nahezu marsgroßes Planetesimal streift die Erde und reißt dabei ein gewaltiges

Die Kollision mit einem Planetesimal ließ den Erdmond entstehen. Ähnliches hat das Spitzer-Weltraumteleskop im Planetensystem HD 172555, rund 100 Lichtjahre von der Erde entfernt, beobachtet.
© NASA/JPL-Caltech

Stück Material heraus. Die Trümmer dieser Kollision werden jedoch von der Schwerkraft der Erde festgehalten und in eine Umlaufbahn gebracht. Aus ihnen entsteht innerhalb von wenigen hundert bis tausend Jahren der Mond – der Trabant der Erde. Die anhaltenden Einschläge kleinerer Planetesimale setzen jedes Mal große Mengen an Energie frei. Gleichzeitig erhöht sich die Masse der Erde durch den Materieregen allmählich. Je größer der Planet wird, desto höher steigt auch der Druck auf das Innere, der Kern wird immer dichter. Dies heizt den Planeten langsam auf, bis die Temperaturen im Inneren auf mehr als 2.000 °C angestiegen sind.

Die Oberfläche der jungen Erde war zunächst noch glutflüssig, wie hier in dieser Illustration des jungen Planetensystems CoKu Tau 4. © NASA/JPL-Caltech/ R. Hurt (SSC)

Vor dieser Erwärmung war das Innere noch relativ homogen, die chemischen Elemente waren gleichmäßig in ihm verteilt. Mit den steigenden Temperaturen aber beginnen das Eisen und die Silikatverbindungen des Erdinneren zu schmelzen. Weil sie nicht gleich schwer sind, setzt dies einen Differenzierungsprozess in Gang: Das geschmolzene Eisen und ein paar andere Metalle, darunter vor allem Nickel, sinken langsam in Richtung des Erdmittelpunkts. Sie bilden später den Erdkern. Die leichteren Elemente, darunter auch die Gesteinsschmelze aus Silikatverbindungen, werden dagegen nach außen transportiert, kühlen hier ab und bilden Erdmantel und -kruste.

Die genauen Vorgänge bei diesem Differenzierungsprozess sind heute noch nicht bekannt – ebensowenig wie die genaue Zusammensetzung der Erde vor der Entmischung. Das Problem dabei: Solange nicht bekannt ist, wie die Mineralzusammensetzung zu Beginn der gesamten Entwicklung aussah, ist es sehr schwer, die Entwicklung zum heutigen Zustand genau zu rekonstruieren. Im Jahr 2009 ist Geowissenschaftlern der Universiy of California in Davis hier immerhin ein wichtiger Fortschritt gelungen: Sie rekonstruierten mithilfe eines Computermodells, wie die verschiedenen Eisenisotope im Erdinneren verteilt waren, bevor sich die

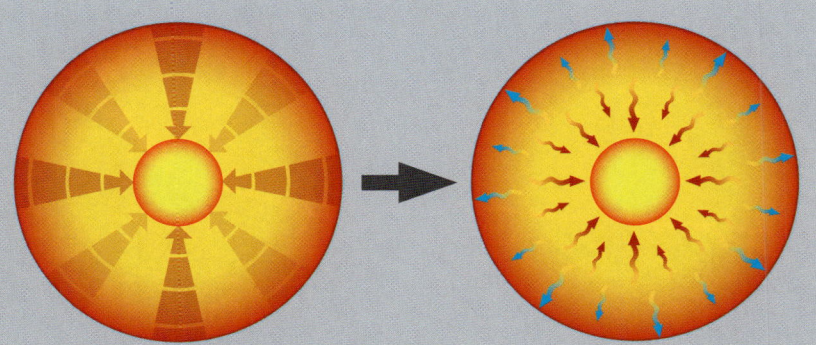

Die Differenzierung der Erde

Durch die anhaltende Einschläge heizt sich die Erde auf, es kommt zu Aufschmelzungen. Die schweren Elemente beginnen in Richtung Erdmittelpunkt zu sinken. Leichtere Elemente steigen an die Oberfläche. Langsam bilden sich die Erdschichten, der eisenhaltige Erdkern innen, die langsam erstarrende Kruste außen.
© MMCD NEW MEDIA

Erdschichten bildeten. Dazu modellierten sie die Eisenisotop-Zusammensetzung von zwei Mineralen unter unterschiedlichen Druck- und Temperaturbedingungen sowie bei verschiedenen elektronischen Spinzuständen. Nach einem Monat Rechenzeit „spuckte" der Computer die Ergebnisse aus: Das Modell belegte, dass sich die schwereren Isotope, ausgelöst durch den starken Druck, nahe dem Grund des kristallisierenden Mantels konzentrierten.

Doch zurück zur Erdgeschichte: Vor 4,2 Milliarden Jahren hat sich die Erde ein wenig abgekühlt. Noch immer jedoch ist es auf dem jungen Planeten alles andere als gemütlich: Weil die Erde sich in ihrer Frühzeit schneller dreht als heute, dauert ein Tag gerade einmal fünf Stunden. Die Sonne hat jetzt begonnen, mit voller Kraft zu leuchten, ihre tödlichen UV-Strahlen bombardieren unausgesetzt die Erdoberfläche, ohne durch eine schützende Ozonschicht gefiltert zu werden. Im All umherfliegende Gesteinsbrocken, die bei der Planetenbildung übrig geblieben sind, stürzen als Meteoriten auf die Erde und bringen dabei Kohlenstoffverbindungen und Wasserstoff mit.

Aber auch im Untergrund gärt und brodelt es, gewaltige Umschichtungen sind im Erdinneren im Gange. Vulkane speien Gase und Wasserdampf und lassen die so genannte erste Atmosphäre entstehen. Sie besteht nach neuesten Erkenntnissen wahrscheinlich nicht mehr aus Methan und Ammoniak, sondern vor allem aus Wasser, Kohlendioxid, Stickstoff und Kohlenmonoxid – den Gasen, die die

Glühendes Magma prägte in der Frühzeit der Erde die Oberfläche. © Mila Zinkova/GFDL

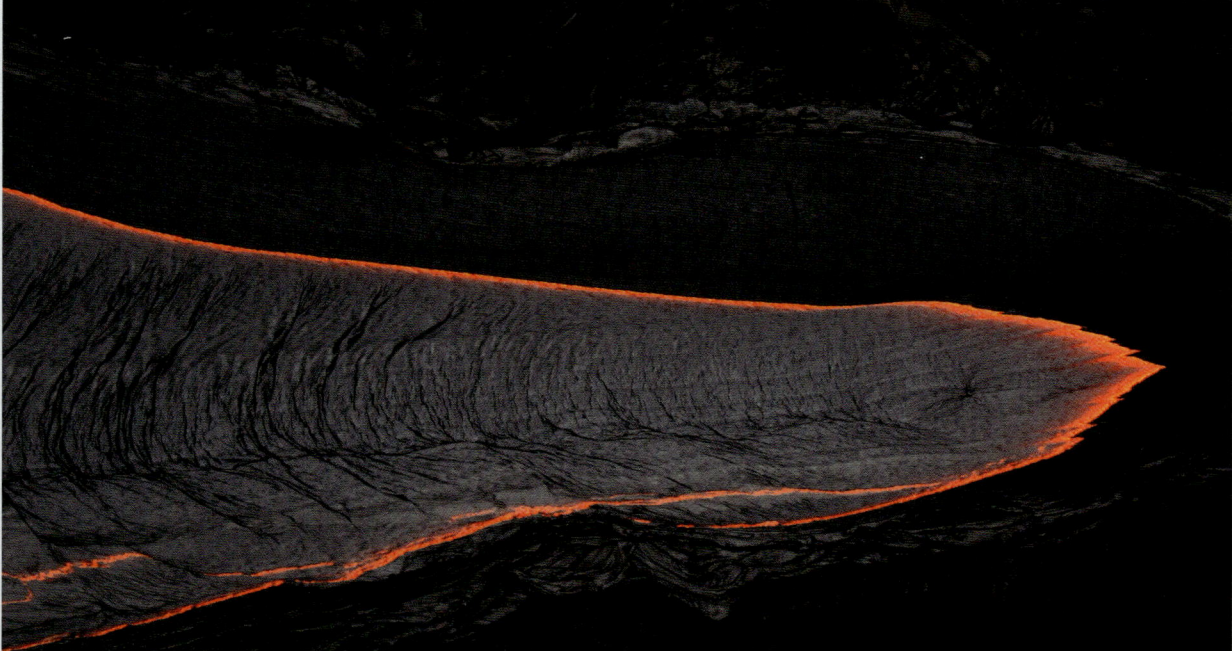

Feuerberge auch heute noch aus den Tiefen der Erde ans Tageslicht fördern. Nach und nach beginnt nun der Wasserdampf der Atmosphäre zu kondensieren und ein 40.000 Jahre andauernder Regen setzt ein. Diese allererste „Sintflut" füllt langsam alle Niederungen mit Wasser und lässt die Ozeane entstehen. Ein großer Teil des Kohlendioxids aus der Gashülle löst sich jetzt in den jungen Meeren und bildet im Laufe der Zeit gewaltige Carbonatablagerungen. Gleichzeitig setzt dadurch auch in der Atmosphäre erneut ein Wandel ein: Stickstoff wird zum dominierenden Gas, die sinkende Kohlendioxidkonzentration schwächt den Treibhauseffekt ab und trägt zu einer weiteren Abkühlung der noch immer reichlich warmen Erde bei.

Vor gut 3,4 Milliarden Jahren ist diese Entwicklung abgeschlossen und die Bühne für den nächsten, den alles entscheidenden Schritt bereitet: das Leben. Die Erde besitzt nun Land und Meer und eine zweite Atmosphäre aus Stickstoff, Kohlendioxid und geringen Mengen Argon. Diese ist nicht mehr hoch reduzierend und aggressiv wie noch zu Anfang, sondern wahrscheinlich eher neutral. Gegen die unbarmherzig von der Sonne einfallenden UV-Strahlen schützt sie allerdings nicht – ebensowenig wie vor den weiter andauernden Meteoriteneinschlägen. Trotzdem entstehen nun auf diesem noch immer alles andere als lebensfreundlichen Planeten die ersten Lebensformen. Wie sie genau aussahen, und ob ihre Bausteine aus dem Weltraum stammen oder aber von der Erde selbst, ist bis heute umstritten.

Die endgültige, sauerstofffreiche Atmosphäre entstand erst durch die ersten Lebewesen – Photosynthese betreibende Einzeller. © GFDL

Auf der Reise zum Mittelpunkt der Erde

Das Erdinnere entzieht sich unserer direkten Erkundung. Wissenschaftler sind daher auf indirekte Methoden angewiesen. © NASA/GSFC,Mats Halldin/ GFDL

Jetzt wissen wir zwar, wie die Erde entstanden ist und sich die ersten Oberflächenformen bildeten, aber wie sieht es in ihrem Inneren aus? Immerhin haben viele Phänomene an der Erdoberfläche ihren Ursprung in der Tiefe. Schön wäre es natürlich, wenn wir tatsächlich eine „Reise zum Mittelpunkt der Erde" unternehmen könnten, wie es die Helden in Jules Vernes gleichnamigem Buch tun. Doch leider ist das reine Fantasie. Die Geowissenschaftler müssen sich daher mit anderen Methoden behelfen, wenn sie den Geheimnissen unseres Planeten auf die Spur kommen wollen.

Den ersten Schritt in die Tiefe bilden Bohrungen. Sie geben den Forschern bereits wertvolle Erkenntnisse über den Aufbau und die Struktur des Untergrunds. In Deutschland wurde im Rahmen des Kontinentalen Tiefbohrprogramms (KTB) im oberpfälzischen Windischeschenbach bis in eine Tiefe von 9.101 Metern in das Grundgebirge gebohrt. Die Lage war vor Ort aus geologischer Sicht besonders günstig, denn hier kollidierten vor etwa 350 bis 320 Millionen Jahren zwei Kontinente. Dadurch schoben sich Krustenbereiche übereinander, hoben dabei auch tieferliegende Teile an und rückten sie damit in „greifbare" Nähe.

Bei 9.101 Metern zwangen die in dieser Tiefe herrschenden Temperaturen von 270 °C die Forscher jedoch zum Stopp der Bohrungen. Eines der wichtigsten

Forschungsziele hatten sie jedoch bereits in der Zone unterhalb von 8.000 Metern Tiefe erreicht: Sie drangen mit der Bohrung in Bereiche vor, in denen das Gestein unter dem Einfluss von Druck und Hitze plastisch wird. Statt zu brechen wie normalerweise, verformt es sich dabei einfach nur – ähnlich wie ein warm gewordener Kunststoff. Noch nie war es Wissenschaftlern bis dahin gelungen, diesen Formungsprozess außerhalb des Labors zu beobachten. Zwar lassen sich ähnliche, im Laufe der Erdgeschichte entstandene Verformungen von Gesteinsschichten heute an einigen Stellen sogar auf der Erdoberfläche finden, aber Zeuge dieses Prozesses direkt im Erdboden war bisher noch niemand geworden.

Doch bei aller Freude über den gewonnen Einblick – vom Traum einer „Reise zum Mittelpunkt der Erde" sind auch diese ganzen Bohrungen weit entfernt. Gemessen an den tausenden Kilometern bis zum Erdkern sind die nur wenige Kilometer in die Tiefe reichenden Bohrversuche nicht viel mehr als Mückenstiche in die „Haut" unseres Planeten. Wollen die Forscher Erkenntnisse über das Erdinnere gewinnen, müssen sie daher auf indirekte Messmethoden der Geophysik zurückgreifen.

Zu diesen gehören zum einen Schwerkraft- und Magnetfeldmessungen via Satellit. Winzige lokale Schwankungen der Schwerkraft zeigen beispielsweise Dichteunterschiede der im Untergrund liegenden Gesteine an und helfen damit den Forschern nicht nur, die verschiedenen Schichten zu identifizieren, sondern damit auch, die Krustenbewegung zu verfolgen. Das irdische Magnetfeld wiederum ist sogar die direkte Folge des Aufbaus des Erdinneren. Denn erst das Wechselspiel zwischen dem inneren und äußeren Erdkern bildet den Motor für den Magnetismus.

Zum anderen machen sich Geowissenschaftler aber auch den Umstand zunutze, dass seismische Wellen an Grenzen zwischen zwei Gesteinsschichten unterschiedlicher Beschaffenheit auf bestimmte Weise gebrochen oder reflektiert werden. Die Messung und Auswertung von Erdbeben- und künstlich erzeugten Stoßwellen liefert daher wertvolle Hinweise über den Aufbau des Erdinneren. Bei den sich am schnellsten ausbreitenden seismischen Wellen – den P- oder Primärwellen – schwingen die Gesteinspartikel – ähnlich wie bei Wasserwellen in einem Teich – in ihrer Ausbreitungsrichtung: Das Gestein wird wechselweise komprimiert und gedehnt. Diese Wellenart kann sich daher sowohl in festem wie auch in flüssigem Gestein fortpflanzen und ausbreiten. Anders aber sieht es bei einem zweiten Wellentyp aus, den Transversal- oder Sekundärwellen. Bei ihnen bewegen sich die Bodenteilchen quer zur Ausbreitungsrichtung der Wellen hin und her. Das Gestein wird dadurch horizontal oder vertikal verformt und geschüttelt. Das funktioniert aber nur in festem, scherbarem Gestein. In geschmolzenem, flüssigem Material werden die S-Wellen dagegen absorbiert und damit „geschluckt". Verschwinden sie bei einer Messung oder kommen extrem langsam an, können die Geowissenschaftler deshalb darauf schließen, dass irgendwo auf ihrem Weg eine flüssige Schicht liegen muss.

Bohrturm des Kontinentalen Tiefbohrprogramms (KTB) in Windischeschenbach.
© Deutsches GeoForschungs-Zentrum (GFZ), Potsdam

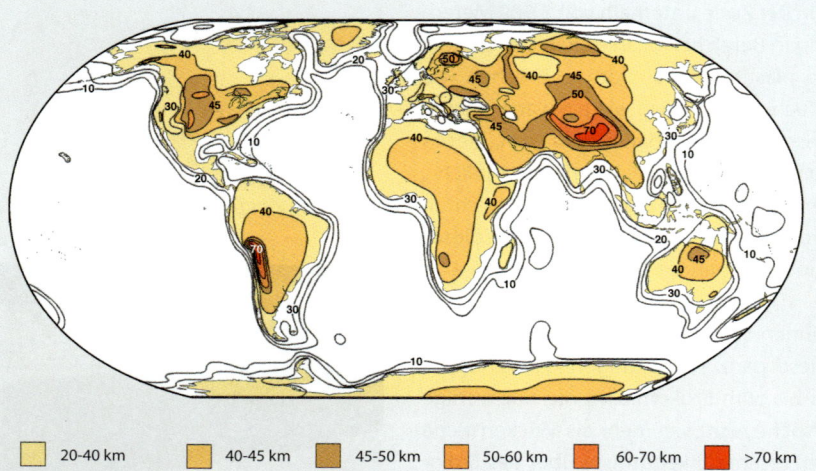

20-40 km   40-45 km   45-50 km   50-60 km   60-70 km   >70 km

Unter den Hochgebirgen ist die Krustendicke am größten.
© USGS

Typisches Gestein der kontinentalen Kruste: Granit.
© Piotr Sosnowski/GFDL

Nur eine dünne Haut – die Erdkruste

Die Formen der Erdoberfläche mit ihren tiefen Tälern und den riesigen Gebirgszügen erscheint uns Menschen gigantisch. Und doch ist die Erdkruste nur ein dünner Überzug über dem mächtigen Erdmantel, etwa vergleichbar mit der menschlichen Haut oder der Schale eines Apfels. Ein für uns deutlich sichtbares Merkmal dieser äußeren „Haut" der Erde ist die Trennung von Land und Meer. Offensichtlich gibt es höher gelegene Bereiche und tiefere, von Wasser bedeckte Regionen.

Tatsächlich unterscheidet sich die Kruste unter Kontinenten und Ozeanen sogar sehr stark. So ist die ozeanische Kruste beispielsweise deutlich jünger als die kontinentale Kruste. Gerade einmal 200 Millionen Jahre wird sie alt, bevor sie in einer Art fortwährendem Recyclingprozess wieder in die Tiefe sinkt und eingeschmolzen wird. Da haben die Kontinente mit ihren bis zu vier Milliarden Jahre alten Gesteinen schon ganz andere Dimensionen zu bieten. Und auch in ihrer Dicke und Dichte unterscheiden sich die Festlandsockel von der Basis der Ozeane: Die ozeanische Kruste ist schwerer, sie besteht hauptsächlich aus basaltischen Gesteinen, die von Tiefseesedimenten überlagert werden. Dafür wird sie nicht so dick: Maximal 15 Kilometer reicht sie in die Tiefe. Die kontinentale Kruste dagegen ist leichter, aber mächtiger: Sie setzt sich vorwiegend aus Graniten zusammen und kann bis zu 65 Kilometer Dicke erreichen. Die Grenze zwischen Kruste und Mantel wird nach dem Seismologen Mohorovičić-Diskontinuität (oder kurz Moho) genannt.

Wo genau diese Grenze liegt und wie dick die Erdkruste darüber ist, haben Geowissenschaftler vor allem durch das Verhalten der seismischen Wellen ermittelt. In einer mehr als 5.000 Einträge fassenden Datenbank sammelten beispielsweise Forscher des U.S. Geological Survey (USGS) diese so genannten seismischen Refraktionsprofile. Daraus erstellten sie ein Modell, an dem sich die Dicke der Erdkruste an verschiedenen Orten der Welt ablesen lässt. Sowohl die ozeanischen als auch die kontinentalen Krusten bilden zusammen mit der starren, festen Schicht des oberen Mantels die Lithosphäre. Die Lithosphäre ist nach dem griechischen Wort lithos (Stein) benannt, weil sie fest ist. Durch die Nähe zur Erdoberfläche kühlt das Gestein in ihr ab und wird starr. Sie bildet den Bereich unseres Planeten, den wir sehen können und der maßgeblich zur Formung der Landschaften beiträgt. Doch die Wurzeln vieler Landschaftsformen und Phänomene liegen noch viel tiefer – im Erdmantel.

Zähfließend, aber trotzdem fest – der Erdmantel

Der Erdmantel ist die mittlere und gleichzeitig dickste Schicht des Erdinneren: 82 Prozent des Gesamtvolumens der Erde nimmt er ein. Der Erdmantel reicht von knapp unter der Erdoberfläche an den mittelozeanischen Rücken bis in eine Tiefe von 2.890 Kilometern, der Grenze des äußeren Erdkerns. Während die Erdkruste vorwiegend aus Silizium- und Aluminiumverbindungen besteht, hat im Erdmantel zwar auch das Siliziumdioxid (SiO_2) den größten Anteil, dann aber folgen Magnesium-, Kalzium- und Eisenverbindungen.

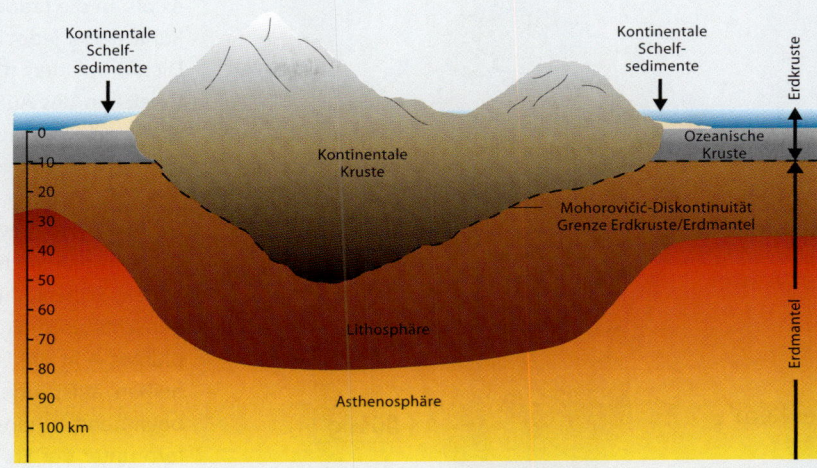

Die Kruste und der feste Teil des Erdmantels bilden zusammen die Lithosphäre. Die kontinentale Kruste ist deutlich mächtiger als die ozeanische, dafür aber weniger dicht. © MMCD NEW MEDIA

Der oberste Bereich des Erdmantels ist fest, er bildet mit der Erdkruste die harte Schale der Erde, die Lithosphäre. Darunter, meist zwischen 30 und 100 Kilometern Tiefe, beginnt die Asthenosphäre. Sie ist benannt nach dem griechischen Wort asthenos (weich). Sie umfasst den oberen Bereich des Erdmantels bis in eine Tiefe von rund 200 Kilometern. In Messungen mit Erdbebenwellen wirkt dieser Mantelbereich wie eine gigantische Bremse: Die Sekundärwellen kommen hier kaum vorwärts, werden zum großen Teil absorbiert.

Aber warum? Die Erklärung liegt in der großen Besonderheit des Erdmantels: Denn die Temperaturen reichen in ihm von mehreren hundert Grad Celsius an der Grenze zur Erdkruste bis zu mehr als 3.500 °C am Übergang zum Erdkern. Doch trotz dieser enormen Hitze besonders in den größeren Tiefen ist der Mantel keineswegs flüssig. Stattdessen sorgt der hohe Druck dafür, dass die Gesteine einen Zwischenzustand einnehmen: Sie sind zwar fest, aber plastisch und verformbar. Sogar langsames Fließen ist in diesem Zustand möglich. Und genau dieses Fließen und Strömen ist der Motor für einige der prägendsten Prozesse der Erde. Ohne diese so genannte Mantelkonvektion gäbe es weder Erdbeben noch Vulkane, und auch viele Inseln wie Hawaii existierten nicht.

Typisches Gestein der ozeanischen Kruste: Basalt, hier als Säulen auf der schottischen Insel Staffa. © Hartmut Josi Bennöhr/ GFDL

Eine Konvektion tritt immer dann auf, wenn ein fließendes Material von unten her erhitzt wird – beispielsweise auch bei einem Topf mit Wasser auf einer heißen Herdplatte: Am Boden des Topfes sind die Temperaturen am größten. Das Wasser erwärmt sich dort, dehnt sich aus und steigt nach oben. Dort, an der Wasseroberfläche sind die Temperaturen am niedrigsten. Das Wasser kühlt hier wieder ab und sinkt erneut nach unten, in Richtung Topfboden. Im Erdmantel läuft der Prozess im Prinzip genauso ab: Ausgelöst durch die Hitze im unteren Erdmantel steigt heißes Magma nach oben. An einigen Stellen, den mittelozeanischen Rücken, gelangt

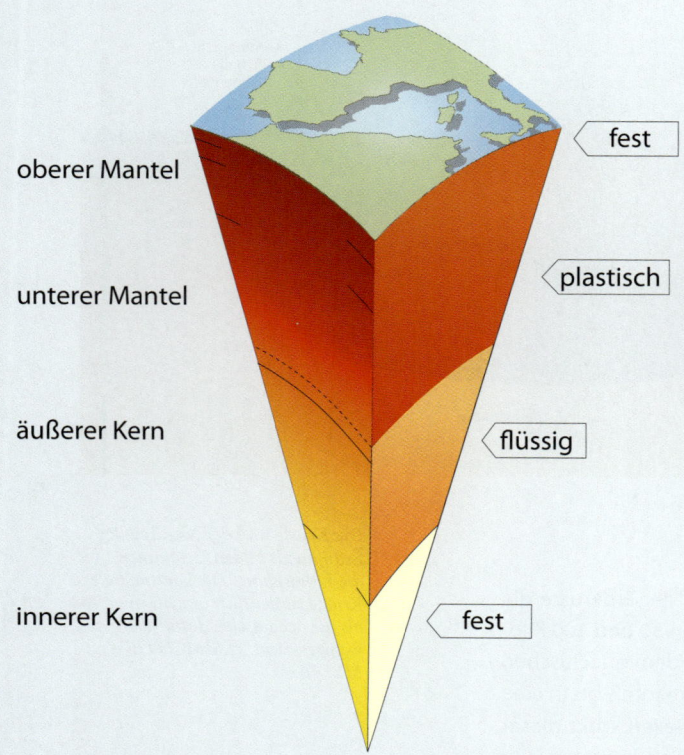

oberer Mantel

fest

unterer Mantel

plastisch

äußerer Kern

flüssig

innerer Kern

fest

Die Schichten der Erde unterscheiden sich sowohl chemisch als auch physikalisch voneinander. © MMCD NEW MEDIA

Das leicht grünliche Olivin ist das typische Gestein des Erdmantels. © Dave Dyet/gemeinfrei

es bis an die Erdoberfläche. Hier breitet es sich seitlich aus, kühlt dabei jedoch auch ab. Dabei erhöht sich auch seine Dichte. An den Rändern, am weitesten entfernt von den Bereichen des Aufsteigens, sinkt das Gestein wieder in die Tiefe und wird dabei allmählich aufgeschmolzen. Der Kreislauf beginnt von vorn.

Bei dieser Bewegung spielt auch der Wassergehalt der Gesteine eine wichtige Rolle, wie Geologen herausgefunden haben. Er beeinflusst ihre Schmelztemperatur und Fließeigenschaften im Erdmantel und beeinflusst auch die Mantelplumes – in die Erdkruste reichende Regionen besonders heißen, aufströmenden Magmas. Doch weil der Erdmantel, beginnend in einer Tiefe zwischen zehn und 60 Kilometern unter der Erdoberfläche, nicht direkt über Bohrungen erreicht werden kann, ist die Bestimmung des Wassergehalts dort schwierig.

Ein Forscherteam der Oregon State University unter Leitung von Anna Kelbert hat aber im August 2009 in der Fachzeitschrift „Nature" ein neues dreidimensionales globales Modell entwickelt, das die Wasserverteilung auf Basis der elektrischen Leitfähigkeit im Erdmantel ermittelt. Da die Leitfähigkeit eines Gesteins mit seinem Wassergehalt zunimmt, erlaubt sie einen Rückschluss auf dessen Verteilung. Das Modell ergab, dass der Wassergehalt an den Rändern des Pazifiks besonders hoch ist. In den Subduktionszonen wird durch die Bewegungen der tektonischen Platten ozeanische Kruste unter die kontinentale Kruste gedrückt und schmilzt auf. Dieser Prozess transportiert wasserreiches Gestein in die Tiefen des Mantels. In der Mitte des Pazifiks dagegen war die Leitfähigkeit um das Zehnfache geringer – entsprechend trocken ist das Mantelgestein hier wahrscheinlich.

Unter dem Einfluss von Druck und Temperatur verändert sich aber nicht nur das Verhalten der Gesteine, es finden auch chemisch-physikalische Umlagerungen auf atomarer Ebene statt. So wandelt sich das Olivin, das Mineral, das einen Großteil des oberen Mantels ausmacht, in 410 Kilometern Tiefe von einer Kristallanordnung in eine andere, kompaktere, das Wadsleyit, um. Gut 100 Kilometer tiefer macht Letzteres erneut eine solche Phasentransformation durch. Dann, in 660 Kilometern, bei einem Druck von 23,5 Gigapascal (das entspricht ungefähr dem 235.000-Fachen des normalen Luftdrucks), zerfällt es schließlich in zwei neue Mineralformen, als Perovskit und Ferroperiklas bezeichnet.

Diese auch mithilfe von seismischen Wellen deutlich nachweisbare Übergangszone markiert die Grenze zwischen dem oberen und dem unteren Mantel. Hier nehmen auch die anderen von der Erdoberfläche her bekannten Gesteine

Das Rätsel der Superplumes

Unter Hawaii und Ostafrika liegen zwei besonders starke Aufstiegsströmungen des Erdmantels. Hier steigt heißes Magma vom Grund des Mantels bis an die Erdoberfläche. Das Seltsame an diesen „Superplumes": Sie scheinen seit mehr als 200 Millionen Jahren exakt an der gleichen Stelle zu sitzen – und dies, obwohl sich der Rest des Erdmantels mit seinen Strömungen ständig bewegt.

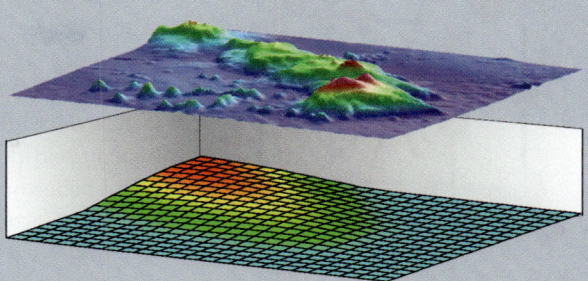

Gemeinsam mit Wissenschaftlern verschiedener Disziplinen entwickelte Wendy Panero, Assistenzprofessorin an der Ohio State University, ein neues Modell, das Auskunft darüber gibt, warum diese Superplumes so stabil geblieben sind. Jeder von ihnen ist größer als die Fläche der USA und von einem Wall aus alten Erdkrustenplatten umgeben, die im Laufe der Zeit in die Tiefe gesunken sind. Wie sich dabei herausstellte, genügt bereits ein winziger Unterschied: Die Superplumes enthalten ein wenig mehr Eisen als der Rest des Erdmantels, nämlich zehn bis 13 Prozent anstelle von zehn bis zwölf Prozent. Schon diese winzige Differenz macht sie dichter als ihre Umgebung.

Lithosphären-Asthenosphären-Grenze unter den Hawaii-Inseln. Die Lithosphäre dünnt durch das thermische Einwirken des Plumes nach und nach aus. © gemeinfrei

„Material, das dichter ist, sinkt zum Grund des Mantels", erklärt Panero 2008 auf dem Herbsttreffen der Amerikanischen Geophysikalischen Union (AGU). „Es würde sich dort normalerweise ausbreiten, aber in diesem Falle haben wir subduzierte Platten, die von oben herabkommen und die die Piles zusammenhalten." Damit könnten diese Plumes über Millionen Jahre fest mit ihrer Position an der Untergrenze des Erdmantels verbunden gewesen sein, obwohl sich der Rest des Mantels kontinuierlich um sie herum bewegte.

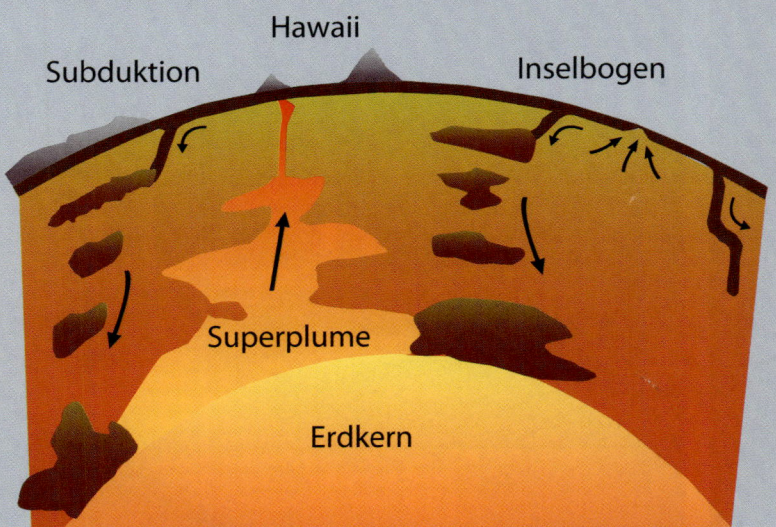

Schema des Superplumes unter Hawaii nach dem neuen Modell. Die Reste der abgesunkenen Krustenplatten verhindern, dass der Plume unten auseinanderläuft. Sein höherer Eisengehalt hält ihn beim Aufstieg zusammen. © verändert, nach CIDER/ Ohio State University

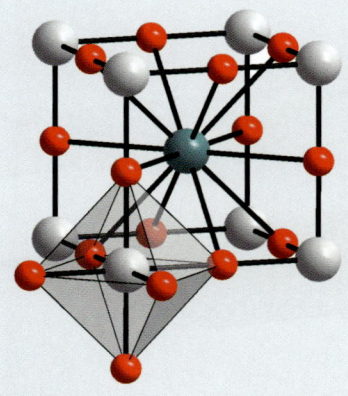

Die kompakte Kristallstruktur von Perovskit entsteht aus Olivin in Anpassung an den hohen Druck unterhalb von 660 Kilometern Tiefe. © GFDL

Zwei verschiedene Modelle der Konvektion im Erdmantel (orange heißer, blau kühler). © Thorsten Becker/University of Southern Calforina, Schmalzl und Hansen/Institut für Geophysik, Universität Münster

eine neue, kompaktere Struktur an, um sich den gewaltigen Drücken anzupassen. Im unteren Mantel dominieren nun die Minerale Ferroperiklas, ein Eisen-Magnesium-Oxid, und Silikatperovskit, ein Eisen-Magnesium-Silikat.

Bei Drücken zwischen 22 und 120 Gigapascal – mehr als dem Millionenfachen der Erdatmosphäre – und Temperaturen zwischen 1.500 und 3.700 °C beginnt selbst das Eisen seinen Zustand zu ändern. Einige Elektronen des Eisenatoms bilden nun Paare. Je nachdem, ob bei diesen Paaren der Spin, die Eigendrehung der Elektronen, in die gleiche oder in die entgegengesetzte Richtung zeigt, ändern sich auch wichtige Eigenschaften des eisenhaltigen Materials wie Dichte, Leitfähigkeit und Durchlässigkeit für seismische Wellen.

Bis vor kurzem vermutete man, dass sich diese Spin-Übergangszone nur auf einen kleinen Bereich begrenzt. Doch 2007 belegten Wissenschaftler des amerikanischen Lawrence Livermore National Laboratory in einer „Science"-Veröffentlichung das Gegenteil: In Laborversuchen, bei denen die Bedingungen des unteren Mantels in kleinstem Maßstab nachgebildet wurden, zeigte sich, dass die Spin-Übergangszone viel ausgedehnter ist, als angenommen. Über einen Temperatur- und Druckbereich, der Bedingungen in 1.000 bis 2.200 Kilometern Tiefe entspricht, existierten beide Elektronenzustände gemeinsam.

Da die Spin-Übergangszone auch die Ausbreitungsgeschwindigkeit für seismische Wellen verändert, beeinflusst dies auch die über solche Wellendaten gewonnenen Modelle vom inneren Aufbau unseres Planeten.

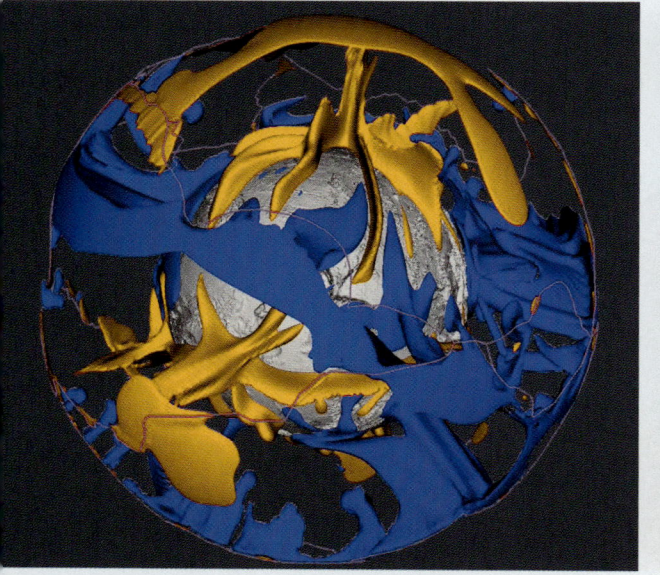

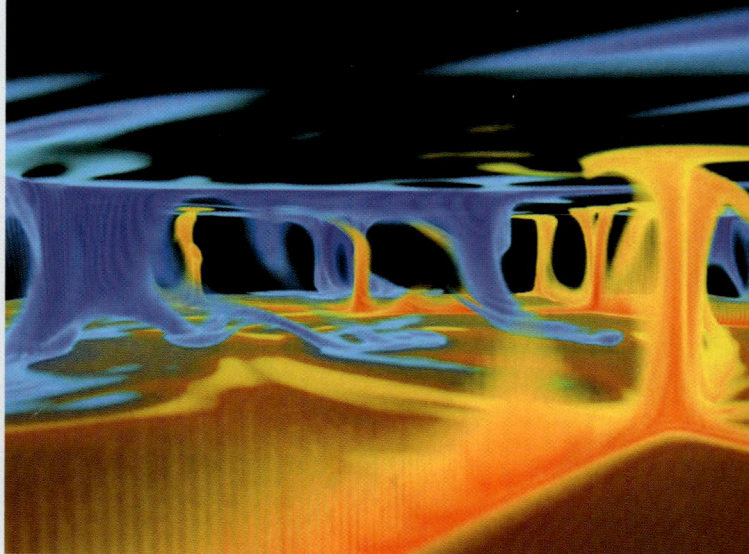

Metallklumpen im Metallbad – der Erdkern

Unter dem unteren Erdmantel, in rund 2.900 Metern Tiefe, beginnt der äußeren Erdkern. In einer 200 bis 300 Kilometer dicken Übergangszone mischen sich immer mehr Eisen und Nickel unter das Mantelgestein. Gleichzeitig steigen die Temperaturen rapide um 1.000 °C auf rund 2.900 °C an, der Bereich wirkt als thermische Grenzschicht. Turbulenzen und wirbelnde Strömungen kennzeichnen diese erst vor einigen Jahren identifizierte so genannte D´´(D-zwei Strich)-Zone. In ihr könnten auch die Mantelplumes – gewaltige aufsteigende Strömungen von heißem Mantelmaterial – ihren Ursprung haben. Auch die Dichte steigt in der Übergangszone deutlich von rund fünf Gramm pro Kubikzentimeter auf mehr als das Doppelte.

Die meisten dieser Informationen über die Kern-/ Mantelgrenze haben Geowissenschaftler mithilfe ihres wichtigsten indirekten Hilfsmittels gewonnen: den seismischen Wellen. Messungen zeigen, dass Sekundärwellen – die Scherwellen eines Bebens – in bestimmten Regionen einfach nicht mehr aufzuspüren sind. Vom Erdbebenherd ausgehend, breiten sich die Wellen zunächst ungehindert aus. Doch ein Teil der Wellen – diejenigen, die in den äußeren Erdkern eindringen – verschwinden. Sie werden offensichtlich vom flüssigen Kernbereich absorbiert. An der Erdoberfläche entsteht dadurch eine Schattenzone, in der keine Sekundärwellen mehr gemessen werden.

Aber auch die Primärwellen eines Bebens liefern wichtige Informationen: Denn sie werden an der Grenze zwischen dem festen Erdmantel und dem flüssigen Kern gebrochen und reflektiert. Aus dem Winkel, in dem sie zurückgeworfen werden, können die Geowissenschaftler auf die Lage der Grenze schließen. Diese so genannte Wiechert-Gutenberg-Diskontinuität ist heute auf 2.890 Kilometer Tiefe festgelegt. Und noch eine zweite Grenze verraten die Primärwellen, denn sie verändern ein zweites Mal ihre Geschwindigkeit und Richtung, diesmal in wesentlich größerer Tiefe. Verursacht wird dies durch die Grenze zwischen dem flüssigen äußeren und dem festen inneren Erdkern. Sie liegt in 5.150 Kilometern Tiefe.

So viel zu den Grenzen und Ausmaßen. Aber wie sieht es mit der Zusammensetzung des Erdkerns aus? Auch hier gibt es – obwohl es keine direkten Messungen oder Analysen gibt – relativ gesicherte Erkenntnisse: Während der Erdmantel vor allem aus Silikatgesteinen besteht, ist der Erdkern metallisch: Eine schnell fließende Nickel-Eisen-Legierung im äußeren Kern umhüllt einen festen inneren Kern aus einer Eisen-Nickel-Legierung. Die Funde von Eisenmeteoriten mit ähnlicher Legierung sind eines der Indizien für diese Theorie. Denn einige dieser aus dem Sonnensystem auf die Erde gestürzten Brocken stammen aus den Kernen von

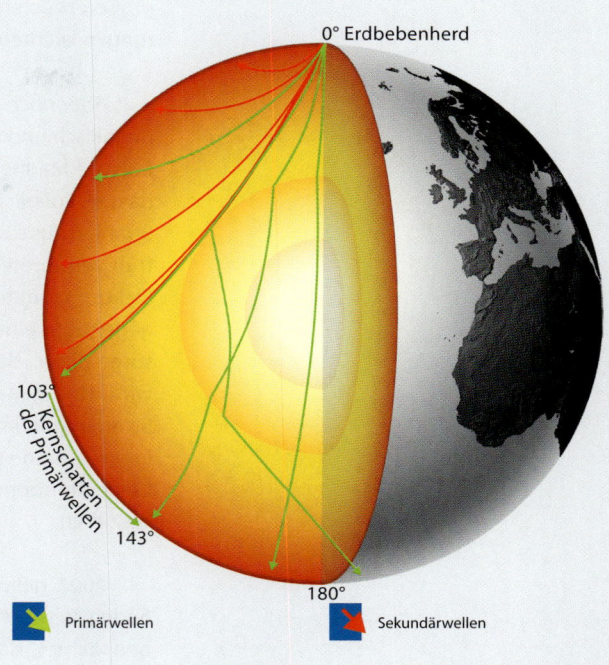

Seismische Primär- (grün) und Sekundärwellen geben Aufschluss über Struktur und Grenzen des Erdkerns.
© MMCD NEW MEDIA

größeren Asteroiden, die vermutlich in ihrer Frühzeit eine ähnliche Differenzierung in leichtere und schwerere Elemente durchgemacht hatten wie die Erde.

Aber noch etwas anderes gab den entscheidenden Hinweis, dass der Erdkern metallisch und mit mindestens einer flüssigen Schicht ausgestattet sein muss: Das irdische Magnetfeld. Es sorgt dafür, dass ein Kompass immer nach Norden zeigt, dass es Polarlichter gibt, und es schützt uns vor den harten elektromagnetischen Strahlen aus dem All. Aber wie entsteht dieses Gitter aus Magnetfeldlinien? Schon früh vermuteten die Geowissenschaftler einen Mechanismus ähnlich dem eines Elektromagneten: Die Bewegung eines elektrisch leitenden flüssigen Mediums gegenüber einem feststehenden erzeugt ein elektrisches Feld. Dieses wiederum sorgt dafür, dass die Strömung anhält und das Magnetfeld aufrechterhalten wird. Und genau das, so die Theorie, läuft auch in der Erde ab: Die komplexen Strömungen im flüssigen äußeren Erdkern und ihr Wechselspiel mit dem festen inneren Kern erzeugen die Magnetfeldlinien. Das Ganze setzt aber voraus, dass beide Komponenten leitfähig sind – und damit höchstwahrscheinlich aus Metall bestehen.

2007 gelang es schwedischen und russischen Forschern sogar herauszufinden, in welcher Form das Eisen im Kern angeordnet ist. Schon länger hatte man beobachtet, dass Wellen an der Oberfläche und im Inneren des inneren Kerns unerklärlich langsam liefen – fast so, als wenn dieser Kernbereich nicht ganz fest, sondern weich und sogar zähfließend wäre. Aber fest musste er sein, damit er zusammen mit dem flüssigen äußeren Kern den „Magnetdynamo" antreiben kann. Zudem waren die Wellengeschwindigkeiten höher, wenn diese den Kern in Nord-Süd-Richtung passierten, und geringer, wenn sie von dieser Achse abwichen. Die Erklärung lieferte eine auf den Wellendaten basierende Simulation auf einem Supercomputer. Sie ergab, dass die Eisenatome unter dem gewaltigen Druck und der Hitze eine besondere Konformation einnehmen: Sie sind nicht alle gleich fest miteinander verbunden, sondern bilden würfelförmige Strukturen, eine so genannte raumzentrierte kubische Gitteranordnung. Die einzelnen Würfel sind dabei mit ihren Nachbarn nur lose, wie mit Gummibändern, verknüpft. Das erlaubt ein seitliches Verschieben und Gleiten und erklärt die Plastizität des inneren Kerns.

Noch allerdings sind die Forscher weit davon entfernt, die Strukturen und Prozesse im Kern oder im Erdmantel restlos verstanden und aufgeklärt zu haben. Ganz im Gegenteil: Fast jede neue Erkenntnis wirft auch wieder neue – offene – Fragen auf. Die „Reise zum Mittelpunkt der Erde" ist demnach noch lange nicht vollendet.

Die Existenz eines globalen Erdmagnetfelds deutet darauf hin, dass mindestens ein Kernteil flüssig sein muss. © NSF, Gary Glatzmaier/ Darcy E. Ogden / University of California Santa Cruz/Paul H. Roberts/UCLA

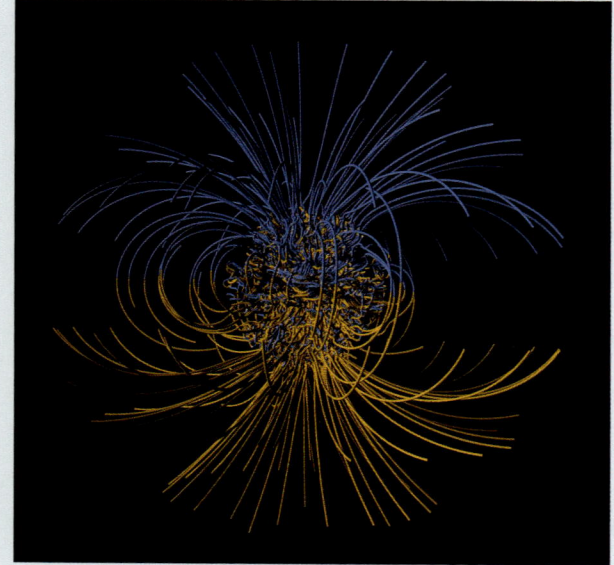

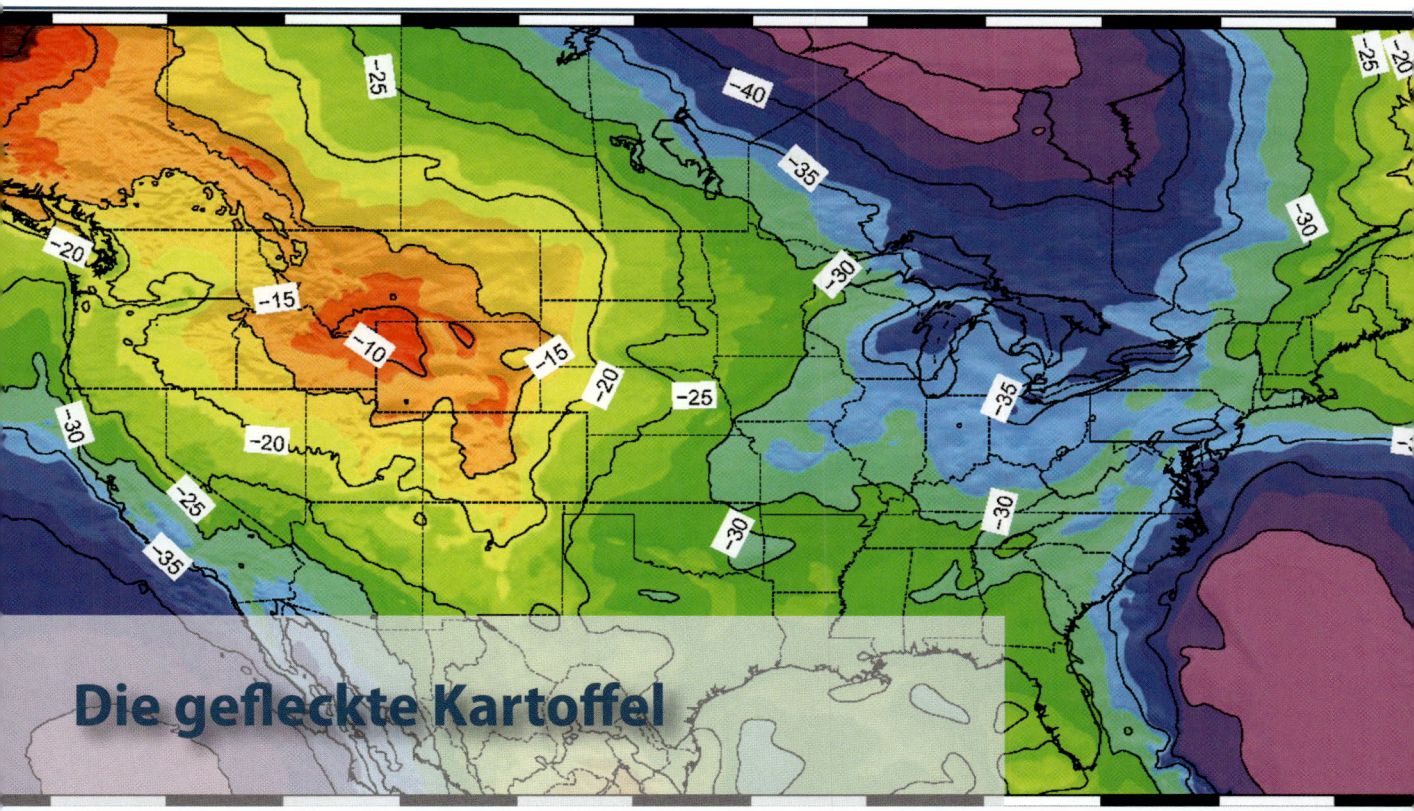

Die gefleckte Kartoffel

*Zweidimensionales gravime-
trisches Modell des Geoids –
der Schwerkraft-Kartoffel im
nordamerikanischen Raum.
Abweichungen nach oben sind
rot, nach unten in blau-violett
dargestellt. © National Geodetic
Survey/NOAA*

**Aus dem Weltraum sieht unser Heimatplanet aus wie eine blaue Murmel:
Rund und glatt schwebt die Erde im schwerelosen Raum. Aber für einige
Geowissenschaftler ist sie alles andere als rund – und auch nicht glatt. Für
sie gleicht die Erde eher einem Fußball, dem die Luft ausgegangen ist: Mit
Beulen und Dellen übersät und an zwei gegenüberliegenden Stellen, den
Polen, leicht abgeflacht. Denn sie betrachten nicht nur die Landschaftsformen und das Relief der Erdoberfläche, sondern blicken viel tiefer – oder
vielleicht auch höher: Sie analysieren das Auf und Ab der irdischen Schwerkraft.**

Diese Kraft, die uns auf dem Boden hält, ist keineswegs überall und zu jeder
Zeit gleich. Ihr Modell ähnelt eher einer zerbeulten Kartoffel. Das liegt daran, dass
sich die Schwerkraft der Erde nicht nur abhängig von deren Form, der durch die
Rotation erzeugten Fliehgeschwindigkeit oder der Höhe, in der man sich über
dem Massezentrum des Planeten befindet, verändert. Der wohl entscheidende
Faktor der Erdschwere ist die Erde selbst. Denn je höher die Dichte eines Gesteins
oder Metalls an einer Stelle, desto stärker ist die Anziehung und damit die Schwerkraft. Doch im Inneren der Erde kommen Materialien verschiedener Dichte vor, die
sich ungleichmäßig in den Erdschichten verteilen. Sie bewegen sich als Ströme im
flüssigen Erdmantel oder haben sich in der äußeren Erdkruste als feste Gesteins-

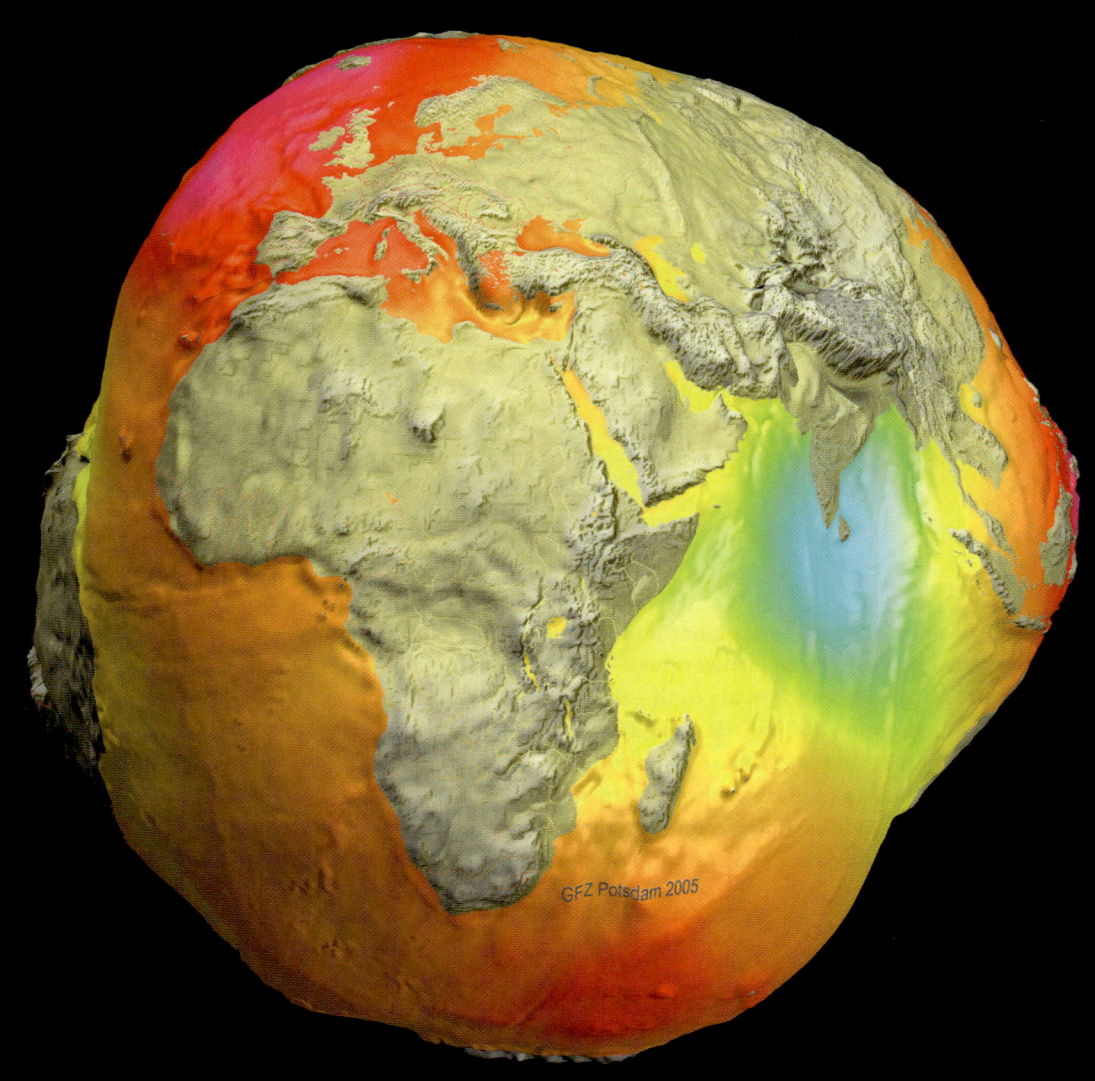

*Die „Potsdamer Kartoffel" zeigt
Variationen im Erdschwerefeld
in stark überhöhter Form.
© Deutsches GeoForschungs-
Zentrum (GFZ)*

schichten herausgebildet. Die höhere Dichte von Eisenerz etwa bewirkt eine stärkere Gravitation als die weniger dichten Kalksteinablagerungen. Daraus ergeben sich Kräfteunterschiede an der Oberfläche, die zu lokalen und regionalen Schwereabweichungen führen.

Diese Abweichungen sind für uns nicht spürbar oder sichtbar, können aber mit Instrumenten gemessen werden. In ein Modell übertragen, lassen sich diese Unterschiede als Erhebungen und Dellen in einem mathematisch idealen Erdellipsoid darstellen. Diese Abbildungsform ist als „Potsdamer Kartoffel" bekannt geworden, da ein am Deutschen GeoForschungsZentrum (GFZ) berechnetes Modell dafür die Grundlage bildet. Bis zu 85 Meter ragen dabei die Stellen hoher Schwerkraft aus der Oberfläche heraus, 110 Meter tief sind Orte geringerer Schwerkraft eingesenkt.

Je besser die Auflösung der Instrumente wird und je feinere Messungen durchgeführt werden können, desto mehr Beulen und Dellen wird in Zukunft das Geoid bekommen: die Falten von kleinsten Luftdruckveränderungen der Atmosphäre, großräumige Dellen, wo tropischer Regen die Kontinente belastet, Beulen von Vulkanausbrüchen und Erdbeben, die großen Wülste der Gebirge und die Wellen in der Erdkruste durch die Anziehungskraft des Mondes.

Aber die unterschiedlichen Gesteine und Krustendicken beeinflussen nicht nur die Schwerkraft, sondern auch den Magnetismus. Zwar sitzt der große Geodynamo tief im Erdinneren, wo er durch die Wechselwirkung von flüssigem und festem Erdkern das irdische Magnetfeld erzeugt. Doch auch die Lithosphäre und ihre Gesteine können magnetische Eigenschaften besitzen und so das Magnetfeld beeinflussen. Messungen von Satelliten wie dem Magsat der NASA oder Champ vom Deutschen GeoForschungsZentrum (GFZ) enthüllen immer wieder Stellen in der Erdkruste, die starke magnetische Signale abgeben. In Karten dieses Magnetismus gleicht die Erde daher einem bunt gescheckten Körper.

Einer dieser „Flecken", die so genannte Kursker Magnet-Anomalie, liegt im Westen Russlands. Hier sind es große Vorkommen von Bändererz, einem eisenhaltigen und daher magnetischen Gestein, die die Abweichungen hervorrufen. Auch in Island entdeckten die Satelliten ungewöhnliche magnetische Aktivität. Hier sind es eisenhaltige Basalte, die das Signal hervorrufen.

Satellit GRACE über der Erde (Computersimulation). © Deutsches GeoForschungs-Zentrum (GFZ)

Diese Karte zeigt Orte mit positiven (gelb-rot) und negativen (blau) Werten des Lithosphären-magnetismus. © NASA/GSFC/ Terence Sabaka

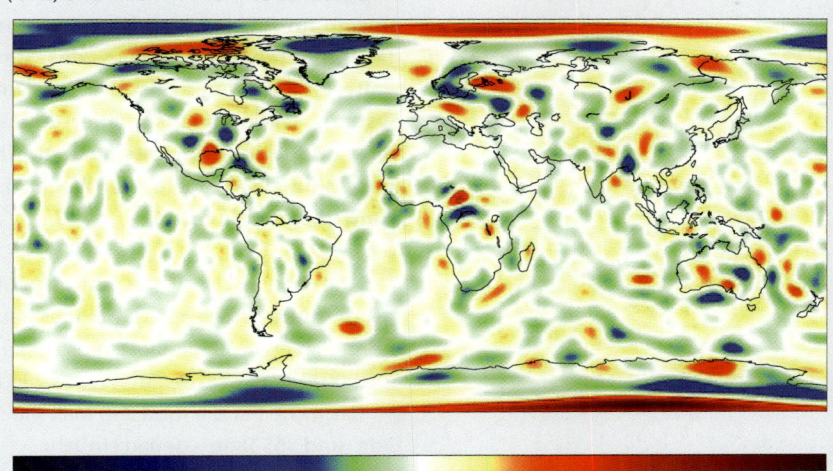

Magnetische Flussdichte in NanoTesla (nT)

Ein Planet in Bewegung

Aufgang der Erde hinter dem Mond, aufgenommen aus der Mondumlaufbahn von Astronauten der Apollo 8.
© NASA

Nicht nur die Zusammensetzung und die Prozesse im Inneren prägen unseren Planeten, auch seine „Nachbarschaft", die kosmische Umgebung, beeinflusst das Werden und Sein der Erde. Denn sie schwebt nicht still und einsam im All, sondern ist ständig in Bewegung – und dies als Teil einer ganzen „Planetenfamilie" – des Sonnensystems. Gemeinsam mit sieben weiteren Planeten kreist die Erde um die Sonne, den Zentralstern dieses Systems. Dadurch ist sie einer Vielzahl von kosmischen Einflüssen ausgesetzt und wirkt ihrerseits auch auf ihre Umgebung. Viele irdische Phänomene sind eine Folge dieser Wechselwirkungen, aber auch der Eigenbewegung unseres Planeten.

Die Erde erscheint uns fest und ruhig, bewegungslos. Doch in Wirklichkeit rast unser Planet wie ein gewaltiges Raumschiff durch den Weltraum. Mit durchschnittlich etwa 30 Kilometern pro Sekunde umkreist sie die Sonne. Das sind fast 108.000 Kilometer in der Stunde. Da wir uns aber mit der Erde mitbewegen, spüren wir das nicht. Für die rund 940 Millionen Kilometer ihrer Umlaufbahn braucht die Erde rund 365 Tage – genau ein Jahr.

Weil die Erdumlaufbahn nicht kreisförmig, sondern elliptisch ist, verändert sich während der Umkreisung der Abstand der Erde zur Sonne. Für uns direkt wahrnehmbar sind diese Unterschiede jedoch nicht. Gleichzeitig dreht sich die Erde auch um sich selbst. Weil währenddessen immer ein anderer Teil der Erdoberfläche der Sonne zugekehrt ist, erleben wir Tag und Nacht. Für eine komplette Rotation braucht sie 24 Stunden – einen Tag. Am Äquator entspricht dies einer Geschwindigkeit von rund 1.670 Kilometern pro Stunde. Würde ein Flugzeug mit etwa der 1,3-fachen Schallgeschwindigkeit um die Erde Richtung Westen fliegen, könnten die Passagiere dem Sonnenuntergang immer eine Flügelspitze voraus sein, die Nacht würde sie nicht einholen. Die bei der Rotation entstehenden enormen Fliehkräfte bleiben nicht ohne Auswirkungen: Weil die Fliehkräfte am Äquator größer sind als an den Polen, verleihen sie dem Planeten eine leicht abgeflachte Form. Der Erdradius ist daher am Pol 22 Kilometer kürzer als am Äquator.

Die Achse der Erdrotation ist gegenüber der Erdbahn leicht geneigt – um etwa 23,5°. Im Laufe eines Jahres ist dadurch mal die Nordhalbkugel und mal die Südhalbkugel der Sonne stärker zugeneigt. Wenn die Sonnenstrahlen steiler auftreffen, ist auf dieser Halbkugel Sommer, treffen sie flacher auf, herrscht Winter. Die Jahreszeiten und die verschiedenen Klimazonen verdanken daher der leichten Kippstellung ihre Entstehung.

Die Erde erscheint dem Menschen zwar riesig groß, doch mit einer Masse von 5,973 x 1.024 Kilogramm gehört sie eher zu den Leichtgewichten des Weltalls. Der Gasplanet Jupiter beispielsweise ist um das 317-Fache schwerer und selbst einige seiner Monde übertreffen sie an Masse. Und die Sonne vereinigt sogar 99,86 Prozent der gesamten Masse im Sonnensystem auf sich. Entsprechend groß ist auch der Einfluss ihrer Anziehungskraft auf alle Planeten. Sie ist es, die sie auf ihren Bahnen hält.

Die Neigung der Erdachse gegenüber der Erdbahn führt zu den Jahreszeiten. © MMCD NEW MEDIA

Schwanken und Trudeln im Weltall

Aber nicht nur die Sonne, auch die anderen Planeten des Sonnensystems, vor allem die Gasriesen Jupiter und Saturn, wirken mit ihrer Schwerkraft auf die Erde ein. Ihre gewaltigen Anziehungskräfte verursachen kleinste Abweichungen in Umlaufbahn und Rotation unseres Planeten. So verändert die Erdbahn im Laufe von rund 100.000 Jahren leicht ihre Form, sie wird mal weniger, mal mehr exzentrisch. Auch die Achse der Erdbahn dreht sich allmählich, dadurch wandert der Punkt des geringsten Abstands zur Sonne, das Perihel, in der Bahn immer ein Stückchen weiter. Und noch ein Faktor ist für

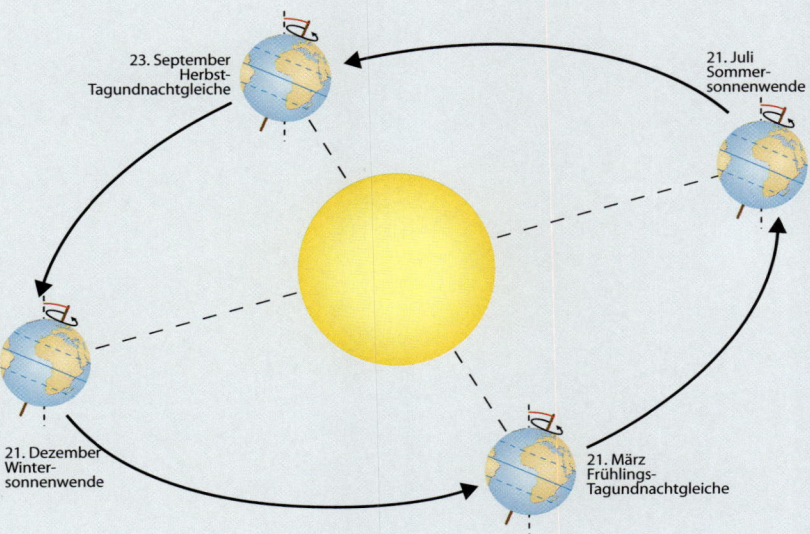

23. September
Herbst-Tagundnachtgleiche

21. Juli
Sommersonnenwende

21. Dezember
Wintersonnenwende

21. März
Frühlings-Tagundnachtgleiche

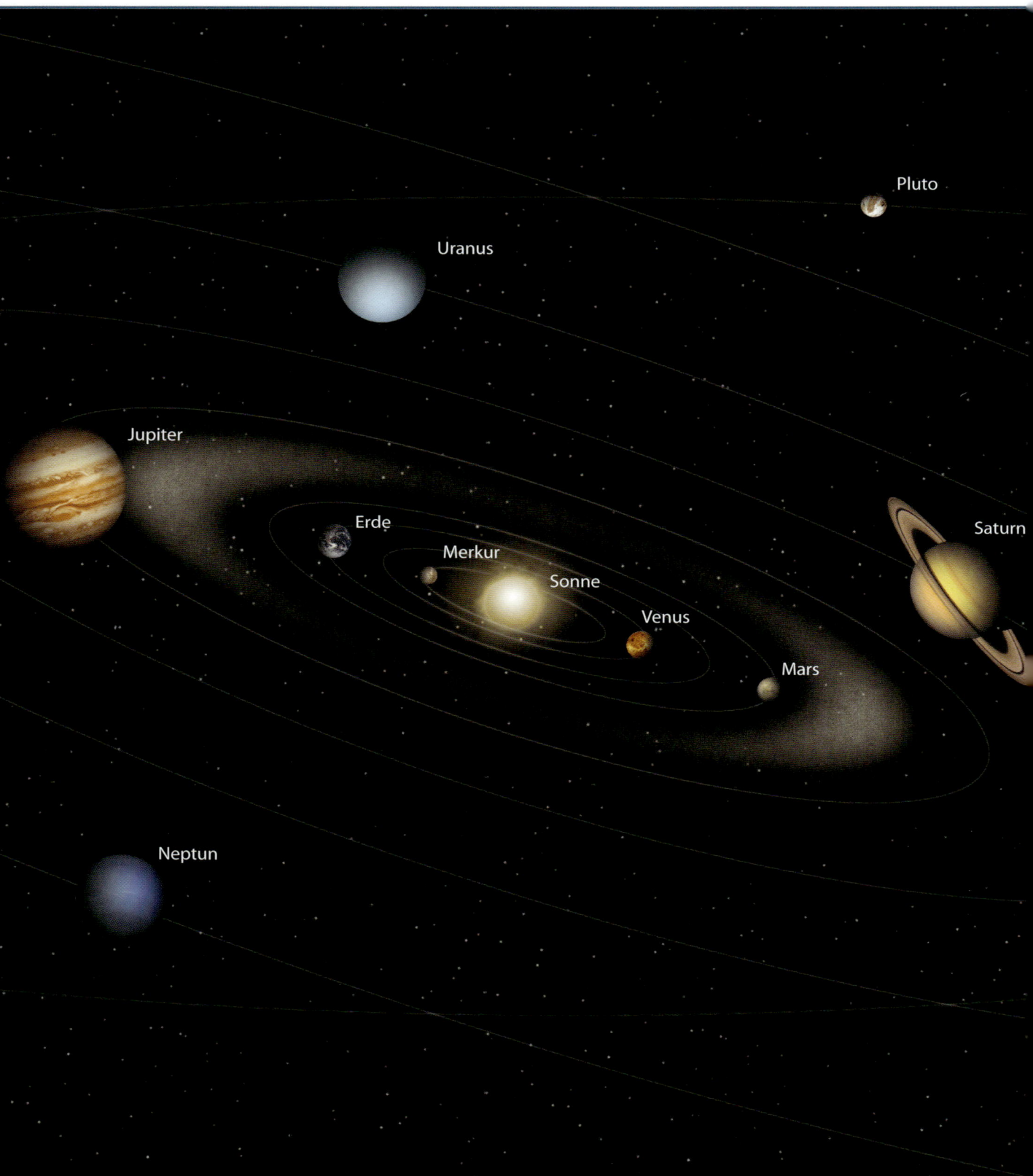

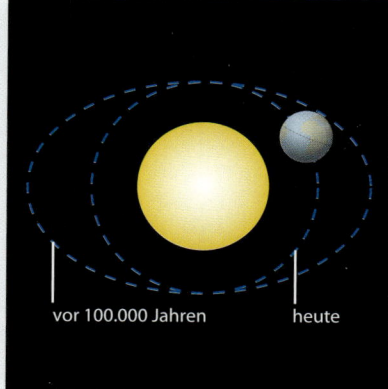 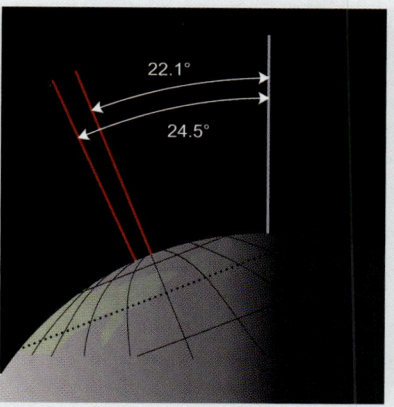 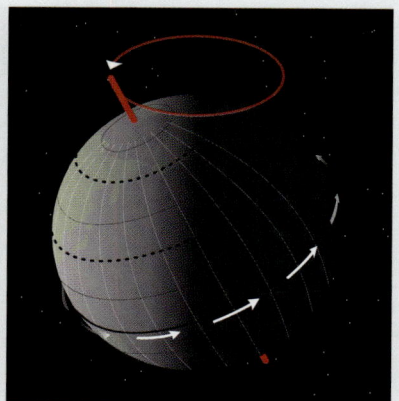

die Erde prägender, als es auf den ersten Blick aussieht: der Winkel der Erdumlaufbahn und damit auch die Neigung der Erde gegenüber dem Himmelsäquator. Denn diese schwankt durch den Einfluss der anderen Planeten leicht im Laufe von rund 40.000 Jahren – ein Phänomen, das auch als Obliquität bezeichnet wird.

Um das Schwanken voll zu machen, verändert sich auch die Rotationsachse der Erde im Laufe der Zeit. Sie „trudelt" leicht: Wie die Achse eines Kreisels, kurz bevor er umfällt, beschreibt sie kleine Kreisbewegungen gegenüber dem Sternenhintergrund. Diese Bewegung wird als Präzession bezeichnet. Ein solcher Umlauf dauert knapp 26.000 Jahre. Die Präzession sorgt beispielsweise dafür, dass sich der Frühlingspunkt, das Sternzeichen, das die Sonne bei Frühlings-Tagundnachtgleiche durchquert, allmählich verschiebt. Vor rund 2.000 Jahren, in der Antike, markierte der Widder den Frühlingspunkt, heute ist es die Konstellation der Fische. Auch der Polarstern wird in rund 13.000 Jahren nicht mehr über dem Nordpol stehen, an seiner Stelle markiert dann die Wega den nördlichen Himmelszenit.

All diese Schwankungen sind zwar nur gering, doch auf das Klima der Erde haben sie einen großen, wenn auch in langen Zeiträumen wirkenden Einfluss. Denn sie verändern die Menge an Sonnenenergie, die auf unseren Planeten trifft, und beeinflussen damit auch seinen Wärmehaushalt. Je nachdem, wie diese Faktoren zusammentreffen, können sie einen kurzzeitigen Unterschied von immerhin fünf bis zehn Prozent der so genannten Solarkonstante ausmachen. Vor allem das Muster der Jahreszeiten verändert sich. In der Vergangenheit haben diese Milanković-Zyklen vor allem für die Entstehung der Eiszeiten eine große Rolle gespielt.

Der Mond – ein Trabant mischt mit

Sehr viel näher und spürbarer wirkt auch ein anderer Himmelskörper noch auf die Erde ein: der Mond. Vermutlich durch eine gewaltige Kollision in der Frühzeit der Erde entstanden, umkreist er sie seit rund 45 Milliarden Jahren als treuer Trabant. Für einen Umlauf benötigt er rund 27 Tage und sieben Stunden – einen Mond-

Die Exzentrizität der Erdbahn bleibt nicht immer gleich (links). Auch die Neigung der Erdachse verändert sich im Laufe von 40.000 Jahren (Obliquität, Mitte). Außerdem beschreibt sie in knapp 26.000 Jahren einen Kreis gegenüber den Fixsternen (Präzession, rechts). © MMCD NEW MEDIA, NASA

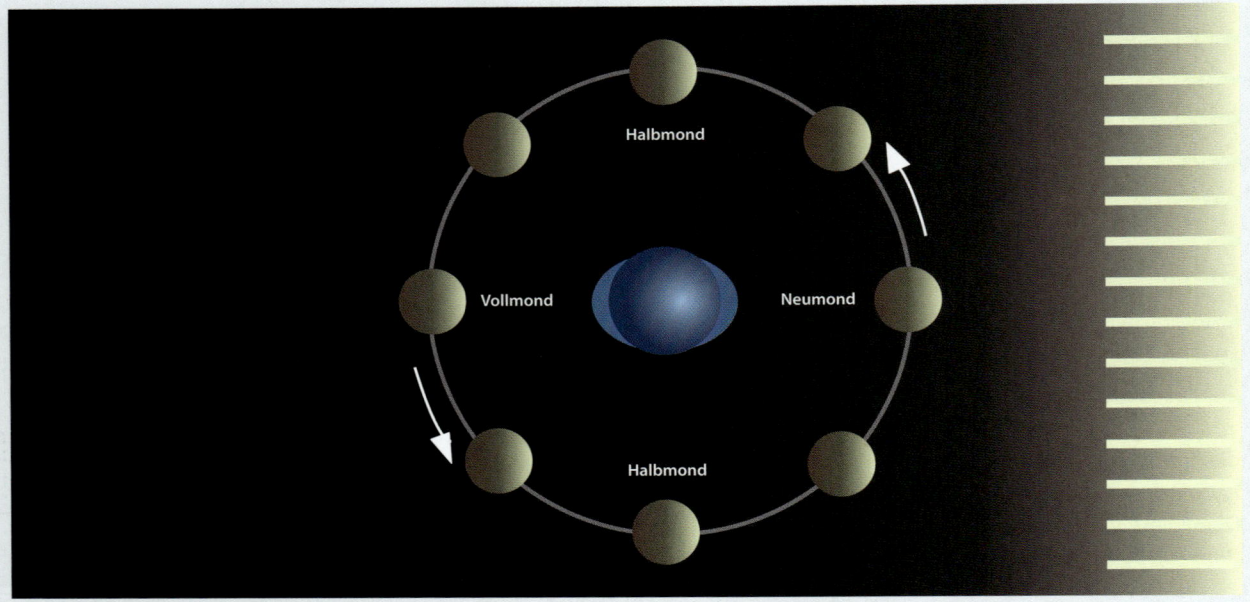

Die Anziehungskraft von Mond und Sonne erzeugen die Gezeiten auf der Erde. Sogar das Gestein der Kruste hebt und senkt sich ein wenig im Rhythmus von Ebbe und Flut. © Horst Frank/ GFDL

In der Bay of Fundy ist der Tidenhub besonders groß. © GFDL

monat. Seine Bahn ist leicht elliptisch, so dass sein Abstand zur Erde zwischen im Mittel 363.200 und 405.500 Kilometern variiert. Im Laufe der Zeit wird die Entfernung der beiden Himmelskörper jedoch um jährlich 3,8 Zentimeter größer, wie Lasermessungen ergeben haben. Ursache dafür ist die Wechselwirkung von Anziehungskräften und Rotation beider Himmelskörper. Sie bewirken auch, dass der Mond sich im Laufe einer Umkreisung nur genau einmal um seine eigene Achse dreht. Diese so genannte gebundene Rotation führt dazu, dass er der Erde immer die gleiche Seite zukehrt.

Als nächster Himmelskörper und „Nachbar" der Erde hat der Mond aber auch seinerseits einen gewaltigen und prägenden Einfluss auf unseren Heimatplaneten. So bewirkt seine Anziehungskraft einen ständig wiederkehrenden Wechsel von Hebungen und Senkungen auf der Erde, die beispielsweise an den Gezeiten ablesbar sind. Gemeinsam mit der Sonne ist der Mond die Ursache für Ebbe und Flut. Seine Anziehung erzeugt einen Flutberg auf der ihm zugewandten und – durch Fliehkrafteinwirkungen – auch auf der genau entgegengesetzten Seite der Erde. Wie ein großes Pendel schwingen dabei die Wassermassen in den Ozeanbecken, während sie seiner Bewegung folgen. An den Meeresküsten wechseln die Gezeiten in einem Rhythmus von zwölf Stunden und 25 Minuten.

Aber auch die Erde selbst, Erdkruste und Erdmantel, reagieren auf die Anziehungskraft des Mondes. Für uns nicht spürbar, hebt und senkt sich der Untergrund um bis zu 60 Zentimeter in einer periodischen, langsamen Schwingung. Weil diese Änderungen aber nur den millionsten Teil der irdischen Schwerkraft ausmachen, können sie nur mit speziellen, hochsensiblen Gravimetern gemessen werden.

Diese seltene Aufnahme eines halb von der Atmosphäre verdeckten Vollmonds gelang Astronauten an Bord eines Space-Shuttles. © NASA

Fossile Cephalopoden in einem Bett aus Epidauruskalk aus dem Osten des griechischen Peloponnes.
© Sammlung BGR/NLfB Hannover

Zeitzeugen
Das Alter der Gesteine

Korallen im Rheinischen Schiefergebirge, reißende Flüsse in der Sahara, Palmen in der Antarktis und tonnenweise Eis über Norddeutschland – es klingt vielleicht verrückt, aber das hat es alles einmal gegeben. Viele Geschichten aus der Chronik der Erde sind nicht mehr nur den Forschern bekannt: Geschichten von den Dinosauriern, wie sie lebten und wie sie zugrunde gingen, die Entwicklung des Menschen oder wie sich der gewaltige Himalaja auftürmte gehören inzwischen längst zum Allgemeinwissen. Doch woher wissen die Forscher, was vor Jahrmillionen geschah? Die Berichte sind meistens so plastisch und so detailliert, dass man glauben könnte, jemand sei dabei gewesen. In den meisten „Geo-Geschichten" ist dies natürlich vollkommen unmöglich. Denn uns, Homo sapiens, gibt es erst seit 115.000 Jahren. Die beschriebenen Ereignisse dagegen liegen Millionen, ja sogar Milliarden Jahre zurück.

Eine Frage des Alters

Schichten in einem Sandstein-
felsen nahe Stadtroda, Deutschland.
© GFDL

Die Helfer der Geowissenschaftler heißen „Stein, Fossil und Co.". Sie sind wichtige Zeitzeugen der Vergangenheit, die von den Entwicklungen und Veränderungen im Laufe der Erdgeschichte erzählen. Ihre Sprache wird jedoch erst nach und nach gedeutet und enträtselt. Puzzlestück für Puzzlestück entsteht so mithilfe dieser Zeugen das Bild der Vergangenheit unseres Planeten und seiner Bewohner.

In den letzten 100 Jahren haben die Geowissenschaftler dank neuer Methoden der Altersbestimmung enorme Fortschritte gemacht. Davor tappte man bei der zentralen Frage, wie alt unser Planet ist, noch vollends im Dunkeln. Ohne die Hilfe moderner Technologie mussten sich die Forscher bei der Frage nach dem Erdalter mit anderen Mitteln behelfen. Der Ire John Joly ermittelte im Jahr 1899 das Alter der Erde beispielsweise über den Salzgehalt der Meere.

Es war bekannt, dass Flüsse Salz in die Meere transportieren und dass der Salzgehalt der Ozeane etwa 3,5 Prozent betrug. Joly schätzte nun, dass die Ströme etwa 90 Millionen Jahre benötigt haben mussten, um den damals aktuellen Salzgehalt zu erreichen und setzte diesen Wert mit dem wahrscheinlichen Alter der Erde gleich. Eine vergleichsweise bescheidene Zahl, verglichen mit dem heute bekannten Erdalter von 4,5 Milliarden Jahren. Wo lag sein Fehler? Er bedachte nicht, dass die in die Meere transportierten Salze wieder zu festem Gestein werden können und so der Salzgehalt keinen großen Schwankungen unterworfen ist. Damit hätte sich auch gleich die Frage geklärt, wie das Salz in die Meere kommt und warum die Ozeane mit der Zeit nicht immer salziger werden.

Auch wenn John Joly mit seinen Berechnungen weit daneben lag, vertrat er doch damals bereits das Prinzip des Aktualismus und damit ein bis heute ebenso gültiges wie einfaches Prinzip. Es wurde vom schottischen Landwirt Hutton im Buch „Theory of the earth" aufgestellt und später vor allem durch Charles Lyell bekannt gemacht. Das Prinzip besagt: „Die Gegenwart ist der Schlüssel zur Vergangenheit". Es bedeutet, dass heute ablaufende geologische Prozesse nach genau denselben Gesetzen ablaufen, wie vor einigen Tagen, Wochen oder auch Jahrmillionen. Demnach ist ein Sandstein mit deutlichen Schichtungen vor Millionen von Jahren genauso durch den Transport und die Verfestigung von Sandkörnchen entstanden, wie es heute zum Beispiel an einer Düne am Strand geschieht.

Das Puzzle der Schichten

So wie die Gegenwart der Schlüssel zur Vergangenheit ist, können die Prozesse der Vergangenheit ebenso helfen, Entwicklungen der Zukunft zu prognostizieren. Daher werden heute Computermodelle mit den Klimadaten der Vergangenheit gefüttert, um zukünftige Entwicklungen zu simulieren. Ähnlich wie Historiker die Geschichte in allen Epochen verstehen wollen, versuchen daher Geowissenschaftler und Forscher anderer Fachbereiche, die Umweltverhältnisse seit der Entstehung der Erde zu durchschauen. Es gilt, eine 4,5 Milliarden Jahre lange Geschichte in detektivischer Kleinarbeit zu entschlüsseln: Der Fall Erde wird aufgeklärt. Dabei ist die Bestimmung des Alters von Schichten und Gesteinen besonders wichtig. Grundsätzlich gibt es zwei Methoden der Altersbestimmung: die relative (ein Gestein ist jünger oder älter als ein anderes) und die absolute (ein Gestein ist 300 Millionen Jahre alt).

Schon im 17. Jahrhundert stellte Nicolaus Steno Grundprinzipien für Ablagerungs- oder Sedimentgesteine auf, die sich mit der Altersbestimmung befassten. Das erste Prinzip besagt, dass in einer Folge übereinander liegender Sedimentschichten immer die unteren auch gleichzeitig die älteren sind („Lageregel"). Das gilt allerdings nur, wenn die Schichten unberührt und ungefaltet vorliegen. Für die Forscher heißt das: Je tiefer

Deutlich erkennbare Schichtung in Kalkstein nahe der Wutach.
© Harald Frater

Grundprinzipien der Stratigraphie

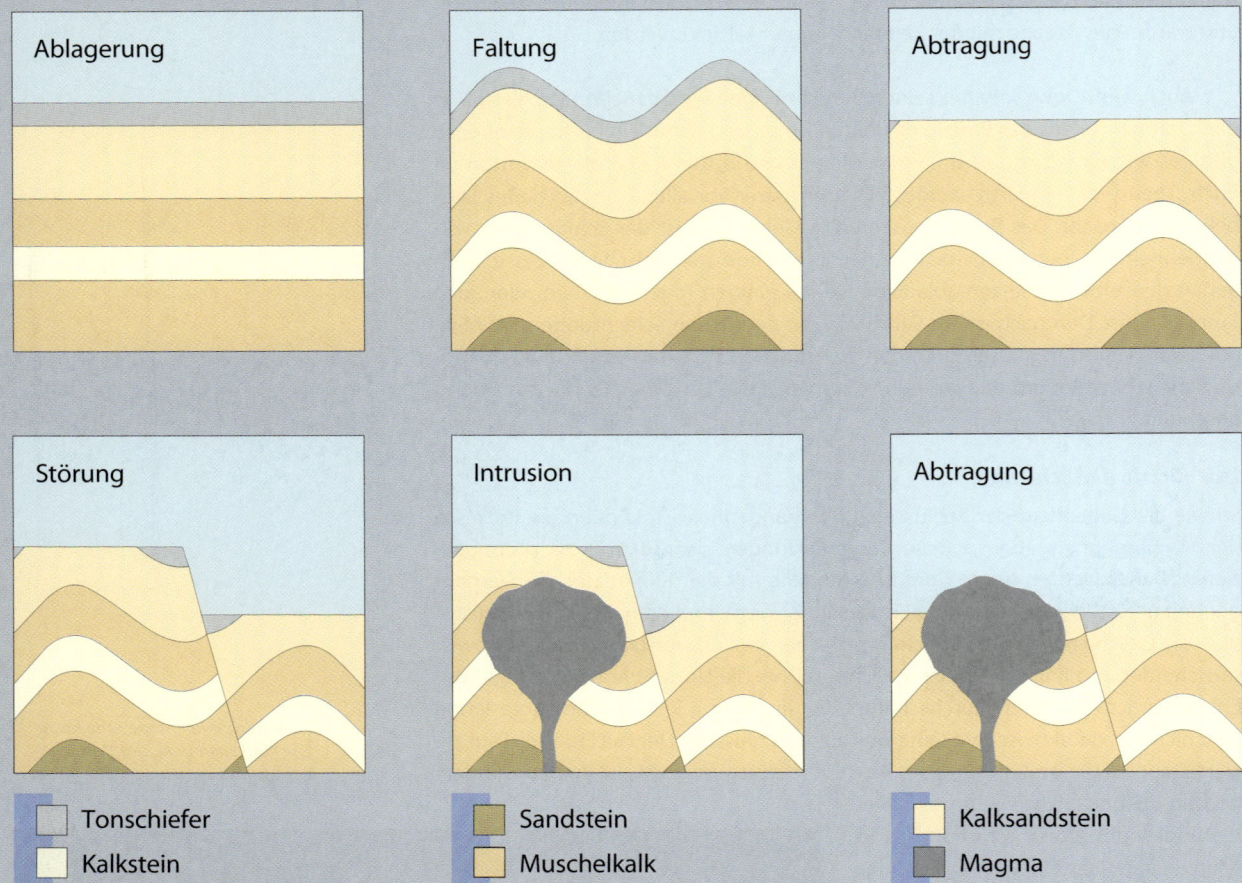

Ablagerung · Faltung · Abtragung

Störung · Intrusion · Abtragung

- ☐ Tonschiefer
- ☐ Kalkstein
- ☐ Sandstein
- ☐ Muschelkalk
- ☐ Kalksandstein
- ☐ Magma

Sieht man eine Gesteinsfolge im Gelände, ist nicht immer sofort zu erkennen, ob eine Schicht jünger oder älter ist als eine andere. Einige geologische Grundregeln erleichtern die Bestimmung.

Sedimentgesteine werden in den meisten Fällen horizontal abgelagert. Die unterste Schicht ist älter als die darüber- liegende. Die abgelagerten Sedimente können jedoch durch seitliche Einengung gefaltet werden. Es entstehen Mulden und Sättel. Im Laufe der Zeit werden die Erhebungen durch Verwitterung und Erosion wieder abgetragen. Das zuvor horizontale Schichtenmuster erscheint dann oft gekippt und unvollständig.

An Klüften und **Störungen** kommt es zu Verschiebungen der Gesteinsschichten, beispielsweise einer Abschiebung. Die Schichten enden dann abrupt und setzen sich jenseits mit verändertem Muster fort. Solche Störungen oder Diskordanzen sind immer jünger als die Schichten, in denen sie liegen.

Bei einer **Intrusion** dringt aufsteigendes Magma in die überlagernden Sedimentgesteine ein. Auch sie ist dann jünger als das Umgebungsgestein. Durch erneute Abtragung gelangen solche Intrusionen an die Oberfläche.

Die steilen Ufer der Insel Santorin in Griechenland enthüllen den geschichteten Untergrund. Ein Erdrutsch hat die Abfolge nachträglich gestört.
© Harald Frater

In fossilem Dünensand sind Schichten oft schräg abgelagert, wie hier bei einem zwei bis sieben Millionen Jahre alten Beispiel aus Sylt. © J. F. W. Negendank/ GeoForschungs-Zentrum (GFZ)

sie bohren oder graben, desto weiter können sie in die Vergangenheit schauen. Damit erklärt sich auch die vielleicht offene Frage, warum so viele Geowissenschaftler scheinbar immer und überall buddeln, bohren und graben.

Dass Sedimentgesteinsschichten immer horizontal abgelagert werden, besagt das zweite Prinzip Stenos. Da aber zum Beispiel der Sand einer Düne meist in einem bestimmten Winkel zur Oberfläche deponiert wird, ist die zweite Regel Stenos nicht generell für alle Ablagerungen anwendbar. Für die meisten Sedimente gilt aber, dass sie mit Winkeln von weniger als 45 Grad abgelagert werden. Findet man also Sedimentschichten mit größeren Winkeln zur Oberfläche, wurden die Schichten nach ihrer Verfestigung verschoben oder verstellt. Mit diesen beiden Prinzipien lassen sich mehrere aufeinanderliegende Schichten in eine zeitliche Reihenfolge bringen – zum Beispiel in einem Steinbruch.

Die Beschreibung der Lagerungsverhältnisse, deren Klassifizierung und der Vergleich der Schichten ist die so genannte Stratigraphie, eine Teildisziplin der Geologie, die sich mit dem Schichtaufbau und der daraus resultierenden Altersbestimmung befasst. Wenn sich zwei Gesteinsschichten in einer Region ähneln, können diese und die darüber oder darunter lagernden Schichten unter bestimmten Umständen in einen zeitlichen Zusammenhang zueinander gebracht werden. Diese Bestimmung des relativen Alters durch Vergleich funktioniert aber nur bei geringer räumlicher Entfernung der Vergleichsschichten voneinander. Gesteinsschichten in zwei weit voneinander entfernten Gebieten können natürlich auch zur selben Zeit gebildet worden sein. Aber oft besitzen diese ein völlig anderes Erscheinungsbild, weil Faktoren wie beispielsweise lokale Klima- und Umwelteinflüsse für andere Formen sorgten.

Steinbrüche, hier der Steinbruch Klunst in Ebersbach, legen tiefere Erdschichten offen und sind oft eine Fundgrube für Geologen und Fossiliensammler. © Mike Krüger/GFDL

Es ist daher zumindest mit dieser Methode nicht möglich, diese weit entfernten Schichten in Einklang zu bringen. Treten aber in beiden Schichtarten gleiche Fossilien auf, ist dies ein stichhaltiges Indiz für dasselbe Alter. Damit ein Fossil für die Altersbestimmung genutzt werden kann, muss es aber mindestens drei Voraussetzungen erfüllen: Es muss leicht zu finden sein, zu seiner Zeit weit verbreitet gewesen sein und sich schnell von einer Art zur anderen entwickelt haben. Diese Fossilien nennt man Leitfossilien. Durch die Kombination aus Leitfossilvorkommen und der Stratigraphie wurde die weltweit anwendbare geologische Zeitskala entwickelt.

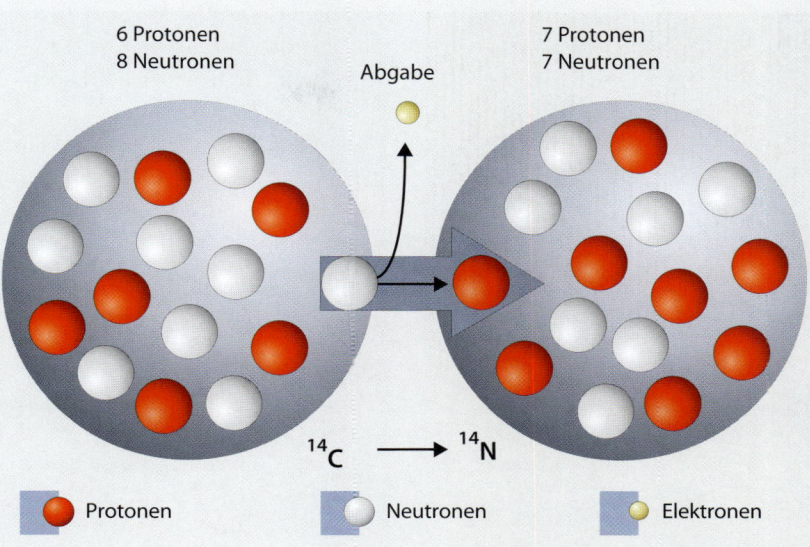

Der radioaktive Zerfall des Kohlenstoff-14-Isotops ermöglicht Datierungen bis etwa 500.000 Jahre in die Vergangenheit.
© MMCD NEW MEDIA

Zerfall als Zeitmesser

Doch wann genau lebte das Leitfossil und wann starb es aus? Diese Frage beantwortet die relative Altersbestimmung natürlich nicht. Die Entdeckung des radioaktiven Zerfalls durch Antoine Bequerel im Jahr 1895 brachte hier einen entscheidenden Durchbruch. Jedes Element besitzt eine bestimmte Anzahl von positiv geladenen Protonen in seinem Atomkern. Zusätzlich enthält dieser jedoch auch Neutronen, Teilchen ohne Ladung, deren Anzahl sich bei Atomen eines Elements unterscheiden kann. Solche „Varianten" des gleichen Elements nennt man Isotope. Bestimmte Element-Isotope, zum Beispiel von Uran, Thorium oder Strontium, sind jedoch instabil: Sie geben Atombestandteile ab und bilden dadurch unabhängig von Druck und Temperatur andere Isotope. Das zerfallende Atom ist dabei das Mutter-, das entstehende das Tochterisotop. Wird dabei nicht nur ein Elektron oder Neutron abgegeben, sondern auch ein oder mehrere Protonen, verändert sich nicht nur das Isotop, es entsteht auch ein Atomkern mit einer anderen Ordnungszahl und damit ein anderes Element. So zerfällt beispielsweise Uran-235 über mehrere Zwischenschritte zu Blei-206.

Die Zeit, die ein solcher Zerfall von einem Mutterisotop zu einem stabilen Tochterisotop benötigt, ist für die verschiedenen Elemente bekannt und vor allem konstant. Kohlenstoff-14 zerfällt beispielsweise relativ schnell zu Stickstoff-14. Es dauert „nur" 5.730 Jahre, bis die Hälfte des Kohlenstoff-14 umgewandelt ist. Diese Zeitspanne ist die so genannte Halbwertszeit. Für andere Elemente liegt sie im Bereich von mehreren Milliarden Jahren.

Werden nun in einem Gestein oder auch in einem Knochen die Verhältnisse von Mutter- und Tochterisotopen gemessen, lässt sich bestimmen, wann

Geschichtete Flussablagerungen, aufgeschlossen in der Tongrube Brüggen am Niederrhein.
© Harald Frater

das Element und damit oft auch das Gestein oder der Knochen entstanden sind. Bekannt sein muss dafür die Halbwertszeit des Isotops und sein Gehalt im Ausgangsmaterial. Welches Isotop sich für welche Materialien und Altersbereiche eignet, hängt sowohl von den Elementeigenschaften als auch von seiner Halbwertszeit ab. Zum einen muss das Element im gefundenen Material vorkommen, zum anderen ist die Datierung nur dann genau, wenn noch ausreichend Mutterisotop vorhanden ist. So können Geochemiker heute mithilfe der Uran-Blei-Datierung das Alter von drei Milliarden Jahre alten Gesteinen auf zwei Millionen Jahre genau bestimmen. Radioaktives Kalium-40 kommt in den Mineralen Glimmer, Feldspat und Hornblende vor, sein Zerfall zu Argon-40 hat eine Halbwertszeit von 1,3 Milliarden Jahren und eignet sich daher ebenfalls für die Datierung sehr alter Gesteine.

Bei Sedimentgesteinen gibt es jedoch noch weitere Möglichkeiten, das absolute Alter zu bestimmen. Wissenschaftler nutzen hier, wenn möglich, die Warven-Chronologie. Eine Warve ist eine aus hellen und dunklen Lagen bestehende Sedimentschicht in einem See. Die hellen Schichten enthalten Calcitkristalle, die im Sommer abgelagert werden. Die Sedimentation der dunklen Schichten findet dagegen vorwiegend im Winter statt. Eine Warve umfasst damit genau ein Jahr. Ähnlich wie bei den Jahresringen eines Baumes kann über die Zählung der Warven daher das Alter des Sedimentes bestimmt werden.

Auch Pollen von Bäumen und Sträuchern eignen sich als Alterszeugen: Ihre abgestorbenen Reste sind oft in Seesedimente, in Moore oder in Böden eingebettet. Ein Kubikzentimeter eines Seesediments kann bis zu 100.000 Pollenkörner enthalten. Sie verraten daher nicht nur, welche Arten zu einer bestimmten Zeit gewachsen sind, sondern auch, in welchem zahlenmäßigen Verhältnis. Damit sind detaillierte Aussagen sowohl über die Vegetationsgeschichte als auch über das vergangene Klima möglich. So konnten Wissenschaftler beispielsweise mithilfe von Pollen, gewonnen aus Sedimentbohrkernen aus dem Baikalsee, ermitteln, dass in der Zeit zwischen 3,5 und 2,5 Millionen Jahren vor heute eine deutliche Abkühlung in der Baikal-Region stattgefunden hat. Da sich dieser Zeitraum mit dem Beginn der flächenhaften Vergletscherung der nördlichen Hemisphäre deckte, konnten sie auf eine globale Klimaentwicklung im Meer und an Land schließen. Da mittlerweile die Vegetationsverhältnisse des jüngsten erdgeschichtlichen Zeitabschnitts, des Quartärs, sehr gut bekannt sind, werden hier Pollen sogar für die absolute Altersdatierung genutzt.

Die geologische Zeitskala

Die geologische Zeitskala, die unter anderem auf den Altersbestimmungen von Gesteinen basiert, hilft, geologische Prozesse und Ereignisse der Erdgeschichte zeitlich einzuordnen. Die so genannte stratigraphische Tabelle gibt die Abfolge der Zeitalter, Perioden und Epochen chronologisch und hierarchisch gegliedert an. Eine internationale Kommission, die „International Commission on Stratigraphy" (ICS) legt die Grenzen der einzelnen Abschnitte verbindlich fest.

Die Abgrenzungen der unterschiedlichen Erdzeitalter stellen meist einen Zeitpunkt besonderer Veränderungen dar. So ist zum Beispiel der Übergang vom Präkambrium zum Kambrium durch das Erscheinen schalentragender Tiere gekennzeichnet. Quartär, erst im September 2009 neu definiert, wird durch eine Klimaabkühlung und damit den Beginn des Eiszeitalters eingeleitet. Auch das Aussterben von Tieren, so genannte Faunenschnitte, und das Verschwinden von Pflanzen dient zur Abgrenzung der Erdzeitalter.

In der Erdgeschichte ist es mehrmals zu großem Massenaussterben gekommen, bei dem teilweise bis zu 95 Prozent aller existierenden Arten ausgelöscht wurden. Diese Ereignisse vernichteten innerhalb von – geologisch gesehen – kurzer Zeit unzählige Arten weltweit. Das bisher katastrophalste Aussterben der Erdgeschichte ereignete sich im Perm, vor rund 250 Millionen Jahren. 96 Prozent aller Meeresbewohner und mehr als drei Viertel aller landlebenden Wirbeltiere fielen ihm zum Opfer, ganze Ökosysteme brachen zusammen. Massenaussterben vernichtet jedoch nicht nur viele einzelne Arten, sondern löscht oft auch gleich ganze Großgruppen des Tier- oder Pflanzenreichs komplett aus. Als die Dinosaurier vor 65 Millionen Jahren ausstarben, gingen mit ihnen zwei ganze Ordnungen mit allen ihren Familien, Gattungen und Arten zugrunde – ohne Ausnahme, ohne Überlebende.

Geschichtete Sedimente eines Sees. Wie anhand der Jahresringe eines Baumes lässt sich auch hieran das Alter bestimmen. © Achim Brauer/GeoForschungs-Zentrum (GFZ)

Ära	System	Serie	Mio. Jahre vor heute	Ereignisse
Känozoikum	**Quartär**	Holozän		
		Pleistozän		
	Neogen	Pliozän	1,8	
		Miozän		
	Paläogen	Paläozän	23	
		Eozän		
		Paläozän		
Mesozoikum	**Kreide**	Obere	65	
		Untere		
	Jura	Oberes	142	
		Mittleres		
		Unteres		
	Trias	Obere	200	
		Mittlere		
		Untere		
Paläozoikum	**Perm**	Oberes	251	
		Mittleres		
		Unteres		
			296	

Quartär

Die jüngste Epoche der Erdgeschichte ist durch einen Wechsel von Warm- und Kaltzeiten geprägt. Das Vor- und Zurückrücken der Gletscher hat die Landschaft in weiten Teilen Europas, aber auch der restlichen Nordhalbkugel geprägt. Die Tierwelt, aber auch Frühmenschen wie der Neandertaler sind an die Kälte der Eiszeiten angepasst, mit der ausklingenden letzten Eiszeit sterben sie jedoch aus. Der Beginn einer Warmzeit vor rund 11.700 Jahren markiert den Beginn des Holozäns, der geologischen Gegenwart.

Neogen/Paläogen

Das Paläogen beginnt nach dem Massenaussterben vor 65 Millionen Jahren, dem auch die Dinosaurier zum Opfer fielen. Es macht den Weg frei für die Weiterentwicklung der Vögel und Säugetiere. Vor 27 Millionen Jahren bildet sich eine Landbrücke zwischen Afrika und Eurasien, die deren Ausbreitung unterstützt. Im Neogen entwickeln sich die Vorfahren der heutigen Pferde, Hirsche, Wölfe und Kamele. Auch die ersten Primaten entstehen. In den Meeren entstehen gewaltige Ablagerungen aus Sedimenten, aber auch aus abgestorbenen Tier- und Pflanzenresten. Diese werden im Laufe der Zeit zu Erdgas und Erdöl umgewandelt. Früher bildete das Paläogen zusammen mit dem Neogen die Epoche des Tertiär. Diese Bezeichnung wird seit 2004 nicht mehr verwendet.

Kreidezeit

Die Kreidefelsen von Rügen, das Elbsandsteingebirge bei Dresden, aber auch Teile der Fränkischen Alb verdanken den Ablagerungen dieser Epoche ihre Entstehung. In der Pflanzenwelt breiten sich die Blütenpflanzen, Laubbäume und Gräser immer weiter aus. In der Tierwelt erleben die Dinosaurier, begünstigt durch das gleichmäßig warme Klima, eine Blütezeit. Am Ende der Kreidezeit löst ein Meteoriteneinschlag ein Massenaussterben aus, dem die Dinosaurier und etwa drei Viertel der Meereslebewesen zum Opfer fallen.

Jura

Im Jura beginnt der Superkontinent Pangäa zu zerfallen. Der Nordatlantik öffnet sich, Afrika und Südamerika trennen sich voneinander, Afrika-Australien und Indien lösen sich vom Superkontinent. Das Klima ist warm. In der Tierwelt beherrschen die Saurier alle Lebensräume, aber auch die ersten Vögel (Archäopteryx) treten auf. Im Meer erleben die Ammoniten eine Blütezeit. Unter den Pflanzen dominieren Nadelholzgewächse und Palmfarne.

Trias

Während dieser Zeit ist es in Europa und vielen anderen Gebieten im Inneren des Superkontinents Pangäa heiß und trocken, Wüsten breiten sich aus. Der Rückzug der Feuchtgebiete verhilft Ginkgo, Palmfarnen und Nacktsamern (Gymnospermen) zum Aufstieg. Die ersten Säugetiere und Dinosaurier treten auf. Noch aber dominieren die Therapsiden, gemeinsame Vorfahren beider Tiergruppen.

Perm

Durch den Zusammenschluss aller Landmassen bildet sich im Perm der Superkontinent Pangäa. Im Süden des Kontinentes, der sich fast vom Nord- bis zum Südpol erstreckt, gibt es Vergletscherungen, in den restlichen Gebieten herrscht ein eher trockenes Klima. Viele heute erhaltene Salzlagerstätten entstehen in dieser Zeit. Die Reptilien entwickeln sich weiter, dafür sterben die Trilobiten aus. Am Ende des Perms kommt es zum größten Massenaussterben der Erdgeschichte. Fast 95 Prozent der Meeresbewohner und über 70 Prozent der Landlebewesen sterben aus.

Karbon

Die geologischen Zeitskala

Im Karbon kollidieren die Kontinente Laurussia und Gondwana und lösen eine große Gebirgsbildung aus. Die Pyrenäen, der Ural und Teile der Alpen in Europa sowie die Appalachen in Nordamerika entstehen. In Mitteleuropa herrscht ein warmfeuchtes Klima, ausgedehnte, von Baum- und Samenfarnen bewachsene Sümpfe prägen die Landschaft. Sie werden nach dem Absterben im Laufe der Zeit zu Kohle umgewandelt und bilden die heutigen Steinkohlevorkommen. Die ersten Reptilien entwickeln sich, im Pflanzenreich die ersten Vorläufer der heutigen Nadelbäume.

Devon

In den Ozeanen des Devons breiten sich die Fische stark aus, daher wird diese Ära auch „Zeitalter der Fische" genannt. An Land, gefördert durch das warme, milde Klima, bilden sich allmählich ausgedehnte Wälder aus verschiedensten Farnen. In ihnen entstehen die ersten geflügelten Insekten. Auch die Wirbeltiere erobern nun das Land, zunächst in Form erster Amphibien. Im Bereich des heutigen Mitteleuropas liegen ausgedehnte Riffe.

Silur

Das milde Klima und ausgedehnte Flachmeere lassen große Korallenriffe entstehen, riesige Seeskorpione bevölkern die Ozeane. Auch die Entwicklung der ersten Wirbeltiere in Form der Knochenfische beginnt. Mit den Urfarnen oder Psilophyten treten erste primitive, an Land lebende Gefäßpflanzen auf. Skorpione und Tausendfüßler folgen den Pflanzen als erste Landtiere.

Ordovizium

Zu Beginn des Ordoviziums ist es in Äquatornähe sehr warm, weite Teile der Landmassen sind überflutet, viele Sedimente lagern sich ab. Auch Mitteleuropa liegt vollständig unter Wasser. Neben Kopffüßern entwickeln sich die ersten Vorstufen der Wirbeltiere. Gegen Ende dieser Zeitperiode beginnt einer der kältesten Abschnitte der Erdgeschichte, ein Großteil der Südhalbkugel war vereist. Als Folge ereignet sich ein Massenaussterben.

Kambrium

Der Sauerstoffgehalt der Atmosphäre erreicht etwa die heutige Konzentration von 21 Prozent. Es kommt zu weiten Meeresvorstößen mit einem Maximum im Mittelkambrium. In den zahlreichen Flachmeeren bilden sich schalentragende Meeresbewohner; es ist das Zeitalter der Trilobiten. Aber auch andere Organismengruppen erleben im frühen Kambrium eine explosive Entwicklung, die so genannte kambrische Explosion der Artenvielfalt.

Präkambrium

Der älteste Abschnitt der Erdgeschichte unterteilt sich in zwei Unterphasen: das Archaikum und das Proterozoikum. Das Archaikum reicht von der Erdentstehung vor gut 4,5 Milliarden Jahren bis etwa 2,5 Milliarden Jahre vor heute. Aus ihm sind keine Lebensspuren erhalten. Im darauf folgenden Proterozoikum jedoch treten die ersten Wirbellosen und die ersten Pflanzen, die Algen auf. Langsam reichert sich die Atmosphäre mit Sauerstoff an.

Mio. Jahre vor heute	System	Serie	Ära
	Karbon	Oberes	Paläozoikum
		Unteres	
358	Devon	Oberes	
		Mittleres	
		Unteres	
417,5	Silur	Pridoli	
		Ludlow	
		Wenlock	
		Llandovery	
443	Ordovizium	Oberes	
		Mittleres	
		Unteres	
495	Kambrium	Oberes	
		Mittleres	
		Unteres	
545	Präkambrium		
4.500			

Fossilien, Gesteine und Co. – die Zeugen

Trilobiten, hier ein Vertreter der Gattung Palejurus, sind inzwischen ausgestorben, doch ihre Fossilien prägen Gesteinsschichten vom Kambrium bis zum Perm. © GFDL

Im Zeugenstand stehen: Fossilien, Gesteine und Böden. Ihnen gemeinsam ist, dass sie ähnlich einem Archiv Informationen aus der Vorzeit enthalten. Der Vergleich von Fossilien mit ihren heutigen Nachkommen lässt oft Rückschlüsse auf das vorzeitliche Leben zu. Gewaltige Schichten aus Kalk etwa verraten uns das ehemalige Vorhandensein von Meeren. Und nicht zuletzt sind auch die Böden geschichtsträchtig, denn sie geben ebenfalls Auskunft über die Umweltbedingungen der Vergangenheit.

Lebendig begraben? – Fossilien

Auch wenn es die Überschrift vielleicht nahelegt, Fossilien müssen nicht unbedingt lebendig begraben werden, damit sie sich „Fossil" nennen dürfen. Es handelt sich bei diesen wichtigen Helfern der Geowissenschaftler um die Überreste von Lebewesen, die irgendwann in der erdgeschichtlichen Vergangenheit von Material bedeckt wurden und so der Zersetzung entgangen sind. Dabei kann es sich beispielsweise um Knochen, Zähne, Pflanzenabdrücke oder Schalen von wirbellosen Tieren handeln. Solche Relikte finden sich allerdings nur in Ablagerungsgesteinen, in Sedimenten beispielsweise von ehemaligen Meeren oder Seen, nicht aber in vulkanischen Gesteinen oder solchen, die durch Metamorphose verändert wurden. Dank der Konservierung im Untergrund tauchen sie, teilweise nach Jahrmillionen, versteinert oder als Abdruck in einem Gestein wieder auf.

Was man von einem Lebewesen nach langer Zeit tatsächlich noch sieht, hängt davon ab, wie sich das Fossil gebildet hat. Als Beispiel dient hier ein Seeigel. Frühe Formen dieser noch heute am Meeresboden lebenden Tiere gab es schon vor über 250 Millionen Jahren. Sie tragen eine Schale aus Kalk, an der Stacheln zum Schutz und zur Fortbewegung verankert sind. Ein Seeigel, der am Meeresboden stirbt, wird mehr oder weniger schnell von einer Sandschicht überlagert. Ab diesem Zeitpunkt gibt es viele Wege, die zu ganz unterschiedlichen Fossilien des Seeigels führen. So kann sich Sediment in seinem Innern ansammeln, die Schale auflösen und das später gefundene Fossil erscheint als Innenabdruck des Seeigels. In anderen Fällen können aber auch kalkhaltige Schalenteile von anderen Mineralen ersetzt werden. Dann enthält das spätere Fossil nicht die Originalschale, sondern eine „nachgebildete". Ebenso ist es möglich, dass sich die Schale auflöst und der Hohlraum mit einem anderen Mineral ausgefüllt wird.

Oft ist in den Gesteinen ein ganzer „Zoo der Erdgeschichte" zu Stein geworden und das vielfältige Leben am Meeresboden eines Zeitalters gleichsam für immer „eingefroren" und verpackt. Einen Blick auf den Meeresboden des Devons erlaubt beispielsweise ein Fossil aus dem Bergischen Land in Nordrhein-Westfalen. Der so genannte Eulenkopf, ein Brachiopode, ist ein Meeresbewohner mit einem muschelartigen Gehäuse, der mit einem beweglichen Verbindungsglied am Meeresboden festsitzt. Brachiopoden gibt es auch heute noch, sie leben aber im Gegensatz zu ihren fossilen Vertretern in tieferen Meeresbereichen. Deutlich zu erkennen sind die kalkhaltigen Reste von Korallen, die zusammen mit den Stromatoporen in lichtdurchfluteten Flachmeeren ganze Riffe aufgebaut haben. Der Fund dieser Fossilien lässt auf ein ehemaliges Riff und damit auf flaches Wasser und Temperaturen um 20 °C schließen. 380 Millionen Jahre vor unserer Zeit gab es in Teilen Nordrhein-Westfalens ähnliche Verhältnisse wie heute am australischen Great Barrier Reef.

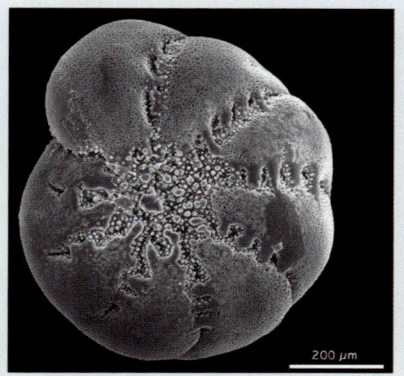

Mikrofossilien, wie hier die Foraminifere Elphidium, geben wichtige Hinweise auf die Klimabedingungen der Vergangenheit. © USGS

Links: Fossile Korallen und ein „Eulenkopf"-Brachiopode (rechts oben) aus Bergisch Gladbach. Rechts: Ammoniten gehören zu den bekanntesten und häufigsten Fossilien. © Harald Frater, Jens Oppermann

*Links oben: Saurichthys curio-
nii, ein Strahlenflosser aus der
mittleren Trias, gefunden im
Kalkstein des Monte San Giorgio
in der Schweiz.
Links unten: Archaeopteryx
lithographica, fotografiert im
Musée national d´Histoire natu-
relle, Paris.
© beide gemeinfrei*

*Oben: Dactylioceras-Ammoniten
aus dem Jura.
Unten: Dickinsonia costata, ein
575 Millionen Jahre alter früher
Mehrzeller aus dem Ediacaran.
© beide GFDL*

Biostratigraphie

Nach dem stratigraphischen Prinzip liegen bei ungestörter Lagerung die ältesten Schichten unten und die jüngeren Schichten oben. Doch in der Praxis ist dies nicht immer so. Leitfossilien ermöglichen den Abgleich und die Datierung auch von weiter entfernten oder nachträglich durch geologische Prozesse umgelagerten Schichten.

Um für die Biostratigraphie geeignet zu sein, muss ein Fossil in möglichst vielen Lebensräumen existiert haben, seine Überlebensdauer sollte nicht zu lang sein, typischerweise liegt sie bei 300.000 bis einer Million Jahren. Außerdem sollte es leicht bestimmbar und im Vorkommen häufig sein.

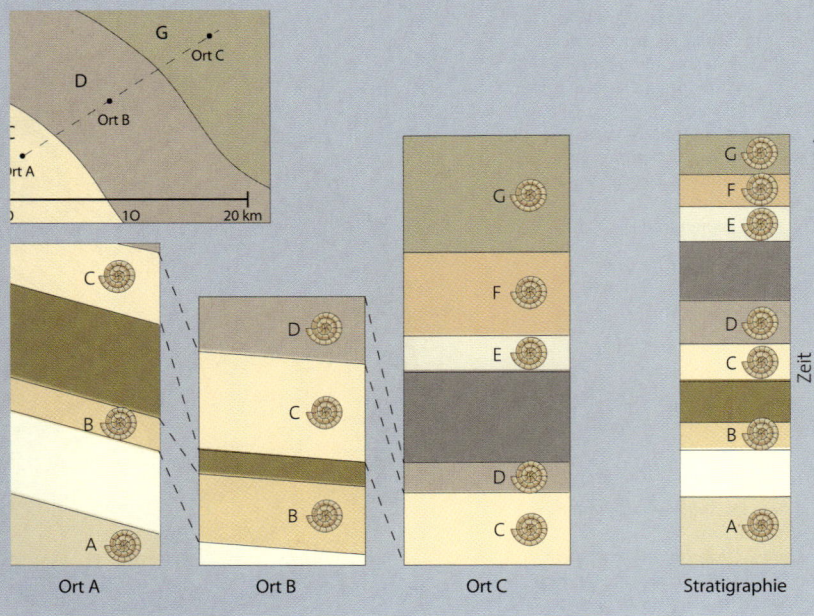

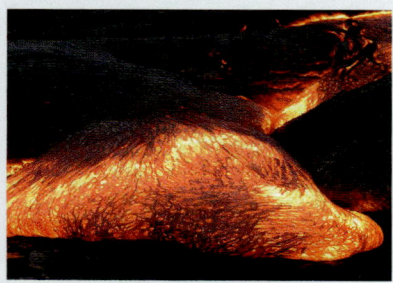

Sprechende Steine

So wertvoll Fossilien als Datierungshilfe für die Geologen und Paläontologen auch sind, sie decken nur einen begrenzten Zeitraum in die Vergangenheit ab – und nicht jede erdgeschichtliche Epoche ist gleichermaßen reich an „lebendigen" Zeitzeugen. Geht es um Prozesse oder Ereignisse, die viele hundert Millionen oder sogar einige Milliarden Jahre zurückliegen, sind die Gesteine der Erdkruste die zuverlässigsten und meist auch einzigen Zeugen. Sie geben Auskunft über die geologischen Verhältnisse, die zur Zeit ihrer Entstehung geherrscht haben müssen. Gesteine sind ein Gemisch verschiedener Minerale. Von diesen gibt es zwar viele tausend Arten, jedoch sind nur etwa 30 von ihnen an der Gesteinsbildung beteiligt. Zu den Hauptbestandteilen der Gesteine gehören vor allem Feldspäte, Quarz, Glimmer sowie Pyroxene und Amphibole.

Gesteine werden abhängig von der Art und Weise ihrer Entstehung in drei große Gruppen unterteilt, Magmatite, Sedimentite und Metamorphite, die alle über einen großen Kreislauf miteinander verbunden sind. Magmatite entstehen bei der Erstarrung von Gesteinsschmelzen im Erdinneren. In den tiefen Bereichen der Erdkruste, aber auch im oberen Erdmantel, steigen die Temperaturen bis auf nahe 1.000 °C. Das Gestein wird unter diesen Bedingungen aufgeschmolzen. Gelangt dieses so genannte Magma in kühlere Bereiche der Erdkruste, ohne jedoch die Erdoberfläche zu erreichen, beginnen die Minerale zu kristallisieren – ein Magmatit entsteht. Erreicht das Magma dagegen die Erdoberfläche, kühlt es sich verhältnismäßig schnell ab; die Minerale haben kaum Zeit zu kristallisieren. Die dadurch entstehenden Gesteine werden Vulkanite genannt. Basalt, das mit

Der Kreislauf der Gesteine

Die einzelnen Gesteinstypen existieren nicht isoliert voneinander. In einem gewaltigen, hunderte Millionen Jahre dauernden Zyklus werden sie durch geologische Prozesse gebildet, abgebaut und entstehen erneut. Plattentektonik, Verwitterung und Erosion sowie die Sedimentation sind die formenden Kräfte in diesem Kreislauf.

Er beginnt mit dem aufgeschmolzenen Magma im Erdinneren. Erstarrt Magma durch Abkühlung, entsteht ein magmatisches Gestein, geschieht dies an der Erdoberfläche, spricht man von einem Vulkanit.

Durch die Kräfte der Verwitterung und Erosion wird das Gestein im Laufe der Zeit allmählich in immer kleinere Brocken zerlegt. Am Ende bleiben im Extremfall Sand und Staub. Diese feinen Materialien werden in die Flüsse geschwemmt und von diesen weitertransportiert und entweder an Land oder im Meer abgelagert. Dadurch entstehen Sedimente. Diese werden durch weitere auflagernde Schichten diagenetisch verfestigt; es bilden sich

Sedimentite – Sedimentgesteine. Kommen die entstandenen Sedimentgesteine durch Absenkungsbewegungen, beispielsweise an einer Plattengrenze, in Bereiche mit höheren Temperaturen und Drücken, wird das Gestein umgewandelt.

Bei einer schwachen Metamorphose spiegelt sich die Druckrichtung in der Gesteinsstruktur wieder, der Mineralbestand bleibt jedoch erhalten. Erst bei sehr hohen Beanspruchungen durch Druck und Temperatur verändert sich auch der Mineralbestand. So können selbst Metamorphite wieder vollständig eingeschmolzen werden. Der Kreislauf beginnt von vorn.

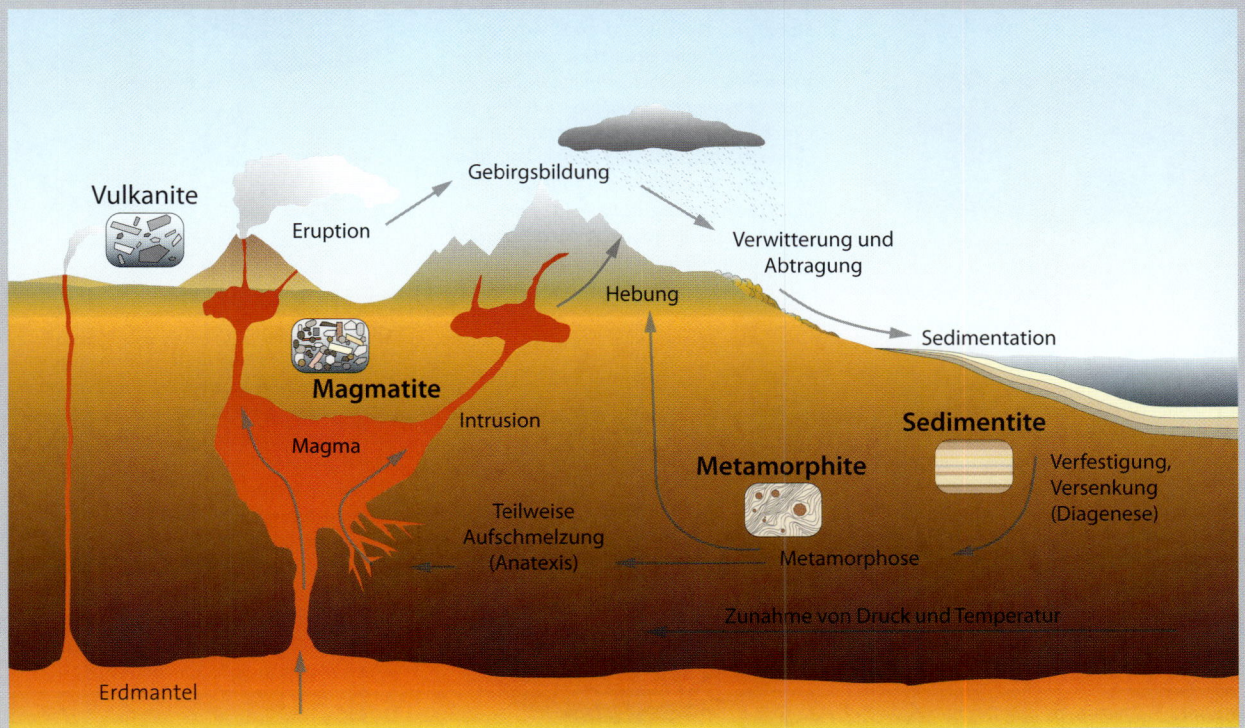

Feldspat (56 %)

Kaum ein Gesteinstyp, ob magmatisch, metamorphisch oder Sediment, in dem diese Silikatminerale nicht vorkommen. Die spröden Kristalle gelten als die mit Abstand wichtigsten gesteinsbildenden Minerale der Erdkruste. Zusammen mit Quarz und Glimmer bilden sie beispielsweise Granit, das Grundgestein vieler Gebirge. Die Farbe des Feldspats variiert von farblos über weiß, rosa, grün, blau bis braun. (rechts)
© Dave Dyet/gemeinfrei)

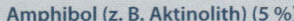

Amphibol (z. B. Aktinolith) (5 %)

Amphibole sind die Chamäleons unter den Mineralen. Kaum ein anderes bringt so vielfältige Formen und Varianten hervor wie diese Gruppe. Ihr Grundgerüst bildet eine Silikat-Doppelkette, an die verschiedene Metalle und andere Elemente angelagert sein können. Daher werden sie auch Bandsilikate genannt. Wichtigster und häufigster Vertreter der Amphibole ist die Hornblende, die in vielen magmatischen und metamorphen Gesteinen vorkommt. Eine Variante der Hornblende, der Nephrit, ist Grundbaustein des vor allem in Asien verwendeten Schmucksteins Jade. (unten, hinten Augit, vorne Jadeit. © gemeinfrei)

Quarz (12 %)

Quarz ist das zweithäufigste Mineral der Erdkruste. Chemisch besteht es aus reinem Siliziumdioxid (SiO_2), daher bildet es einen wichtigen Rohstoff für die Glas-, Keramik- und Zementindustrie, aber auch für Halbleiter. In der Natur ist das glänzende, sehr harte Mineral in Granit, Schiefer und Gneis, aber auch in vielen anderen Gesteinen enthalten. Edel- und Halbedelsteine wie Bergkristall, Achat, Rosenquarz oder Amethyst gehören ebenfalls zu den Quarzen. Ihr unterschiedliches Aussehen erhalten sie durch Spurenelemente, Flüssigkeits- und Mineraleinschlüsse. Eine Besonderheit sind Opale, in denen das Siliziumdioxid nicht in kristalliner, sondern in amorpher Form vorliegt. (links oben Quarzkristalle, links unten Amethyst) © Luis Miguel Bugallo Sánchez/ GFDL, gemeinfrei)

Glimmer (4 %)

Typisch für die Minerale der Glimmergruppe ist ihre Weichheit und leichte Spaltbarkeit: Weil in ihnen die Silikatverbindungen schichtweise angeordnet sind, lassen sie sich ohne Mühe in dünne Scheiben zerteilen. In einigen Gegenden wurden früher transparente Glimmerscheiben sogar als Glasersatz in Fenstern eingesetzt. Einige Glimmer sind auch als Katzengold oder -silber bekannt. Als Gesteinsbildner sind sie Bausteine vieler magmatischer und metamorpher Gesteine wie Granit oder aber Glimmerschiefer und Gneis. (rechts) © Luis Miguel Bugallo Sánchez/GFDL)

Pyroxen (10 %)

Als Pyroxen wird eine ganze Gruppe von Silikatmineralen zusammengefasst, die zusätzlich unterschiedliche Metallatome wie Eisen, Magnesium oder Aluminium enthalten können. Ihr Name enthält die griechischen Worte für Feuer (pyros) und fremd (xenos) und wurde geprägt, weil Pyroxene häufig in vulkanischer Lava als Kristalleinschlüsse zu finden sind. Oft sind sie Bausteine von quarzarmen magmatischen Gesteinen wie Basalt oder Gabbro. (rechts) © gemeinfrei)

Die Top acht der gesteinsbildenden Minerale

Ob funkelnder Edelstein oder rauer Granit: So vielfältig die Gesteine der Erdkruste auf den ersten Blick auch sind, so klein ist doch die Palette ihrer wichtigsten Bausteine, der Minerale. Nur acht von ihnen reichen schon aus, um die häufigsten Gesteine zu bilden. Diese gesteinsbildenden Minerale sind zum großen Teil Verbindungen von Silizium und Sauerstoff – in Form von Silikaten – kombiniert mit verschiedenen Metallen wie Eisen, Magnesium oder Aluminium. Doch trotz dieser chemischen Ähnlichkeit bilden sie ein breites Spektrum mit ganz unterschiedlichen Eigenschaften.
(In Klammern jeweils der Anteil an der Erdkruste in Volumenprozent)

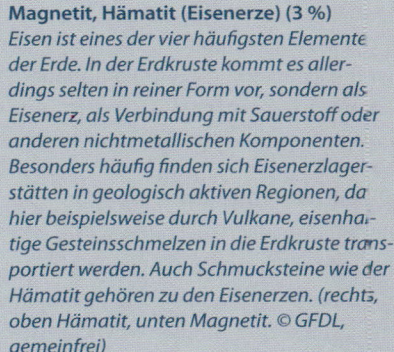

Magnetit, Hämatit (Eisenerze) (3 %)
Eisen ist eines der vier häufigsten Elemente der Erde. In der Erdkruste kommt es allerdings selten in reiner Form vor, sondern als Eisenerz, als Verbindung mit Sauerstoff oder anderen nichtmetallischen Komponenten. Besonders häufig finden sich Eisenerzlagerstätten in geologisch aktiven Regionen, da hier beispielsweise durch Vulkane, eisenhaltige Gesteinsschmelzen in die Erdkruste transportiert werden. Auch Schmucksteine wie der Hämatit gehören zu den Eisenerzen. (rechts, oben Hämatit, unten Magnetit. © GFDL, gemeinfrei)

Olivin (3 %)
Die grünlich schimmernden Olivine sind das Hauptmineral des oberen Erdmantels und damit eigentlich das häufigste Silikat der Erde. In der Erdkruste allerdings ist ihr Anteil geringer. Hier kommen sie in basischen magmatischen Gesteinen wie Gabbro, Peridotit oder Basalt vor. Manchmal bleibt bei der Erosion von Basaltlava dunkelgrüner Olivinsand übrig. Besonders transparente und reine Formen des Olivins, Chrysolit und Peridot, werden auch als Schmucksteine verwendet. (oben) © Luis Miguel Bugallo Sánchez/GFDL)

Kalkspat (Calcit) (2 %)
Das Karbonat-Mineral Calcit ($CaCO_3$) ist das formenreichste Mineral der Erde. Nicht nur Marmor oder Kalkstein verdanken ihm ihre Existenz, auch die Tropfsteine vieler Höhlen sind nichts anders als Calcit. Zahlreiche berühmte Kalksteinformationen, wie beispielsweise die weißen Klippen von Dover, sind Relikte von Kalkschalen urzeitlicher Meeresbewohner, die im Laufe der Jahrmillionen abgelagert worden sind. Aber auch die Riffe der heutigen Korallen bestehen aus dem in den Korallenskeletten eingelagerten Calcit. (links, oben Calcit-kristall, unten Kreide) © beide gemeinfrei)

Säulenförmig erstarrter Basalt in Suðurárhraun auf Island – ein typischer Magmatit.
© Laurent Deschodt/GFDL

Abstand häufigste Gestein der Erdkruste, gehört zu den Vulkaniten, es ist zu Stein gewordene, abgekühlte Lava. Sedimentite, die zweite große Gruppe der Gesteine, sind dagegen das Ergebnis von Abtragungs- und Ablagerungsprozessen. Sie entstehen, wenn sich, beispielsweise am Grunde eines Sees, Material absetzt, das dann im Laufe großer Zeiträume komprimiert und verfestigt wird. Dieser Prozess der Diagenese lässt aus sandigen Ablagerungen Sandstein entstehen und aus kalkhaltigen Schalen von Organismen oder der chemischen Ausfällung von Kalziumkarbonat Kalkstein.

Die dritte Gesteinsgruppe, die Metamorphite oder Umwandlungsgesteine, bilden sich demgegenüber aus schon vorhandenen Gesteinen, wenn diese durch starken Druck und/oder hohe Temperaturen umgewandelt werden. Solche Verhältnisse treten zum Beispiel an den Plattengrenzen der Erdkruste auf, dort, wo sich eine Krustenplatte unter eine andere schiebt. Das hinunter gedrückte Gestein wird so stark erhitzt und komprimiert, dass sich seine chemischen und physikalischen Eigenschaften verändern. Auf diese Weise kann aus einem Sedimentit, beispielsweise einem Kalkstein, durch extrem hohen Druck Marmor entstehen.

Böden: die Haut der Erde

Böden sind die „Haut" unserer Erde. Die Bezeichnung Haut trifft gleich in zweierlei Hinsicht zu. Denn zum einen reichen die Böden nicht sehr tief in die Erde, sie bilden mit einigen wenigen Metern eine relativ dünne Schicht. Zum anderen ist die Haut das größte und überlebenswichtigste Organ des Menschen. Und genauso wie unsere Haut für viele Austausch- und Ausgleichsprozesse verantwortlich ist, übernehmen auch die Böden wichtige Funktionen in den Ökosystemen.

Als Grenzschicht zwischen den verschiedenen Sphären der Erde haben sie sogar eine zentrale Stellung. Doch nicht nur für das Funktionieren der Ökosysteme sind Böden wichtig: Ohne sie wäre auch menschliches Leben undenkbar. Allein die Tatsache, dass Böden den Pflanzen als Standort dienen, macht schon klar, dass unsere Ernährung ohne Böden vollständig zusammenbrechen würde. Aber was ist eigentlich ein Boden? Dabei handelt es sich um ein Verwitterungsprodukt der oberen Erdkruste. Ein Fels oder ein Gestein wird durch die Wirkung von Niederschlägen oder häufigen Temperaturwechseln nach und nach in seine Bestandteile zerlegt. Mit diesem Verwitterungsprozess beginnt die Bodenbildung.

Ist das Gestein erst einmal zerkleinert, dauert es meist nicht lange, bis sich darin die ersten Pflanzen ansiedeln. Ihre abgestorbenen Teile bauen im Laufe der Zeit gemeinsam mit den Resten von frühen tierischen Bodenbewohnern eine erste, sehr dünne, dann aber immer mächtiger werdende Humusschicht auf. Bodenkundler bezeichnen die Schichten eines Bodens als Horizonte. Im Auflage-Horizont und im darunterliegenden humusreichen Oberboden – sowie in geringerem Maße natürlich im gesamten Boden – wird Wasser gespeichert und es werden Nährstoffe bereitgestellt, die den Pflanzen eine Lebensgrundlage bieten. Unterhalb des so genannten Auflage-Horizontes (O-Horizont) liegt der Auswaschungshorizont (A-Horizont), aus dem durch das versickernde Wasser Stoffe mitgerissen oder herausgelöst werden. Sie lagern sich im Anreicherungshorizont (B-Horizont) wieder ab. Bei einigen Böden ist der Auswaschungshorizont deutlich entfärbt, wirkt gräulich und fahl, der Anreicherungshorizont hingegen ist aufgrund der sich ablagernden oxidierten Metalle oft rötlich-braun. Unterhalb dieser beiden Horizonte befindet sich das Ausgangsgestein (C-Horizont), das Material, aus dem sich der Boden einst entwickelte.

Bis die Bodenentwicklung so weit vorangeschritten ist, dass sich die Böden als Waldstandort oder für eine landwirtschaftliche Nutzung eignen, können tausende von Jahren vergehen – Böden sind daher nicht ohne Weiteres ersetzbar. Schädigungen, die der Mensch jetzt durch Verdichtung und Degradation auslöst, können selbst in vielen hundert oder tausend Jahren nicht wieder repariert werden. Ist ein Boden einmal zerstört, bleibt lange Zeit hier nur Wüste.

Spätkreidezeitlicher Kalkstein, bedeckt von den farblich abgesetzten Horizonten eines Lössbodens.
© Bruno Dewailly/GFDL

Majestätische Schönheit als Ergebnis geologischer Prozesse: der Fitzroy (El Chaltén) im Los Glaciares Nationalpark Patagoniens.
© Harald Frater

Innere Kräfte
Platten, Brüche, Berggiganten

Der Boden unter unseren Füßen erscheint uns fest und starr, er gilt geradezu als Inbegriff der Stabilität. Doch in Wirklichkeit ist der Untergrund alles andere als unbeweglich und verlässlich. Stattdessen sind die Kontinente ständig in Bewegung, Gebirge falten sich auf, Gesteine bilden sich neu und Meeresböden dehnen sich aus.

Das alles geschieht zwar gewissermaßen in Zeitlupe, für uns kaum wahrnehmbar, die Folgen dieser Prozesse sind jedoch über Jahrmillionen auf der Erde deutlich sichtbar. Ohne sie gäbe es vermutlich weder Gebirge noch Tiefseegräben, vermutlich nicht einmal die großen Becken der Meere.

Plattentektonik – eine Theorie setzt sich durch

Die Kontinente der Erde sind kontinuierlich in Bewegung, der heutige Zustand ist daher nur eine Momentaufnahme.
© NASA/GSFC

„Völliger Blödsinn!" – so wie der Präsident der angesehenen amerikanischen philosophischen Gesellschaft reagierte 1912 die Mehrheit der wissenschaftlichen Welt auf eine Veröffentlichung des deutschen Meteorologen und Polarforschers Alfred Wegener. Er stellte darin die revolutionäre These auf, dass die Kontinente nicht unverrückbar an immer der gleichen Stelle der Erdkruste bleiben, sondern ihre Lage im Laufe der Erdgeschichte verändern können. Der junge Forscher stieß damit in ein Wespennest und löste ähnlich wie Galileo Galilei oder Charles Darwin mit ihren Theorien eine hitzige Diskussion aus. Seine Idee von den wandernden Kontinenten widersprach so ungefähr allem, was in den damaligen Geowissenschaften als unumstößlich galt. Entsprechend heftig waren die Reaktionen.

Doch wie war Alfred Wegener auf diese ungewöhnliche Idee gekommen? Welchen Grund hatte er, an der Unbeweglichkeit der Kontinente zu zweifeln? Das Problem war, dass es Anfang des 20. Jahrhunderts einige noch ungelöste Rätsel über die geologischen Vorgänge der Erde gab. Warum zum Beispiel schienen die Küsten Südamerikas und Afrikas wie zwei Puzzlestücke zusammenzupassen? Und mehr noch: Auf beiden Kontinenten fanden Wissenschaftler zu Beginn des 20. Jahrhunderts gleich alte Gesteine, Gebirge und Spuren vergangener Eiszeiten, so genannte Tillite. Der seltsamste Fund waren jedoch fossile Überreste des Reptils

Mesosaurus aus dem Zeitalter des frühen Perm vor rund 280 Millionen Jahren. Nirgends sonst auf der Erde gab es derartige Knochen, nur in Südamerika und Afrika. Es musste also in früheren Zeiten eine Landbrücke zwischen diesen beiden Kontinenten bestanden haben oder aber beide Kontinente bildeten irgendwann einmal eine zusammenhängende Landmasse.

Der Mesosaurus, ein im Süßwasser lebender Saurier aus dem Perm. © Arthur Weasley/GFDL

„Die erste Idee der Kontinentverschiebungen kam mir bereits im Jahre 1910 bei der Betrachtung der Weltkarte unter dem unmittelbaren Eindruck der Kongruenz der atlantischen Küsten, ich ließ sie aber zunächst unbeachtet, weil ich sie für unwahrscheinlich hielt", schreibt Wegener in seinem Buch „Die Entstehung der Kontinente und Ozeane". „Im Herbst 1911 wurde ich mit den mir bis dahin unbekannten paläontologischen Ergebnissen über die frühere Landverbindung zwischen Brasilien und Afrika durch ein Sammelreferat bekannt ..." Und weiter heißt es: „Hier setzt die Verschiebungstheorie ein. Die sowohl bei den versunkenen Landbrücken wie bei der Permanenz zugrunde gelegte selbstverständliche Annahme, dass die relative Lage der Kontinentalschollen zueinander sich nie geändert habe, muss falsch sein. Die Kontinentalschollen müssen sich verschoben haben. Südamerika muss neben Afrika gelegen und mit diesem eine einheitliche Kontinentalscholle gebildet haben, die sich in der Kreidezeit in zwei Teile spaltete, die dann wie die Stücke einer geborstenen Eisscholle im Wasser im Laufe der Jahrmillionen immer weiter voneinander wichen."

Alfred Wegener war Meteorologe und Polarforscher – mit seiner Theorie der Plattentektonik stellte er das gesamte geowissenschaftliche Weltbild auf den Kopf. © Alfred-Wegener-Institut für Polar- und Meeresforschung

Wegener vermutete, dass Kontinente auseinanderbrechen können und sich danach weiter voneinander entfernen oder auseinander driften. Diese Vorstellung hatte einige Vorteile, denn sie erklärte nicht nur die Funde in Afrika und Südamerika, sondern lieferte zusätzlich eine plausible Erklärung für die Bildung von Gebirgen. Der Haken an der Sache war nur, dass Wegener weder Beweise für seine Hypothese liefern konnte, noch einen Mechanismus parat hatte, der erklärte, warum sich die Erdteile überhaupt bewegen. Er stellte sich aber vor, dass die Kontinente auf einer Schicht aus dichterem Material schwimmen – ähnlich wie Eisschollen auf dem Meer.

„Das Große Eis"
Aufnahme: N. S.-Kulturgemeinde

Der Mechanismus und Motor der Bewegung blieb allerdings zunächst im Dunkeln. Erst viel später – in den 1960er Jahren – begann die Theorie der Plattentektonik langsam die letzten

Indizien für eine frühere Verbindung der Kontinente

Gebirgszüge *und* **Gesteinsformationen** *gleichen Alters verschiedener Kontinente ähneln sich in Abfolgen und Deformationsmustern.*

Moränen *und Spuren von* **Gletscherschliff** *in Gebieten der Südhalbkugel deuten auf frühere Vereisung und polare Lage solcher Regionen hin.*

Fossile **Steinkohlenwälder** *werden ebenfalls kontinentübergreifend gefunden.*

Fossilien von **Glossopteris,** *einem kälteliebenden Farn aus dem Perm, werden auf allen Kontinenten der Südhalbkugel gefunden.*

Mesosaurus *war ein süßwasserbewohnendes Reptil, dessen Relikte sowohl in Afrika als auch in Südamerika gefunden wurden. Er konnte keinesfalls den heute dazwischenliegenden Atlantik durchschwommen haben. ©
MMCD NEW MEDIA*

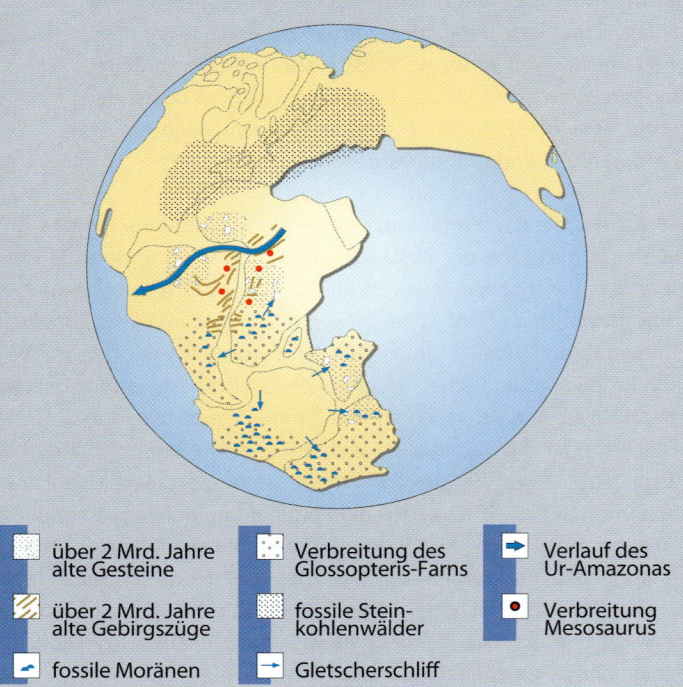

⬚ über 2 Mrd. Jahre alte Gesteine	⬚ Verbreitung des Glossopteris-Farns	➡ Verlauf des Ur-Amazonas
▨ über 2 Mrd. Jahre alte Gebirgszüge	⬚ fossile Steinkohlenwälder	● Verbreitung Mesosaurus
⬚ fossile Moränen	⬚ Gletscherschliff	

Zweifler zu überzeugen. Inzwischen waren eine Vielzahl weiterer Indizien aufgetaucht, die Wegeners Theorie unterstützten. Bereits 1925 entdeckte das deutsche Forschungsschiff Meteor mithilfe von Echolotmessungen einen langgestreckten Gebirgszug in der Mitte des Atlantiks – den Mittelatlantischen Rücken. Schon bald zeigte sich, dass auch in anderen Meeren solche Gebirgsketten zu finden waren. Wie die Nähte eines Tennisballs schienen sie sich rings um die Erde zu ziehen.

Ausgehend von diesen mittelozeanischen Rücken entwickelte der amerikanische Geologe Harry Hess die Idee, dass diese nichts anderes waren, als der Ort, an dem neuer Ozeanboden entstand. Durch Risse in der Erdkruste gelangt nach seiner Theorie an diesen Stellen heißes Magma an die Oberfläche und drückt den bestehenden Meeresboden zu beiden Seiten auseinander. In den Tiefseegräben dagegen sinkt das erkaltete Material langsam wieder in die Tiefe. Wie ein Förderband kann diese Bewegung auch die aus leichterem Material bestehenden Kontinente mit sich tragen. Hess´ Hypothese bot endlich eine Erklärung für den Motor in Wegeners Theorie.

Inzwischen gab es sogar Belege dafür, dass sich an den mittelozeanischen Rücken neuer Meeresboden bildet. Bei der Beweisführung kam den Forschern unverhofft das Magnetfeld der Erde zur Hilfe. Es existiert wahrscheinlich schon seit

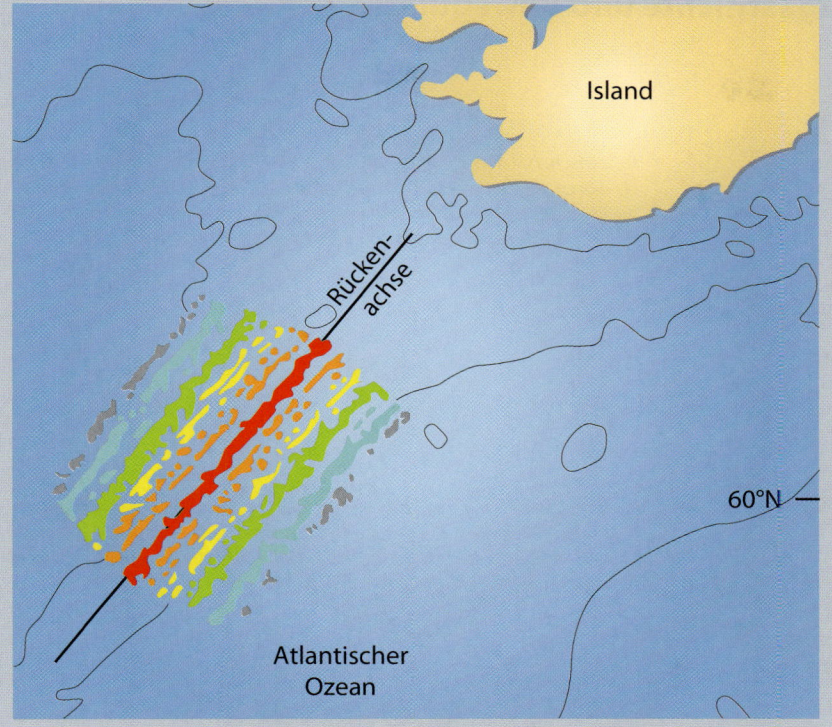

Island

Rücken-achse

60°N

Atlantischer
Ozean

Magnetstreifen am Meeresgrund

Wie ein Streifenmuster erstrecken sich Gesteinsbereiche unterschiedlicher Magnetisierung beiderseits des Mittelatlantischen Rückens südlich von Island.

Bestimmte Bestandteile von Gesteinen behalten die Richtung des irdischen Magnetfeldes zum Zeitpunkt ihrer Erstarrung als Magnetisierung bei. Formationen mit unterschiedlichen Magneteigenschaften müssen daher zu verschiedenen Zeiten entstanden sein.

Da die Daten von Umpolungen bekannt sind, lassen sich die Gesteine beiderseits der mittelozeanischen Rücken anhand ihrer Magnetisierung datieren. Es zeigt sich, dass sie mit wachsendem Abstand zum Rücken immer älter werden.

© MMCD NEW MEDIA

3,5 Milliarden Jahren, magnetisierte Gesteine aus dieser Ära deuten darauf hin. Doch in all dieser Zeit blieb es nicht immer gleich. Es hat sich im Laufe der Erdgeschichte häufig verändert – und es verändert sich auch weiterhin. Seit Mitte des letzten Jahrhunderts hat sich zum Beispiel der magnetische Nordpol um ungefähr 1.000 Kilometer nordwestwärts verschoben.

Und mehr noch: Im Laufe der Zeit kann es sogar zu kompletten Umpolungen kommen. Der Nordpol wird zum Südpol und umgekehrt. Etwa alle 500.000 Jahre finden solche Ereignisse statt, die von kürzeren Umpolungsphasen, so genannten Events, unterbrochen werden. Der Verlauf und der Mechanismus dieser Veränderungen des Erdmagnetfeldes, die während der Erdgeschichte wahrscheinlich mehrere hundert oder tausend Mal stattgefunden haben, muss noch genauer erforscht werden.

Und was hat das Ganze mit der Plattentektonik zu tun? Ganz einfach: Geologen entdeckten auf dem Meeresboden in der Nähe der mittelozeanischen Rücken ein erstaunliches Phänomen. Zu beiden Seiten der Rücken bildeten unterschiedlich gepolte Gesteine ein symmetrisches Magnetstreifen-Muster. Solche Magnetstreifen zeigen die Orientierung eisenhaltiger Kristalle im Gestein an. Sie entstehen, wenn sich die Kristalle im abkühlenden Magma jeweils wie Kompass-

Kontinentlagen in der Erdgeschichte und Bewegungen der Platten heute

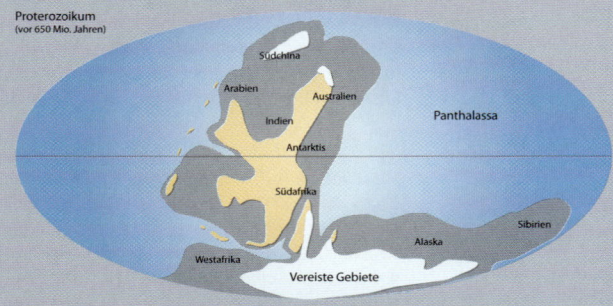

Proterozoikum
(vor 650 Mio. Jahren)

Zwischen 1,1 Milliarden und rund 800 Millionen Jahren vor heute waren alle Kerne der späteren Kontinente in einer Landmasse vereinigt, Rodinia, dem ersten Riesenkontinent. Nach seinem Zerfall driften die Bruchteile allmählich auseinander. Der Südpol ist vereist.

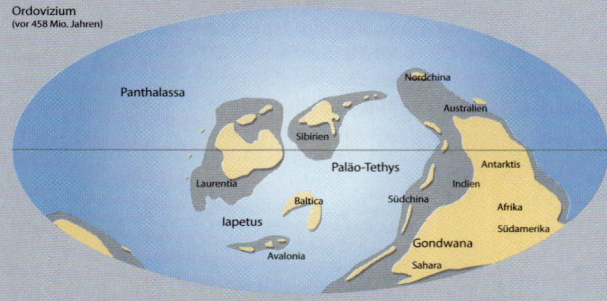

Ordovizium
(vor 458 Mio. Jahren)

Im Ordovizium konzentrieren sich die Landmassen in einem großen und drei kleineren Kontinenten – Gondwana sowie Laurentia, Baltica und Sibirien. Baltica bewegt sich langsam nach Nordwesten. Der Süden von Gondwana ist vereist.

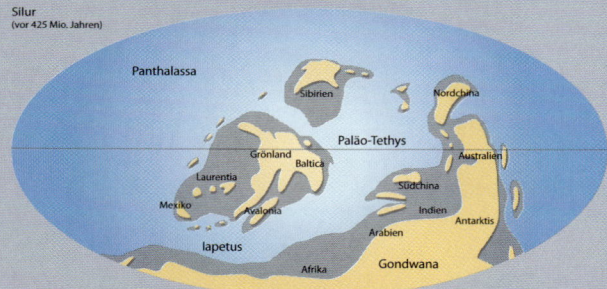

Silur
(vor 425 Mio. Jahren)

Im Silur sind Laurentia und Baltica sind zu Laurussia verschmolzen und haben den nördlichen Teil des Iapetus-Ozeans geschlossen. Diese Kollision führt zur kaledonischen Gebirgsbildung.

Perm
(vor 255 Mio. Jahren)

Während des Devons und Karbons bewegen sich Laurussia und Gondwana aufeinander zu und beginnen zu verschmelzen. Bis zum Perm entsteht der Superkontinent Pangäa. Er reicht fast vom Nord- bis zum Südpol der Erde.

*Daten und Vorlagen: Christopher R. Scotese/
PALEOMAP Project, Grafiken: MMCD NEW MEDIA*

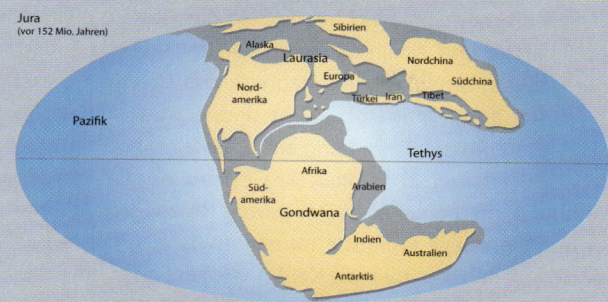

Jura
(vor 152 Mio. Jahren)

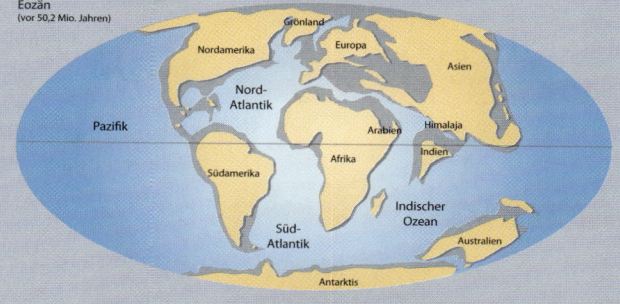

Eozän
(vor 50,2 Mio. Jahren)

Gegen Ende des Juras ist der Superkontinent Pangäa bereits wieder auseinandergefallen. Die Tethys trennt einen Südkontinent Gondwana ab, der dann ebenfalls zu zerbrechen beginnt. Südamerika und die Antarktis driften nach Westen, Afrika und Indien nach Norden und Nordosten.

Vor rund 50 Millionen Jahren haben die Kontinente schon fast ihre heutige Form. Europa und Asien sind jedoch noch getrennt, ebenso Indien und Asien. Australien wandert noch weiter nach Osten. Auch die beiden amerikanischen Kontinente sind noch nicht über eine Landbrücke verbunden.

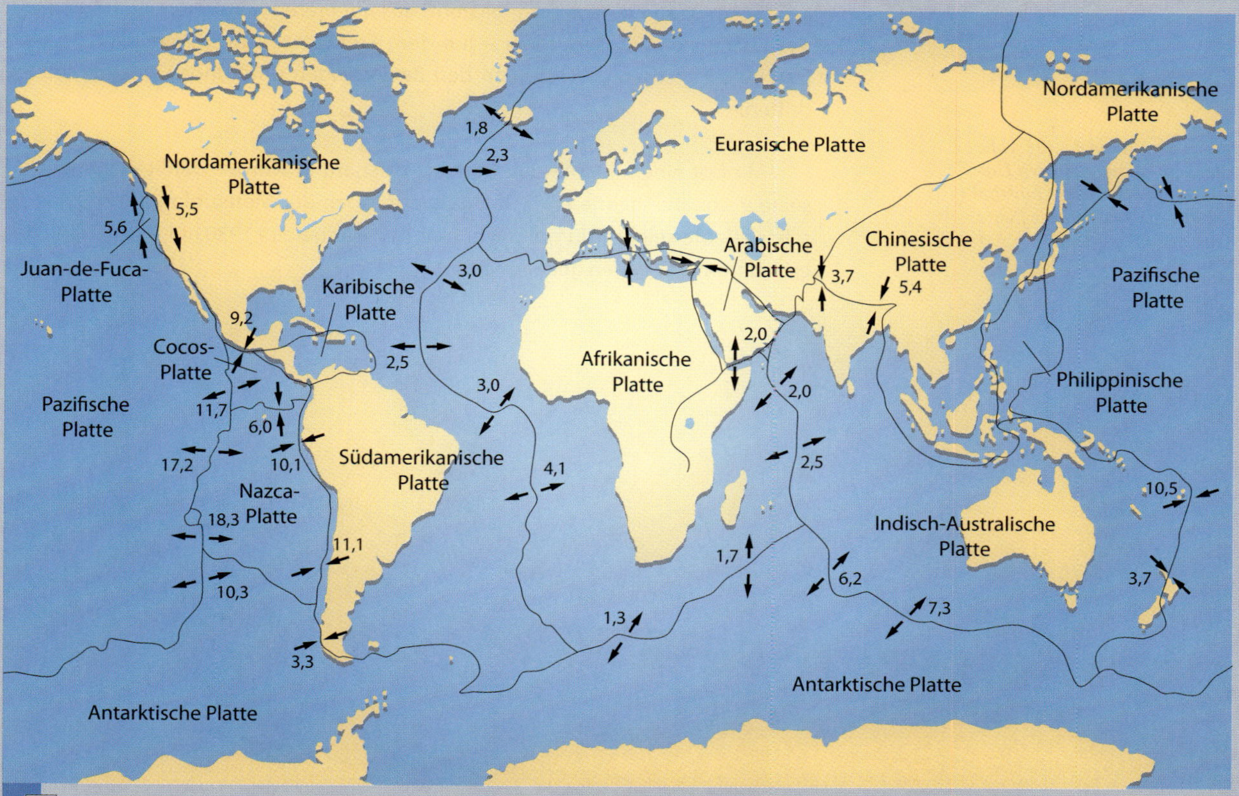

→ Bewegungsrichtung der Platte (und Geschwindigkeit pro Jahr)

Plattengrenzen (z.T. vermutet)

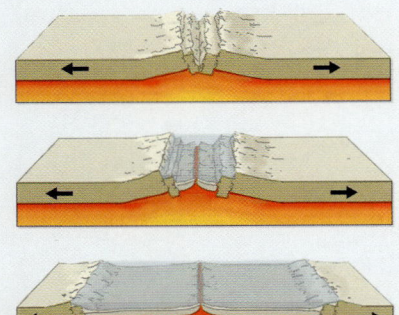

Beim Seafloor-Spreading steigt heißes Magma an Brüchen der Erdkruste an die Oberfläche. © MMCD NEW MEDIA

Blick vom Rand des Rift Valley in Nordtansania auf den Lake Manyara. An diesem Einschnitt driftet die Afrikanische Platte auseinander. © GFDL

nadeln nach dem aktuellen Magnetfeld ausrichten. Sobald das Gestein erstarrt, wird diese magnetische Richtung im Gestein dauerhaft konserviert – sie ändert sich dann auch bei einer weiteren Umpolung des Magnetfeldes nicht mehr. Weil die Zeitpunkte für die meisten Umpolungen bekannt sind, eignen sich solche Magnetstreifen auch als Hilfe zur Altersbestimmung eines Gesteinsabschnitts. Im Falle der mittelozeanischen Rücken war schnell klar: Die Gesteine wurden von den Rücken in Richtung der Kontinente immer älter. Der Beweis für das so genannte Seafloor-Spreading war erbracht: Neue Erdkruste musste im Bereich der mittelozeanischen Rücken entstehen; dabei werden die Kontinente zur Seite gedrückt.

Inzwischen ist auch klar, dass der Motor all dieser Bewegungen in der Tiefe des Erdmantels sitzt. Hier heizt die Hitze, die von der Bildung der Erde erhalten geblieben ist und die zusätzlich aus dem ständigen Zerfall radioaktiver Elemente stammt, die Gesteine des Erdmantels beständig von innen auf. Es bilden sich Strömungen, in denen heißeres Magma nach oben steigt, kühleres wieder absinkt. Diese Konvektionsströmungen bleiben nicht auf den Erdmantel beschränkt, sie wirken sich auch auf die feste Kruste der Erde aus. Denn diese ist kein einheitlich festes Gebilde, sondern besteht aus mehreren einzelnen Platten, die – wie Eisschollen auf dem Meer – auf dem Erdmantel schwimmen. Und wie die Eisschollen werden auch sie von den Bewegungen unter ihnen beeinflusst: Sie driften.

Mit fast einem halben Jahrhundert Verspätung wurden damit Wegener und seine visionäre Theorie endlich anerkannt. Doch der Meteorologe und Polarforscher erlebte seinen Triumph nicht mehr. Er war bereits 1930 auf einer Grönlandexpedition ums Leben gekommen.

Geburtsstätten der Erdkruste – das Seafloor-Spreading

An windstillen Tagen täuscht die glatte Wasseroberfläche über die gewaltigen Prozesse hinweg, die sich auf dem Grund des Atlantischen Ozeans abspielen. Am Mittelatlantischen Rücken befinden sich Spalten in der festen, äußeren Erdkruste, der Lithosphäre. Heißes Magma dringt hier aus etwa drei bis sechs Kilometer tief-erliegenden Magmenkammern entlang von Aufstiegskanälen nach oben – bis auf den Grund des Ozeans. Abrupt wird das glühende Magma in dem kalten Wasser der Tiefsee abgekühlt und erstarrt zu festem Gestein. Der obersten Schicht sieht man die extremen Bedingungen seiner Bildung an. Die dicke, kopfkissenförmige Oberfläche dieser Pillow-Lava dokumentiert die schlagartige Abkühlung der aufsteigenden Magmablase.

Beim Erkalten lagert sich das Magma an die Ränder der beiden ozeanischen Platten an und schiebt diese immer weiter auseinander. Auf diese Weise wird neuer Meeresboden gebildet und der Ozean wächst. Dieser Vorgang wird Seafloor-Spreading genannt. Seine Geschwindigkeit ist nicht an jeder Spreizungszone identisch. Am Ostpazifischen Rücken beispielsweise ist sie am größten – hier rücken die beiden Platten pro Jahr ganze zwölf Zenti-meter auseinander. Am geringsten ist die Geschwindig-keit mit zwei Zentimetern am Mittelatlantischen Rücken. Dementsprechend rücken auch Europa und Nordamerika pro Jahr zwei Zentimeter auseinander, denn die leichteren Kontinentalplatten werden bei dieser Bewegung mitge-schleppt.

Das Auseinandergleiten zweier Platten tritt auch auf dem Festland auf. Das Ostafrikanische Grabensystem etwa liegt zwischen der Afrikanischen und der Somalischen Platte, die sich auseinander bewegen. Möglicherweise wird hier in einigen Millionen Jahren ebenfalls ein neuer Ozean entstanden sein – auch Nordamerika und Europa gehörten einmal zu derselben Landmasse. Das Rote Meer stellt heute ein Zwischenstadium zwischen dem Ostafrikanischen Graben und dem Atlantik dar: Hier entfernen sich die Afrika-nische und die Arabische Platte voneinander, während der Ostafrikanische Graben durch das Auseinanderdriften einer innerafrikanischen Plattengrenze entsteht. Der schmale Ozean hat sich – zumindest nach erdgeschichtlichen Dimen-sionen – gerade erst gebildet und wird sich wahrscheinlich noch erweitern.

Dass die Vorgänge an den mittelozeanischen Rücken für das Auseinanderdriften von Kontinenten verantwortlich sind, wurde erst in den 1960er Jahren durch Altersbestim-

In Ostafrika entfernen sich gleich drei Platten voneinander. Die tektonische Aktivität wird durch die vielen Vulkane entlang der Plattengrenzen sichtbar.
© MMCD NEW MEDIA

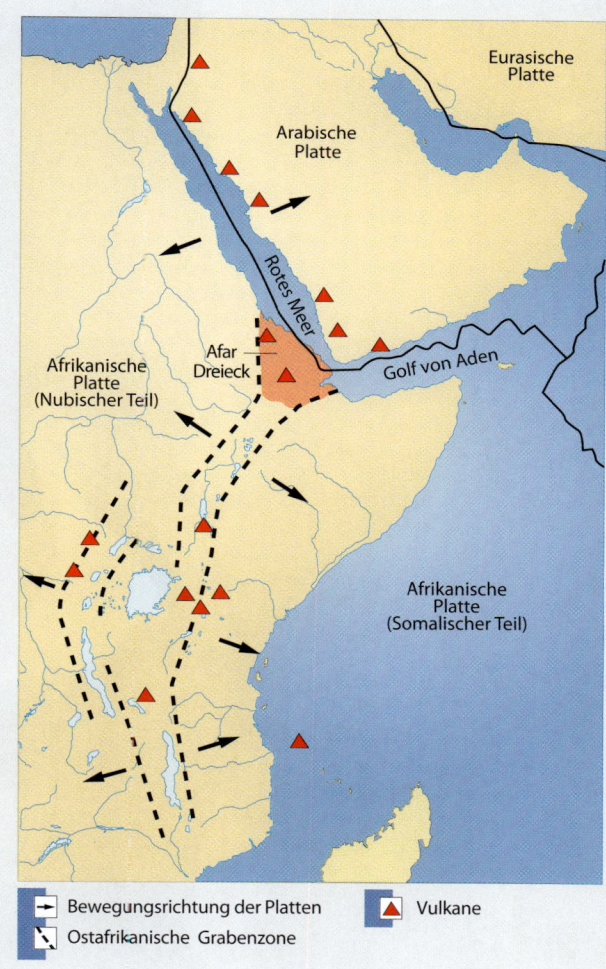

Bewegungsrichtung der Platten · Vulkane
Ostafrikanische Grabenzone

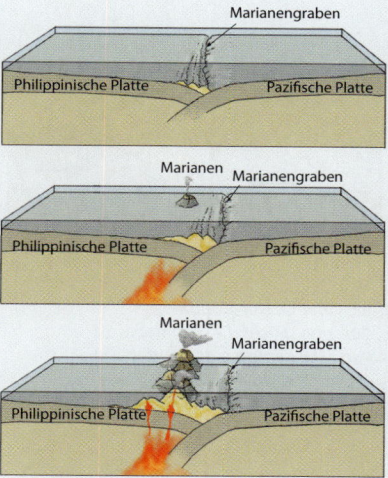

Japan (oben links) ist ein ty-pisches Beispiel für einen In-selbogen. Die Entstehung eines solchen ist oben am Beispiel der Marianen gezeigt. © NASA/ GSFC, MMCD NEW MEDIA

mungen am Meeresboden bewiesen. Dabei stellte sich heraus, dass die Gesteine rechts und links der gewaltigen Erdspalten dasselbe Alter haben. Je weiter man sich von den Rücken in Richtung der Kontinente bewegt, desto älter werden die Gesteine. Der bislang älteste auf der Welt gefundene Meeresboden weist ein Alter von 160 bis 190 Millionen Jahren auf, die Gesteine stammen demnach aus dem Jura. Das entspricht gerade mal vier Prozent des Gesamtalters der Erde.

Verschluckt – Subduktionszonen

Tiefseegräben reichen über 10.000 Meter tief unter die Wasseroberfläche. Kein Lichtstrahl dringt mehr in diese Regionen. Hier findet aber ein dramatischer tekto-nischer Prozess statt, der erklärt, warum Tiefseebohrungen auch nach zwanzig-jähriger Suche noch kein Gestein zutage brachten, das älter als 190 Millionen Jahre ist: Denn die ozeanische Kruste überlebt nicht besonders lange – sie wird an Subduktionszonen wieder vernichtet. Während die mittelozeanischen Rücken ständig neue Erdkruste produzieren, wird an den Subduktionszonen das Krusten-material in die Tiefe gedrückt und wieder aufgeschmolzen. An diesen Stellen im Meer kollidieren zwei Platten miteinander. Die schwere ozeanische Platte wird gewissermaßen überfahren und taucht nach unten ab. Dabei gelangt Erdkruste in größere Tiefen – die Temperaturen steigen. 100 Kilometer unter der Oberfläche herrschen zwischen 1.000 und 1.500 °C, die abtauchende Kruste schmilzt auf.

Auch der Marianengraben, die tiefste Stelle der Erde, verdankt seine Entste-hung einer solchen Subduktionszone, hier prallen zwei ozeanische Platten in einer Ozean-Ozean-Kollision aufeinander. Dabei taucht die Pazifische Platte jedes Jahr um 1,2 Zentimeter unter die Philippinische Platte ab. Bei diesem Vorgang spielen Magmen mit geringer Dichte eine wichtige Rolle. Das flüssige Gesteinsmaterial ist leichter als seine Umgebung und steigt auf, schmilzt sich durch die Kruste hindurch. Vulkane türmen sich auf und ein Inselbogen entsteht. Die japanischen

Linke Seite: In Ostafrika entfer-nen sich gleich drei Platten voneinander. Die tektonische Aktivität wird durch die vielen Vulkane entlang der Plattengrenzen sichtbar. © MMCD NEW MEDIA

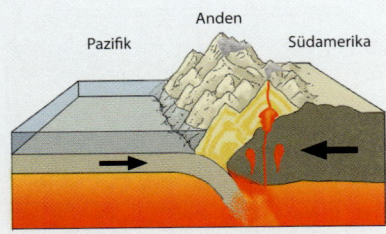

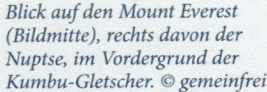
Bei einer Ozean-Kontinent-Kollision taucht die ozeanische unter die kontinentale Platte ab, wie hier an der Westküste südamerikas. © MMCD NEW MEDIA

Blick auf den Mount Everest (Bildmitte), rechts davon der Nuptse, im Vordergrund der Kumbu-Gletscher. © gemeinfrei

Inseln und die Philippinen sind Beispiele für solche Inselbögen, gebildet durch eine Ozean-Ozean-Kollision.

Wenn dagegen eine ozeanische und eine kontinentale Platte aufeinanderprallen, taucht die ozeanische Platte grundsätzlich unter die leichtere kontinentale Platte ab. Durch die enormen Kräfte, die bei dieser Ozean-Kontinent-Kollision wirken, kann sich die kontinentale Kruste auffalten – riesige Gebirge entstehen. So bildeten sich etwa die Anden beim Zusammenstoß und der damit verbundenen Subduktion der ozeanischen Nazca-Platte unter die Südamerikanische Platte. Die so entstandenen Gebirge sind durch aktiven Vulkanismus und durch so genannte Magmenintrusionen gekennzeichnet. Im unteren Teil der Platte sind die Drücke und Temperaturen so groß, dass das Gestein schmilzt, die leichten Schmelzen nach oben steigen und Vulkane bilden. Doch einige Magmen bleiben auch innerhalb der kontinentalen Kruste als Intrusionen stecken. Sie heißen Batholithe.

Karambolage – wenn Platten kollidieren

Am 29. Mai 1953 stand Sir Edmund Hillary als erster Mensch auf dem höchsten Berg der Welt – dem Gipfel des Mount Everest. Das Himalaja-Gebirge, das so genannte Dach der Welt, verdankt seine Entstehung der Kollision zweier kontinentaler Platten. Seit dem Zerfall des Urkontinents Pangäa vor 150 Millionen Jahren strebte der indische Subkontinent unaufhaltsam auf Eurasien zu. Zunächst wurde dabei der ozeanische Krustenteil der Indischen Platte subduziert. Heißes, geschmolzenes Gestein stieg bei dieser Ozean-Kontinent-Kollision auf und drang an die Erdoberfläche – zahlreiche Vulkane entstanden. Dann aber war der ozeanische Plattenrand „verbraucht" und die kontinentale Kruste Indiens prallte ohne diesen „Puffer" auf die Eurasische Platte.

Bei einer solchen Kontinent-Kontinent-Kollision taucht keine der beiden Platten ab. Stattdessen stapeln sich die in Späne zerbrechenden Platten übereinander. Im Falle des Himalaja erreichte die Dicke der Kruste dabei das Doppelte.

Beim Übereinanderstapeln bilden sich komplizierte Falten- und Bruchstrukturen. Sedimente, die vorher in den Meeren zwischen den Kontinenten abgelagert wurden, treten dabei an die Erdoberfläche und nehmen am Aufbau des sich auftürmenden Gebirges teil. So bilden paläozoische Sedimente vom Meeresgrund, die vor mehr als 250 Millionen Jahren vor der ehemaligen indischen Küste abgelagert wurden, heute die höchsten Erhebungen im Himalaja. Die Alpen entstanden auf ähnliche Weise bei der Kollision von Europa und Afrika. Das über 7.000 Kilometer lange und bis zu 700 Kilometer breite Gebirge der Anden zieht sich entlang der südamerikanischen Westküste. Dort taucht die ozeanische Nazca-Platte mit über elf Zentimetern pro Jahr unter die kontinentale Südamerikanische Platte ab. Die Subduktion produziert nicht nur zahlreiche Vulkane, sondern verursacht auch einige der stärksten Erdbeben.

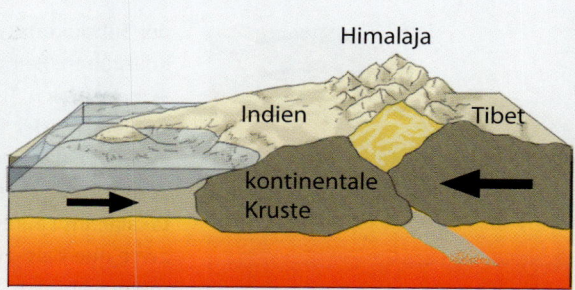

Indien bewegt sich nach Norden und kollidiert mit der Eurasischen Platte – als Folge entstand der Himalaja.
© MMCD NEW MEDIA

Geschrammt – Transformstörungen

Am 18. April 1906 liegen die Einwohner San Franciscos noch friedlich schlafend in ihren Betten, als plötzlich gegen fünf Uhr morgens ein Erdstoß die Stadt erschüttert. Einige Sekunden später folgt ein zweites Beben. Mit einer Intensität von 8,3 auf der Richterskala ist das zweite Beben sogar noch stärker als der vorausgegangene Erdstoß. Dann ist die Erde auf einmal wieder ruhig. Doch plötzlich steigen Rauchsäulen in den Himmel, ausgelöst durch zerbrochene Gasrohre und Kurzschlüsse. Schnell breitet sich das Feuer über die Stadt aus. Innerhalb von drei Tagen vernichtet es 30.000 Häuser, ein Viertel aller Bewohner werden obdachlos, 1.500 Menschen sterben, dann endlich verlöschen die Flammen.

Die Ursache für das Beben liegt einige Kilometer unterhalb der Golden Gate Bridge. Hier wird die Pazifische Platte gegen die Nordamerikanische Platte verschoben. An solchen Transformstörungen, an denen zwei Lithosphärenplatten aneinander vorbeischrammen, wird weder Erdkrustenmaterial vernichtet wie bei

San Francisco liegt auf einer Tranformstörung. 1906 verursachte sie ein starkes Erdbeben, das einen Großteil der Stadt zerstörte. © Bernard Gagnon/ GFDL

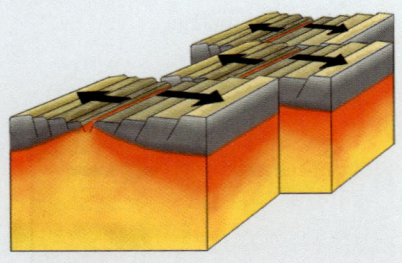

Seitliche Verschiebungen an Plattengrenzen erzeugen Transformstörungen.
© MMCD NEW MEDIA

der Subduktion, noch entstehen hohe Gebirge wie bei den Kontinent-Kontinent-Kollisionen. Reibungsfrei läuft dieser Vorgang aber nicht ab, daher sind Gebiete, in denen sich Transformstörungen ereignen auch immer erdbebengefährdete Gebiete. An der San-Andreas-Störung, die auch für das große Erdbeben von 1906 in San Francisco verantwortlich war, werden die Lithosphärenplatten um etwa 5,5 Zentimeter pro Jahr gegeneinander verschoben. Das klingt nicht besonders spektakulär, im Laufe von Millionen Jahren kann eine solche Verschiebung zwischen zwei ehemals zusammenhängenden Punkten jedoch mehrere hundert Kilometer betragen. Nicht alle Transformstörungen treten auf dem Festland auf. Auf dem Meeresboden sind sie besonders im Bereich der mittelozeanischen Rücken vorhanden, die daher keine ununterbrochene Linie bilden.

Hot Spots – die Spur der Plumes

Der Berg Mauna Kea auf Hawaii ist riesig. Dieser größte Vulkan der Erde ragt knapp 10.000 Meter über dem Meeresboden auf – mit der Basalt-Lava, aus der er besteht, könnte die gesamte Schweiz flächendeckend mit einer einen Kilometer mächtigen Gesteinsschicht bedeckt werden. Zusammen mit den anderen Hawaii-Inseln ist der Mauna Kea ein Glied innerhalb einer langen Kette zusammengehörender Vulkane. Nur: Wie kommt es, dass mitten im Ozean auf einmal eine ganze Kette von Vulkanen aufragt?

Die hawaiianischen Inseln liegen im Zentrum der Pazifischen Platte, weit entfernt von jeder Plattengrenze. Subduktion oder Seafloor-Spreading kommen daher als Ursache für die Entstehung nicht in Frage. Die Antwort liegt auch hier wieder tief im Innern der Erde, an der Grenze zwischen Erdkern und -mantel. Dort befinden sich bis zu einige hundert Kilometer breite, schlauchförmige Magmen-Aufstiegskanäle, so genannte Plumes oder Manteldiapire. An diesen Hot Spots steigt heißes Magma auf und durchdringt die Erdkruste – ein Vulkan entsteht. Da sich über einem Hot Spot, der seine Position nicht verändert, die Lithosphärenplatten hinwegbewegen, bildet er im Laufe der Zeit eine ganze Kette von Vulkanen.

Die Hawaii-Inseln verdanken ihre Entstehung einem Hot Spot, über den die Pazifische Platte hinweggewandert. © MMCD NEW MEDIA

Das Alter der so entstandenen Vulkane steigt dabei mit zunehmender Entfernung vom Hot Spot. Ausgehend von der Insel Hawaii wird die in nordwestlicher Richtung verlaufende linienförmige Kette der Vulkaninseln mit zunehmender Entfernung vom Hot Spot älter. Mit der Bestimmung des Alters der vulkanischen Gesteine und der Entfernung der Inseln vom Hot Spot können Forscher berechnen, mit welcher Geschwindigkeit die Pazifische Platte über den Hot Spot hinübergleitet.

Kauai (alt)

Pazifische Platte

Oahu

Maui

Hawaii (jung)

Hot Spot

Hawaii ist von Vulkanen geprägt: Schwarze Lavaströme gehen vom aktiven Mauna Loa aus, darüber in grau der ruhende Mauna Kea. Unten rechts eine Rauchwolke vom Kilauea.
© NASA Landsat/NOAA

Wenn Berge in den Himmel wachsen

Blick vom Säntis in die Schweizer Alpenkette.
© Harald Frater

Rocky Mountains, Alpen, Himalaja oder Anden – Hochgebirge üben seit jeher eine Faszination auf uns Menschen aus. Doch was treibt die steinernen Kolosse mehrere Kilometer in den Himmel und wie sieht es im Inneren der Felsriesen aus? Es gibt sie stark zerklüftet oder mit ebenen Hochplateaus, mit schwindelerregenden Steilwänden oder als leicht wellige Hügellandschaft, als riesige Gebirgsketten oder als imposante Einzelberge. Im Himalaja tritt sogar Gestein zutage, das vor einigen Millionen Jahren noch 30 Kilometer tief in der Erdkruste schlummerte. Und selbst die höchsten Gipfel der Alpen bestehen aus Sedimenten ehemaliger Ozeane.

Überraschend auch, dass die größten Gebirgssysteme der Erde nicht der Himalaya oder die Anden sind, sondern unter der Meeresoberfläche verborgen liegen. Auch der Mount Everest ist genau genommen nicht der König aller Berge, sondern wird vom hawaiianischen Mauna Kea um mehrere hundert Meter übertroffen. Die großen Gebirgszüge sind aber keineswegs willkürlich auf der Erde verteilt. Dies war bereits dem Forschungsreisenden und Universalgelehrten Alexander von Humboldt aufgefallen. Auf seiner Südamerikareise im Jahr 1801 erforschte er nicht nur die Tier- und Pflanzenwelt dieses Kontinents, er erkundete auch die Lage und Ausrichtung von Gebirgsketten. Dabei suchte er nach einem übergeordneten Muster, einer Analogie zwischen dem Verlauf von Küstenlinien und den Gebirgszügen in verschiedenen Ländern. Und tatsächlich: Es gab deutliche Anzeichen dafür, dass die Reihen von Bergriesen bevorzugt in bestimmte Richtungen verliefen. Humboldt schloss daraus, dass sie offenbar durch gewaltige, aus dem Inneren der Erde heraus wirkende Kräfte entstanden sein mussten. Welcher Art diese Kräfte aber waren, wusste er damals noch nicht.

Heute ist klar, dass die Gebirgsbildung eng mit der Plattentektonik zusammenhängt und daher die meisten Gebirgszüge an aktiven Plattengrenzen liegen. Dort, wo sich durch die Kräfte der Plattentektonik verschiedene Lithosphärenplatten aufeinander zu bewegen, wölbt und faltet sich unter dem wachsenden Kompressionsdruck die Erdoberfläche auf – ein Gebirge entsteht. Je nachdem, ob daran ozeanische oder kontinentale Platten beteiligt sind, lassen sich drei Typen der Gebirgsbildung unterscheiden.

Beispiel Indonesien: Gebirge des Inselbogentyps entstehen dort, wenn zwei ozeanische Platten miteinander kollidieren und dabei die eine Platte von der anderen in die Tiefe gedrückt wird. Die auf der abtauchenden Platte liegenden Sedimente werden dabei abgeschürft. In einer Tiefe von etwa 100 Kilometern beginnt die abtauchende Platte zu schmelzen. Wie in Japan, auf den Philippinen oder den Aleuten erzeugt dieser Prozess der Subduktion Magmen mit geringer Dichte, die schnell wieder entlang von Klüften und Störungszonen Richtung Oberfläche aufsteigen. Die Folge: Gewaltige vulkanische Eruptionen. Im Laufe der Zeit entsteht so an der Nahtstelle der Ozeanränder ein vulkanischer Inselbogen. Einige dieser Inseln werden, wenn ihr Vulkanismus erloschen ist, im Laufe der Zeit von Regen und Wellen wieder abgetragen. Sobald die Gipfel erneut unter der Meeresoberfläche liegen, ist die Erosion ohne den Einfluss von Wetter und Brandung nur noch sehr gering. Solche Vulkankegel, die nicht oder nicht mehr die Meeresoberfläche durchstoßen, werden auch als Tiefseekuppen bezeichnet. Weltweit gibt es nach Schätzungen der Meeresgeologen mindestens 30.000 dieser unterseeischen Einzelberge – Dunkelziffer allerdings unbekannt.

Der Fuji-san ist der höchste Berg Japans und ein aktiver Vulkan. Er liegt wie Japan auch in der Berührungszone der Eurasischen Platte, der Pazifischen Platte und der Philippinenplatte. © gemeinfrei

Noch dramatischer geht es zu, wenn ozeanische und kontinentale Erdplatten aufeinandertreffen. Aufgrund ihrer wesentlich höheren Dichte taucht dabei die ozeanische Kruste unter die leichteren Landmassen ab. In einer Tiefe von ungefähr 100 Kilometern und bei Temperaturen zwischen 1.000 und 1.500 °C löst sie sich dann teilweise in einen glutflüssigen Gesteinsbrei auf. Die an der Oberfläche verbleibende kontinentale Erdplatte wird hingegen durch die enormen Reibungs- und Schubkräfte wie in einem Schraubstock gestaucht und gefaltet: Mit der Zeit türmt sich ein riesiges Gebirge auf. Der Rand der kontinentalen Platte besteht dabei hauptsächlich aus Abtragungsmaterial vom Kontinent, das an der Plattengrenze mit Bruchstücken der ozeanischen Kruste vermischt wird. Es entsteht ein

kompliziertes Gemisch aus verschiedenen Gesteinen, das auch Mélange genannt wird. Seit 25 Millionen Jahren drückt sich beispielsweise die ozeanische Nazca-Platte unter den südamerikanischen Kontinent und hat so die Anden als eines der größten Gebirge der Welt erschaffen.

Stoßen dagegen zwei kontinentale Platten aufeinander, wie beispielsweise unter dem Himalaja die Indische und die Asiatische Platte, steht es unentschieden: Beide sind meist gleich dicht und mächtig. Die Gesteinsmassen prallen deshalb aufeinander, ohne dass eine der beiden Platten abtaucht und subduziert wird. Ein aktiver Vulkanismus ist bei so einer Kontinent-Kontinent- Kollision daher eher die Ausnahme. Stattdessen zerbricht die Kruste bei diesem Zusammenstoß in Späne, die sich verkeilen und als Decken übereinandergeschoben werden. Bei diesem tektonischen Prozess verdickt sich die kontinentale Kruste und es bilden sich meist komplexe Falten- und Bruchstrukturen. Die enormen Stauchungs-kräfte erzeugen im oberen Krustenmaterial hohe Drücke, die die Gesteine in ihrer Struktur verändern können. In tieferen Bereichen sind es vor allem hohe Temperaturen, die ebenfalls eine Metamorphose zur Folge haben. Im Laufe der Zeit verändert sich so die Struktur der Erdkruste in diesem Bereich sowohl im kleinen als auch im großen Maßstab.

Fast 2.000 Kilometer hat sich bis heute unter dem Himalaja die Indische in die Eurasische Platte verkeilt. Und noch immer ist der Prozess im Gange. In die Höhe wächst das Gebirge allerdings kaum noch, die Erosion sorgt dafür, dass oben

Linke Seite: Der Himalaja, hier ein Blick auf das Cho Oyu-Massiv (oben) und die Anden (unten) liegen beide an Platten-grenzen. © beide gemeinfrei

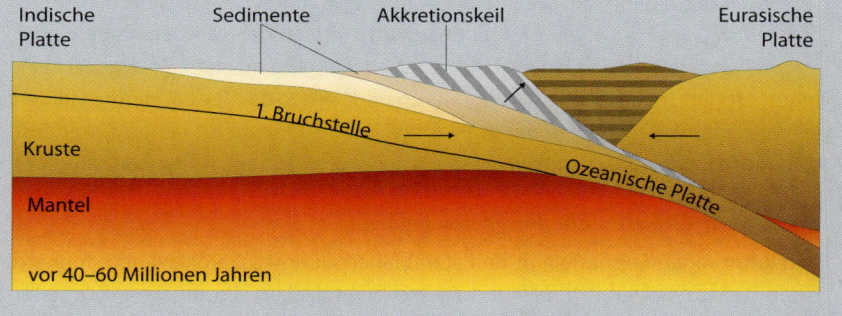

Der Himalaja entsteht

Die Bildung des Himalaja begann mit der Kollision von Indischer und Eurasischer Platte vor rund 60 Millionen Jahren. Vor rund 40 Millionen Jahren brach dabei die Indische Kruste zum ersten Mal an einer Überschie-bungsfläche, ein Akkretionskeil bildete sich.

Vor rund 10–20 Millionen Jahren entstand ein zweiter Bruch und aus dem überscho-benen Material türmte sich der Himalaja auf. © MMCD NEW MEDIA

Blick auf die Nordseite der Allgäuer Alpen. Auch dieses Hochgebirge ist ein klassisches Faltengebirge und verdankt seine Entstehung einer Plattenkollision. © GFDL

mindestens genauso viel abgetragen wird, wie von unten nachwächst. Nur im Hochland von Tibet registrierten Geowissenschaftler von der University of Arizona vor einigen Jahren noch eine Hebung. Aber der Himalaja ragt nicht nur weit in den Himmel, sondern auch tief in die Erde: Auf fast 70 Kilometer ist die kontinentale Kruste unter dem „Dach der Welt" angewachsen. Normal sind eigentlich nur etwa 30 Kilometer. Wie ein mächtiger Eisberg schwimmt der Himalaja deshalb mit seiner mächtigen Gebirgswurzel auf den zähflüssigen unteren Gesteinsschichten des Erdmantels.

Auch die Alpen sind auf eine ähnliche Weise durch die Kollision der Afrikanischen mit der Eurasischen Kontinentalplatte entstanden. Und zumindest über ihre Hebungsrate sind sich die Wissenschaftler weitgehend einig: Bis zu zwei Millimeter pro Jahr wachsen die Alpengipfel an und kamen damit dem Himmel in den vergangenen Jahrmillionen um schätzungsweise 30 Kilometer näher. Zumindest theoretisch, denn die Erosion verhindert dieses ungezügelte Höhenwachstum.

Eine zweite Geburt – alte Berge neu geformt

Zerklüftet ragen Felsnadeln in den stahlblauen Himmel, Geröllawinen donnern tosend eine Steilwand hinab und Gletscher bedecken die mehrere Kilometer hohen Gipfel. So oder ähnlich könnte es vor rund 300 Millionen Jahren im Harz oder im Rheinischen Schiefergebirge ausgesehen haben. Denn auch die heute so sanft gewellten Mittelgebirge Deutschlands waren einmal in „Hoch"form und sind sogar wesentlich älter als Alpen, Anden und Himalaja zusammen. Doch die unerbittliche Erosion hat die hohen Gipfel längst abgeschliffen. Ihre heutige Gestalt aber verdanken sie einem weiteren Prozess – und ihrer harten Schale. Denn im Gegensatz zu den Alpen zählen sie nicht zu den Falten- sondern zu den Bruchschollengebirgen. Sie sind damit eine Art „Neuauflage" eines schon vorher bestehenden Hochgebirges.

Die Gesteine der Mittelgebirge wurden bereits mehrfach verformt, gefaltet und extrem beansprucht. Geologen haben schon vor langer Zeit durch Experimente herausgefunden, dass sich Sedimente und Vulkangesteine unter dem hohen Druck und der Hitze einer Gebirgsbildung in äußerst harte Metamorphite verändern. Diese Umwandlungsgesteine wie Gneise oder kristalline Schiefer haben eine solche innere Stabilität, dass sie bei einer erneuten Gebirgsbildung nicht noch einmal gefaltet werden können. Vielmehr reagieren diese Schichten auf Druck wie eine spröde Glasplatte und zerbrechen in viele einzelne Stücke, die so genannten Schollen. Diese Bruchstücke weichen bei seitlichem Druck nach oben oder nach unten aus. Es entstehen Gebirge wie beispielsweise der Harz in Deutschland oder die Basin-and-Range-Provinz in den USA. Die Höhenunterschiede zwischen der Hebung, dem Horst, und der Senkung, dem Graben, kann von nur wenigen Millimetern bis hin zu mehreren Kilometern betragen.

Auch die nordamerikanischen Kordilleren haben eine solche Nachhebung hinter sich: Das mächtige Faltengebirge entstand bereits im Präkambrium vor 600 Millionen Jahren, wurde aber im Laufe der Erdgeschichte durch die Erosion weitgehend wieder eingeebnet. Erst in den vergangenen 20 Millionen Jahren hob sich der alte Gebirgssockel mitsamt einer mächtigen Sedimentschicht erneut um bis zu 2.000 Meter an. Gleichzeitig schnitten sich die Flüsse tief in das Gebirge ein und schufen das heutige Bild eines zerklüfteten Hochgebirges. Stark vereinfacht

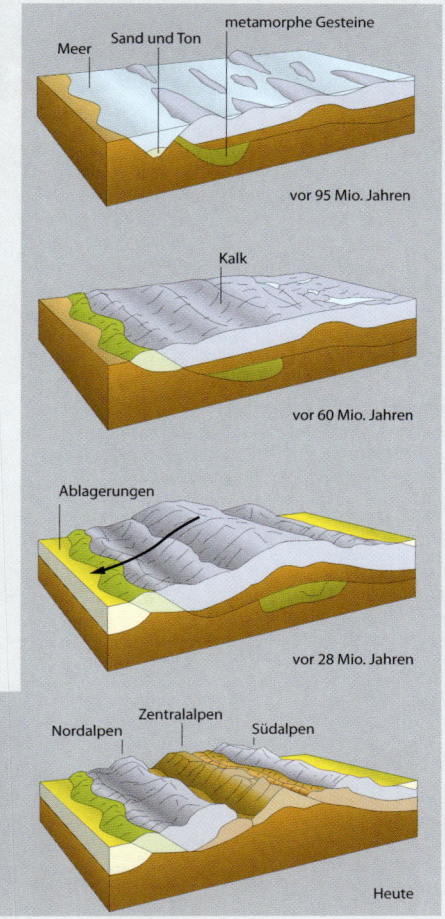

Die Entstehung der Alpen
Vor 95 Millionen Jahren begann der Pennische Ozean sich langsam zu schließen.

Vor 60 Millionen Jahren ist das Meer verschwunden, die Sedimente werden auf die Eurasische Platte zugeschoben.

Vor 28 Millionen Jahren beginnt die Auffaltung der Alpen: auch tiefere, metamorphe Schichten werden angehoben.

Heute hat die Erosion die oberen Schichten bereits wieder abgetragen, in den Zentral-alpen gelangen tiefere Schichten an die Oberfläche.

Die „Seven Summits" – die höchsten Berge der sieben Kontinente

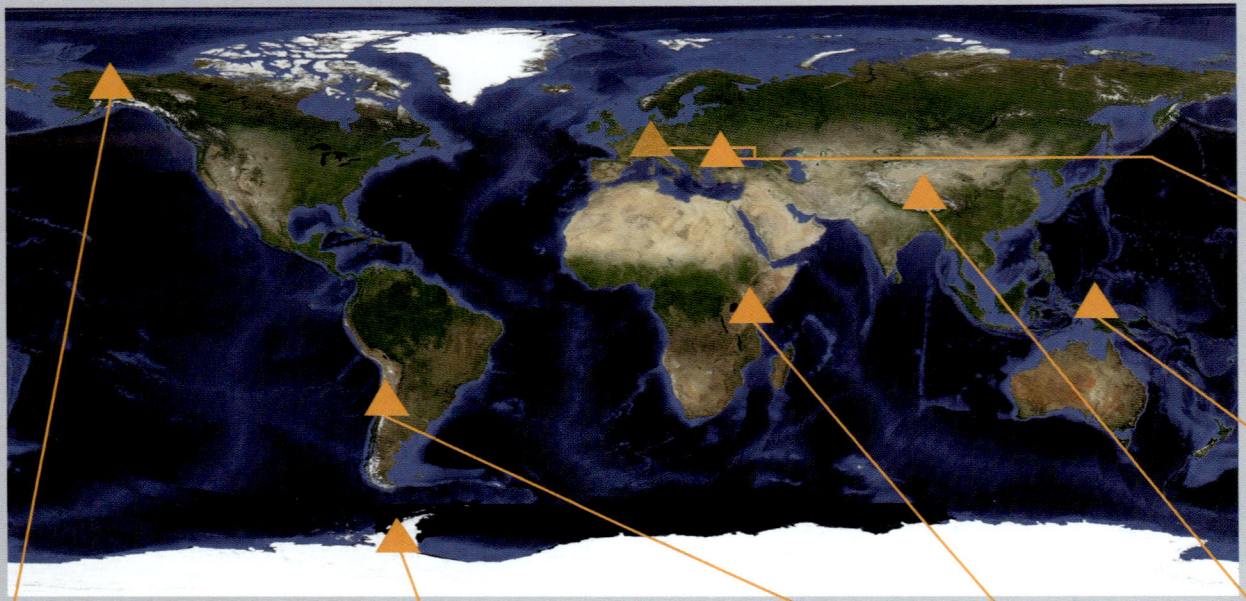

Nord- und Mittelamerika:

Denali (Mt. McKinley) (USA), 6.194 Meter

„Denali", der Große, heißt der Mount McKinley in der Sprache der einheimischen Athabasken und heute auch offiziell in den USA. Er entstand, als die Pazifische Platte unter die Nordamerikanische Platte gedrückt wurde. Im Laufe der Zeit trug Erosion das Gestein bis auf den aus Granit bestehenden Kern des Gebirges ab. Die Bedingungen auf seinem Gipfel sind extrem rau: Temperaturen von bis zu minus 60 °C und starker Wind prägen den knapp südlich des Nordpolarkreises liegenden Berg.

Antarktis:

Mount Vinson, 4.892 Meter

Der höchste Berg der Antarktis ist Teil der Ellsworth-Berge, eines ausgedehnten Gebirgszuges südlich der antarktischen Halbinsel. Obwohl er nur 100 Kilometer von der Küste entfernt liegt, wurde er erst 1958 von einem Piloten der US-Marine entdeckt. Wegen seiner Lage in der Südpolarregion ist die Luft an seinem Gipfel besonders dünn. Denn hier, nahe der Rotationsachse der Erde, wirken nur geringe Fliehkräfte. Die Luft wird daher nicht, wie in der Äquatorregion, leicht nach oben gedrückt.

Südamerika:

Aconcagua (Argentinien), 6.962 Meter

Der Aconcagua ist nicht nur der höchste Berg Südamerikas, sondern auch der höchste der westlichen Hemisphäre. Durch die immer wieder von den starken Winden freigefegten Felsflächen ist er eher grau als schneeweiß gefärbt. Nur an der Nord- und Ostseite füllen große Gletscher die umliegenden Täler aus. Lange Zeit glaubte man, der Aconcagua sei, ebenso wie viele andere Berge der Region, ein erloschener Vulkan. Nach neueren Erkenntnissen jedoch ist das Massiv wie ein Großteil der Anden durch Auffaltung und Anhebung an der Grenze zwischen der Südamerikanischen und der Nazca-Platte entstanden.

Europa:
Montblanc (Frankreich/Italien), 4.808 Meter
Elbrus (Russland), 5.642 Meter
Der Montblanc ist der höchste und zugleich komplexeste Berg der Alpen. Er zeigt zwei ganz unterschiedliche Gesichter: Im Norden ist er rundlich und fast vollständig vergletschert, von Süden erscheint er als markanter Felsklotz mit steilen Wänden. Seine Position in den Seven Summits wird ihm inzwischen vom 5.642 Meter hohen Elbrus im Kaukasus streitig gemacht. Dieser liegt, je nachdem, wie die Grenze definiert wird, entweder gerade noch in Europa oder aber schon in Asien.

Australien/Ozeanien:
Puncak Jaya (Carstensz-Pyramide) (Indonesien), 4.884 Meter
Der höchste Berg zwischen dem Himalaja und den Anden liegt zwar offiziell in Indonesien und damit in Asien. Da aber seine Basis geologisch gesehen im australischen Kontinentalsockel ruht, wird er für die Seven Summits zu Ozeanien gezählt. Er entstand, als die Pazifische Platte unter die Indisch-australische Platte abtauchte. Sein indonesischer Name bedeutet „Siegesgipfel", sein zweiter stammt vom niederländischen Seefahrer Jan Carstensz. Wegen des feuchtwarmen Klimas in dieser Region ist sein Gipfel meist durch Wolken verdeckt.

Asien und Welt:
Mount Everest (Nepal/Tibet), 8.848 Meter
Der höchste Berg der Welt thront an der Ostflanke des Himalaja über der Hochebene von Tibet. Die Nepalesen nennen ihn „Mutter des Universums", auf Tibetisch wird er die „Muttergöttin des Schnees" genannt. Seinen englischen Namen erhielt er erst 1852 von britischen Landvermessern nach dem Geographen Sir George Everest. Der Mount Everest und mit ihm der gesamte Himalaja sind rund 50 Millionen Jahre alt. Sie entstanden bei der Kollision der Indischen mit der Eurasischen Kontinentalplatte. Dabei wurden enorme Kräfte frei, die im Laufe der Zeit die Erdoberfläche aufwölbten und falteten.

Afrika:
Kilimandscharo (Tansania), 5.895 Meter
Der Kilimandscharo mit seinen drei Gipfeln ist einer der mächtigsten Vulkane der Erde. Er bedeckt ein Gebiet von 100 x 65 Kilometern Größe und ist Teil einer Vulkankette, die am südlichen Ende des Ostafrikanischen Grabens beginnt. Winde vom Indischen Ozean laden an den Hängen des Berges ihre Feuchtigkeit als Regen oder Schnee ab, dadurch bildet der Kilimandscharo eine fruchtbare Insel inmitten der Savanne. Wegen seines schneebedeckten Gipfels wurde er auf Swahili „Kilima Njaro" – schimmernder Berg – getauft.

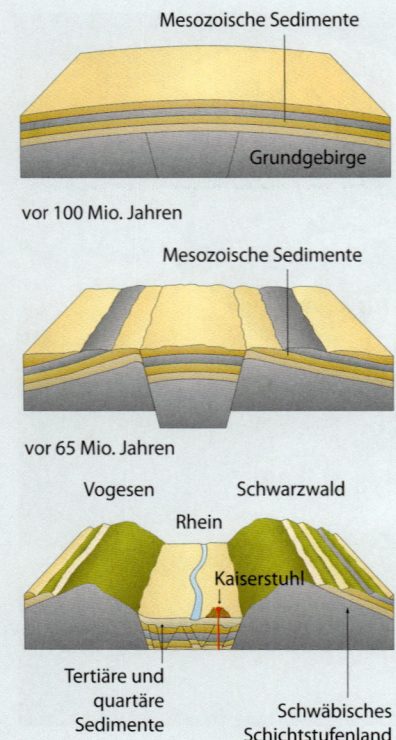

Mesozoische Sedimente

Grundgebirge

vor 100 Mio. Jahren

Mesozoische Sedimente

vor 65 Mio. Jahren

Vogesen   Schwarzwald

Rhein

Kaiserstuhl

Tertiäre und
quartäre
Sedimente   Schwäbisches
                         Schichtstufenland

Die Entstehung des Oberrheingrabens

*Der Oberrheingraben liegt in einer
Schwächezone, die sich vom Mittelmeer
bis nach Norwegen erstreckt. Hier
wölbte tektonischer Druck das Grundgebirge und mit ihm die auflagernden
Sedimente auf. Im Tertiär senkte sich
der Graben entlang von Störungszonen
in die Sedimentschichten ein.
Durch Anhebung der Grabenränder
und verstärkte Erosion wurde das alte,
vorwiegend aus Gneisen und Graniten
bestehende Grundgebirge bis heute
wieder freigelegt. Die Absenkung führte
zusammen mit Verwerfungen und
Staffelbrüchen auch zum Kaiserstuhl-
vulkanismus.
Kleinere Erdbeben, heiße Quellen und
Senkungen am Oberrheingraben zeigen,
dass dieses Gebiet tektonisch immer
noch aktiv ist. © MMCD NEW MEDIA*

betrachtet wären die südlichen Rocky Mountains ohne diese Erosion heute lediglich ein flaches Hochplateau.

Aber nicht nur starker Druck – beispielsweise durch die Kollision tektonischer
Platten – kann Gebirge emporwölben, auch das Gegenteil, eine Druckentlastung,
führt immer wieder zu markanten Höhenunterschieden. Wenn zwei Gebiete
tektonisch auseinanderstreben, so die Meinung der Geologen, dann befreien
sich die in ihrer Mitte gelegenen Krustenblöcke wie aus einem Zangengriff und
sacken nach unten. Typischerweise entsteht ein lang gezogener und mehr oder
weniger breiter Riss in der Landschaft, umgeben von steil aufragenden Rändern.
Der Ostafrikanische Graben erreicht beispielsweise durch die enormen Höhenunterschiede zwischen seinem Grund und dem benachbarten Gipfel des 5.109
Meter hohen Ruwensori bereits Hochgebirgscharakter. Auch das Rote Meer, der
Libanongraben oder der Oberrheingraben sackten im Laufe der Jahrmillionen um
mehrere hundert bis sogar tausend Meter in die Tiefe.

Wachsen ohne Falten und Brüche

Doch Gebirge wachsen manchmal auch ganz ohne Faltung oder den Bruch von
Gesteinsschichten in die Höhe. Beispielsweise wenn sich große Mengen glutflüssigen Magmas in der Lithosphäre aufwärts bewegen und in einer Magmenkammer
im Untergrund sammeln. Wie ein langsam größer werdender Ballon drückt dann
eine solche Magmenkammer Gesteinsschichten über sich nach oben – ohne sie zu
zerbrechen. Erst die Erosion „zersägt" diesen emporgehobenen Block und bildet
so im Laufe der Zeit eine charakteristische Gebirgslandschaft.

Aber nicht nur Druck von unten, auch Entlastung von oben kann Berge zum
Wachsen bringen: So bewegt sich beispielsweise das Skandinavische Gebirge
trotz tektonischer Ruhephase seit dem Ende der letzten Eiszeit jährlich mehrere
Zentimeter in die Höhe. Verantwortlich hierfür ist der fehlende Druck der Gletschermassen, der während der letzten Eiszeit das 400 Millionen Jahre alte Grundgebirge beschwert und nach unten gedrückt hatte. Seit gut 10.000 Jahren von der
Eislast befreit, treibt der Gebirgskern nun allmählich wieder nach oben.

Das Alter der Gebirge

Wenn Gebirge sprechen könnten, so hätten sie sicherlich viel zu erzählen: Von der
Auffaltung über mehrere Millionen Jahre hinweg, über die zerstörerischen und an
ihren Flanken nagenden Kräfte von Wind und Wetter, bis hin zur Überlagerung
mit Sedimenten und der Verformung des Untergrundes durch auflagernde Deck-
schichten. Und selbst wenn das Gebirge bis auf den Rumpf abgetragen wurde,
so hat es häufig doch „nur" einige Millionen Jahre Ruhe, bis es erneut angehoben
wird und die Gebirgsbildung von neuem beginnt.

Schon lange rätselt die Wissenschaft, wann wohl das weltweit erste Gebirge
entstanden sein könnte. „Es gibt eine große Diskussion in unserem Arbeitsge-
biet, ob große Kontinente und Plattentektonik bereits im Archaikum der Erde

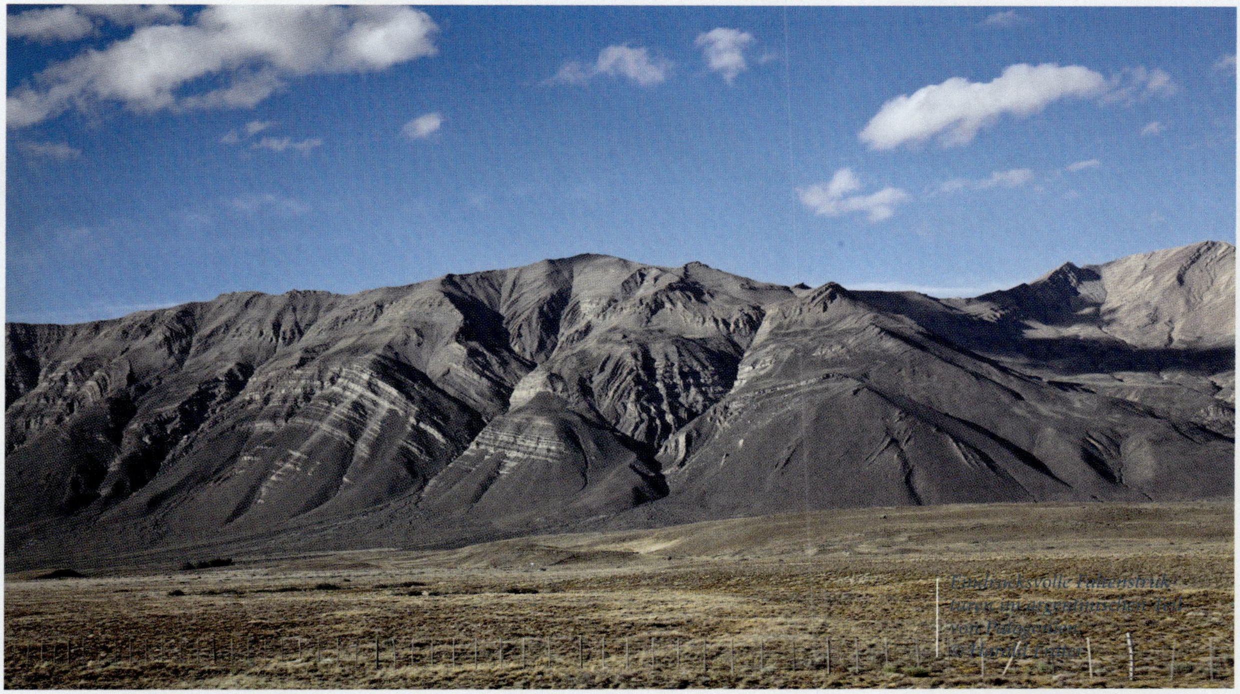

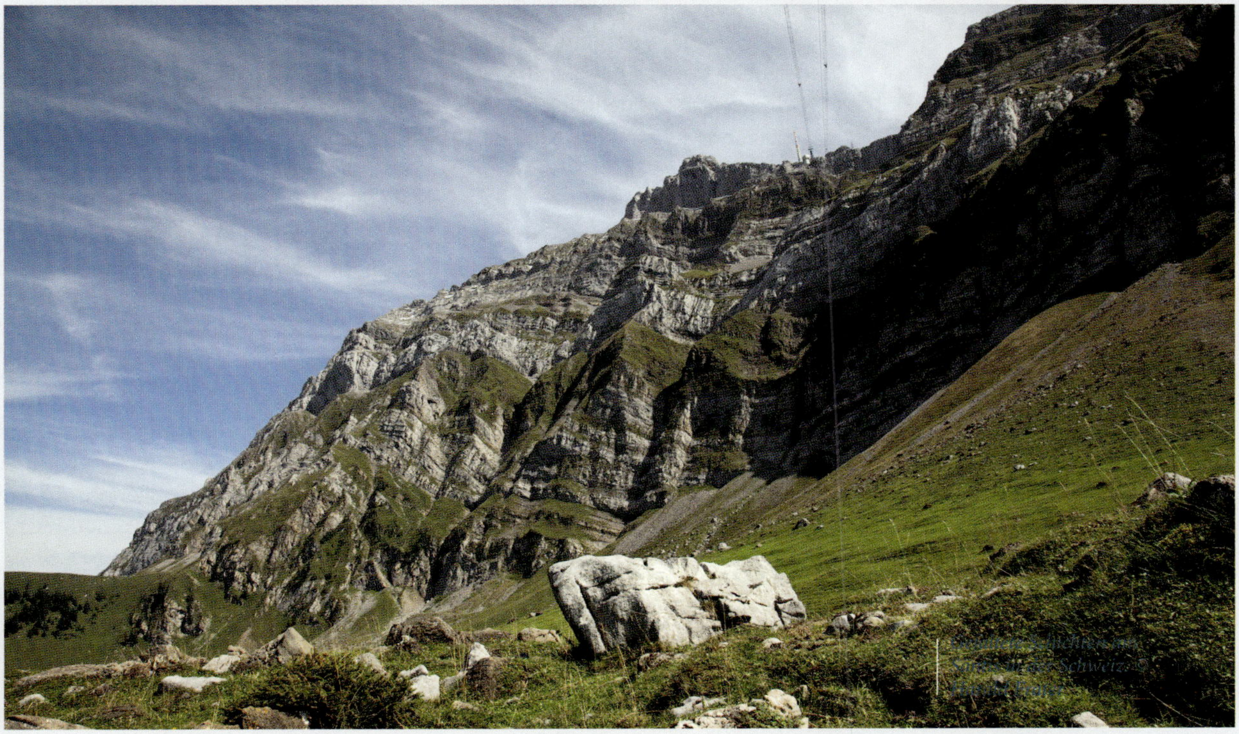

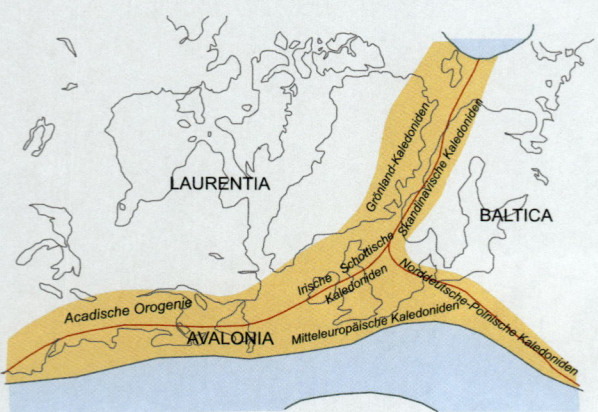

existierten oder nicht – also vor mehr als 2,5 Milliarden Jahren", erklärt Larry Heamann, Professor der Geowissenschaften an der University of Alberta. Da nach heutigem Kenntnisstand die Gebirgsbildung eng mit der Plattentektonik zusammenhängt, müssten sich zwangsläufig zu dieser Zeit auch die ersten Gebirge gebildet haben. Im Verlauf der Erdgeschichte sind immer wieder Kontinente entstanden und verschwunden. Nach heutigem Wissen waren alle Landmassen insgesamt fünf Mal zu einem Riesenkontinent vereint, der danach wieder zerbrach. Entsprechend hat es auch immer wieder neue Konstellationen der Plattengrenzen gegeben. Beim Zusammenprall von Riesenkontinenten entstanden neue Gebirge, bei ihrem Zerfall hingegen neue Ozeanbecken. Interkontinental gelegene Gebirge wie der Ural weisen auch heute noch auf die ehemalige Kollision zweier Kontinentalplatten hin. Jeder dieser Superkontinentzyklen dauerte schätzungsweise mehrere hundert Millionen Jahre.

Verlässlich nachweisen lassen sich allerdings nur noch drei große, weltumspannende Perioden der Gebirgsbildung. Von alt nach jung sind dies die kaledonische, variszische und alpidische Faltungsphase. Doch die zeitliche Einteilung der Gebirge gibt lediglich einen Hinweis auf ihren Entstehungszeitraum und nicht auf das tatsächliche Alter der gefalteten Gesteine. So sind beispielsweise die Felsformationen der Kalkalpen als Sedimentschichten bereits lange vor den ersten Auffaltungsbewegungen der Alpen entstanden.

Eine der ältesten bekannten Gebirgsbildungsphasen haben Geologen für das frühe Paläozoikum vor 510 bis zu 410 Millionen Jahren nachgewiesen. Bezeichnet wurde sie nach den Kaledoniden, die als riesiger Gebirgszug zwischen den damaligen Kontinenten Fennoskandia und Laurentia entstanden. Heute sind die Reste dieses Giganten durch die Kontinentaldrift weit über den Globus verteilt. Dazu gehören das Schottische Hochland, Teile von Irland, die nördlichen

Appalachen, die südostaustralischen Gebirge, Neufundland, Ostgrönland und die Skanden. Rund 100 Millionen Jahre später als diese Gebirge bildeten sich die so genannten Varisziden. Sie entstanden aus den Sedimenten des variszischen Meeresbeckens, das im mittleren Paläozoikum vor ungefähr 400 bis 280 Millionen Jahren weite Teile West- und Mitteleuropas bedeckte. Heutige Reste dieses ehemaligen Hochgebirges sind insbesondere die europäischen Mittelgebirge wie Harz, Rheinisches Schiefergebirge oder das Erzgebirge. Häufig werden alle zu jener Zeit entstandenen Gebirge der variszischen Faltungsphase zugerechnet, auch wenn sie von ihrem Bildungsprozess her eigentlich nicht miteinander verwandt sind. Zu diesen „Trittbrettfahrern" zählen der Ural, die südlichen Appalachen, das nordostaustralische Gebirge und der Altai.

Die Alpen wurden namensgebend für die jüngste, alpidische Faltungsphase, die vor ungefähr 100 Millionen Jahren einsetzte und bis heute andauert. Ausgehend von tektonischen Hebungsphasen seit dem Ende der Kreidezeit gehen nahezu alle heutigen Hochgebirge auf das Konto der alpidischen Faltung und sind demzufolge geotektonisch „junge Hüpfer". Im Wesentlichen sind dies die europäischen Alpen, die Pyrenäen, der Atlas, die Karpaten, der Kaukasus, der Himalaja, die Rocky Mountains sowie die südamerikanischen Anden und die neuseeländische Alpen.

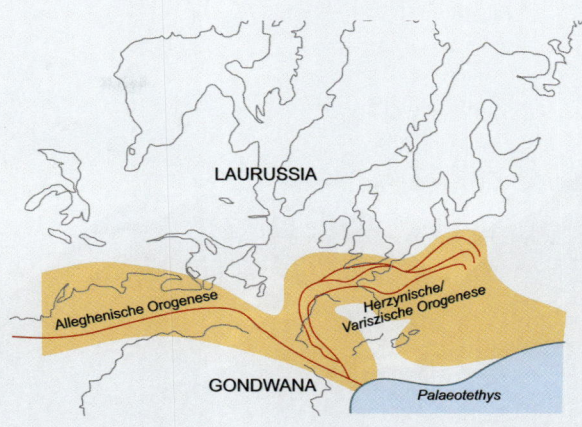

Lage der Gebirgsketten (orange) bei der variszischen Gebirgsbildung im mittleren Karbon. Rote Linien zeigen kollidierende Plattengrenzen. © gemeinfrei

Auch wenn er heute nicht mehr so aussieht: Der Harz war einmal ein Hochgebirge. Er stammt aus der variszischen Gebirgsbildungsphase.
© Harald Frater

*Oben und unten: Blick auf Jotun-
heimen, den norwegischen Teil
der Skanden. Das Gebirge entstand während der kaledonischen
Gebirgsbildung vor 420 bis 380
Millionen Jahren.*
© Marcin Szala/GFDL

Blick vom rund 2.500 Meter hohen Säntis in den Appenzeller Alpen auf seine imposante Faltenstrukturen. © Harald Frater

Falten oder Brechen – das Verhalten des Gesteins

Sattelförmige Falte bei Schloss Durbuy in den belgischen Ardennen. © Harald Frater

Gesteine können ganz schön „launisch" sein: Denn je nach Zusammensetzung, Lagerungstiefe und Temperatur reagieren sie auf tektonischen Druck äußerst unterschiedlich. An der Erdoberfläche brechen sie an Klüften, Störungen oder Verwerfungen. Im Untergrund hingegen verhalten sich die gleichen Gesteine unter wesentlich höherem Druck geradezu plastisch. Sie verformen und verbiegen sich, ohne jedoch zu brechen.

Faltungen

Wie stark eine Faltung ausgeprägt ist, hängt sowohl von der Widerstandskraft des Gesteins, als auch von der Zeitdauer der Kompression ab. Faltungsprozesse können sich sowohl im Maßstab von vielen Kilometern abspielen, wie im Fall der Gebirgsbildung, oder aber auf kleinstem Raum, wenn nur wenige Zentimeter oder gar Millimeter dünne Schichten verformt werden. Wirken horizontale Kompressionskräfte über einen langen Zeitraum und in einem großen Gebiet, bilden sich so genannte Faltengürtel. Das Rheinische Schiefergebirge, der Schweizer Jura oder die Alpen sind Beispiele für solche Faltengebirge. In der Valley-and-Ridge-Provinz der Appalachen sind die Sättel noch deutlich von den Mulden getrennt.

Ähnlich wie sich eine Tischdecke auffaltet, wenn sie von beiden Seiten zusammengeschoben wird, entstehen bei der Faltung meist wechselnde Zonen

Folgende Seite:
Links oben: Das Rainbow Basin nahe Barstow in Kalifornien ist eine klassische Synkline. Links unten: Der „Roche de la Falize" im belgischen Durbuy. Rechts: Faltungen in großem Maßstab zeigt das Satellitenbild der amerikanischen Appalachen.
© Mark A. Wilson/gemeinfrei, Harald Frater, NASA/JPL

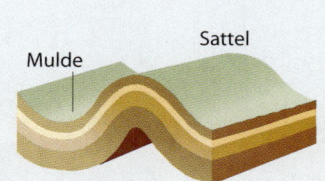

Mulde | Sattel

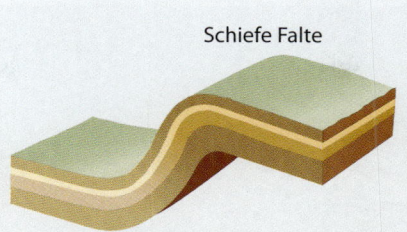

Schiefe Falte

Überkippte Falte

von Aufwölbungen nach oben und Einsenkungen nach unten. Die nach oben gerundeten Bereiche werden dabei als Sättel oder Antiklinalen, die nach unten gerichteten als Mulden oder Synklinalen bezeichnet. Mit zunehmender Dauer und Stärke des seitlichen Drucks beginnt die Falte aus ihrer ursprünglich symmetrischen Lage zu kippen und neigt sich immer weiter seitwärts. Diese so genannte Vergenz ist ein wichtiger Indikator für den Ablauf vergangener Faltungsprozesse. Im Extremfall kann eine Falte so stark geneigt sein, dass sie überkippt und ihre beiden Flanken in die gleiche Richtung abfallen. Manchmal verlaufen dabei die Schichten beider Seiten fast parallel.

Ein Sonderfall der Faltung sind Dome und Becken – kreisrunde, meist kilometergroße Bereiche der Erdoberfläche, in denen das Gestein entweder angehoben (Dom) oder aber abgesenkt wurde (Becken). Warum es zu dieser Biegetektonik kommt, ist noch nicht vollständig geklärt. Einige Dome entstehen über Gesteinen geringerer Dichte, wie beispielsweise einem Salzstock, oder auch über Gebieten, in denen Magma im Untergrund aufgestiegen ist. Becken können sich bilden, wenn die Erdkruste durch die Tektonik gedehnt wurde oder sich ursprünglich aufgeheizte Gebiete der Kruste abkühlen und dabei zusammenziehen.

Durch steigenden seitlichen Druck entstehen zunächst Sättel und Mulden, dann schiefe Falten und überkippte Falten.
© MMCD NEW MEDIA

Ágios-Pávlos-Faltung auf Kreta. Sie entstand während der alpidischen Gebirgsbildung.
© Dieter Mueller/GFDL

Bruchtektonik

Werden Gesteinsmassen zusammengepresst, gedehnt oder gegeneinander verschoben, können sie an ihren Schwachstellen brechen. Haben die Schwachstellen im Gestein nur eine geringe Länge von wenigen Zentimetern bis Metern, spricht man von Klüften, sind sie länger, werden die Linien, an denen die Brüche stattfinden, Störungen genannt. An Klüften und Störungen können sich die Gesteine sehr unterschiedlich verhalten. Steht das Gestein unter Druck, kommt es bei einem Bruch meist zu einer Auf- oder Überschiebung. Ein Gesteinsblock

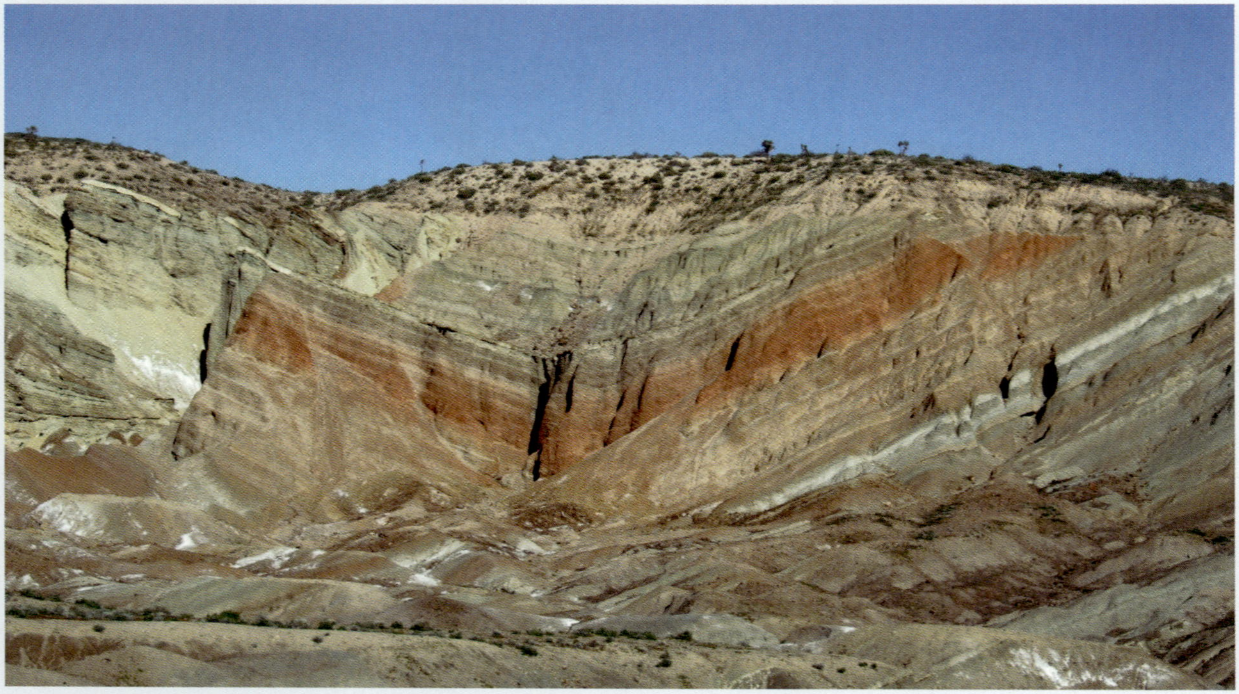

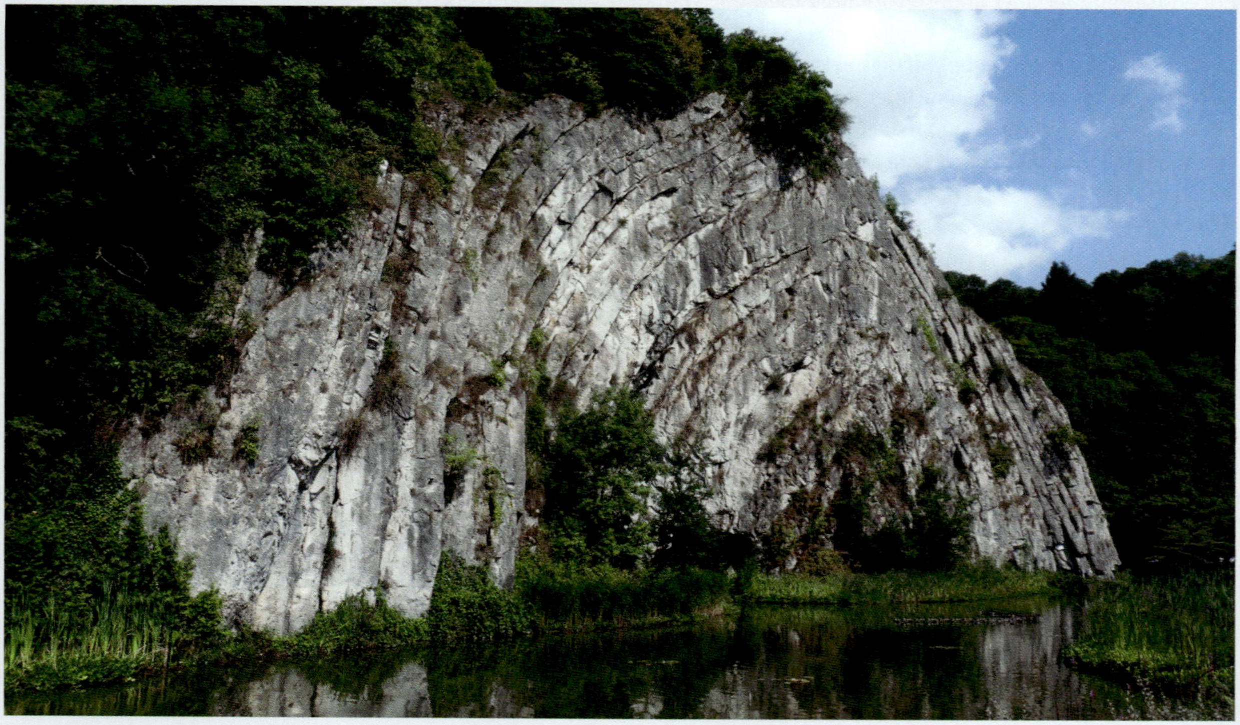

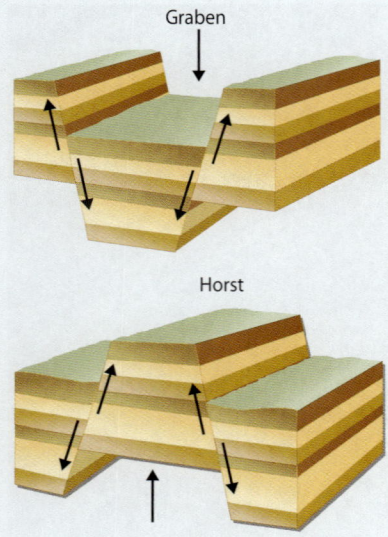

Graben

Horst

Ein Graben entsteht, wenn die Kruste gedehnt wird, das Gestein an mehreren Stellen bricht und ein Gesteinsblock zwischen zwei Störungslinien einsinkt. Steht das Gestein dagegen unter Druck, kann es nach oben hin herausgeschoben werden, ein Horst bildet sich. © MMCD NEW MEDIA

bewegt sich dabei entlang der Bruchfläche nach oben. Wird das Gestein dabei sehr flach über das darunterliegende geschoben, wie dies häufig im Rahmen der Gebirgsbildung auftritt, spricht man von einer Überschiebung.

Wird das Gestein dagegen gedehnt, bricht es und einer der beiden Blöcke sinkt entlang der Bruchfläche ab – es kommt zu einer Abschiebung. Je nachdem, wie die Störungen in den Gesteinen verlaufen und welche Kräfte wirken, entstehen spezielle Formen in der Landschaft. So bilden sich zum Beispiel Gräben durch Abschiebung, wenn das Gestein entlang zweier paralleler Störungsflächen bricht und der dazwischenliegende Block einsinkt. Die rechts und links des Grabens liegenden Störungsflächen laufen dann keilförmig zur Tiefe hin zusammen. Tritt eine Grabenbildung in großem Maßstab auf, beispielsweise an auseinanderweichenden Plattengrenzen, entstehen ausgedehnte Grabensenken, wie das Ostafrikanische Rift-Valley. Auch der Oberrheingraben hat seinen Ursprung in einem solchen Dehnungsprozess.

Ein Horst hingegen wird herausgepresst, wenn sich zwei Krustenregionen einander annähern, an zwei Stellen brechen und der dazwischenliegende Gesteinsblock nach oben hin herausgeschoben wird. Durch einen solchen Prozess ist beispielsweise die Front-Range der Rocky Mountains in Colorado entstanden. Neben den Kompressions- und Dehnungskräften wirken aber auch die Scherkräfte auf das Gestein. Diese entstehen, wenn sich Krustenbereiche aneinander vorbei bewegen. Es treten dann keine Höhenunterschiede an den Störungen auf – wie bei den Auf- und Abschiebungen –, sondern ein seitlicher (horizontaler) Versatz. Die bekannteste Störung mit einem solchen, sich über hunderte von Kilometern erstreckenden Versatz ist die „San-Andreas-Störung" in Kalifornien. Entlang einer Plattengrenze schiebt sich hier die Pazifische Platte entlang der Nordamerikanischen in Richtung Norden.

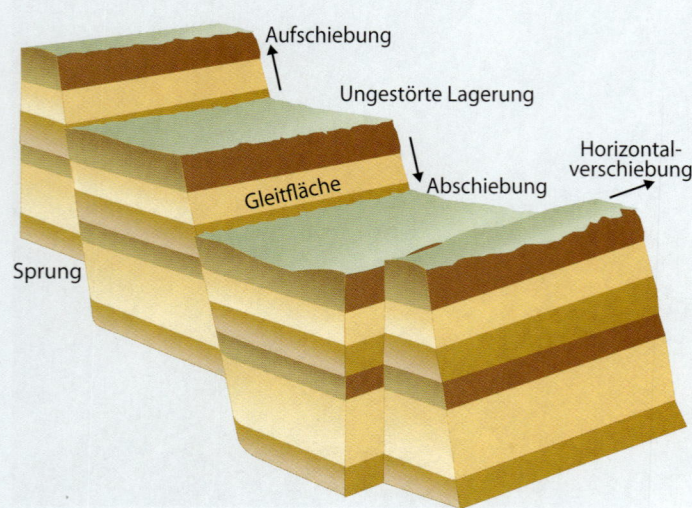

Aufschiebung

Ungestörte Lagerung

Gleitfläche

Abschiebung

Horizontalverschiebung

Sprung

Werden Gesteinsmassen zusammengepresst, gedehnt oder gegeneinander verschoben, kann das Material an Schwachstellen brechen. Eine Kompression verursacht dann eine Auf- oder Überschiebung, eine Dehnung meist eine Abschiebung. © MMCD NEW MEDIA

Rechts: Auch die San-Andreas-Verwerfung in Kalifornien ist ein Graben, hier als helle Linie rechts neben dem Höhenzug zu erkennen.
Unten: Eine Horst-Struktur im französischen Departement Hérault. Deutlich ist der herausgehobene Keil zwischen den Bruchlinien zu erkennen.
© NASA/JPL/NIMA, GFDL

Massenbewegungen – wenn der Berg ins Rutschen kommt

Felssturz/Felsabbruch an der Ostseite des Eigers in der Schweiz auf den Unteren Grindelwaldgletscher. © gemeinfrei

Sommer 1987: Schwere Unwetter sind über den Alpen niedergegangen, tagelang hat es nur geregnet. Auf einmal lösen sich im italienischen Adda-Tal riesige Gesteinsmassen von rund 40 Millionen Kubikmetern und stürzen mehr als 1.000 Meter in die Tiefe. Der mit einer Geschwindigkeit von 400 Kilometern pro Stunde niedergehende Bergsturz ist von einer Orkanartigen Druckwelle begleitet, der Wälder und Kirchtürme knickt wie Streichhölzer. Der italienische Fluss Adda staut sich zu einem gewaltigen See auf, der unterhalb gelegene Orte zu überfluten droht. 20.000 Menschen werden blitzartig evakuiert, die einzigen Opfer sind schließlich acht Menschen, die sich geweigert hatten, ihre Häuser zu verlassen. Dieser Erdrutsch war eine der gewaltigsten geologischen Katastrophen des letzten Jahrhunderts in den Alpen.

Massenbewegungen wie Schlammströme, Muren oder Bergstürze sind eng mit den Gebirgen unseres Planeten verbunden. Denn sie entstehen überall dort, wo die Schwerkraft auf die mehr oder weniger steilen Hänge einwirkt und sie ins Rutschen bringt. Entscheidend dafür, ob ein Hang standhält oder nicht, ist aber nicht nur die Hangneigung. Eine Rolle spielen auch die Lagerung und die Art der Gesteine, der Wassergehalt der rutschenden Schicht oder das Vorhandensein von Gleitschichten im Untergrund.

In Mitteleuropa gab es in den letzten 120 Jahren beispielsweise vier Zeiträume, in denen besonders viele Erdrutschungen beobachtet wurden. Allein in Rheinland-Pfalz fanden an der Jahreswende 1982/83 innerhalb von 24 Stunden 280 Massenbewegungen statt, dabei gerieten insgesamt zehn Millionen Kubikmeter Erde und Geröll in Bewegung. Recherchen haben ergeben, dass solche Häufungen immer dann auftreten, wenn zwei oder drei Jahre lang überdurchschnittlich viel Niederschlag fällt. Solange der Boden nur feucht ist, hält die Oberflächenspannung eines dünnen Wasserfilms die Bodenteilchen zusammen und festigt so den Untergrund. Staut sich aber durch viel Regen die Nässe im Boden, drängt das zusätzliche Wasser die Bodenkörner auseinander. Es wirkt wie ein Schmiermittel und macht den Boden instabil. Beste Voraussetzungen für einen Erdrutsch. Kommt dann noch ein auslösendes Moment hinzu, wie ein plötzliches Auftauen der gefrorenen Erde durch einen Wärmeeinbruch oder ein heftiger Regenguss, ist die Katastrophe häufig nicht mehr aufzuhalten. Eine andere natürliche Ursache für Erdrutsche sind großflächige Erschütterungen der Landschaft durch Erdbeben oder Vulkanausbrüche.

Auch der Mensch ist nicht ganz unschuldig an den vielen Massenbewegungen: In fast 40 Prozent aller Fälle löst er einen Erdrutsch selbst aus, zum Beispiel durch Hanganschnitte für den Straßenbau, Aufschüttungen oder andere Baumaßnahmen. Zusätzlich haben auch schon länger zurückliegende menschliche Eingriffe noch heute massive Auswirkungen auf die Hangstabilität. Vor allem die schon im Mittelalter begonnene großflächige Rodung der Hangwälder hat vielerorts zu kahlen Hangflächen geführt, die der Erosion schutzlos ausgesetzt sind. Besonders fatal: Gerade diese „Hanglagen mit Aussicht" sind heute besonders begehrtes Bauland. So wurde in den 1980er Jahren in Rheinhessen ein Gebiet mit dem vielsagenden Namen „In der Rutsch" bebaut. Für die stolzen Bauherren ein teures Vergnügen: Trotz spezieller Fundamente kam es durch Erdbewegungen zu deutlichen Schäden an den Wohnhäusern.

Aber nicht jedes Abrutschen ist gleich. Je nach Geschwindigkeit und Art der Bewegung teilen Geologen Massenbewegungen in verschiedene Typen ein. Eine Abgrenzung zwischen den verschiedenen Formen ist allerdings oft schwierig, da die Übergänge fließend sind. In Festgesteinen treten Massenbewegungen vor allem im Hochgebirge auf. Dort lösen sich große Gesteinsmassen an Schichtgrenzen und poltern als größerer Felssturz, Bergsturz oder als Steinlawine zu Tal. Brechen immer wieder kleine Gesteinsbrocken ab, spricht man von Steinschlag. Die Geschwindigkeiten solcher Phänomene sind sehr hoch, meist liegen sie deutlich über fünf Kilometern pro Stunde.

Ganz anders als Bergstürze laufen die Rutschungen ab. Hier bewegen sich die Gesteinsmassen eher gleitend als stürzend und bleiben während der Bewegung im Zusammenhang. Besonders auf tonigen Schichten beginnen ganze Gesteinsblöcke im Verband zu gleiten. Die Menge, die bei solchen Massenbewegungen verlagert wird, liegt nicht selten bei über einer Million Kubikmeter

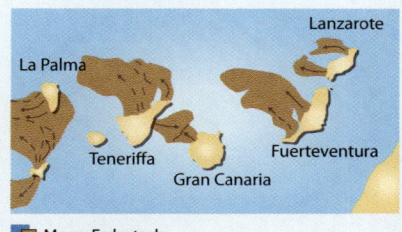

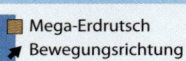

■ Mega-Erdrutsch
↘ Bewegungsrichtung

Durch Vulkanismus ausgelöste Massenbewegungen auf Inseln wie hier den Kanaren können riesige Flutwellen, so genannte Tsunamis, erzeugen.
© MMCD NEW MEDIA

Erdrutsch nach dem großen Erdbeben im Jahr 2001 in El Salvador. © USGS

Gesteins- und Schlammmaterial. Diese Menge entspricht ungefähr einem voll beladenen Güterzug, der von Frankfurt nach Köln reicht. Wenn sich wasserdurch-tränkte Schuttmassen in Bewegung setzen, spricht man dagegen von Muren oder Murgängen. Diese breiartigen Schuttströme können in Hochgebirgen teil-weise verheerende Auswirkungen haben. Im Norden Perus ging 1970 eine Mure mit einer Geschwindigkeit von fast 300 Kilometern pro Stunde talwärts, 70.000 Menschen starben bei dieser Katastrophe.

Ähnlich schnell, aber in sehr viel kleinerem Maßstab ereignen sich Erdschlipfen. Böden und locker gelagerte Gesteine bewegen sich dabei auf tonigen Gleit-bahnen oder wasserundurchlässigen Schichten abwärts. Sie bilden am Hang eine halbkreisförmige Abrissnische und dort, wo sie zum Stehen kommen, einen Wulst. Diese zungenartigen Gebilde verlieren ihre Bewegungsenergie entweder dadurch, dass sie in flacheres Gelände gleiten, oder dann, wenn der Wasserge-halt abnimmt.

Die langsamste Massenbewegung ist das Bodenkriechen. Die oberen Bodenschichten werden dabei, wenn sie mit Wasser gesättigt sind, instabil und bewegen sich bergab. Die Geschwindigkeiten liegen bei meist weniger als einem Zentimeter in einem Jahr. In Gebieten, in denen die Böden permanent gefroren sind, wird diese Bewegung Solifluktion genannt. Der ebenfalls wassergesättigte, aufgetaute Boden „kriecht" dort auf gefrorenen Schichten. Solifluktion findet schon bei Hangneigungen unter fünf Grad statt.

Diese Schlammlawine zerstörte am 17. Februar 2006 einen Großteil des Ortes Guinsahugon auf der Philippinen-Insel Leyte. © U.S. Marine Corps

Das Unglück von Nachterstedt

Die Katastrophe traf Nachterstedt, einen kleinen Ort in Sachsen-Anhalt, aus heiterem Himmel: Am 18. Juli 2009 rutschte plötzlich auf 350 Metern Länge das Ufer des künstlich angelegten Concordia-Sees in die Tiefe und riss zwei Häuser und drei Menschen mit. Die genauen Ursachen sind noch nicht eindeutig geklärt, aber die Lage des Ortes mitten in einem ehemaligen Tagebaugebiet spielt mit Sicherheit eine große Rolle.

Bereits seit dem 19. Jahrhundert wird in Nachterstedt Braunkohle gefördert, der Ort muss sogar einmal den Gruben weichen und wird komplett umgesiedelt. Während der Kohleförderung wird das Grundwasser in den bis zu 100 Meter tiefen, offenen Gruben abgepumpt, nach der Beendigung des Bergbaus im Jahr 1990 steigt es jedoch wieder an. Zusätzlich werden die Gruben mit Flusswasser geflutet und es entstehen künstliche Seen mit meist steilen, hohen Ufern. Auch Nachterstedt liegt an einer solchen Abbruchkante, rund 100 Meter über dem Ufer des in einem Tagebauloch angelegten Concordia-Sees.

Und genau das wird dem Ort zum Verhängnis: Am 18. Juli 2009 um fünf Uhr morgens löst sich nach heftigen Regenfällen auf einer Länge von 350 Metern der Hang und kommt ins Rutschen. Mehr als eine Million Kubikmeter Erde und Gestein stürzen in die Tiefe und reißen ein Doppelhaus sowie einen Teil eines Einfamilienhauses mit sich. Die Bewohner, ein älteres Ehepaar sowie ein Nachbar, werden von den Erd- und Trümmermassen mitgerissen und verschüttet. Auch die Straße und ein Aussichtspunkt werden durch den Erdrutsch zerstört.

Der Einschlag der gewaltigen Masse im See löst eine Flutwelle aus, die einen am Seeufer ankernden Ausflugsdampfer ans andere Ufer schleudert und die Anlegestelle unter meterdickem Schlamm begräbt.

Zur Ursache des Unglücks kursieren schnell zahlreiche Hypothesen. Während einige die Instabilität des gefluteten Tagebaus verantwortlich machen, sehen andere in den heftigen Regenfällen den Auslöser der Katastrophe. Die Durchnässung des Untergrunds könne dann ein so genanntes Setzungsfließen auslösen. Dabei werde der Boden in kurzer Zeit zu einem instabilen Brei, der den Hang hinabfließt.

Vier Tage nach dem Erdrutsch überflog eine Cessna Caravan der Forschungsflotte des Deutschen Zentrums für Luft- und Raumfahrt (DLR) das Gebiet und erstellte im Rahmen des ARGOS-Projektes (Airborne Wide Area High Altitude Monitoring System) hochgenaue Luftbilder. Sie ermöglichen einen detaillierten Vergleich des Geländezustandes vor und nach dem Ereignis. Zum anderen aber können sie auch Aufschluss darüber geben, wo möglicherweise noch instabile Bereiche existieren und weitere Veränderungen oder Bewegungen drohen.

Luftbild-Detailkarte von Nachterstedt nach dem Erdrutsch (Maßstab 1:600). © DLR 2009/www.zki.dlr.de

Links: Nachterstedt in einer Aufnahme vom 5. Mai 2006 Rechts: Der Ort am 22. Juli 2009, vier Tage nach dem Erdrutsch (Maßstab 1:1500).
© DLR 2009/www.zki.dlr.de

Concordiasee

Seelandstraße

Feuer speiender Berg: Vulkanausbruch auf der Insel Hawaii. © USGS/HVO/C. R. Thornber

Mit Feuer und Donner
Vulkanismus und Erdbeben

Rot glühende Lava schießt in leuchtenden Fontänen aus der Erde, Wolken aus heißer Asche steigen kilometerhoch in den Himmel, mächtige Glutströme fließen rasend schnell zu Tal: Vulkanausbrüche gehören zu den spektakulärsten Naturereignissen, die unser Planet zu bieten hat – und zu den kreativsten. Bei jeder Eruption „erfinden" die Feuerberge sich selbst und ihre Umgebung neu und bringen dabei einzigartige Landschaftsformen hervor. Ebenso beeindruckend und furchterregend wie Vulkane sind auch Erdbeben, deren Zerstörungskraft manchmal kaum vorstellbare Größenordnungen erreicht. So wie am 12. Mai 2008, als ein Erdstoß mit der Magnitude 7,9 die chinesische Provinz Sichuan erschütterte. Mindestens 80.000 Menschen starben damals, Millionen Gebäude lagen in Trümmern, komplette Dörfer stürzten ein, Steinschläge blockierten Straßen und Flüsse.

Vulkanismus –
wenn die Erde Feuer speit

40 Meter hohe spektakuläre Lavafontänen sind typisch für die Ausbrüche des Pu'u O´o auf Hawaii. © USGS/HVO/ G. E. Ulrich

24. August des Jahres 79 nach Christus: Der Vulkan Vesuv am Golf von Neapel bricht aus. Lavaströme, Ascheregen und giftige Gaswolken begraben die römischen Badeorte Pompeji und Herculaneum unter sich. Tausende von Einwohnern kommen bei der gewaltigen Naturkatastrophe ums Leben. Doch das Schicksal Pompejis ist kein Einzelfall. Immer wieder werden wir Menschen von der Kraft aus dem Erdinneren überrascht – nicht immer mit tödlichen Folgen.

Beispiel 14. November 1963. Das Schiff Isleifur II ist mehr als 30 Kilometer vor der Südküste Islands im Nordatlantik unterwegs. Unweit der Westmänner-Inseln suchen Kapitän Gudmar Tomasson und seine Männer schon seit einiger Zeit nach ergiebigen Fischschwärmen, die ihnen die Netze füllen sollen. Aber mit der Routine an Bord ist es kurz nach Sonnenaufgang ganz schnell vorbei, denn am Horizont entdecken die Fischer eine riesige schwarze Rauchwolke. Handelt es sich um ein in Brand geratenes Schiff? Vielleicht sogar einen Öltanker? Oder gibt es eine andere Ursache? Ein eilig abgesetzter Funkrundruf bringt erst einmal Entwarnung. Kein Schiff im Umkreis von einigen hundert Meilen hat SOS signalisiert.

Nachdem ein Unglück ausgeschlossen ist, finden die Fischer schnell eine andere Erklärung für die immer größer werdenden Rauchwolken: Vulkanismus.

Dieses Phänomen ist auf Island und auch in den umliegenden Gewässern keine Seltenheit. Die Fischer um Tomasson gehen deshalb ihrer Vermutung auf den Grund. Je näher sie der Quelle des Rauchs kommen, desto mehr Indizien bestätigen ihre Theorie von einem untermeerischen Vulkanausbruch. Da ist zunächst der Geruch von Schwefel, der in der Luft hängt. Deutlich zu spüren ist aber auch ein ungewöhnliches Vibrieren, das durch Mark und Bein geht und ganz sicher nicht von einem Schiffsmotor oder durch den Wind verursacht wird.

Als die Fischer endlich nahe genug an den Ort des Geschehens herangekommen sind, ist der Fall endgültig klar. Die gewaltigen Rauchwolken bestehen aus Wasserdampf und vor allem schwarzer Asche – ein eindeutiger Hinweis auf einen massiven Vulkanausbruch am Meeresgrund. Die Crew der Isleifur II beobachtet fasziniert, wie rund 18 Kilometer vor Heimaey, der größten der Westmännerinseln, „frisches" Land entsteht. Denn die Eruptionen nehmen im Laufe des Tages kein Ende und werden sogar immer stärker. Der Auswurf an Asche ist so enorm, dass innerhalb von 24 Stunden ein Vulkanhügel über der Meeresoberfläche erscheint, der im Laufe der Zeit unaufhörlich weiterwächst. Als der Surtsey-Vulkan im Juni 1967 schließlich seine Ausbrüche endgültig einstellt, ist eine imposante Insel entstanden. Sie hat einen Durchmesser von 1,5 Kilometern und eine Fläche von rund 2,7 Quadratkilometern Größe. Der neue südlichste Punkt Islands erhält nach dem Feuerriesen Surt aus der nordischen Mythologie den Namen Surtsey.

Soweit die Szenarien im Nordatlantik und in Italien. Doch warum gibt es gerade am Golf von Neapel und südlich vor Island gefährliche Feuerberge? Nur Zufall? Was geht bei Vul-kanausbrüchen im Erdinneren vor? Welche Landschaftsformen und -elemente entstehen durch Vulkanismus? Die Antwort auf diese Fragen ist für Geowissenschaftler längst kein Geheimnis mehr. Viele Mechanismen und Prozesse beim Vulkanismus sind ihnen mittlerweile sehr gut bekannt. Über 500 aktive Vulkane haben die Forscher vor kurzem bei einer „Volkszählung" auf der Erde ermittelt. Dazu kommen unzählige weitere ehemalige „Feuerspucker", die aber bis auf Weiteres als erloschen gelten. Diese Vulkane sind aber nicht zufällig auf der Erdkugel verteilt. Ihr Vorkommen ist eng an geologische Schwachstellen

Die Insel Surtsey wird „geboren". Eine zwölf Kilometer hohe Eruptionssäule begleitet das Spektakel. © University of Colorado

Dantes Inferno: einer der vielen Ausbrüche des Vesuvs, gemalt von Joseph Wright (1774–76). © historisch

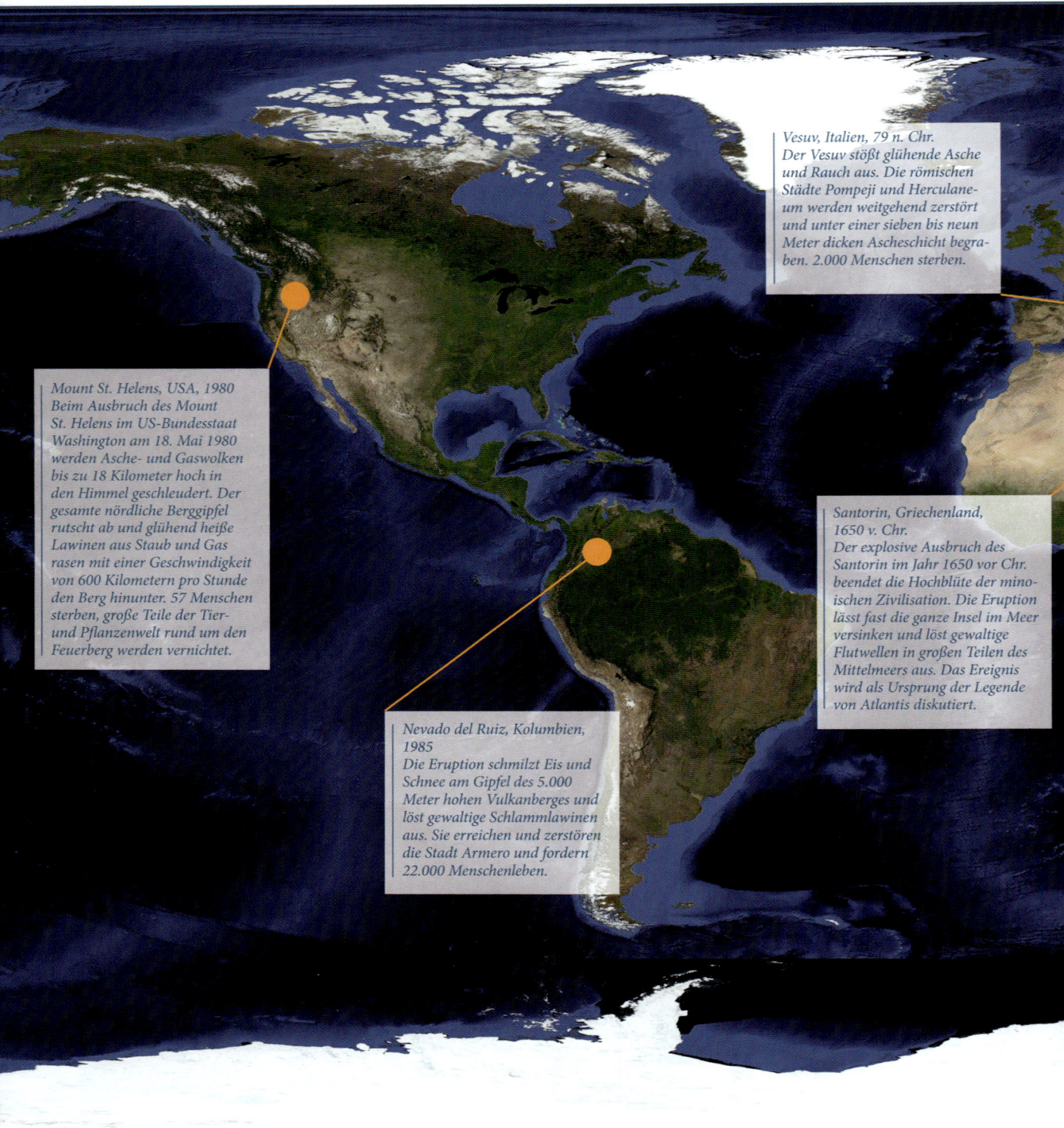

Vesuv, Italien, 79 n. Chr.
Der Vesuv stößt glühende Asche und Rauch aus. Die römischen Städte Pompeji und Herculaneum werden weitgehend zerstört und unter einer sieben bis neun Meter dicken Ascheschicht begraben. 2.000 Menschen sterben.

Mount St. Helens, USA, 1980
Beim Ausbruch des Mount St. Helens im US-Bundesstaat Washington am 18. Mai 1980 werden Asche- und Gaswolken bis zu 18 Kilometer hoch in den Himmel geschleudert. Der gesamte nördliche Berggipfel rutscht ab und glühend heiße Lawinen aus Staub und Gas rasen mit einer Geschwindigkeit von 600 Kilometern pro Stunde den Berg hinunter. 57 Menschen sterben, große Teile der Tier- und Pflanzenwelt rund um den Feuerberg werden vernichtet.

Santorin, Griechenland, 1650 v. Chr.
Der explosive Ausbruch des Santorin im Jahr 1650 vor Chr. beendet die Hochblüte der minoischen Zivilisation. Die Eruption lässt fast die ganze Insel im Meer versinken und löst gewaltige Flutwellen in großen Teilen des Mittelmeers aus. Das Ereignis wird als Ursprung der Legende von Atlantis diskutiert.

Nevado del Ruiz, Kolumbien, 1985
Die Eruption schmilzt Eis und Schnee am Gipfel des 5.000 Meter hohen Vulkanberges und löst gewaltige Schlammlawinen aus. Sie erreichen und zerstören die Stadt Armero und fordern 22.000 Menschenleben.

Inferno aus Feuer und Asche – historische Vulkanausbrüche

Pinatubo, Philippinen, 1991
Der Ausbruch des Pinatubo im Zentrum der Insel Luzon gehört zu den heftigsten Vulkanausbrüchen im 20. Jahrhundert. Der Feuerberg schleudert eine gewaltige Aschewolke bis zu 30 Kilometer hoch in die Atmosphäre, der feine Staubschleier verteilt sich rund um den Globus. Etwa 1.000 Menschen sterben im Zusammenhang mit der Naturkatastrophe, mehr als 30.000 weitere können gerade noch rechtzeitig evakuiert werden.

Tambora, Indonesien, 1815
Der Ausbruch des Tambora ist einer der gewaltigsten Vulkanausbrüche in der Geschichte. Seine ausgeschleuderten Aschewolken verdunkeln die Atmosphäre und verursachen ein „Jahr ohne Sommer". Über 80.000 Menschen sterben an der Hungersnot und den Krankheiten, die auf den schweren Ausbruch folgen.

Krakatau, Indonesien, 1883
Beim Ausbruch des Krakatau wird die Hälfte der gleichnamigen Insel in die Luft gesprengt. Die Eruption ist noch in 5.000 Kilometern Entfernung zu hören. Eine 40 Meter hohe Flutwelle überschwemmt die umliegenden Inseln und tötet 36.400 Menschen.

Lamington, Papua-Neuguinea, 1951
Völlig unvermittelt explodiert dieser vermeintlich schlafende Stratovulkan im Jahr 1951. Glutlawinen rasen mit 100 Kilometern pro Stunde die Hänge hinab. Sie zerstören mehr als 200 Quadratkilometer Land ringsherum und töten 3.000 Menschen. Die Hitze der Glutwolken ist so groß, dass ihre Ablagerungen noch zwei Jahre später heiß sind.

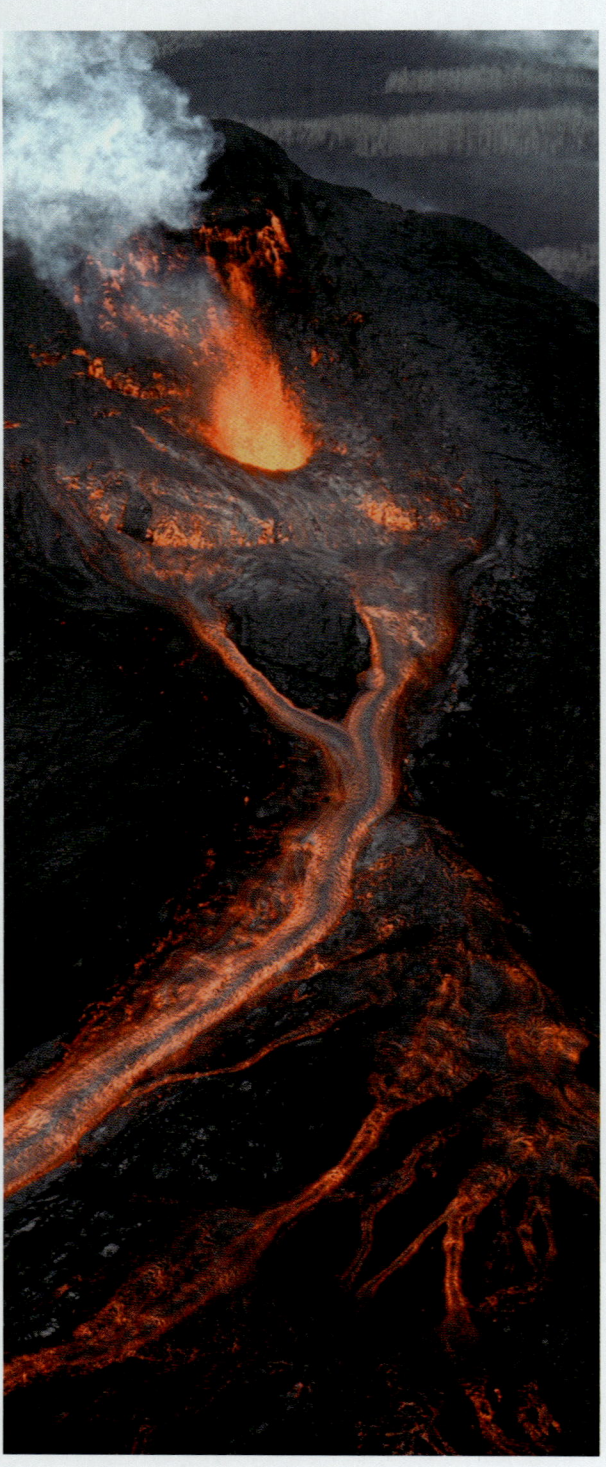

geknüpft. Vor allem an den Nahtstellen der Erdkruste, den Grenzen der großen tektonischen Platten, sitzen sie häufig in dichten „Knäueln" zusammen – so wie am so genannten Pazifischen Feuerring, einem Vulkangürtel, der nahezu den ganzen Pazifischen Ozean umgibt.

Fast 80 Prozent aller Vulkane liegen im Bereich von so genannten Subduktionszonen an konvergierenden, sich aufeinander zu bewegenden Platten. Dort werden die schwereren ozeanischen Platten unter die leichteren kontinentalen gedrückt. Beim Abtauchen gelangt die Erdkruste in größere Tiefen und damit in Bereiche höherer Temperaturen. So ist es beispielsweise 100 Kilometer unter der Erdoberfläche bereits zwischen 1.000 und 1.500 °C heiß. Die Folge: Die Kruste wird aufgeschmolzen. Je nach Druck und Wassergehalt geht beispielsweise Basalt bei etwa 1.000 °C langsam in den flüssigen Zustand über. Das entstehende Magma steigt dann später wieder auf und bildet die Vulkane. Die Feuerberge der Anden oder von ozeanischen Inselbögen, wie zum Beispiel Japan, sind typische Beispiele für diesen Vulkantyp. Immerhin rund 15 Prozent aller Vulkane befinden sich aber auch an divergierenden, sich auseinander bewegenden Platten – und damit an Grabenbruchsystemen wie dem Ostafrikanischen Rift Valley oder an den mittelozeanischen Rücken. Island ist beispielsweise Teil eines solchen Rückens, der durch die Tätigkeit der Vulkane an dieser Stelle bis über den Meeresspiegel ragt.

Wenn sich die glutflüssige Gesteinsschmelze, das Magma, seinen Weg aus der Tiefe an die Erdoberfläche bahnt, bilden sich meist im oberen Erdmantel immer größer werdende Magmenkammern. Von hier aus sucht sich die Schmelze ihren weiteren Weg nach oben, meist entlang von Schwächezonen im Gestein, oder sie brennt sich – einem Schneidbrenner gleich – direkt durch das umgebende Gestein. Ähnlich war es auch am Mount St. Helens/ USA. 123 Jahre nach dem letzten Ausbruch zeigte der Berg im Mai 1980 wieder die typischen vulkanischen Aktivitäten. Das aufsteigende Magma drückte die Nordflanke des Berges dabei jeden Tag zwei bis drei Meter weiter heraus. Begleitet von kleineren Erdbeben wurde diese Beule mit der Zeit immer größer und Wasserdampf und Asche drangen aus dem Berg. Die Geowissenschaftler waren deshalb längst gewarnt, als die Nordflanke des Berges schließlich auf bedrohliche 150 Meter angewachsen war. Am 18. Mai

um 8:32 Uhr war es dann so weit: Ein größeres Erdbeben löste eine Kettenreaktion aus, bei der die gesamte Nordflanke des Mount St. Helens weggesprengt wurde. Über 500 °C heiße Aschewolken breiteten sich mit enormer Geschwindigkeit aus. Darauf folgte eine zweite Eruption mit einer 18 Kilometer hohen Aschewolke. Zahlreiche Ströme aus Schlamm und Schutt schossen die Hänge hinunter und verwüsteten Wälder und Straßen. Nach dem Ausbruch fehlten dem zuvor fast 2.950 Meter in den Himmel ragenden Berg rund 400 Meter an Höhe.

Ausbruch des Vulkans Mount St. Helens im US-Bundesstaat Washington am 18. Mai 1980. © USGS/Peter Lipman

Platt oder kegelförmig – Vulkanformen

Kein Vulkan gleicht dem anderen und kein Vulkan bricht auf die gleiche Weise aus. Der Mount St. Helens ist ebenso wie der Pinatubo, der Krakatau oder der Vesuv ein „Einzelfall". Dennoch folgen die Formen der Vulkane, der Ablauf ihrer Ausbrüche und die Materialien, die durch sie ans Tageslicht befördert werden, bestimmten Gesetzmäßigkeiten. Diese hängen von zahlreichen Faktoren ab. Einer der wichtigsten ist beispielsweise die Zähflüssigkeit der Lava. So entscheidet der Gehalt an Kieselsäure (SiO_2) maßgeblich darüber, ob ein Vulkan friedlich seine Lava ausfließen lässt oder ob ein ganzer Berg bei einem Ausbruch mit in die Luft gesprengt wird. Diese Unterschiede spiegeln sich natürlich auch beim Aufbau und Aussehen der Vulkanberge wieder.

Linke Seite: Lavaströme am Kilauea-Vulkan sind zwar spektakulär, bringen aber nur selten Menschen in Gefahr. © USGS/ HVO/J. D. Griggs

Eine Lava, die wenig Kieselsäure enthält, ist dünnflüssig und kann sich mit einer Geschwindigkeit von bis zu 100 Kilometern pro Stunde vorwärts bewegen. Sie bildet daher keinen steilen Vulkankegel aus, da sich das geschmolzene Gestein sehr schnell zu den Seiten hin ausbreitet. Tritt die dünnflüssige Lava an Spalten aus, bildet sie so genannte vulkanische Decken, die Plateaubasalte. Sie nehmen etwa im indischen Dekkan-Trapp eine Fläche von mehr als eine Million Quadratkilometer ein. Hier fanden vor etwa 65 Millionen Jahren gewaltige Eruptionen statt, die auch als mögliche Ursache für das Aussterben der Dinosaurier gelten – zumindest bei einigen Forschern. Ergießen sich immer wieder dünnflüssige Lava-Ströme aus einem Vulkanschlot, entstehen mit der Zeit so genannte Schildvulkane. Der Mauna Kea auf Hawaii gehört zu dieser Gruppe. Er ist sogar der größte Schild-

Die Formen von Vulkanen beschränken sich keineswegs auf den klassischen Kegel. Die chemische Zusammensetzung des Magmas und die Art des Ausbruchs bedingen ihr späteres Erscheinungsbild. © U.S. Geological Survey (USGS), Hawaii Volcano Observatory

Aschekegel

Caldera

Stratovulkan

Linearvulkan

Maar

Schildvulkan

vulkan weltweit. Der Feuerberg hat aber auch noch einen weiteren Rekord zu bieten: Er ist genau genommen der höchste Berg der Erde – allerdings nur, wenn man die etwa 5.000 Meter unter der Meeresoberfläche zu den 4.205 Metern darüber hinzuzählt.

Schicht- oder Stratovulkane entsprechen wohl am ehesten der allgemeinen Vorstellung von einem Feuerberg. Bei den Ausbrüchen dieses steilen und auf den Kontinenten weit verbreiteten Vulkantyps ist kieselsäurereiches Magma beteiligt. Dieses ist extrem zähflüssig und gelangt meist gar nicht als Lavafluss an die Oberfläche, sondern staut sich stattdessen unterhalb der Erdoberfläche auf. Gibt

Der Prototyp eines Schichtvulkans: der Fujiyama in Japan.
© U.S. Navy/Bryan Reckard

das darüberliegende Gestein schließlich nach, entlädt sich die geballte Energie in heftigen Explosionen. Staub, Asche und anderes lockeres Material lagern sich dabei an Vulkanhängen ab, bevor sich darüber die ausfließende Lava ergießt. Dieser Wechsel von Lockermaterial und Lava ist charakteristisch und namensgebend für die kegelförmigen Vulkane, zu denen Ätna und Vesuv in Italien oder der Fujiyama in Japan gehören. Eine kleinere Vulkanform sind dagegen Aschenvulkane oder Schlackenkegel. Ihre Größe reicht von wenigen Metern bis einigen hundert Metern. Oft sitzen solche aus lockerem Auswurfsmaterial oder Asche bestehenden steilen Hügelchen als „Nebenvulkane" an den Hängen von Schichtvulkanen.

Die Giganten unter den Vulkanen sind so genannte Supervulkane. Ein solcher schlummert bis heute verborgen unter dem Yellowstone Nationalpark im Westen der USA. Einerseits begeistert er die Menschen mit Geysiren und vielen anderen vulkanischen Erscheinungen, andererseits birgt er eine gewaltige Gefahr. Vor 630.000 Jahren brach er mit einem gigantischen Donnerschlag das bisher letzte Mal aus. Das Magma, das eine gewaltige Kammer unterhalb des Vulkans gefüllt hatte, strömte dabei über zahlreiche Gänge nach oben. Am Ende waren nahezu 1.000 Kubikkilometer vulkanisches Material an die Erdoberfläche gelangt. Die sich immer weiter leerende Magmakammer wurde schließlich immer instabiler und brach am Ende wie ein Gewölbe ohne Stütze ein. Dabei bildete sich eine Caldera von unglaublichen Ausmaßen. Sie hat eine Länge von 75 und eine Breite von 37 Kilometern. Auch die griechische Insel Santorin ist ein typisches Beispiel für einen solchen Caldera-Vulkan. Der gewaltige Ausbruch im Jahr 1450 vor Christus sprengte zudem einen großen Teil des Berggipfels ab. Heute erhebt sich nur noch ein halbkreisförmiger Ring aus dem Meer empor.

Ein Vulkan der explosiven Art: der Pinatubo auf der philippinischen Insel Luzon. © USGS/ CVO/Richard P. Hoblitt

Explosiv oder gutmütig – Ausbruchstypen

Nicht ganz so vielfältig wie die Vulkanformen sind die Ausbruchstypen. Prinzipiell werden von Geoforschern zwei Varianten unterschieden, die explosiven und die effusiven (ausfließenden). Je dünnflüssiger das Magma ist, desto weniger neigt ein Vulkan zur Explosion. Einige Vulkanologen sprechen deshalb beispielsweise vom „gutmütigen" Kilauea, Hawaiis produktivstem Vulkan – was im Vergleich zu manch anderem Feuerberg durchaus berechtigt erscheint. Da die hawaiianischen Vulkane mit ihren scheinbar endlosen Lavaflüssen ein Paradebeispiel für den effusiven Typ sind, ist dieser auch nach ihnen benannt worden (hawaiischer Eruptionstyp).

Ganz anders sieht es dagegen am Pinatubo etwa 100 Kilometer nordwestlich der philippinischen Hauptstadt Manila aus. Im Jahr 1991 hat dort einer der stärksten Vulkanausbrüche des 20. Jahrhunderts die Insel Luzon erschüttert. Erstaunliche 25 Kubikkilometer vulkanisches Material stieß der Pinatubo zwischen dem 12. und 15. Juni aus. 20 Kilometer hoch war die Aschewolke über dem Krater, die noch in der weit entfernt gelegenen Hauptstadt Manila beobachtet werden konnte. Mindestens 10.000 Quadratkilometer der Insel lagen am Ende unter einer bis zu 50 Zentimeter dicken Ascheschicht verborgen. Menschen, Tiere, Natur und Gebäude wurden aber auch von Lahars – einer Mischung aus Wasser mit einem hohen Anteil an losem vulkanischem Material – bedroht, die die Vulkanhänge herabflossen. Sie erodierten ganze Landstriche, stauten Flüsse und begruben ganze Ortschaften unter sich. Mehr als zwei Millionen Menschen in der Umgebung des Pinatubo waren von der Naturkatastrophe letztlich betroffen, fast eine Viertelmillion verlor ihre Heimat und die Lebensgrundlage. Trotzdem gingen nur elf Todesopfer direkt auf das Konto des Vulkanausbruchs. Die vorbildliche Evakuierung der Bevölkerung verhinderte eine noch größere Katastrophe.

Die gewaltigen Wolken aus Asche und Staub am Pinatubo entstanden durch hochexplosive, plinianische Eruptionen, die meist auf zähflüssiges Magma im Untergrund schließen lassen. Solche Eruptionssäulen schaffen es locker bis in die Stratosphäre, manche können im Extremfall sogar Höhen von über 60 Kilometern erreichen. Die superfeinen Aschenpartikel bleiben mitunter monate- bis jahrelang in der Atmosphäre und können dadurch gefährliche Klimaveränderungen hervorrufen. So auch beim Ausbruch des indonesischen Tambora-Vulkans im Jahr 1815, der für den Nordosten der USA, Kanada und Westeuropa ein „Jahr ohne Sommer" folgen ließ.

Bei so genannten vulkanianischen Eruptionen handelt es sich ebenfalls um explosive Ausbrüche, die aber besonders scharfkantige Lava-Fragmente liefern. Da die Lava zähflüssig ist, erstarren die Förderprodukte schnell und es werden oft große Gesteinsbomben herausgeschleudert. Besonders heftige Explosionen entstehen aber vor allem dann, wenn es im Untergrund zum Kontakt zwischen Magma und Grundwasser kommt. Das Wasser verdampft in Bruchteilen von Sekunden und es entsteht ein gewaltiger Druck, der alles darüberliegende Gestein wegsprengt. Übrig bleibt dann am Ende manchmal nur ein Maar, ein Explosionskrater umgeben von einem Trümmerwall. Zahlreiche Vulkane in der Eifel sind bis vor 10.000 Jahren auf diese Weise entstanden.

Der Tambora-Vulkan auf der indonesischen Insel Sumbawa von der Internationalen Raumstation (ISS) aus gesehen.
© Image Science & Analysis Laboratory, NASA/JSC

Und auch einer der vielleicht folgenschwersten Vulkanausbrüche in der Geschichte der Menschheit beruhte auf einer dieser so genannten phreatomagmatischen Eruptionen. Am 27. August 1883 brach der Vulkan Krakatau in der Sundastraße zwischen den indonesischen Inseln Java und Sumatra aus. Nach einer Serie von kleineren Eruptionen kam es dabei am 27. August 1883 zu einer gewaltigen Explosion. Mit einer Energie von 100 Millionen Tonnen TNT – ungefähr 5.000-mal so stark wie die Atombombe in Hiroshima – wurde der Gipfel des Vulkans abgesprengt. Die Seitenwände brachen während der Eruptionen auseinander und die Magmakammer füllte sich mit Meerwasser. Ein Großteil der Energie stammte deshalb aus der Ausdehnung von heißem Wasserdampf.

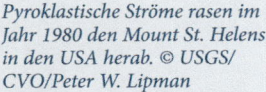

Pyroklastische Ströme rasen im Jahr 1980 den Mount St. Helens in den USA herab. © USGS/ CVO/Peter W. Lipman

Vom Krakatau selbst war nach diesem Ausbruch nur ein winziger Rest übriggeblieben. Die Explosion ließ sich noch in Australien – in 2.000 Kilometer Entfernung – registrieren. Die Auswirkungen waren auch bei diesem Ausbruch dramatisch: Die gigantischen Aschewolken blieben über drei Jahre in der Atmosphäre und hatten eine deutliche Abnahme der mittleren Jahrestemperatur der Erde zur Folge. Djakarta, die Hauptstadt Indonesiens, meldete kurz nach dem Ausbruch völlige Dunkelheit. Zumindest genauso schlimm waren die Auswirkungen des Tsunami, der durch den heftigen Vulkanausbruch erzeugt wurde. Bis zu 40 Meter hoch türmten sich die Wellen auf, als sie die Küsten der umliegenden Inseln erreichten. Fast 300 Küstenorte versanken damals in den Fluten, mehr als 36.000 Tote waren zu beklagen.

Lava, Asche und Co.
Wer an einen Vulkanausbruch denkt, dem fallen als erstes spektakuläre glutflüssige Lavaflüsse oder -fontänen ein. Aus der Sprache der Hawaiianer stammen dabei die Bezeichnungen für zwei grundlegende Typen basaltischer Lava. Die

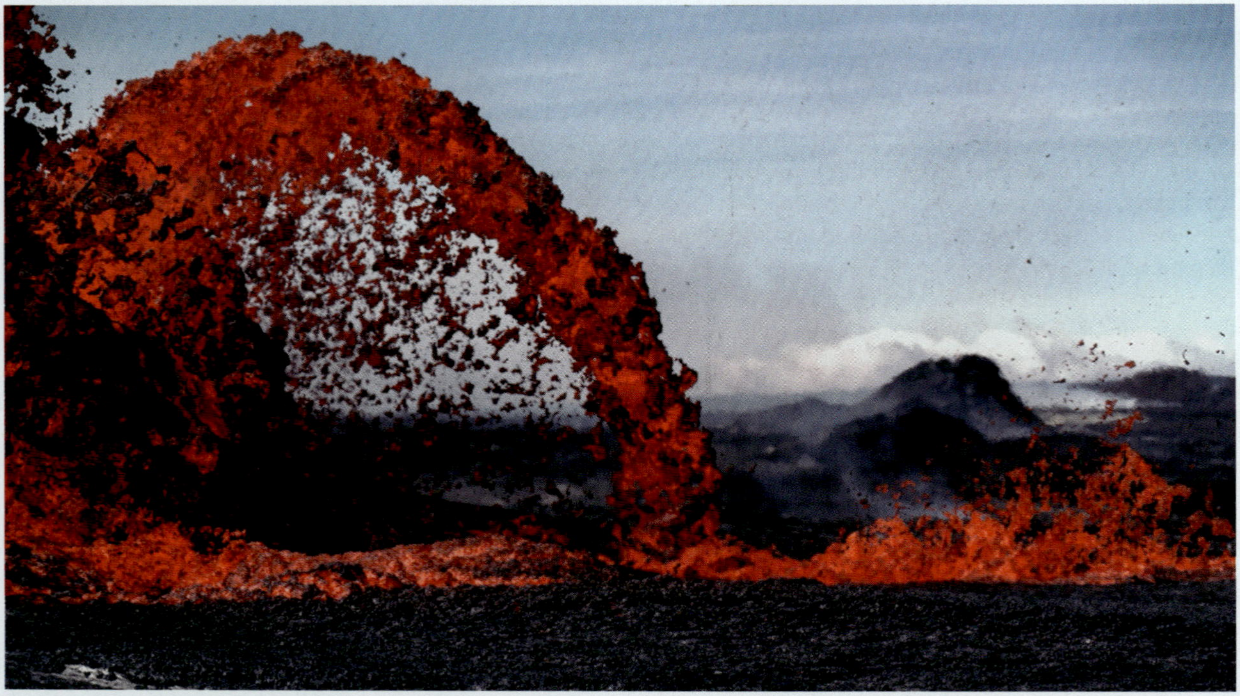

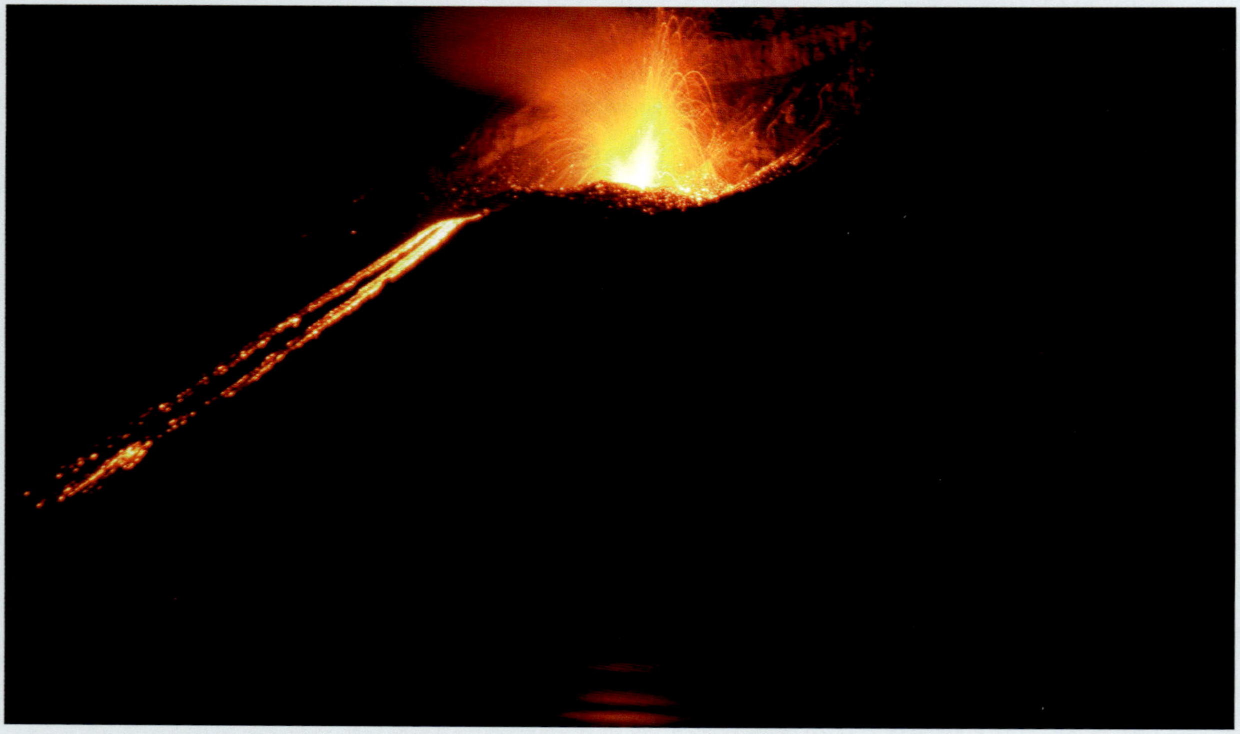

so genannte Pahoehoe-Lava hat eine mehr oder weniger glatte, oft wulstartige Oberfläche und bewegt sich mit einer Geschwindigkeit von maximal einem Meter pro Minute vorwärts. Die Aa-Lava dagegen soll ihren Namen erhalten haben, weil „Aa" der erste Laut ist, den man von sich gibt, wenn man die Lava barfuß betritt. Sie ist sehr scharfkantig und schlackenähnlich. Sie tritt weiter entfernt von ihrem Herkunftsort auf und ist deshalb zum Zeitpunkt ihrer Erstarrung weitgehend entgast.

Zu den tückischsten Phänomenen eines Vulkanausbruchs zählen aber nicht reine Lavaeruptionen, sondern so genannte pyroklastische Ströme. Dabei handelt es sich um Glutwolken aus Gasen, Stäuben und heißem Aschenmaterial, die ähnlich einer Lawine mit Geschwindigkeiten von mehr als 200 Kilometer pro Stunde an den Vulkanhängen hinunterrasen. Aufgrund der Temperaturen von fast 800 °C und ihrer enormen Geschwindigkeit sind sie für alle Lebewesen eine tödliche Gefahr.

Fast genauso gefährlich wie pyroklastische Ströme sind aber auch Lahars. 20 Millionen Kubikmeter heiße Asche und Gestein wurden beispielsweise im Jahr 1985 bei der Explosion des Feuerbergs Nevado del Ruiz in Kolumbien ausgeworfen. Das vulkanische Material und die Gas- und Aschewolken breiteten sich lawinenartig über den schneebedeckten Gletscher aus und ließen große Mengen davon abtauen. Die riesigen Wassermassen bahnten sich ihren Weg in die Täler und sammelten dabei weiteres Geröll und Sedimente ein.

Mit der Zeit entstanden so heiße Lahars von gigantischem Ausmaß und großer Dichte. 40 Meter dick waren diese Wellen schließlich, als sie in den Flusstälern weitab vom Vulkan ankamen, und sie bewegten sich mit einer Geschwindigkeit von 50 Kilometern pro Stunde vorwärts. Knapp zweieinhalb Stunden nach dem Ausbruch erreichte schließlich eine dieser Lawinen die 74 Kilometer vom Explosionskrater entfernt gelegene Stadt Armero und begrub sie unter einer dicken Schlamm- und Geröllschicht. 23.000 Menschen kamen bei dieser Katastrophe ums Leben. Eine Laharwarnung hatte es nicht gegeben.

Das feinste Material, das ein Vulkan ausstößt, ist Asche. Diese wurde unter anderem den Bewohnern von Herculaneum und Pompeji zum Verhängnis, als nach dem Vesuv-Ausbruch im Jahr 79 n. Chr. ein gewaltiger Partikelregen niederging und sich die Asche wie ein meterhoher Teppich über die beiden Städte legte. Viele Bewohner konnten sich vor den nahenden Aschewolken nicht mehr retten und wurden in ihren Häusern verschüttet. Ihre Körper hinterließen in dem sich verfestigenden Material charakteristische Abdrücke. Sie wurden nach ihrer

Eine glatte beziehungsweise wulstige Oberfläche ist typisch für Pahoehoe-Lava. © USGS/ HVO/J. D. Griggs

*Linke Seite: Glühende Lavafontäne am Pu'u-O'o-Krater auf der größten Hawaiinsel Big Island (oben).
Auch der Nachfolger des Krakatau, der Anak Krakatau (Kind des Krakatau) speit regelmäßig Feuer, so wie hier im Jahr 2008 (unten). © USGS/HVO/J. D. Griggs, Thomas Schiet/gemeinfrei*

Vulkanische Förderprodukte

Lavadome entstehen, wenn das Magma in einem Vulkanschlot so zähflüssig ist, dass es nicht abfließt und wie ein Pfropf auf dem Schlot sitzen bleibt. Durch den Druck werden diese Staukuppen dann plötzlich in einer gewaltigen Explosion zerrissen.

Als Tephra werden alle festen Bestandteile bezeichnet, die bei einer Eruption ausgeschleudert werden. Ihre Größe kann sehr unterschiedlich sein: Die Spannbreite reicht von zwei Meter großen Lavabomben bis zur feinen vulkanischen Asche.

Aschewolke und Eruptionssäule: Ein explosiver Vulkanausbruch schleudert oft Millionen von Kubikmetern von Staub und Asche in Höhen bis 65 Kilometern. Die feinsten Partikel können monate- oder sogar jahrelang in der Atmosphäre bleiben und Klimaveränderungen hervorrufen.

Aschewolke

Tephra

Eruptionssäule

Aschenstrom

Saurer Regen

Lavadom

Schlot

Lavastrom

Lahar

Hangrutschung

Magmen-
kammer

Lavaströme können je nach Lavatyp langsam und träge oder dünnflüssig und schnell fließen. Besonders schnell werden sie in Lavakanälen oder Tunneln; auf Hawaii erreichen solche Lavaströme Geschwindigkeiten von bis zu 155 Meter pro Sekunde.

Lahars und Hangrutschungen entstehen, wenn Schnee und Eis am Vulkangipfel durch einen Ausbruch plötzlich schmelzen oder wenn Asche- und Erdschichten an den Hängen des Berges ins Rutschen kommen.

Aschen- oder pyroklastische Ströme sind Glutwolken aus bis zu 800 °C heißen Gasen, Stäuben und Aschen. Sie können mit Geschwindigkeiten von 200 Kilometer pro Stunde und mehr talwärts rasen.

Entdeckung mit Gips ausgegossen und zeigen die Bewohner heute, rund 2.000 Jahre später, in ihrem Todeskampf erstarrt.

Das Spektrum der Gesteine, die durch Vulkanismus entstehen, ist ebenso vielfältig wie die Vulkanformen und Ausbrüche selbst. Das bekannteste vulkanische Gestein ist der nahezu schwarze Basalt. Er entsteht, wenn kieselsäurearmе Magma in Form eines Spaltenergusses an die Erdoberfläche gelangt. Dabei kommt es zu keiner Eruption, es bilden sich vielmehr ausgedehnte Lavadecken. Durch den relativ raschen Temperaturverlust ist der Basalt sehr feinkörnig. Entlang der Abkühlungsfläche zieht sich das Material zusammen und es bilden sich die charakteristischen, in ihrem Querschnitt polygonförmigen Basaltsäulen. Sie sind beispielsweise am Herrenhausfelsen – Panska Skala – bei Kamenický Šenov in Tschechien, am Wasserfall Svartifoss im Südosten Islands oder in der Ettringer Lay in der Vulkaneifel zu finden. Zu den ausgeworfenen Lockermassen gehören dagegen Bimssteine, die unregelmäßige Fetzen sehr zähflüssiger, stark explosiver Magmen darstellen. Aufgrund von plötzlicher Druck-Entlastung blähen die entweichenden Gase die erstarrende Lava stark auf, sodass diese sehr porös ist und sogar auf Wasser schwimmt.

Basaltsäulen am „Giant´s Causeway" in Irland.
© gemeinfrei

Die bei der Effusion geförderten Lockergesteine setzen sich aus unterschiedlichen Gesteinsgrößen zusammen, wie beispielsweise Asche, Lavafetzen und Gesteinstrümmer. Durch Rotieren während des Fluges nehmen die noch heißen Schmelzen rundliche, gedrehte oder spindlige Formen an. Die abgelagerten und verfestigten Auswurfprodukte werden als Tuff bezeichnet, was so viel heißt wie poröser Stein. Besteht der Tuff fast nur aus Asche, kann er sich zu meterhohen Schichten auftürmen und ganze Landschaftsräume bedecken. Verfestigt sich der Tuff mit der Zeit, so wird er anschließend Tuffstein genannt. Im Falle einer sehr schnellen Abkühlung entsteht aus gasarmer Lava dagegen ein kompaktes Gesteinsglas wie etwa der Obsidian. Seine Struktur erhält er dadurch, dass die Gase nicht entweichen können und quasi im Gestein stecken bleiben.

Die Bewohner der Städte Pompeji und Herculaneum in der Nähe von Neapel traf ein Vesuv-Ausbruch im Jahr 79 n. Chr. unvorbereitet. Mindestens 2.000 Menschen kamen bei der Katastrophe um.
© Bob Fog/GFDL

Der Obsidian wurde wegen seiner Scharfkantigkeit in der Steinzeit zur Herstellung von Waffen und Arbeitsgeräten verwendet. Fließt Lava jedoch auf den Meeresboden aus, so entstehen durch die jähe Abkühlung kissengroße, zusammenhängende Körper, die man als Kissenlava bezeichnet. Sie

sind im Innern noch flüssig, von außen werden sie von einer Glashaut überzogen, die einen rundlichen oder ovalen Lava-Körper einschließt.

Vulkanische Erscheinungen

Viele Vulkane sind „Langschläfer". Nach einem Ausbruch halten sie manchmal mehrere hundert oder tausend Jahre Ruhe, bevor sie erneut ausbrechen – oftmals dafür umso heftiger. In diesen Pausen, aber auch nach ihren Ausbrüchen, zeigen sie ihre Aktivität durch eine Reihe von Phänomenen wie leichten Erdbeben. Klingt der Vulkanismus allmählich ab, treten häufig noch für lange Zeit heiße Gase aus Öffnungen im Erdboden aus. So genannte Fumarolen etwa entstehen, wenn sich in der Tiefe nur wenig Wasser befindet. Das Wasser wird durch den fehlenden Druck vollständig in Gas umgewandelt. Klassifiziert werden sie anhand der Art der Gase, die aus ihnen austreten, und ihrer Temperatur. Diese kann von 1.000 °C bis zu unter 100 °C variieren. Neben dem Wasserdampf gelangen auch Schwefelverbindungen wie Schwefelwasserstoff über Fumarolen an die Oberfläche. Solche Öffnungen haben dadurch eine charakteristische gelbe Färbung.

Die weniger heißen Solfataren besitzen ebenfalls einen hohen Gehalt an Schwefelverbindungen, die sich als reiner Schwefel neben den Austrittsstellen absetzen. Die tückischsten aller Ausgasungen sind jedoch Mofetten. Sie fördern das in hohen Konzentrationen giftige Kohlendioxid. Da es geruchslos und nicht an auffällige Spalten oder andere Austrittsstellen gebunden ist, sorgt es im unmittelbaren Umfeld von Mofetten mitunter für erhebliche Gefahren. Denn je nach den topographischen Bedingungen vor Ort kann sich das Gas in Senken ansammeln und zur tödlichen Falle für Tiere und Menschen werden.

Eine typische Erscheinung in aktiven oder ehemaligen Vulkangebieten sind zudem Geysire. Wie im Yellowstone Nationalpark stoßen sie oft in regelmäßigen Zeitabständen eine Wasser- und Dampffontäne von teilweise mehreren zehn Metern in die Höhe. Das Wasser wird im Untergrund durch das noch heiße Gestein aufgeheizt, es dehnt sich aus, steigt nach oben und zischt wie aus einem Schornstein als Fontäne in die Luft.

Peles Haar, Pillow Lava, Fumarole, Lapilli und eine vulkanische Bombe. © USGS, NOAA, Harald Frater

Rechte Seite: In Göreme in der Türkei sind ganze Siedlungen in vulkanischen Tuffstein gehauen (oben). Die griechische Insel Santorin (unten) entstand durch einen gewaltigen Vulkanausbruch. © gemeinfrei, H. Frater

So funktioniert ein Geysir

Geysire gehören zu den Phänomenen, die in direkter Nachbarschaft zu Vulkanen oder jungen vulkanischen Gesteinen vorkommen. Sie sind Teile riesiger Grundwassersysteme, die sich weit in unterirdische Tiefen ausdehnen. Die Kanäle bilden ein verzweigtes Netzwerk und das Wasser stößt auf dem Weg nach oben immer wieder auf Engpässe und Hindernisse. Das unterscheidet Geysire von heißen Quellen, bei denen das Wasser ungehindert an die Oberfläche gelangen kann.

Kommt das Wasser in größeren Tiefen mit heißem Gestein in Kontakt, wie es etwa bei der unterirdischen Magmakammer im Yellowstone-Nationalpark im U.S.-Bundesstaat Wyoming der Fall ist, erhitzt es sich. Das Wasser wird dabei bis weit über den Siedepunkt, den es an der Oberfläche unter Normaldruck hätte, aufgeheizt. Es kocht aber nicht, da der Druck der über ihm stehenden Wassersäule auf ihm lastet und daher der Siedepunkt steigt. So ist das Wasser in diesen Tiefen 150 bis 170 °C heiß, teilweise auch noch heißer, aber immer noch flüssig.

Heißes Wasser hat jedoch eine geringere Dichte als kaltes. Daher beginnt es langsam an die Oberfläche aufzusteigen. Auf dem Weg nach oben lässt der Druck der Wassersäule nach und das aufsteigende Wasser beginnt zu sieden. Während sich das kochende Wasser ausdehnt, dringt an der Oberfläche Wasser aus dem Geysirloch und verringert so den Druck weiter. Jetzt fängt das ganze Wasser im Geysir schlagartig an zu sieden und der Geysir entlädt sich in einer Eruption aus kochendem Wasser und heißem Dampf.

Der Zeitraum der Eruptionsintervalle ist abhängig vom Wasserzustrom und von der Dauer der Erhitzungsphase. Es gibt Geysire mit einer Ruheperiode von einigen Minuten, andere sind mehrere Monate oder sogar Jahre inaktiv, bis sie dann plötzlich ausbrechen. Bei manchen

Geysiren kann man nie vorhersagen, wann sie zum nächsten Mal in Aktion treten, nach anderen kann man quasi „die Uhr stellen". Der bekannteste Geysir im Yellowstone-Nationalpark, der Old Faithful, schleudert seine Wassermassen durchschnittlich alle 80 Minuten bis zu 32 Meter nach oben.

Auch in der Höhe der Dampffontäne gibt es große Unterschiede. Viele kleinere Geysire spritzen gerade mal wenige Zentimeter hoch, während die Fontäne des Giant mit mehr als 61 Metern weithin sichtbar ist. Der größte jemals beobachtete Geysir war jedoch der Waimangu in Neuseeland. In seiner aktiven Phase schleuderte er große Fontänen aus Dampf, schlammigem Wasser und Gesteinsfragmenten bis in eine Höhe von 450 Metern. Außer im Yellowstone-Nationalpark gibt es weltweit nur wenige Geysirvorkommen. Die bedeutendsten liegen im Hochland von Island, in Neuseeland, Chile, Indonesien und Kamtschatka.

Linke Seite: Eruption des Castle-Geysirs im Yellowstone-Nationalpark. Unten: Funktionsprinzip eines Geysirs. © GFDL, MMCD NEW MEDIA

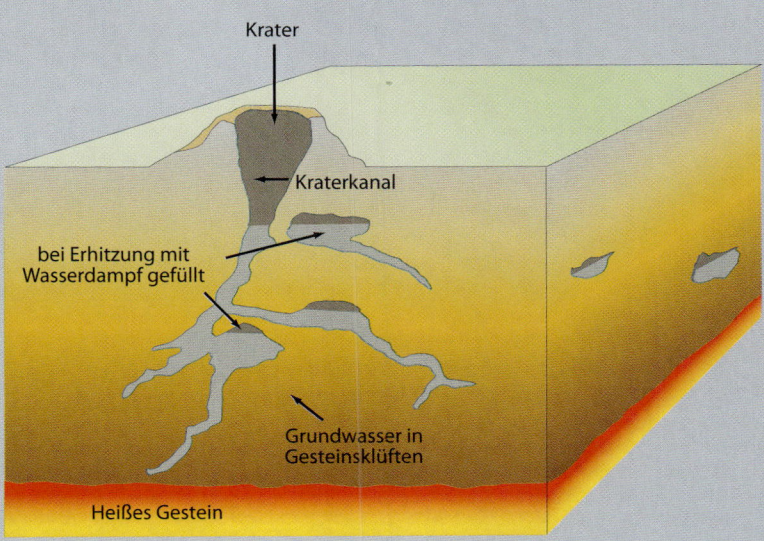

Krater

Kraterkanal

bei Erhitzung mit Wasserdampf gefüllt

Grundwasser in Gesteinsklüften

Heißes Gestein

Die Grand Prismatic Spring ist mit einem Durchmesser von mehr als 100 Metern die größte heiße Quelle im Yellowstone Nationalpark, USA. © U.S. National Park Service

Im selben Park finden sich auch bizarr geformte Sinterterrassen. Sie entstehen, wenn warmes, kalkgesättigtes Wasser an die Oberfläche gelangt. Da das an der Luft abkühlende Wasser nicht in der Lage ist, den Kalk weiter in Lösung zu halten, wird dieser abgelagert. Die größte und wohl schönste Quelle ist vielleicht die „Grand Prismatic Spring". In der Mitte hat sie eine Temperatur von etwa 87 °C, was das Überleben für die meisten Organismen an diesen Stellen unmöglich macht. In den kühleren Bereichen siedeln dagegen Cyanobakterien und hitzetolerante Algen, die für die außergewöhnlichen Färbungen verantwortlich sind.

Vulkane als Landschaftsarchitekten

Wie sehr Vulkanismus Landschaften formen kann, zeigt das Beispiel Island. Das „Eisland" im Nordatlantik ist eine Insel der Gegensätze: Mehr als ein Zehntel des Landes liegt unter gewaltigen, mehrere hundert Meter dicken Eispanzern verborgen – den Gletschern. Der größte von ihnen, der Vatnajökull, bildet sogar die größte zusammenhängende Eismasse nach Arktis, Antarktis und Grönland. Und wo das Eis fehlt, prägen schroffe Berge und Grate und weite kahle und baumlose Steppen die karge Landschaft der Insel. Sie beruhen grundsätzlich alle auf dem Phänomen Vulkanismus.

Island ist aus Feuer geboren und die größte Vulkaninsel der Welt. Sie liegt dort, wo die Gluthitze des Erdinneren bis zur Oberfläche aufsteigt – am Mittelatlantischen Rücken. Als Folge ist Island von einer ganzen Kette von Vulkanen übersät, die meisten von ihnen aktiv. Alle zwei bis drei Jahre entlädt sich hier der glühende Inhalt der unterirdischen Magmenkammern und einer der zahlreichen Feuerberge bricht aus. Ein typisches Produkt des Vulkanismus ist die Region um den Feuerberg Hekla. Für die Bewohner der umliegenden Orte galt er lange Zeit als „das Tor zur Hölle". Und noch heute ist er einer der bekanntesten und gleichzeitig aktivsten Vulkane Islands. Zahlreiche explosive Eruptionen formten hier im Südwesten der Insel im Laufe der Zeit einen langgestreckten, sich von Südwesten nach Nordosten erstreckenden zerklüfteten Höhenrücken, den Heklugja. Entlang dieses rund fünf Kilometer langen Grats reihen sich die Krater und Spalten der letzten Ausbrüche aneinander. Und immer wieder reißen hier neue Eruptionen „Visitenkarten" in den Höhenrücken. Nur von der Schmalseite aus gesehen entspricht der Hekla deshalb noch dem Bild des klassischen kegelförmigen Stratovulkans.

Die Landschaft rund um den Hekla ist von Lava und vulkanischer Aktivität geprägt, hier ein Wasserfall in der Gjain-Schlucht. © gemeinfrei

Die erste Eruption des Hekla in historischer Zeit war gleichzeitig eine der gewaltigsten in der Geschichte Islands. Das unterhalb des Berges liegende Tal Pjorsardalur wurde dabei völlig zerstört. Der explosive Ausbruch im Jahr 1104 schleuderte mehr als 2.500 Kubikmeter Tephra – Lavabrocken, Asche und feines Geröll – über Kilometer hinweg Richtung Nordwesten. Die Tephra bedeckte hinterher zwei Drittel der gesamten Insel. Heute nutzen Vulkanologen und Geologen diese feine Schicht als wertvolle Zeitmarkierung bei der Datierung von Gletschereis oder Lavaablagerungen anderer Vulkane.

Für Vulkanologen ist der Hekla aber noch aus einem anderen Grund wichtig und faszinierend zugleich: Das Magma in seinem Inneren dürfte es hier eigentlich gar nicht geben. Seine chemische Zusammensetzung ist nicht nur einzigartig für Island, sie ist auch völlig untypisch: Sie ähnelt den Magmen, wie sie in Vulkanen entlang der Subduktionszonen rund um den Pazifik gefunden werden. An einer divergierenden Plattengrenze wie in Island jedoch, an der zwei Krustenplatten auseinander weichen, kommt sie normalerweise nicht vor.

Matschfontänen aus der Tiefe

Ganz anders, aber mindestens ebenso ungewöhnlich sind dagegen die Landschaften, die auf der Tätigkeit von so genannten Schlammvulkanen beruhen. „Prinzipiell fördern Schlammvulkane eine Mischung aus Ton, Wasser und Gas", erläutert Gerhard Bohrmann vom MARUM – Zentrum für Marine Umweltwissenschaften der Universität Bremen. „Aufgrund seiner geringen Dichte ist dieses Gemisch in tieferen Erdschichten nicht stabil. Das über ihm lagernde Sediment übt so großen Druck aus, dass es an Schwächezonen, wie zum Beispiel Störungen, nach oben steigt." Als Antrieb der Schlammvulkane sind insbesondere die vorhandenen Gase im Erdinneren von entscheidender Bedeutung. „Es kommen vor allem Methan und höhere Kohlenwasserstoffe wie Ethan und Propan vor", erklärt Bohrmann deren Zusammensetzung. „In Einzelfällen treten aber auch Kohlendioxid und Stickstoff auf." Während des Aufstiegs des Gas-Wasser-Gemischs bildet sich häufig zunächst ein pilzkopfartiger Schlammkörper unter der Erdoberfläche, der auf großer Breite nach oben drückt. In diesem so genannten Schlammdiapir staut sich ein enormer Druck auf, der sich letztendlich in Eruptionen entlädt und dabei auch metergroße Gesteinsbrocken mit sich reißen kann.

Welche Form der Vulkankegel schließlich an der Erdoberfläche annimmt, hängt im Wesentlichen von der Konsistenz und der Geschwindigkeit des ausgestoßenen Schlammes ab. Je nach Größe des Schlotes und der Fördermenge ist der

Schlammvulkane von Berca in den rumänischen Karpaten. © GFDL

Vulkankegel häufig nur mannshoch, er kann aber auch einen halben Kilometer Mächtigkeit erreichen. Flache Kegel entstehen bei Dünnflüssigkeit, domartige Strukturen hingegen bei langsamen Austritten und kraterähnliche Senken bei explosionsartigen Ausbrüchen.

Rund 2.000 aktive Schlammvulkane sind derzeit auf der Erde bekannt, davon etwa die Hälfte am Meeresgrund. Allerdings ist die Dunkelziffer weitaus höher. Denn insbesondere in den Ozeanen vermuten Vulkanologen noch bis zu 100.000 weitere dieser Ausbruchsstellen. An Land kommen sie gehäuft an den Nahtstellen der Erdplatten vor. Als ein wahres Eldorado der Schlammvulkane gilt ein Gebiet, das sich entlang tektonischer Bruchstellen von Norditalien über den Mittelmeerraum, das Schwarze Meer, die Kaukasusregion und das Kaspische Meer bis nach Indonesien erstreckt. Solche Schlammvulkane sind übrigens nicht mit Geysiren oder Schlammtöpfen zu verwechseln, wie sie in geothermisch aktiven Gebieten wie dem Yellowstone-Nationalpark oder auf Island auftreten. Denn die heißen Quellen werden durch verdampfendes Grundwasser gespeist und von vulkanischen Aktivitäten angetrieben. An der Oberfläche hingegen sehen sie Schlammvulkanen durchaus ähnlich – als blubbernde und brodelnde Schlammkegel.

Vulkanische Perlenkette – Hawaii „sitzt" auf einem Hot Spot

Erst „Big Island" Hawaii ganz im Südosten, dann Maui und die anderen Hauptinseln, später weiter im Nordwesten die Midways und das Kure-Atoll. Die Inseln des Hawaii-Archipels liegen wie bei einer Perlschnur aufgereiht inmitten des Pazifischen Ozeans. Nach einem scharfen Knick nach Norden schließen dann noch die Unterwasserberge der so genannten Emporer Chain ebenso regelmäßig – wie im „Gänsemarsch" – an die Hawaii-Inseln an. Dieses 4.000 Kilometer lange Gebilde aus gewaltigen Erhebungen sieht aus, als wäre es mit einer Nähmaschine auf den Meeresboden gestickt. Alles nur Zufall?

Diese Frage beschäftigt die Geowissenschaftler schon seit langem. Klar ist, dass alle Inseln und untermeerischen Berge der Hawaii-Emporer-Kette durch Vulkanismus entstanden sind. Die ältesten der Unterwasservulkane, die Forscher nennen sie Seamounts, vor der Küste Kamtschatkas und den Aleuten sind rund 70 bis 80 Millionen Jahre alt. Je weiter man nach Südosten kommt, desto jünger werden die Feuerberge. Die jüngste Insel Hawaii ist gerade mal 500.000 bis eine

Million Jahre alt. Schuld an der Entstehung Hawaiis ist ein so genannter Hot Spot, ein Ort besonders heißer Aufstiegsströmungen im Erdmantel. Durch die Plattentektonik driftet die Pazifische Platte, auf der auch Hawaii liegt, jährlich mit einem Tempo von acht bis zehn Zentimetern von Südost nach Nordwest. Da der Hot Spot aber am selben Ort bleibt, frisst das Magma immer neue Löcher in die Erdkruste und lässt an der Oberfläche mit der Zeit eine ganze Reihe von Vulkaninseln wachsen.

Aktiv sind nur die Vulkane direkt über dem Hot Spot, die bereits weggedrifteten sind erloschen und werden im Laufe der Jahrmillionen wieder kleiner. Dies liegt zum einen daran, dass sie von Wasser und Wind abgetragen werden. Professorin Helga de Wall von der Universität Würzburg, die schon seit langem den Hot-Spot-Vulkanismus auf Hawaii erforscht, nennt noch einen anderen Faktor: „Während die relativ jungen Vulkane noch als Inseln aus dem Meere herausragen, sind die älteren aufgrund ihres Eigengewichtes so tief in den Meeresboden eingesunken, dass sie unterhalb des Meeresspiegels liegen". Je weiter sich die Vulkane vom Hot Spot entfernen, desto kälter wird zudem die Pazifische Platte und zieht sich zusammen – die Seamounts schrumpfen immer weiter zusammen. Grund für den deutlich zu erkennenden „Knick" in der Perlschnur des Hawaii-Archipels nach Norden war nach Meinung vieler Forscher eine heftige Richtungsänderung bei der Wanderung der Pazifischen Platte vor rund 45 Millionen Jahren.

Auf Hawaii treffen Feuer und Wasser häufig aufeinander, wie hier östlich vom Kupapaʻu Point. © USGS/HVO/T. J. Takahashi

Die Augen der Eifel – Vulkanismus in Deutschland

Schon Alexander von Humboldt ließ sich im Jahr 1845 von der Vulkanlandschaft der Eifel begeistern: Maare, Kohlensäurequellen, warme Wässer und Vulkanschlote reihen sich dicht an dicht im Dreiländereck Deutschland, Luxemburg, Belgien. Doch nicht immer war es in der Eifel so wie heute.

Kaum 11.000 Jahre ist es her, dass hier die Vulkane noch Feuer spuckten – erdgeschichtlich gesehen ein Wimpernschlag. Der Höhepunkt des Vulkanismus liegt allerdings viel weiter zurück in der Vergangenheit. Ungefähr vor 45 bis 35 Millionen Jahren, im Tertiär, brodelte die Erde an vielen Stellen, wo heute saftige Wiesen und üppige Wälder zu finden sind. Eine weitere hochaktive Vulkanismusphase begann vor rund 700.000 Jahren. So gibt es denn auch an wenigen Stellen auf der Welt so viele Vulkane auf so engem Raum beieinander wie in der Eifel.

Auf mehr als 2.000 Quadratkilometern gibt es zwischen Rhein und belgischer Grenze rund 240 Schlackenkegel und Vulkane. Diese Zeugen der feurigen Vergangenheit sind für den Besucher kaum zu übersehen, ragen sie doch auch bis zu mehreren hundert Metern über das örtliche Relief hinaus. Die höchste Erhebung der Eifel ist mit 747 Metern die Hohe Acht am Nürburgring – natürlich ein erloschener Vulkan. Neben den Vulkankegeln prägen vor allem die Maare das Landschaftsbild der Region. Diese Explosionstrichter entstanden beim unterirdischen Aufeinandertreffen von Grundwasser und Magma. Heute sind die zumeist kreisrunden Krater wassergefüllt und werden auch geheimnisvoll die „Augen der Eifel" genannt.

Auch wenn derzeit nach menschlichem Ermessen mit keinem Ausbruch der Vulkane zu rechnen ist, so ist die Erde unter der Eifel doch alles andere als ruhig. Denn geologisch gesehen haben die Feuerberge vermutlich nur eine Ruhephase eingelegt. So ist die Erdkruste unter der Eifel besonders dünn und an zahllosen Stellen tritt Kohlendioxid oder kohlensäurehaltiges Wasser an die Erdoberfläche – ein untrügliches Zeichen für die Hitze im Untergrund.

Eine Theorie besagt, dass sich unter der Eifel sogar einer der berühmten Hot Spots, vergleichbar dem im Bereich der Hawaii-Vulkane, befindet. An dieser relativ ortsfesten Zone wird aus den Tiefen des Erdmantels glutflüssiges Magma Richtung Erdoberfläche gefördert. Trifft dies zu, dann wäre es nur eine Frage der Zeit, bis die Eifelberge wieder Feuer spucken.

Vulkanismus gab es auch in Deutschland. Die Eifelmaare wie hier das Ulmener Maar sind typische Überbleibsel davon.
© *D. Steffes/GFDL*

Bebende Erde

Eine Spur der Verwüstung: ADBC (Agriculture Development Bank of China) in Beichuan, China, nach dem schweren Erdbeben 2008. © GFDL

8. Oktober 2005 in der Region Kaschmir an der Grenze zwischen Indien und Pakistan. Es ist früh am Morgen, als 90 Kilometer nordöstlich der pakistanischen Hauptstadt Islamabad plötzlich ein Ruck durch den Untergrund geht. In zehn Kilometern Tiefe entlädt sich in Sekundenbruchteilen die enorme Spannung im Gestein, über die Jahre aufgestaut durch die stetige Nordwanderung des Indischen Subkontinents. Ein Erdbeben der Stärke 7,6 ist die Folge.

Die Bebenwellen breiten sich innerhalb von Sekundenbruchteilen aus und bringen den gesamten Norden Pakistans und Indiens zum Beben – mit fatalen Folgen. Entlang eines rund 100 Kilometer langen Bruches im Untergrund bleibt kaum ein Gebäude stehen. In vielen entlegenen Gebieten der Kaschmir-Region radieren die Erdstöße ganze Ortschaften von der Landkarte. Insgesamt forderte das Erdbeben rund 84.000 Todesopfer in Pakistan, weitere knapp 2.000 in Indien. Drei Millionen Menschen werden obdachlos und sind ungeschützt dem herannahenden Winter ausgesetzt. Solche verheerenden Erdbeben entstehen durch plötzliche Bewegungen in der Erdkruste. Genau wie Vulkane sind auf sie auf der Erde keineswegs zufällig verteilt, sondern häufen sich in ganz bestimmten Gebieten. Eine Übersichtskarte der Erdbebenverteilung zeigt eine deutliche Ballung schwerer Erdstöße an den Rändern der tektonischen Platten.

Den Entstehungsort eines Erdbebens in der Tiefe der Erdkruste bezeichnen Geowissenschaftler als Hypozentrum. Das Epizentrum, der Ort der maximalen Erdbebenstärke auf der Erdoberfläche, liegt in gerader Linie darüber. Die meisten Erdbebenherde befinden sich in Tiefen von 0 bis 70 Weitaus seltener sind dagegen so genannte Tiefbeben, die zwischen 70 Kilometer und 700 Kilometern unter der Erdoberfläche auftreten. Sie kommen vor allem an den Subduktionszonen der Pazifik-Inselbögen, aber auch unter den südamerikanischen Anden vor – überall dort, wo durch die langsame Bewegung der Platten Krustenmaterial in die Tiefe gedrückt wird.

An den Transformstörungen, wo zwei Platten ohne Zerstörung oder Neubildung von Krustenmaterial aneinander vorbeigleiten, finden meist Flachbeben statt. Sie treten häufig ohne vulkanische Aktivitäten auf – wie an der San-Andreas-Störung, in der Türkei oder in viel kleinerem Maßstab in der Niederrheinischen Bucht. An den mittelozeanischen Rücken dagegen werden Erdbeben häufig von Vulkanismus begleitet.

Ursachen der Bodenbewegung

Bricht Gestein an einer tektonischen Störung unter dem Druck der aufgestauten Spannung, wird die frei werdende Energie in Form von Wellen abgegeben – die Erde bebt. Und das passiert viel häufiger als man vielleicht denkt. Nahezu jeden

Erdbeben treten nicht zufällig verteilt auf der Welt auf. Sie konzentrieren sich an den Plattengrenzen. © MMCD NEW MEDIA

Ein Seismograph registriert Erschütterungen des Untergrunds.
© USGS

Die verschiedenen Formen der Erdbebenwellen haben auch unterschiedliche Bewegungen an der Erdoberfläche zur Folge.
© MMCD NEW MEDIA

Longitudinalwellen (P-Wellen)

Transversalwellen (S-Wellen)

Love-Welle

Rayleigh-Welle

Fortpflanzungsrichtung

Tag kommt es irgendwo auf der Welt zu einem Erdbeben. Oft liegt ihre Magnitude unterhalb der menschlichen Wahrnehmungsgrenze und kann nur mit empfindlichen Seismographen eindeutig identifiziert und lokalisiert werden.

Ist der Erdstoß stark genug, registrieren unsere Sinne oft eine typische Abfolge von Schütteln, Rollen und Schaukeln. Diese Phänomene gehen auf unterschiedlich schnell aufeinanderfolgende Wellenformen zurück. Bei den sich am schnellsten ausbreitenden Wellen, den P- oder Primärwellen, schwingen die Gesteinspartikel senkrecht zur Ausbreitungsrichtung, das Gestein wird wechselweise komprimiert und gedehnt. Im Gegensatz zu Wasser oder Luft kann Gestein aber auch seitlich schwingen. Bei dieser Schwingung, den so genannten Transversal- oder S-(Sekundär-)Wellen, bewegen sich die Bodenteilchen quer zur Ausbreitungsrichtung der Wellen. Das Gestein wird dadurch horizontal oder vertikal verformt und geschüttelt. Während sich die P-Wellen in Flüssigkeiten und fester Materie gleichermaßen fortpflanzen, kann die S-Welle nur in festem, scherbaren Gestein wandern und wird daher von den flüssigen Bereichen des Erdinneren „geschluckt".

Erreichen die S- und P-Wellen die Oberfläche oder die Grenzschicht einer geologischen Struktur, werden sie reflektiert oder in Oberflächenwellen umgewandelt. Bei diesen wird die Energie ausschließlich entlang oder nahe der Oberfläche geleitet, tiefer im Untergrund ist die Gesteinsbewegung meist nur minimal. Zwei Haupttypen von Oberflächenwellen werden dabei von Geoforschern unterschieden: Die Love-Wellen, benannt nach dem englischen Physiker Augustus E. H. Love, verformen das Gestein in horizontaler Richtung. Durch ihre oft großen Amplituden gehören diese seitlichen Schwingungen des Bodens zu den zerstörerischsten Wellen eines Bebens. Besonders an Gebäuden können sie enorme Schäden anrichten.

Der 1885 zuerst von Lord Rayleigh beschriebene und nach ihm benannte zweite Typ von Oberflächenwellen erzeugt rollende Bewegungen des Untergrunds. Während einer Rayleigh-Welle bewegen sich die Gesteinspartikel elliptisch auf einer vertikalen Ebene. Da alle diese Wellen eine jeweils leicht unterschiedliche Laufzeit haben, besteht ein Erdbeben aus einer charakteristischen Serie unterschiedlicher Bodenbewegungen. Die zuerst eintreffenden P-Wellen erzeugen eine Auf- und Abbewegung des Bodens, richten aber keine großen Zerstörungen an. Einige Zeit später folgt das heftige seitliche Rütteln der horizontalen und vertikalen S-Wellen, das etwas länger anhält als die P-Wellen. Kurz darauf treffen schließlich die Love-Wellen, gefolgt von den Rayleigh-Wellen, ein. Die bebenden und rollenden Bewegungen dieser Oberflächenwellen halten relativ lange an. Sie bilden den Hauptteil eines Erdbebens. Der Abschluss eines Bebens ist meist eine Mischung aus unterschiedlichsten Wellentypen, die sich durch mehrfache Brechung und komplexe Gesteinsstrukturen zeitlich verzögert einstellen.

Auswirkungen

Heftige Erdbeben wie in Kaschmir am 8. Oktober 2005 sorgen nicht nur für viele Todesopfer und gewaltige Sachschäden, sie können auch zu massiven Landschaftsveränderungen führen. So können schwere Erdstöße Verschiebungen und Verformungen in der Erdkruste verursachen, die sowohl in vertikaler als auch in horizontaler Richtung verlaufen. Ein horizontaler Versatz wird von den Geowissenschaftlern Blattverschiebung genannt, wobei die Strecke zwischen zwei verschobenen Orten als Versatzbetrag bezeichnet wird. Er kann im Laufe der Erdgeschichte mehrere hundert Kilometer betragen. Bei den vertikalen Bewegungen handelt es sich um Abschiebungen und Aufschiebungen. Bei diesen Bewegungen entstehen Geländestufen. Beben mit starken vertikalen Verschiebungen sorgen manchmal sogar dafür, dass ganze Küstenverläufe umstrukturiert werden.

Eine direkte Folge von Erdstößen sind neben Bergrutschen oder Lawinen manchmal auch Tsunamis, die den japanischen Namen für „große Hafenwelle" tragen. Tsunamigefahr herrscht vor allem dann, wenn die Erde im Meer bebt. Hat der Erdstoß dann noch eine Magnitude von 7 oder mehr, wird es richtig brenzlig. Solche größeren Seebeben sind insbesondere entlang des Pazifischen Feuerrings im Pazifischen Ozean relativ häufig. Ist ein Tsunami erst einmal in Gang gebracht, geht es rasend schnell: Von seinem Ursprungsort breiten sich mehrere flache Wogen mit hoher Geschwindigkeit kreisförmig aus. Und zwar je tiefer das Wasser ist, umso schneller. Wissenschaftler haben herausgefunden, dass die Wellen sich dort, wo der Meeresgrund mehr als vier Kilometer unter der Wasseroberfläche liegt, sogar mit Jet-Geschwindigkeit auf die Küsten zubewegen.

Steinschlag auf der Straße nach Beichuan nach dem Sichuan-Beben von 2008 (oben). Die Stadt Jundao in Sichuan wurde zu großen Teilen zerstört (Mitte). Erdrutsche verstärkten die Zerstörungen in der Stadt Qushan (unten).
© USGS/Dave Wald, GFDL

Rechte Seite: die zehn opferreichsten Erdbeben der Geschichte.

Während bei einem Tsunami auf dem offenen Meer nicht einmal ein einfaches Paddelboot in Gefahr gerät, wird es in Küstennähe gefährlich: Aus der harmlosen, kaum einen Meter hohen Woge entwickeln sich steil aufragende, zum Teil bis zu 30 Meter hohe Wellengiganten, die ganze Küstenregionen zu verschlingen drohen. Der Grund dafür ist, dass die wachsende Bodenreibung das Tempo der Welle abrupt abbremst. Die Wellenlänge des Tsunami schrumpft dramatisch, ohne dass sich die mitgeführte Energie wesentlich verringert.

Die verheerendste und folgenreichste Tsunami-Katastrophe aller Zeiten spielte sich am zweiten Weihnachtstag des Jahres 2004 im Indischen Ozean ab. Ein Erdbeben mit einer Magnitude von 9,1 ereignete sich damals vor der Küste der indonesischen Insel Sumatra. Der Erdstoß erschütterte nicht nur große Teile der Region, es entwickelte sich auch ein Tsunami, der innerhalb weniger Minuten die Küsten Sumatras erreichte und dort ganze Städte und Dörfer von der Landkarte ausradierte.

Doch nicht nur Indonesien war von der Naturkatastrophe betroffen. Der Tsunami breitete sich auf dem Meer in rasendem Tempo in alle Richtungen aus und überall dort, wo er schließlich auf Land traf, hinterließ er eine Spur der Verwüstung. Egal ob in Thailand, Myanmar, Sri Lanka, Indien oder auf den Malediven: An fast jeder Küste Südostasiens waren tausende von Todesopfern und gewaltige Schäden zu beklagen. Sogar weit entfernt, an der afrikanischen Ostküste, starben in Somalia, Tansania oder Kenia viele Menschen in den Flutwellen. Am Ende hatte der Tsunami rund 220.000 Bewohner rund um den Indischen Ozean das Leben gekostet, weit über 100.000 wurden verletzt und bis zu zwei Millionen Menschen verloren durch die Katastrophe ihr Dach über dem Kopf. Die Sachschäden beliefen sich alles in allem auf zehn Milliarden US-Dollar.

Wo endet das Wasser – wo beginnt das Land? Die völlig veränderte Küste auf Sumatra sechs Wochen nach dem Tsunami 2004 in Südostasien. © Jon Gesch/U.S. Navy

Gründlich verändert hatte der Tsunami aber auch die Küstenlandschaften. Palmenhaine, Sandstrände und Lagunen wurden ausradiert. Der gewaltige Sog der abfließenden Wassermassen riss zudem große Mengen an fruchtbarem Mutterboden mit sich, manchmal verschwanden sogar ganze Landstücke für immer im Meer.

Ort und Datum	Todesopfer	Magnitude	Beschreibung
Shaanxi, China 2. Februar 1556	830.000	Geschätzt 8,25	Chinesische Chroniken berichten, dass das Beben im Umkreis von 1.000 Quadratkilometern alles verwüstete. Vermutlich starben mehr als 830.000 Menschen, die meisten von ihnen durch den Einsturz von Wohnhöhlen, in denen der Großteil der Bevölkerung lebte. Noch drei Jahre danach traten starke Nachbeben auf.
Tanshan, China 27. Februar 1976	655.000	7,5	Offiziell forderte das Tangshan-Beben 255.000 Menschenleben, inoffizielle Schätzungen gehen jedoch sogar von bis zu 655.000 Opfern aus. Damit ist dieses Beben das opferreichste der letzten 400 Jahre. Die Schäden waren noch im 140 Kilometer entfernten Peking verheerend.
Sumatra, Indonesien 26. Dezember 2004	228.000	9,1	Das Beben im Meeresgrund vor Sumatra gilt bis heute als das drittstärkste seit 1900. Es löste einen Tsunami aus, der in 14 Ländern Südasiens und Ostafrikas schwere Verwüstungen anrichtete. Auch Erdrutsche, Ausbrüche von Schlammvulkanen und Bodenverflüssigungen ereigneten sich. Am schwersten getroffen wurde die Provinz Banda Aceh auf Sumatra. Insgesamt starben 228.000 Menschen während und nach dem Tsunami, bis zu zwei Millionen wurden obdachlos.
Gansu (Ningxia), China 16. Dezember 1920	200.000	7,8	In der Region Lijunbu-Haiyuan-Ganyanchi erreichte die Intensität dieses Bebens den Wert von XII: maximale Verwüstung. Auf einer Länge von 200 Kilometern hob sich der Boden, Erdrutsche begruben ganze Ortschaften, Flüsse veränderten ihren Lauf oder wurden blockiert. Die Anzahl der Todesopfer wird auf 200.000 geschätzt.
Kanto, Japan 1. September 1923	140.000	7,9	Das „Große Kanto-Beben" gilt als das schlimmste der japanischen Geschichte. Aufklaffende, meterbreite Bodenspalten, Schlammlawinen, Erdrutsche und das ausbrechende Großfeuer vernichteten beinahe ganz Tokio. Die Feuersäulen des entstehenden Brandes waren noch in über 150 Kilometer Entfernung zu sehen. 140.000 Einwohner Tokios, Yokohamas und umliegender Orte kamen ums Leben.
Ashkabad, Turkmenistan 5. Oktober 1948	110.000	7,3	In der Region Ashkabad ließ das Beben nahezu alle Wohngebäude, meist aus Ziegeln errichtet, kollabieren. Nach neueren Informationen soll es bis zu 110.000 Tote gegeben haben. Die Erschütterungen richteten auch an Betonbauten schwere Schäden an und ließen Züge entgleisen.
Sichuan, China 12. Mai 2008	87.000	7,9	Das Erdbeben hinterließ mindestens 87.000 Tote und 374.000 Verletzte. Mehr als 15 Millionen Menschen wurden evakuiert, über fünf Millionen wurden obdachlos. Insgesamt waren zehn Provinzen mit 45 Millionen Menschen betroffen.
Kaschmir, Pakistan 8. Oktober 2005	86.000	7,6	Die Erdstöße ließen rund 200.000 Häuser einstürzen und machten vier Millionen Menschen obdachlos. Mit 86.000 Toten, rund 200.000 Verletzten und mehr als drei Millionen Obdachlosen gilt das Kaschmir-Beben nach dem Tsunami vom Dezember 2004 als die schlimmste Naturkatastrophe der letzten Jahrzehnte. Erdrutsche, Steinschläge und Bodensenkungen ereigneten sich auch in Indien und Bangladesch.
Messina, Italien 28. Dezember 1908	72.000	7,2	Mehr als 40 Prozent der Einwohner Messinas und ein Viertel der Bevölkerung Kalabriens fiel dem Beben, dem daraus resultierenden Tsunami sowie Bränden im Stadtgebiet zum Opfer. Die Erdstöße waren auch in Albanien, Montenegro und auf Malta zu spüren. Noch 1913 ereigneten sich Nachbeben.
Chimbote, Peru 31. Mai 1970	70.000	7,9	Der Ort Huaraz wurde durch einen Erdrutsch fast völlig zerstört, ein weiterer begrub die Stadt Yungay komplett unter sich und tötete 20.000 Menschen. Insgesamt forderte das Beben rund 70.000 Todesopfer, viele davon durch sekundäre Folgen wie Lawinen, Erdrutsche und Schlammlawinen.
Bam, Iran 26. Dezember 2003	26.000	6,7	Die hohe Opferzahl von rund 26.000 Menschen beim Bam-Beben war auf die Lehmziegelbauweise in der Altstadt zurückzuführen. Die Stahlbeton- und Stahlrahmenbauten in der Industriezone im Südosten blieben zum großen Teil unbeschädigt. Stark zerstört dagegen wurde die Festung Arg-I-Bam, die als Touristenattraktion vor dem Beben nicht unerheblich zum Wirtschaftsaufkommen der Region beigetragen hatte.

Selbst die größten Berge werden durch die Einwirkung von Verwitterung und Erosion wieder zu Geröll und Sand, wie hier im Los Glaciares National-park in Patagonien.
© Harald Frater

Äußere Faktoren
Der Einfluss der Elemente

Elbsandsteingebirge und die Alpen sähen ohne sie heute völlig anders aus. Und auch so spektakuläre Schluchten wie den Grand Canyon in den USA oder die Partnachklamm bei Garmisch-Partenkirchen gäbe es vielleicht gar nicht: Wasser, Eis und Wind sind die drei wichtigsten von außen einwirkenden Landschaftsformer. Sie prägten und prägen bis heute das Gesicht der Erde und sorgen dafür, dass es einem stetigen Wandel unterliegt. Erst durch ihren Einfluss werden die formgebenden Prozesse überhaupt möglich. Über Jahre, Jahrtausende und Jahrmillionen wirken sie auf die Erdoberfläche ein und formen in ihrem Verlauf selbst den härtesten Stein. Die Grundpfeiler der Formgebung durch äußere (exogene) Prozesse sind Verwitterung, Transport und Ablagerung. Sie bilden quasi den über der Erdoberfläche stattfindenden Ausschnitt aus dem großen Kreislauf der Gesteine. Während Verwitterung und Erosion dafür sorgen, dass massives Untergrundgestein zerkleinert und aufgelöst wird, verteilt der Transport die zum Teil zu feinem Staub zermahlenen Bruchstücke und trägt sie an andere Orte. Dort lagern sich diese und andere Teilchen allmählich wieder ab und im Laufe der Zeit entsteht hier durch Druck ein neues Sedimentgestein.

Verwitterung

Die Drei Zinnen in den Dolomiten erhielten ihre heutige Form durch Verwitterung und Erosion. © Harald Frater

Ohne sie sähe unsere Welt sicherlich anders aus: Es gäbe keine tiefen Schluchten, keine dunklen Höhlen und die Gebirge würden endlos in den Himmel wachsen. Zumeist unbemerkt verändern Verwitterung und Erosion die Landschaft und sind zugleich aus dem System Erde nicht wegzudenken. Selbst im Alltag begegnet uns die Verwitterung: ein verrostendes Auto am Straßenrand, die alte und in Fetzen liegende Zeitung auf dem Bürgersteig oder der bröckelnde Putz an Häuserfassaden.

Gäbe es keine Verwitterung, würden zudem selbst jahrhundertealte griechische Tempel wie die Akropolis oder die jahrtausendealten Pyramiden der ägyptischen Hochkultur vermutlich noch heute in ihrer vollen Pracht erstrahlen. Aber nicht nur das: Auch die Sandstrände unserer Küsten oder die fruchtbaren Böden unserer Äcker würden wir wohl vergeblich suchen. An ihrer Stelle gäbe es nur harten, festen Stein.

Denn die Verwitterung ist es, die das massive Untergrundgestein der Erdkruste zerkleinert und damit weiteren formbildenden Prozessen Tür und Tor öffnet. Erst durch diese Zerkleinerung sind Wind, Wasser und Eis überhaupt in der Lage, den Untergrund abzutragen, Bruchstücke zu transportieren und woanders wieder abzulagern.

Wie stark die Verwitterung wirkt, hängt von mehreren Faktoren ab. Zum einen von der Art des Gesteins: Es gibt härtere und weniger harte, chemisch anfälligere und weniger anfällige. Auch das Gelände – ob stark geneigt, der Sonne zu- oder abgewandt – spielt eine wichtige Rolle. Nicht zuletzt erzeugen auch Umweltfaktoren wie Feuchtigkeit, Temperatur oder Vegetationsbedeckung Unterschiede in der Verwitterungsintensität.

Wenn das Gestein springt – physikalische Verwitterung

Wer schon einmal eine volle Wasserflasche aus Glas im Gefrierschrank vergessen hat, kann sich von der Kraft der physikalischen Verwitterung anschaulich überzeugen: Weil Eis ein größeres Volumen hat als Wasser, dehnt sich der Inhalt der Flasche beim Gefrieren aus. Der Druck steigt immer weiter an – bis die Glasflasche schließlich zerspringt. Genau das passiert im Prinzip auch in der Natur, vor allem dort, wo die Temperaturen häufig zwischen Frost und mildem Wetter hin und her schwanken wie im Hochgebirge oder in Wüsten. Wasser sickert dort in winzige Gesteinslücken und Spalten ein und breitet sich darin aus. Dann fallen die Temperaturen – beispielsweise in der Nacht. Das Wasser gefriert und dehnt sich aus. Dabei entwickelt es einen so starken Druck, dass selbst hartes Gestein brechen kann. Im Gebirge lässt diese Frostsprengung oft Halden aus scharfkantigem Blockschutt an den Berghängen entstehen. Mancherorts bildet sie sogar ganze Felsenmeere, wie beispielsweise bei Lautertal-Reichenbach in Hessen oder bei Murrhardt im Naturpark Schwäbisch-Fränkischer Wald.

Eine echte „Sprengkraft" kann auch Salz entwickeln, wenn es in den Poren des Gesteins auskristallisiert. Diese Salzverwitterung tritt vor allem in trockenen, warmen Regionen auf. Wenn hier Wasser aus den feinen Spalten und Ritzen des Gesteins verdunstet, entsteht eine immer konzentriertere Lösung von Mineralsalzen. Ab einem bestimmten Punkt beginnen diese Salze auszukristallisieren und zu wachsen. Dieser Prozess erzeugt immerhin einen Druck, der dem 130-Fachen des normalen Luftdrucks entsprechen kann. Vor allem im relativ weichen Sandstein hinterlässt diese Salzverwitterung oft charakteristische Wabenmuster, in größerem Maßstab können aber auch ausgedehnte Höhlen entstehen. So sind viele der früher von den Indianern im Südwesten der USA bewohnten Mesas nichts anderes als umbaute Nischen aus solchen Salzsprengungen.

Doch auch ganz ohne Wasser ist eine physikalische Verwitterung möglich, beispielsweise in Wüsten.

Kernsprung: Starke Temperaturunterschiede ließen diesen Stein springen. © Harald Frater

Hier sind die Temperaturen tags und nachts sehr unterschiedlich. Das Gestein reagiert darauf, es dehnt sich bei Wärme aus und zieht sich bei Abkühlung wieder zusammen. Das allerdings geschieht nicht überall gleich schnell und stark. Die dadurch entstehenden Spannungen im Gestein führen im Laufe der Zeit zu Brüchen und Rissen. Einige Mineralien, wie beispielsweise Kalzit, leiten Wärme in eine Richtung schneller als in die andere. In den aus ihnen bestehenden Gesteinen verlaufen Risse und Sprünge daher oft parallel zur Oberfläche und können durch diese so genannte Desquamation ganze Schalen ablösen. Ein anderer Fall tritt auf, wenn körnige Gesteine aus unterschiedlichen Mineralien, wie beispielsweise Granit, durch Temperatureinwirkung verwittern. Sie bilden dann den so genannten Grus, der aus vielen, nur wenige Millimeter kleinen, eckigen Stückchen besteht.

Ob Eis, Salz oder Temperaturen: Immer sind es mechanische Vorgänge, meist Druck, die das Gestein zum Brechen bringen. Es springt, bildet Risse und wird nach und nach in kleinere Brocken zerlegt. Aber egal welche Form diese Bruchstücke letztlich annehmen: Bei dieser rein physikalischen Verwitterung bleibt ihre chemische Zusammensetzung immer gleich.

Eine besondere Form der Verwitterung durch mechanische Vorgänge ist die Exfoliation. Sie findet statt, wenn Gesteine, die unter hohem Druck tief unter der Erdoberfläche gebildet wurden, durch Abtragung darüberliegender Schichten an die Oberfläche gelangen. Vom Druck befreit, dehnt sich dieses Gestein aus und sprengt dabei schalenförmige Schichten vom Untergrund ab. Diese parallel zum Boden verlaufenden Spalten und Klüfte sind vor allem in zuvor massivem Granit sehr auffällig. Tritt diese Ausdehnung nicht in Ebenen, sondern an Gesteinskuppen auf, können gewaltige Exfoliationskuppen entstehen, wie beispielsweise im Yosemite Valley in Kalifornien. Bis zu 15 Meter Dicke kann hier eine abgelöste Gesteinsschale erreichen.

Das weiche Wasser bricht den Stein – chemische Verwitterung

Im Gegensatz zur physikalischen Verwitterung wirkt die chemische Verwitterung nicht nur mechanisch, sondern beeinflusst auch die stofflichen Eigenschaften des Materials. Durch die Reaktion mit Wasser und den darin gelösten Stoffen werden Gesteine, Lockersedimente und Böden chemisch verändert. In den meisten Fällen löst das Wasser dabei Mineralien oder einzelne Ionen aus dem Kristallverbund heraus und erzeugt so nach und nach größer werdende Hohlräume. Vor allem Karbonatgesteine wie Kalkstein sind gegenüber dieser Lösungsverwitterung sehr anfällig. Das einsickernde Wasser lässt hier schnell Höhlen, Dolinen oder tiefe Rinnen entstehen.

In Regen- und Bodenwasser gelöste Säuren wie zum Beispiel Kohlensäure beschleunigen den chemischen Verwitterungsprozess der Karbonatgesteine noch. Das feste mineralische Kalziumkarbonat wird dabei in seine Bestandteile Kalzium und Hydrogenkarbonat zerlegt und so gelöst. Typischerweise bildet sich

Dieser Stein im südlichen Island wurde durch Frostsprengung fragmentiert. © Till Niermann/ GFDL

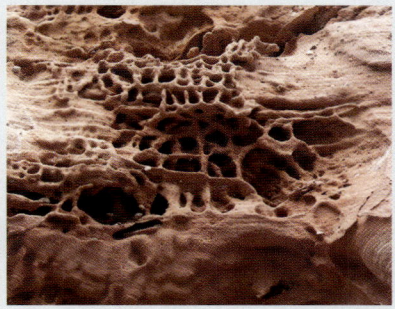

Salz und chemische Prozesse bildeten diese Tafoni, wabenförmige Verwitterungen im Buntsandstein der Südpfalz. © Rüdiger Kratz/GFDL

Linke Seite: Partnachklamm bei Garmisch-Partenkirchen um 1900: Sie ist das Ergebnis intensiver Verwitterung und Erosion durch Wasser und Eis. © US Library of Congress

Oben: Chemische Verwitterung findet häufig an kalkhaltigen Gesteinen, wie hier in den italienischen Alpen, statt. Die Rillen entstehen durch Lösung bei ablaufendem Regenwasser. Unten: Baumwurzeln können enorme Sprengkraft entwickeln. © beide Harald Frater

dadurch an der Oberfläche von Kalkstein oder auch Marmor ein komplexes Muster von kleinräumigen Rillen, Furchen oder Pfannen, die manchmal ganze Felder oder Berggipfel bedecken können.

Die chemische Verwitterung ist immer dann besonders intensiv, wenn reichlich Wasser vorhanden ist, wie beispielsweise in den warmen und feuchten Regionen der Tropen. Hier ist der Untergrund schon seit Jahrmillionen diesem Phänomen ausgesetzt. Die Böden sind dort sehr tiefgründig, „normales" Gestein, das durch Verwitterung neue Mineralien nachliefern könnte, findet sich erst in größeren Tiefen. Unter anderem deshalb sind diese tropischen Böden extrem nährstoffarm – ihnen fehlt einfach der „Nachschub". In trockeneren Regionen dagegen konnten sich teilweise große Kalkstein- oder Dolomitgebirge erhalten. Auch in den Wänden des Grand Canyon finden sich Karbonatschichten. Sie haben der chemischen Verwitterung weitestgehend widerstanden, im Bereich des Canyons selbst aber war die Erosion stärker. Hier, wie auch in vielen anderen Bereichen, wirken chemische und physikalische Verwitterung Hand in Hand. Viele Landschaftsformen verdanken einer Kombination beider Formen ihre einzigartige Gestalt.

Bäume und Bakterien – die biogene Verwitterung

Die Einwirkung von Lebewesen spielt ebenfalls eine Rolle bei der Verwitterung. In kleinem Maßstab ist diese biogene Verwitterung sogar recht bedeutend: Baumwurzeln zwängen sich durch winzige Gesteinsrisse, wachsen dort und sprengen im Laufe der Zeit so ganze Feldblöcke oder den Asphalt einer Straße. Aber nicht nur die Wurzel selbst mit ihrem Druck, auch von der Pflanze abgegebene Substanzen können Gestein im Laufe der Zeit verändern und zerstören. Bei der Zersetzung von Pflanzenteilen durch Bakterien entstehen beispielsweise organische Säuren, die die chemische Verwitterung verstärken. Auch Humus greift das Gestein an, da er hohe Konzentrationen von Huminsäuren enthält. In großem Maßstab aber spielt diese biogene Verwitterung nur eine untergeordnete Rolle.

Rechte Seite: Insolationsverwitterung: Häufige Wechsel von Erhitzung und Abkühlung lassen das Gestein springen (oben). Cliff Palace im Mesa Verde Nationalpark in Colorado: Die Höhle entstand wahrscheinlich durch Salzverwitterung (unten). © Harald Frater; Andreas F. Borchert/GFDL

Sedimentation

Sedimentablagerungen an einem Fluss in Patagonien.
© Harald Frater

Die Sedimentation ist im Prinzip das Gegenstück zur Verwitterung: Während letztere große Gesteinsformationen in immer kleinere Teile zerlegt, lässt die Sedimentation neue Gesteinsschichten wachsen. Je nachdem, welche Prozesse dieser Ablagerung zugrunde liegen, lassen sich drei Sedimentationsformen unterscheiden:

Die klastischen Sedimente sind eigentlich ein Recyclingprodukt: Sie entstehen durch Ablagerung und Verfestigung aus den mehr oder weniger fein zermahlenen Bruchstücken bereits bestehender Gesteine, die durch Verwitterung und Erosion abgebaut wurden. Anders dagegen die chemischen Sedimente. Sie bilden das Gegenstück zur chemischen Verwitterung und entstehen durch Mineralien und Feststoffe, die bei der Verdunstung von Wasser übrig bleiben. Vor allem Kalkstein, Gips oder Salze verdanken diesem Prozess ihre Existenz. Die dritte Form der Sedimentation beruht auf der „Mithilfe" von Organismen. Abgestorbene Pflanzenteile oder Reste von Mikroorganismen sinken dabei zu Boden und werden von Sand oder Ton überdeckt. Dadurch vom Sauerstoff abgeschlossen, entsteht im Laufe der Zeit unter hohem Druck und hohen Temperaturen erst Torf, dann Braun- und Steinkohle. Letztlich sind jedoch auch viele Kalksteine ein Produkt der biogenen Sedimentation. Denn sie bestehen häufig aus den Resten der Kalkschalen winziger Meeresorganismen.

Die Größe macht´s

Aber Sedimente unterscheiden sich nicht nur in der Art ihrer Entstehung, ihre einzelnen Bestandteile können auch ganz verschieden groß sein. Ist die Ablagerung noch locker, sprechen Geologen je nach Korngröße von Kies, Sand, Silt oder Ton. Kies ist dabei alles Material, das in Teilchen von 20 bis zwei Millimetern Durchmesser vorliegt. Sand bildet die nächstkleinere Stufe mit 0,063 bis zwei Millimetern. Insofern kann Sand aus ganz unterschiedlichen Mineralien und Komponenten bestehen. Entscheidend für die Bezeichnung ist erst einmal nur die Größe seiner Körner. Ton ist die feinste Form von Ablagerungen, seine Korngröße liegt bei weniger als zwei Mikrometern.

Wieder anders sieht es aus, wenn das Sediment bereits verfestigt ist und im Laufe von Jahrtausenden oder Jahrmillionen zum Gestein geworden ist. Auch dann kann sich die Korngröße unterscheiden. Sie gibt wertvolle Hinweise darauf, wie ein solches Sedimentgestein entstanden ist. Manchmal sind beispielsweise viele größere, abgerundete Körner in ein feineres Bindemittel eingebettet. Solche Konglomerate entstehen nur dann, wenn früher einmal ein Fluss oder das Meer genügend Strömung besessen hat, um auch stattlichere Körner zu transportieren. Selbst wenn sich heute ein solches Sedimentgestein hoch in einem Gebirge findet, ist es doch ein Indiz dafür, dass hier früher einmal eine Küste mit stürmischer Brandung oder ein tosender Fluss lagen.

Der Gegenpart zum Konglomerat ist die Brekzie. Auch in diesem Gestein existieren Gesteinstrümmer von mehr als zwei Millimetern Durchmesser. Diese aber haben keine abgerundeten, sondern eckige Kanten – ein Hinweis darauf, dass die Brocken nicht sehr lange der erodierenden Kraft von Wasser oder Eis ausgesetzt gewesen sind. Häufig entstehen sie stattdessen durch Erdrutsche, die Bewegungen des Untergrunds an einer tektonischen Verwerfung oder aber auch durch Meteoriteneinschläge. Das bei einem Ausbruch eines Vulkans ausgeschleuderte und zerbrochene Gestein kann ebenfalls eine Brekzie bilden.

Bei einem Konglomerat sind die Komponenten mindestens zur Hälfte abgerundet. © Halward/ GFDL

Auch die 3.343 Meer hohe Marmolata in den Dolomiten war einst Meeresgrund: Sie besteht aus Kalkablagerungen, die bei der Gebirgsbildung angehoben und dann durch Verwitterung und Erosion zerklüftet wurden. © GFDL

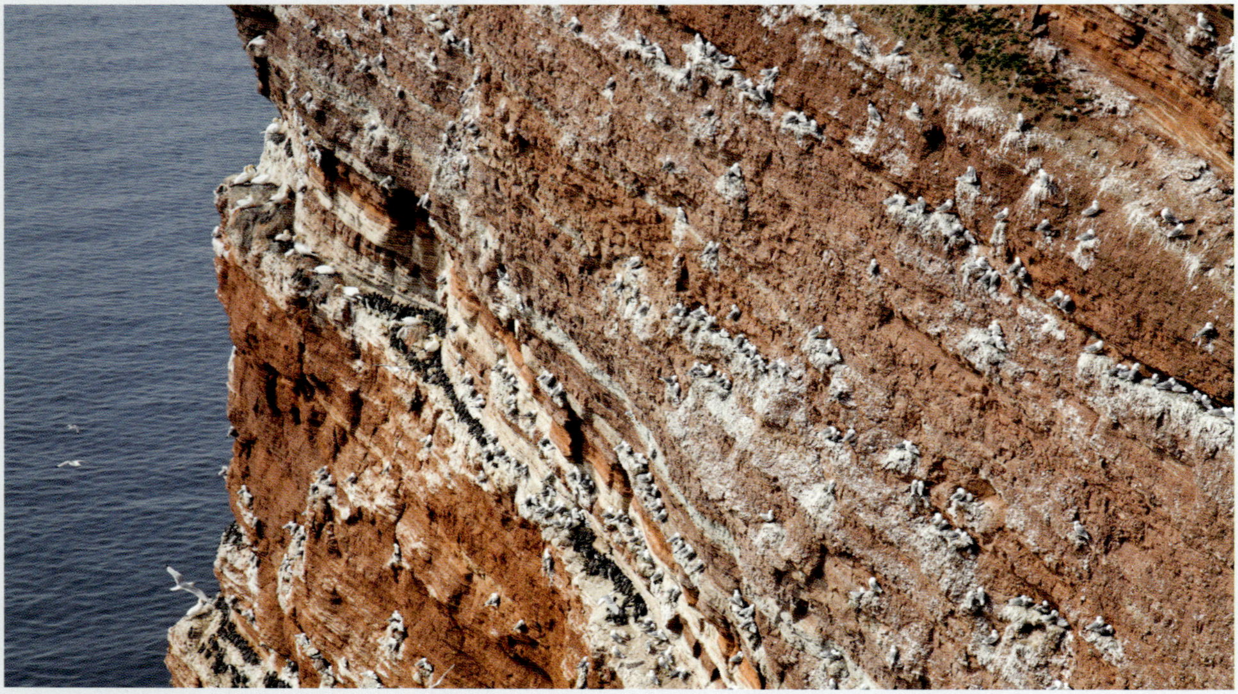

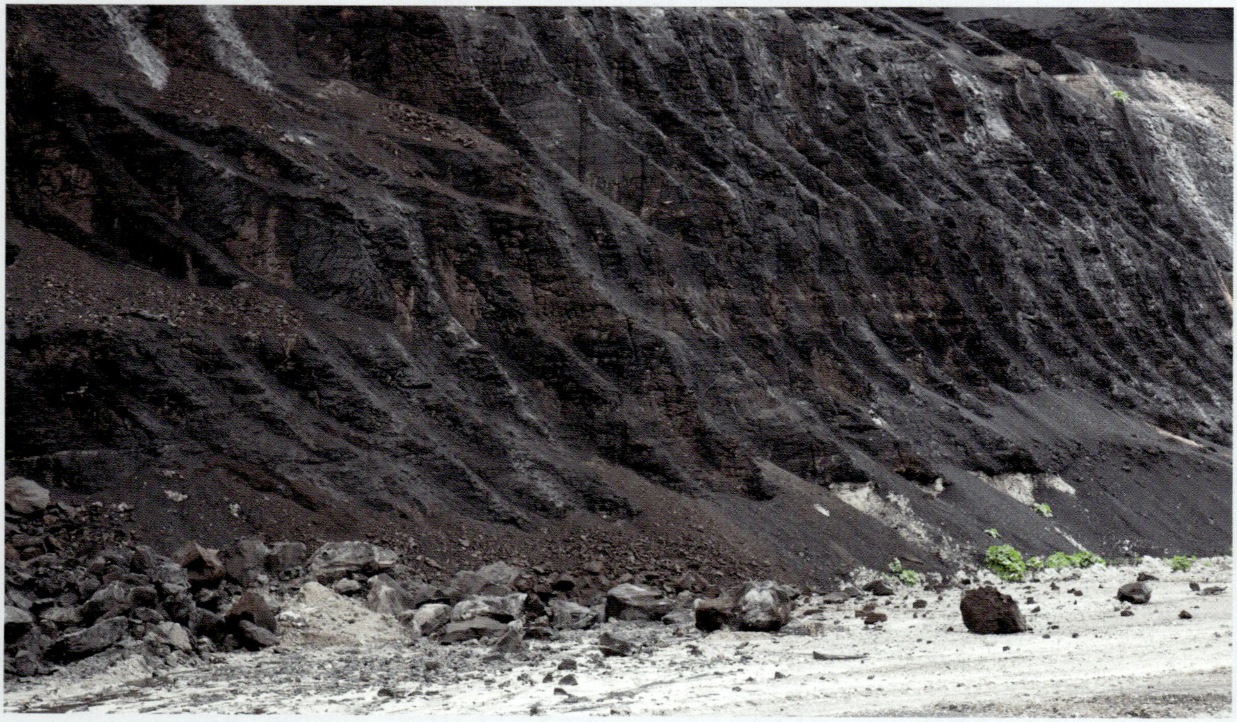

Haben die Brocken in einem Sedimentgestein Sandkorngröße, spricht man – wenig überraschend – von Sandstein. Die meisten solcher Sandsteine bestehen überwiegend aus Quarzsand, da dieser sehr widerstandfähig ist und daher den Transport und die Ablagerung gut übersteht. Typischerweise entstanden sie einst durch die Sedimentation von Sand in flachen, ruhigen Küstengebieten oder aber durch Flüsse. Es gibt aber auch Sandsteine, die durch den Wind erzeugt worden sind. Viele bekannte Landschaftsformen wie das Elbsandsteingebirge, aber auch die formenreichen Canyons in Arizona verdanken dem Sandstein ihre Existenz.

Wieder anders sieht es aus, wenn sich feine Tone ablagern und zum Sedimentgestein werden. Einer der in Deutschland und weltweit berühmtesten Fundorte solchen Tonsteins ist die Grube Messel in Hessen. Vor rund 47 Millionen Jahren existierte hier ein See, in dessen stehendem, sauerstoffarmen Wasser sich feine Tonschichten ablagerten, durchmischt mit Bitumen und anderen schwerflüchtigen Ölen. Eingeschlossen in das Material wurden auch die Körper zahlreicher abgestorbener Tiere und Pflanzen. Bis heute ist dadurch in diesem so genannten Ölschiefer ein einzigartiger Formenschatz von Fossilien erhalten geblieben. Das extrem feinkörnige Gestein und der Sauerstoffabschluss haben sogar so fragile Strukturen wie Federn, Haare oder die Flügel von Insekten konserviert.

Neben den Bildungsprozessen und der Korngröße ist die vielleicht wichtigste, weil aufschlussreichste Frage bei einem Sediment, wo – in welchem Medium – es entstanden ist. Denn dann kommen Wasser, Eis und Wind, die drei großen Kräfte der Natur, ins Spiel: Im Wasser gibt es Sedimentation sowohl im Meer als auch in Flüssen und Seen. Eis transportiert und lagert Sediment entlang seines Weges und an seinen Ausläufern ab. Und auch der Wind trägt Sand und Staub über tausende von Kilometern, um sie dann wieder zu Boden sinken zu lassen.

Linke Seite: Auch die Insel Helgoland besteht aus geschichtetem Sandstein (oben).
Kohle ist das Relikt von abgestorbenen und abgelagerten Pflanzenresten und damit im Prinzip auch ein Produkt der Sedimentation, hier im Braunkohletagebau Hambach (unten).
© beide Harald Frater

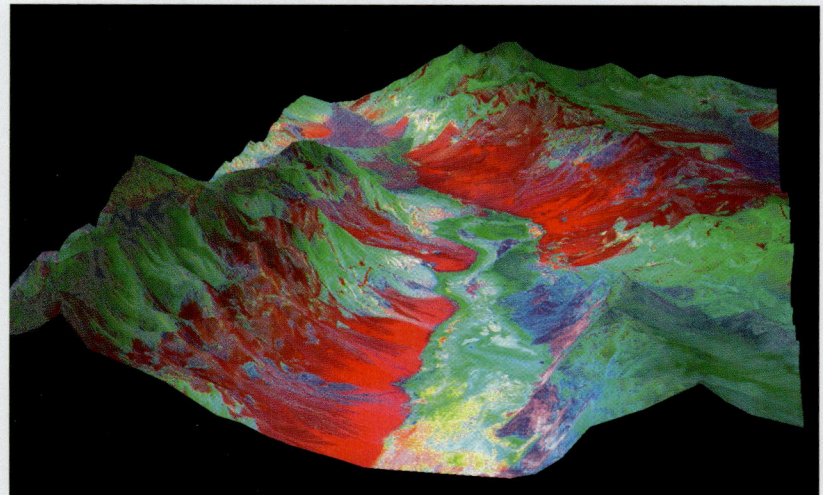

Falschfarbenbild der Ablagerungen im Death Valley. Rot leuchtet Quarz, typischer Bestandteil von Sandstein. Kalkstein erscheint grün.
© NASA GSFC/ MITI/ ERSDAC/ JAROS and U.S./Japan ASTER Science Team

Klima als Landschaftsgestalter

*Affenbrotbäume in der Trocken-
savanne. Sie sind trockenresistent
und an die nur periodisch fal-
lenden Niederschläge angepasst.
© GFDL*

**Wasser, Eis und Wind sind zwar für viele Landschaftsformen verantwort-
lich, ob Wasser jedoch als Eis oder in flüssiger Form vorliegt oder der Wind
über eine Sandwüste oder über einen Kiefernwald weht, bestimmt ein ganz
anderer Faktor – das Klima. Alle Landschaftsformen der Erde werden daher
in irgendeiner Art und Weise durch die klimatischen Verhältnisse beeinflusst.**

Weil der Wärme- und Wasserhaushalt der Erde ziemlich komplex ist,
existieren vereinfachte Karten, die bestimmte Klimazonen, basierend auf Grenz-
werten einiger weniger fundamentaler Klimaparameter, voneinander abgrenzen.
Die bekannte Klimaklassifikation von Köppen und Geiger beispielsweise teilt
die Erde anhand der Jahresdurchschnittstemperaturen in fünf große Zonen ein
und verfeinert diese Gliederung durch weitere Faktoren wie Niederschlag oder
Verdunstung. Eine solche Zonierung erlaubt meist schon erste Rückschlüsse auf
die prägenden Faktoren in diesen Regionen.

Tropen: viel Regen und starke chemische Verwitterung

Die Tropen werden im Norden und Süden von den beiden Wendekreisen begrenzt.
Durch ihre Lage nahe am Äquator gibt es hier keine Jahreszeiten. Die Durch-
schnittstemperatur beträgt das ganze Jahr mehr als 20 °C. Je nachdem, ob es das

ganze Jahr hindurch reichlich regnet oder nur in einigen Monaten, unterscheidet man die immerfeuchten oder humiden von den wechselfeuchten Tropen.

In Äquatornähe regnet es täglich – bis über 5.000 Milliliter Niederschlag fallen in den humiden Tropen pro Jahr. Das ist rund zehnmal mehr als in Mitteleuropa. In diesen Regionen liegen auch die tropischen Regenwälder. Durch die hohen Temperaturen und enormen Mengen an Wasser ist die Verwitterung hier stark ausgeprägt. Täler und Hänge werden intensiv umgeformt und in kalkhaltigen Gebieten ist die Verkarstung extrem. Die chemische Verwitterung erreicht die Böden sogar noch in einer Tiefe von mehr als 100 Metern. Aus diesem Grund sind die tropischen Böden extrem nährstoffarm, denn den tiefgründigen Böden fehlt ein Gestein nahe der Oberfläche, das durch Verwitterung für Nachschub an Mineralien sorgen kann. Mineralstoffe in den oberen Bodenhorizonten werden laufend vom Regen gelöst und ausgewaschen, während sich in den unteren Horizonten wasserunlösliche Quarz-, Aluminium- und Eisenoxide ansammeln. Diese chemischen Elemente sind für die rote Färbung verantwortlich. Nach der Abholzung des Waldes erodiert schnell die obere, fruchtbare Humusschicht des Bodens – aus dem zurückbleibenden verhärteten Lateritgestein kann sich in absehbarer Zeit kein neuer Boden entwickeln.

An die immerfeuchten Tropen grenzen die Gebiete der wechselfeuchten Tropen an. Sie nehmen große Teile Afrikas, Südamerikas, Nord-Australiens oder Südasiens ein. Typisch für sie ist ein Wechsel zwischen regnerischen und trockenen Perioden im Jahresverlauf, zwischen einer „Regenzeit" wie sie beispielsweise durch den Monsun beeinflusst wird und einer Trockenzeit. Meist herrschen in diesen Gebieten Savannen vor. Das „Veld" in Südafrika oder die Serengeti in Ostafrika sind typische Beispiele für diesen sehr offenen, durch lockeren Bewuchs gekennzeichneten Vegetationstyp. Die Pflanzenwelt dort ist gegenüber Austrocknung sehr widerstandsfähig und hat sich beispielsweise durch besonders gegen Verdunstung geschützte Blätter und geringen Wasserbedarf angepasst.

Dichte Vegetation und hohe Feuchtigkeit prägen den Amazonas-Regenwald in Peru. © GFDL

Subtropen: Trocken und heiß

Nördlich und südlich der Tropen schließen sich die Subtropen an. Sie sind durch Hitze und Trockenheit gekennzeichnet. Die Temperaturen liegen dort im Jahresdurchschnitt zwischen zwölf und 20 °C. Zu den kontinentalen ariden Subtropen zählen bekannte Wüstengebiete, wie

Klimazonen und Landschaftsformen

Erster Buchstabe

A Eisklimate
(wärmster Monat > 10 °C

B Schneeklimate
(wärmster Monat > 10 °C, kältester Monat < –3 °C)

C Warmgemäßigte Klimate
(kältester Monat 18 °C bis –3 °C)

D Trockenklimate

E Tropische Klimate
(alle Monate > 18 °C Mitteltemperatur)

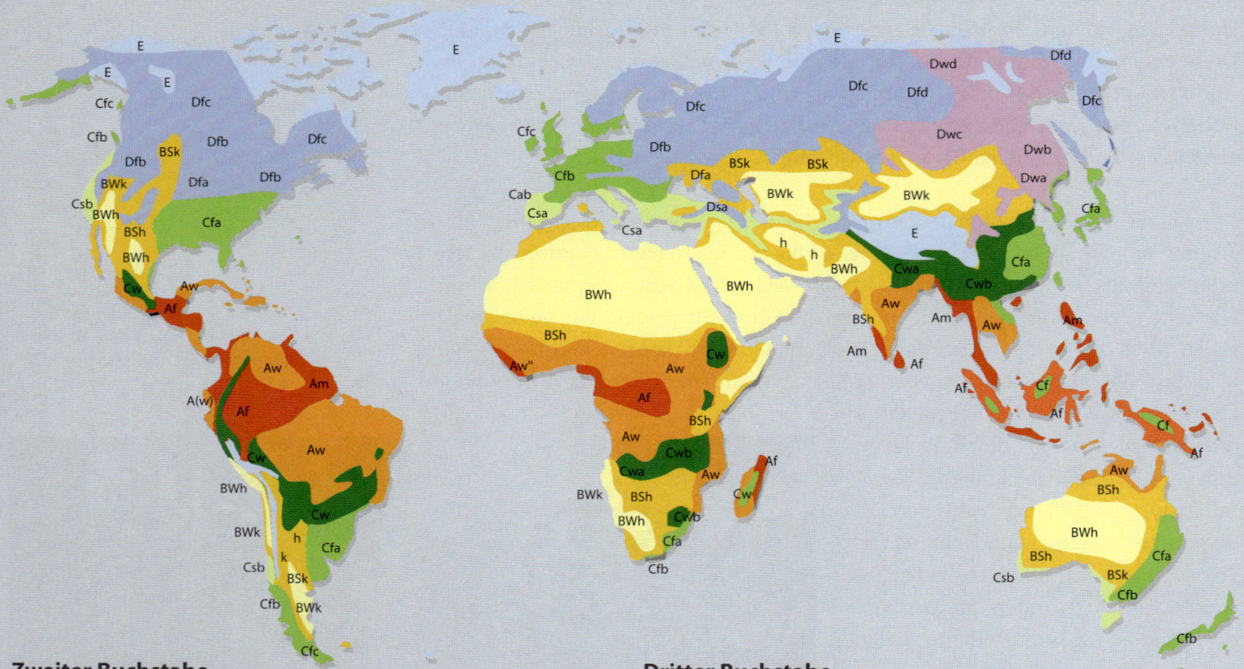

Verschiedene Klimazonen haben einen unterschiedlichen Einfluss auf die Landschaftsformen. Unten die Klimazonen der Erde in der Klassifikation nach Köppen und Geiger, rechts eine Karte der typischen Formungsprozesse. Prozesse wie Verkarstung, Frostverwitterung oder Talformung sind je nach Klimazone unterschiedlich ausgeprägt.

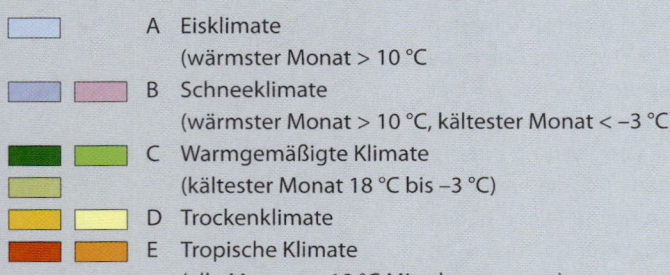

Zweiter Buchstabe

S   Steppenklima

W   Wüstenklima

f   alle Monate ausreichender Niederschlag

m   Urwaldklima trotz Trockenzeit (z. B. Monsunregen)

s   Trockenzeit im Sommer der betreffenden Halbkugel

w   Trockenzeit im Winter der betreffenden Halbkugel

(w)   desgleichen auf die andere Halbkugel übergreifend

s' / w'   einfache Regenzeit zum Herbst verschoben

w"   große Trockenzeit im Winter, kleine im Sommer

Dritter Buchstabe

a   wärmster Monat über 22 °C

b   wärmster Monat unter 22°C, mindestens 4 Monate über 10 °

c   weniger als 4 Monate über 10 °C

d   desgleichen, kältester Monat unter –38 °C

h   trockenheiß, Jahrestemperatur über 18 °C

k   trockenkalt, Jahrestemperatur unter 18 °C

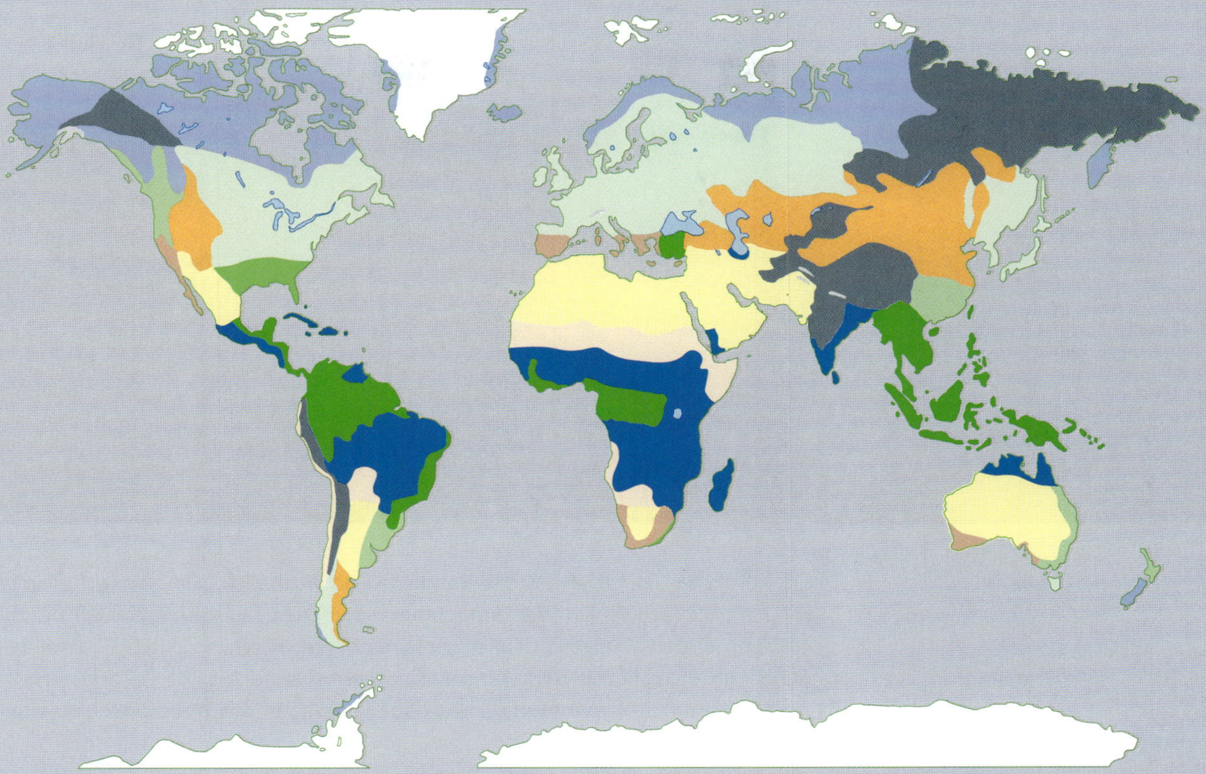

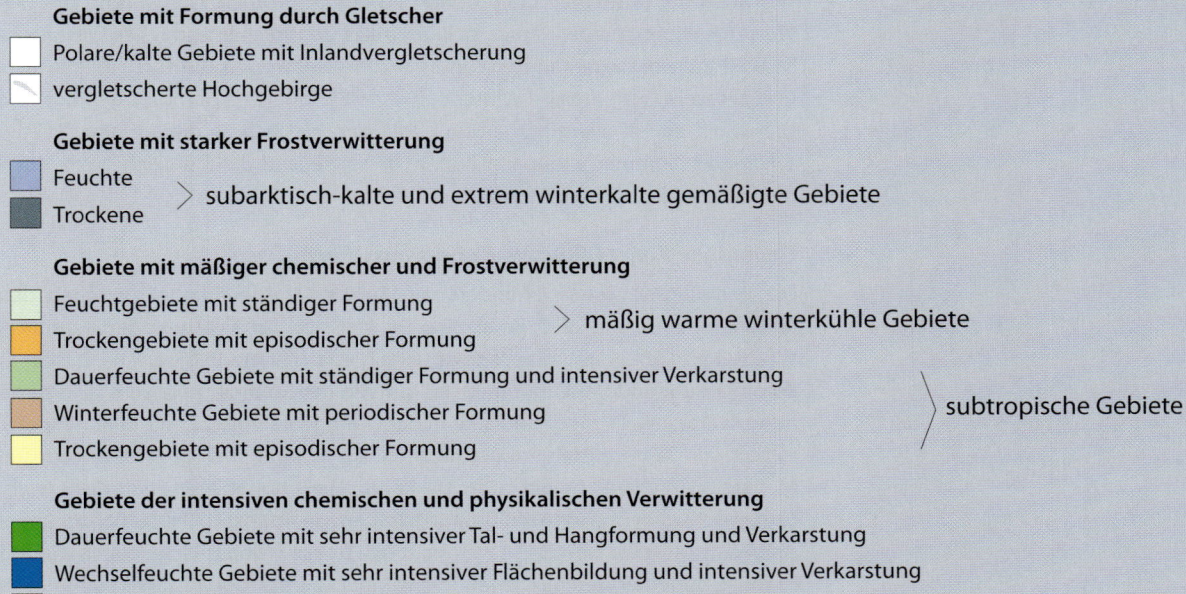

Gebiete mit Formung durch Gletscher

Polare/kalte Gebiete mit Inlandvergletscherung

vergletscherte Hochgebirge

Gebiete mit starker Frostverwitterung

Feuchte

Trockene

> subarktisch-kalte und extrem winterkalte gemäßigte Gebiete

Gebiete mit mäßiger chemischer und Frostverwitterung

Feuchtgebiete mit ständiger Formung

Trockengebiete mit episodischer Formung

> mäßig warme winterkühle Gebiete

Dauerfeuchte Gebiete mit ständiger Formung und intensiver Verkarstung

Winterfeuchte Gebiete mit periodischer Formung

Trockengebiete mit episodischer Formung

> subtropische Gebiete

Gebiete der intensiven chemischen und physikalischen Verwitterung

Dauerfeuchte Gebiete mit sehr intensiver Tal- und Hangformung und Verkarstung

Wechselfeuchte Gebiete mit sehr intensiver Flächenbildung und intensiver Verkarstung

Trockengebiete mit periodisch intensiver Tal-, Hang und Fußflächenverformung

Die Sertão in Rio Grande do Norte, Brasilien ist ein typisches Beispiel für eine tropische Feuchtsavanne (links).
Die meisten Wüsten, hier die Namib-Wüste, liegen in den Subtropen (rechts).
© gemeinfrei, Bjørn Christian Tørrissen/GFDL

die nördliche Sahara, die Große Sandwüste in Australien, die Namib und die Kalahari. Hier schwanken die Temperaturen zwischen Tag und Nacht um bis zu 40 °C. In diesen Gebieten ist die mechanische Verwitterung durch Frostsprengung und Insolationsverwitterung die vorherrschende Art der Gesteinszersetzung. Chemische Verwitterung spielt dagegen wegen des Wassermangels eine eher geringe Rolle.

Auch der Mittelmeerraum gehört zu den Subtropen. Gemeinsam mit dem Westen Kaliforniens, der Kapregion Südafrikas, Zentralchile und Teilen Westaustraliens bildet er die so genannten winterfeuchten Subtropen, die durch relativ milde, und zeitweise regenreiche Winter sowie heiße, trockene Sommer geprägt sind. Hier wachsen vor allem immergrüne Pflanzen, die sich an die geringen Niederschläge im Sommer angepasst haben. Beispiele sind die Steineichen im Mittelmeerraum oder die Mammutbäume in Kalifornien.

Gemäßigte Zone: Pflanzen als Erosionsschutz

Die gemäßigten Zonen befinden sich auf der Nordhalbkugel zwischen dem 40. Breitenkreis und dem Polarkreis. Typisch sind für sie starke jahreszeitliche Wechsel und über das ganze Jahr verteilte Niederschläge. In Meeresnähe ist es im Sommer kühl und im Winter mild, im Inneren der Kontinente jeweils heiß beziehungsweise kalt. Deutschland liegt in der warmgemäßigten Zone, einem Bereich, in dem die Jahresmitteltemperatur unter 20 °C liegt, aber es in den wärmsten Monaten durchaus heißer werden kann. Hier dominieren natürlicherweise Laubmischwälder, in den Kulturlandschaften ist intensiver Nutzpflanzenanbau möglich, ohne dass bewässert werden muss. Da die Erdoberfläche bei uns normalerweise mit einer geschlossenen Pflanzendecke überzogen ist, wird die mechanische Verwitterung behindert, die chemische und biogene dagegen begünstigt.

Olivenbäume vertragen gele-gentliche Trockenheit, sie sind für den Mittelmeerraum typisch (links). In den gemäßigten Brei-ten ist dank des milden Klimas intensive Landwirtschaft, hier Getreideanbau, möglich.
© USDA, Adrian Michael/GFDL

Gebiete, die eine Mitteltemperatur im kältesten Monat von unter minus 3 °C haben, gehören zur kaltgemäßigten Zone. Dort dominieren Nadelwälder. Weite Landschaften der kaltgemäßigten Zone werden von alten Kontinentalschilden gebildet, die seit langer Zeit keine Veränderungen durch Plattentektonik oder Vulkanismus erlebt haben und von Erosion geprägt sind. Die Gesteine liefern bei der Verwitterung saure, nährstoffarme Böden.

Kalte Zone: freie Bahn für den Frost

In der Polarregion ist das Eis der bestimmende Faktor bei der Gestaltung der Land-schaftsformen. In den polaren Zonen liegen die Temperaturen im Durchschnitt unter 0 °C, die Niederschläge fallen den größten Teil des Jahres als Schnee. Die widrigen Temperaturbedingungen und eine sehr kurze Vegetationsperiode lassen kein ausgedehntes Pflanzenwachstum zu. Die borealen Nadelwälder der kühlge-mäßigten Mittelbreiten werden in diesen Regionen daher durch die aus Zwerg-sträuchern, Flechten und Moosen bestehende Tundra abgelöst. Die Böden sind zum Teil dauerhaft gefroren. Maximal die oberen Schichten tauen im Sommer kurz auf. Frostsprengung und andere Formen der mechanischen Verwitterung herrschen hier vor.

Klimatische Höhenstufen: warum im Hochgebirge eigene Regeln gelten

Auf dem Gipfel des Kilimandscharo liegt Schnee, obwohl sich der Berg in den Tropen befindet. Wie kann das sein? Die Erklärung liegt in seiner Höhe: Pro 100 Meter nehmen die Temperaturen um etwa 0,6 °C ab, auch die Sonneneinstrahlung und die Menge der Niederschläge verändern sich. Dadurch kommt es zur Ausbil-dung von so genannten klimatischen Höhenstufen: Wie in einer Art Schnelldurch-lauf folgen Umweltbedingungen und Vegetation der Abfolge der „großen" Klima-zonen von den Tropen polwärts. In den Alpen kann man daher beispielsweise bei

einer Wanderung auf einen der Gipfel nacheinander die Zone des sommergrünen Mischwalds, den Nadelwald, dann den Latschen- und Mattenbereich und schließlich die Schnee-und Eisstufe in nur wenigen Stunden durchlaufen.

Der Kilimandscharo ragt mit 5.895 Meter Höhe deutlich weiter auf als die Alpen, zudem liegt er in den wechselfeuchten Tropen. Daher folgen auch bei ihm die Höhenstufen zwar der grundlegenden Abfolge, sind aber insgesamt breiter und beginnen früher. Die unterste, kolline Stufe wird hier nicht von dem für gemäßigte Zonen typischen Mischwald gebildet, sondern von einer Feuchtsavanne im Süden und Südwesten und einer Strauch-Wald-Mischung im Norden und Nordosten. In 1.800 Meter Höhe wird diese Zone von der montanen Stufe mit dichtem, artenreichem Bergwald abgelöst, ab 2.800 Metern folgt baumloses Heideland. Noch weiter oben, ab 4.000 Metern, sind Strahlung, Trockenheit und Temperaturschwankungen so hoch, dass nur noch die angepasstesten Pflanzen überleben können. In dieser alpinen Stufe wachsen daher vor allem Gras, Moose und Flechten. Extrem der Erosion ausgesetzt ist der Sattel zwischen den Gipfelvulkanen Kibo und Mawenzi, eine Steinwüste. Hier ist es für jede Art von Vegetation zu trocken. In der Gipfelzone des Bergmassivs, ab 5.000 Metern, herrschen fast schon polare Bedingungen: Kälte und Schnee prägen das Bild. In dieser nivalen Stufe existieren noch Flechten, aber sonst kaum noch Vegetation.

Durch diese Abfolge von Klimazonen auf engstem Raum nehmen die Hochgebirge auch in Bezug auf die geologischen Prozesse eine besondere Stellung ein. An ihren Hängen und auf den Gipfeln existieren daher auch Landschaftsformen und Prozesse, die eigentlich für ganz andere Breitenkreise typisch wären. So sind Frostsprengung und mechanische Formen der Erosion und Verwitterung jenseits der Baumgrenze an der Tagesordnung, selbst wenn der Fuß des betreffenden Berges mitten in einem Regenwaldgebiet liegt.

Links oben: Blick auf die Lofoteninsel Austvågøy. Dank des Golfstroms sind die Gewässer im Sommer eisfrei, obwohl sie nördlich des Polarkreises liegen. Links unten: In den Hochgebirgen wie hier in den Dolomiten bestimmt die Höhe das Klima und damit auch die Vegetation. Nadelwald dominiert in der Region direkt unter der Baumgrenze. © GFDL, Harald Frater

Dieses 3-D-Modell des Kilimandscharo beruht auf Radar-Aufnahmen des Landsat- 7-Satelliten. © NASA/JPL/NIMA

Die Niagarafälle sind wahrscheinlich die be-kanntesten Wasserfälle der Erde. Hier schuf das Wasser eine einzigartige Landschaft. © gemeinfrei

Die Kraft des Wassers
Flüsse, Fälle und Höhlen

Egal ob flüssig, fest oder gasförmig als Wasserdampf: Die gewaltigen Wassermassen unseres Blauen Planeten sind immer in Bewegung und bilden dabei ein riesiges Kreislaufsystem. Sobald dabei das in der Atmosphäre gebundene Wasser als Regen oder anderer Niederschlag auf die Erdoberfläche trifft, entfaltet es seine ganze Kraft. Als äußerst effektives Lösungsmittel wirkt es vor allem in Kalkgebieten und schafft dort die markante und oft auch bizarre Formenvielfalt des Karstes. Doch Wasser greift auch hartnäckige Gesteine an, die sich diesem chemischen Zaubertrick widersetzen. Durch einen wiederholten Wechsel zwischen Gefrieren und Auftauen wird das Gestein dann mechanisch zersetzt. Doch damit nicht genug: Am Ende trägt fließendes Wasser das durch die chemische oder mechanische Verwitterung zerkleinerte Material ab, nimmt es „huckepack" und lagert es an anderer Stelle wieder an.

Flüsse und Täler

**Schon der Volksmund kennt die Weisheit „Steter Tropfen höhlt den Stein".
So entstand auch der imposante Grand Canyon erst durch die zerstöre-
rische Arbeit des Flusses Colorado. Dieser hat sich über Millionen von
Jahren bis zu 1.800 Meter durch das Gestein gefräst. Dass es auch schneller
geht, zeigen neue Untersuchungen im Osten der USA: Bis zu einem Meter
pro Jahrtausend schaffen dort der Potomac oder der Susquehanna. Innerhalb von nur 35.000 Jahren entstanden so die berühmten Wasserfälle von
Holtwood Gorge nahe Harrisburg und die Great Falls nahe Washington.**

Mindestens genauso spektakulär sind auch Schluchten wie die Breitach-
klamm im Allgäu, die an ihrer engsten Stelle gerade mal wenige Meter breit ist.
Auch hier hat sich ein Fluss, die Breitach, seit der letzten Eiszeit rund 150 Meter
tief in den harten Untergrund hineingefressen. Ähnlich sieht es an der Grenze
zwischen Deutschland und Tschechien aus, wo die Elbe im Laufe der Zeit für eine
mächtige Kerbe im Millionen Jahre alten Gestein des Elbsandsteingebirges sorgte.

Doch warum sind Flüsse eigentlich in der Lage, Täler, Schluchten oder sogar
riesige Canyons zu formen? Welche geologischen Prinzipien liegen der Talbildung
zugrunde? Und welche Mitspieler spielen dabei die Hauptrollen?

Gut eingebettet – die Talbildung

Alles beginnt an Quellen im Gebirge, wo das versickerte Niederschlagswasser munter sprudelnd an die Erdoberfläche tritt. Aus dem kleinen Bach wird allmählich ein Flüsschen, bald kommen oberirdische Zuflüsse, etwa aus Regenfällen, hinzu. Das Wasser fließt hier schnell und reißt dabei immer wieder Material aus dem Flussbett mit sich. Für die Erosionsleistung eines Flusses ist neben der Beschaffenheit des Untergrundes vor allem der Zeitraum und die Menge des Wassers entscheidend.

Dabei liegt die Zerstörungskraft nicht, wie vielleicht anzunehmen ist, im Wasser selber, sondern in der Menge der mitgeführten Gerölle. Diese mehr oder weniger großen Gesteinsbrocken rollen, wie der Name schon sagt, über das Flussbett. Sie werden durch das fließende Wasser auf den Boden geschlagen, kollidieren, werden hochgehoben und prallen gegen Widerstände. Daher sind Steine im Oberlauf eines Flusses häufig scharfkantig und spitz, im Unterlauf hingegen oval bis rund mit glatter Oberfläche – eben abgerundet durch den langen Transport übers Flussbett. Durch Experimente fanden Wissenschaftler heraus, wie viele Kilometer die unterschiedlich harten Gesteine in einem Bach mit 0,2 Prozent Gefälle bis zu ihrer Zertrümmerung zurücklegen müssen. So ist ein weicher Sandstein bereits nach 1,5 Kilometern Transport von 20 Zentimeter auf zwei Zentimeter „zurechtgestutzt", ein harter Granit hingegen lässt sich dafür immerhin elf Kilometer Zeit.

Die Erosion durch die Kraft des Wassers beginnt schon nahe der Quelle. © Harald Frater

Vom Ober- zum Unterlauf: Die Eigenschaften eines Flusses ändern sich von der Quelle bis zur Mündung in charakter-istischer Weise.
© MMCD NEW MEDIA

Aber zurück zum Flussbett selbst. Denn nicht nur die transportierten Steine werden auf ihrem langen Weg zum Meer zerkleinert, auch das Flussbett selbst wird durch den steten „Steinschlag" immer weiter zerstört und regelrecht ausgebaggert. Dabei gilt: Je höher das Gefälle und je größer die Fließgeschwindigkeit, desto mehr Felsbrocken kann ein Fluss transportieren und desto stärker ist daher auch die Erosion seines Bettes. Diese so genannte Tiefenerosion ist deshalb in den Oberläufen der Flüsse am größten und in den weitaus ruhigeren Unterläufen am geringsten. Im Laufe der Zeit gräbt sich der Fluss so immer tiefer in die Landschaft ein – er schafft sich sein eigenes Tal. Die Erosion wirkt aber nicht nur in die Tiefe, sondern auch in die Breite. Je nachdem, wie diese beiden abtragenden Kräfte vor Ort zusam-

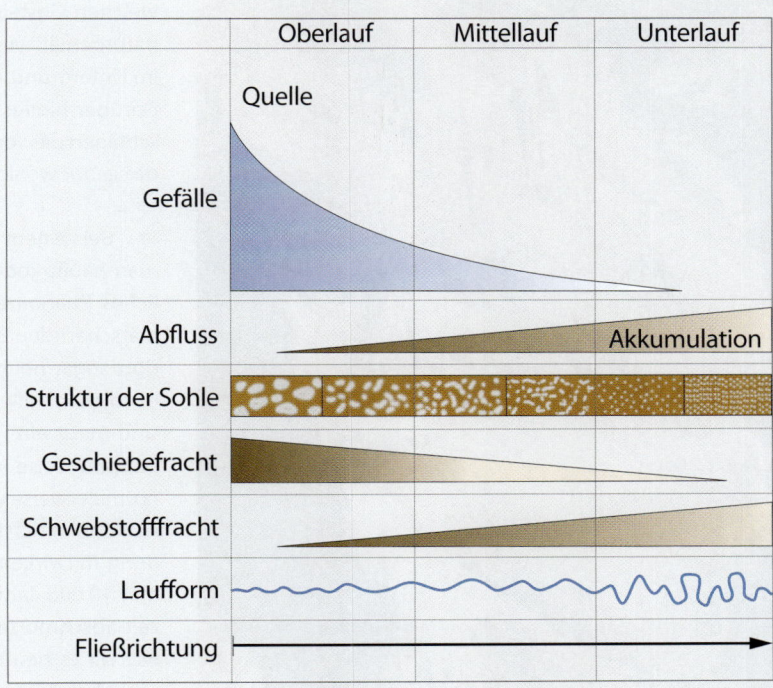

menarbeiten, entstehen die unterschiedlichsten Talformen. Leicht zu erkennen sind beispielsweise die so genannten Kerbtäler oder V-Täler. Bei ihnen sind die Tiefen- und Seitenerosion durch das Flusswasser nahezu gleich stark ausgeprägt. Man findet sie häufig in Hoch- oder Mittelgebirgen. Ein typisches Kerbtal ist beispielsweise das Bodetal im Harz, wo sich der Fluss tief in den harten Ramberggranit eingeschnitten hat.

Wird dagegen ein Plateau mit horizontal verlaufenden, unterschiedlich harten Gesteinsschichten von einem Fluss bearbeitet, kann mit der Zeit ein tiefer Canyon entstehen. Typisch dafür sind bizarre, gestufte Hänge mit markanten Klippen aus härterem Gestein. Der tiefste Canyon der Welt ist nicht etwa der Grand Canyon in Arizona, sondern der Yarlung Zangbo Canyon in Tibet. Auch andere Schluchten im Himalaya wie der Kali Gandaki Canyon in Nepal können es durchaus mit dem Grand Canyon aufnehmen – zumindest, was die Größe betrifft.

Diese Beispiele zeigen, dass neben dem Wasser auch die Gesteine und deren Lagerung eine wichtige Rolle bei der Talbildung spielen. So erodieren Talhänge und Talsohlen in weichen Gesteinen, den so genannten Lockersedimenten, naturgemäß viel schneller. Je härter dagegen das Gestein im Untergrund, desto steiler geraten am Ende die Talwände. Darüber hinaus bleiben in Regionen mit geringen Niederschlägen die von Flüssen gebildeten Hänge länger erhalten, da sie nur wenig abgetragen werden.

Bei einem Spaziergang in unseren Regionen trifft man häufig jedoch noch auf ein anderes, eher ungewöhnliches Phänomen: Täler, die für die heute friedlich dahinplätschernden Bäche viel zu groß erscheinen. Manchmal ist dort sogar noch nicht mal eine Spur von Wasser zu sehen. In solchen Fällen spricht man dann von Trockentälern. Sie sind meist ein Relikt aus längst vergangenen Zeiten, als es beispielsweise in der Region noch viel feuchter war. Da es normalerweise viele tausend Jahre dauert, bis ein Tal „fertig" ist, können sich natürlich auch die Faktoren, die an der Talbildung mitwirken, im Laufe der Zeit ändern. So ist es gerade mal 10.000 Jahre her, dass die Gletscher der letzten Kaltzeit abschmolzen und sich langsam das Klima entwickelte, wie wir es heute kennen. Ohnehin sind Eiszeiten und Gletscher besonders emsige Talbildner. Denn dann ist der Boden

Vielfalt der Talformen

Kerbtal

Befinden sich Tiefen- und Seitenerosion annähernd im Gleichgewicht, entstehen Kerbtäler mit ihrem typischen V-förmigen Querschnitt. Talsohle und Flussbett sind dabei identisch. Kerbtäler treten häufig an den Oberläufen der Flüsse auf.

Sohlental

Bei aussetzender Tiefenerosion entwickeln sich aus Kerbtälern die für die gemäßigten Breiten typischen Sohlentäler. Da die Seitenerosion überwiegt, wird die Talsohle mit Sedimenten aufgeschüttet.

Muldental

Zu Muldentälern kommt es, wenn dem Fluss von den Hängen mehr Abtragungsmaterial zugeführt wird, als er abtransportieren kann. Die Talflanken sind flach und zwischen den Talhängen und der Talsohle gibt es einen sanften Übergang.

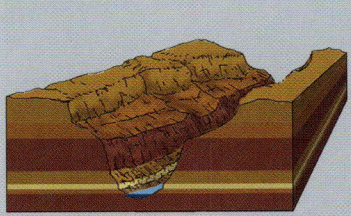

Canyon

In regenarmen Klimaregionen und bei horizontal gelagerten Sedimentschichten mit wechselnder Härte bilden sich Canyons. Die Talflanken zeigen ein gestuftes Profil, in dem die morphologisch härteren Gesteine wie Kalk- oder Sandsteine meist senkrechte Vorsprünge bilden, während die weicheren – wie Tone – leichter erodiert werden. Die charakteristisch gestuften Hänge bleiben nur wegen der seltenen Niederschläge erhalten.

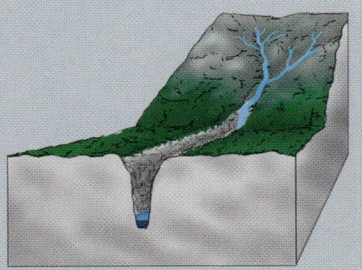

Klamm

In stark widerstandsfähigen Gesteinen, zum Beispiel Kalkstein, bilden sich Klammen (Einzahl: Klamm). Bei hohem Gefälle schneidet sich das Wasser durch eine starke Tiefenerosion immer weiter in die Talsohle ein, ohne an den Seiten zu erodieren. Das Ergebnis ist ein sehr schmales, meist tiefes Tal mit nahezu senkrechten Wänden. Stehen die Talwände nicht vertikal, sondern eher abgeschrägt, spricht man von einer Schlucht.

Wadi

In Trockengebieten, in denen die Verdunstung höher ist als der Niederschlag, führen Flüsse oft nur periodisch Wasser. Die meist trockenliegenden Flusstäler bezeichnet man als Wadi. Wadis können tückisch sein, da sich aufgrund von Niederschlägen in weit entfernten Regionen manchmal ein mühsam dahinkriechendes Rinnsal in relativ kurzer Zeit in einen reißenden Strom verwandelt.

Linke Seite: Talbildung der besonderen Art: der Grand Canyon mit dem Colorado River im U.S.-Bundesstaat Arizona. © GFDL

meist durch Permafrost versiegelt und die Niederschläge können nicht versickern. Vom Klima erzwungen, fließt das Regenwasser oberflächlich ab und kurbelt dabei die Talbildung an – auch oder gerade dort, wo heute die Niederschläge im Untergrund verschwinden.

Wenn Flüsse pendeln

Egal ob der Mississippi in den USA, der Rhein in Deutschland oder der Rio Cauto in Kuba: In flachen Abschnitten, meist an den Unterläufen, beginnen Flüsse meist zu pendeln. Dabei bilden sich viele charakteristisch bogenförmige Flussschlingen. Dieses Phänomen wird nach dem für seine zahlreichen Windungen bekannten Fluss Büyük Menderes im Südwesten Anatoliens als Mäandrieren bezeichnet. Die Folge: Durch das Pendeln verschiebt sich der so genannte Stromstrich, das ist die Linie der höchsten Fließgeschwindigkeit. Unter idealen Bedingungen verläuft der Stromstrich eigentlich genau in der Mitte des Flusses. Beim Mäandrieren verlagert er sich aber nach außen an den Bogenrand. Dort ist nun die erodierende Kraft am stärksten. Der Fluss trägt das Ufer ab und formt einen Steilhang aus –

Die Mosel und ihre Schlingen: tief hat sich der Fluss wie hier bei Bremm in das Rheinische Schiefergebirge eingeschnitten, verstärkt durch eine gleichzeitige Hebung des Gebirges.
© Axel Mauruszat/gemeinfrei

den so genannten Prallhang. Auf der Bogeninnenseite dagegen herrscht die geringste Fließgeschwindigkeit. Hier werden deshalb die feineren vom Wasser mitgeführten Sedimente abgelagert. Dieser Uferbereich, der Gleithang, ist flach und breit.

Durch die fortwährende Erosion an den stromabwärts liegenden Seiten der Prallhänge wandern die Mäander mit der Zeit immer weiter flussabwärts. Haben sich die Prallhänge zweier benachbarter Schlingen stark angenähert, kann der Fluss das Nadelöhr durchbrechen – beispielsweise infolge eines Hochwassers – und damit seinen Lauf verkürzen.

Die ehemaligen Flussschlingen entwickeln sich dann zu Altarmen, die, vom Frischwasser abgeschnitten, langsam verlanden. Diese Durchbrüche sind aber längst nicht immer natürlichen Ursprungs, oft hat auch der Mensch dabei seine Hand im Spiel. So wie ab 1817 am Oberrhein, als unter der Leitung von Johann Gottfried Tulla der Lauf des Flusses über weite Strecken begradigt und entscheidend beschnitten wurde. Ziel war es unter anderem, die Abflussgeschwindigkeit zu erhöhen und damit die Bedingungen für die Rheinschiffer zu verbessern.

Wenn ein Fluss aus einem Gebirge in flachere Regionen gelangt, legt er sich oft nicht nur Schlingen zu, er wirft auch jede Menge „Ballast" ab: Weil seine Fließgeschwindigkeit und damit die Transportkraft stetig abnimmt, kann er größeres Material nicht mehr mittragen. Es sinkt zu Boden und bildet Sediment. Je langsamer das Wasser fließt, desto kleiner sind die Körnchen, die abgelagert werden. Am Unterlauf füllt sich dadurch das Flussbett nach und nach immer weiter auf, es wird immer flacher. Zum Leidwesen der Schifffahrt. Denn die Fahrrinne muss deshalb regelmäßig mit Spezialgerät ausgebaggert werden, um den Fluss als Transportweg zu erhalten.

Aber der Fluss kann nicht nur flacher, breiter und gebogener werden, er bildet auch Verzweigungen: Wenn beispielsweise Hindernisse wie ein Hügel oder Ähnliches im Wege liegen, fließt das Wasser manchmal nicht einfach darum herum, sondern teilt sich in zwei Arme. Im Extremfall, vor allem nahe der Mündung, kann er so manchmal sogar ein weit verzweigtes Netz aus schmalen Rinnen ausbilden. Meist bilden dabei selbst abgelagerte Kiesbänke die trennenden Hindernisse der einzelnen Arme.

Altarm der Ems nahe der Stadt Rheine. © gemeinfrei

*Natürliche Flussverkürzung: Durch die Erosion an den Hängen nähern sich zwei gegenüberliegende Prallhänge immer weiter an. Nach einiger Zeit kommt es zum Durchbruch und ein Umlaufberg entsteht. Der ehemals durchflossene Bogen wird zum Altarm.
© MMCD NEW MEDIA*

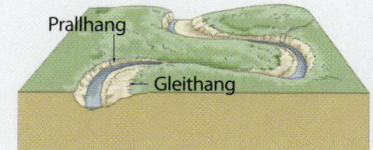

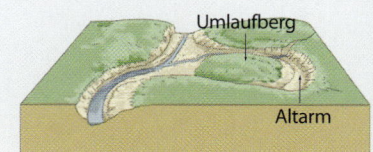

Das Lena-Delta in Sibirien aus dem All, deutlich sind die verzweigten Flussarme zu erkennen. © USGS National Center for EROS/NASA Landsat Project Science Office

Flussmündungen und Deltas

Nach ihrem oft langen und mühsamen Weg über den Kontinent münden die meisten Flüsse im Meer. Dabei bilden die größten von ihnen ein so genanntes Delta, eine zum Ozean hin breiter werdende, flache Mündung. Diese bleibt nicht immer stabil an einer Stelle, sondern verändert Form und Position im Laufe der Zeit. Oft wandert sie dabei allmählich weiter Richtung Meer.

Das liegt daran, dass Fluss- und damit Süßwasser trotz der mitgeführten Sedimente deutlich leichter ist als Salzwasser. Es strömt daher auf diesem „Salz-Teppich" weit ins Meer hinaus. Dabei verliert das Flusswasser im vorgelagerten Küstenbereich allmählich seine Schwebfracht – zuerst das größere Material, dann die feinen Partikel. Der Meeresboden vor der Flussmündung wächst dadurch langsam in die Höhe, die Mündung wird immer flacher. So kann eine mächtige Deltaebene entstehen, in der sich die Flüsse oft in zahlreiche Arme aufteilen. Zu den mächtigsten Deltas – oft mit typischer Dreiecksform – kommt es an tektonisch stabilen Küsten mit flachem Wasser und schwachen Gezeiten, wo keine Meeresströmungen das Sediment im Mündungsbereich fortspülen.

Das weltweit größte Flussdelta bilden die beiden gewaltigen Ströme Ganges und Brahmaputra in Bangladesch und Ostindien. Es umfasst mehr als 105.000 Quadratkilometer Fläche. Zum Vergleich: Das Delta ist damit deutlich größer als die Länder Österreich oder Portugal. Der Ganges nimmt auf seinem Weg über den asiatischen Kontinent die Flüsse des südlichen Himalajas auf, der Brahmaputra die des tibetischen Hochlands. Auch gewaltig, aber mit 36.000 Quadratkilometern deutlich kleiner, ist da schon das Mississippi-Delta am Golf von Mexiko. Täglich ändert dieses riesige Vogelfußdelta seine Form, da ständig mitgeführtes Material abgelagert wird. Dabei vergrößert es sich jährlich um 40 bis 100 Meter. Vergleichsweise unscheinbar kommt im Vergleich dazu das Donaudelta daher. Es umfasst „nur" eine Fläche von etwa 5.000 Quadratkilometern, in der sich der Fluss ins Schwarze Meer ergießt. Deltas sind aber keineswegs nur ein Phänomen von Meeresküsten. So bildet die Tiroler Ache bei der Einmündung in den Chiemsee aufgrund ihrer hohen Schwebfracht ebenfalls ein deutlich sichtbares Delta aus.

Okavango-Delta – ein Fluss mündet im Nirgendwo

Botswana vor 30.000 Jahren oder mehr. Inmitten des südlichen Afrikas dehnt sich ein gigantischer, relativ flacher See aus. Gespeist wird er von den Flüssen Okavango, Sambesi und Chobe. Rund 10.000 Jahre später hat sich die Situation nachhaltig verändert. Die starke Verdunstung lässt den Ursee immer weiter zusammenschmelzen, bis das Gewässer schließlich fast ganz ausgetrocknet ist.

Durch heftige tektonische Aktivitäten kommt es dann zu Verwerfungen, eine große grabenartige Struktur entsteht, in die der Okavango nun mündet. Die starke Verdunstung und die geringen Niederschläge sind der Grund dafür, dass der Fluss in diesem Binnendelta endet, ohne je das Meer zu erreichen.

Rund 18.000 Quadratkilometer groß ist das Delta heute und übertrifft damit sogar Schleswig-Holstein deutlich an Fläche. Obwohl Wissenschaftler und Naturschützer oft von einem riesigen Feuchtgebiet sprechen, ist längst nicht das ganze Gebiet ständig überflutet. Nur ein Drittel im Norden des Deltas steht dauerhaft unter Wasser. Der Rest verwandelt sich ausgerechnet in der Trockenzeit jedes Jahr in ein Sammelsurium aus Sumpfland-schaften mit eingestreuten bewaldeten Inseln, Savannen und einem Netz aus wasserführenden Rinnen und Kanälen.

Wieso aber gerade in der Trocken-zeit? Schuld an der Entstehung dieser Wasserwelt ist die Regenzeit im Hoch-land von Angola. Von Dezember bis April fallen dort große Mengen an Niederschlägen, die den sonst eher träge dahinfließenden Fluss und seine Zuflüsse zu einem großen Strom machen. Bis diese Wassermassen jedoch die Grenze nach Botswana erreichen und im Okavango-Delta ankommen, dauert es noch Monate – bis in die Trockenzeit.

Dadurch bringt der Fluss mitten in der trockensten Zeit des Jahres das Lebenselixier Wasser ins Delta. Tausende von Elefanten, Löwen, Giraffen oder Büffeln leben in dem riesigen Feuchtgebiet, zahlreiche Fischarten tummeln sich in den Wasseradern und Vögel gibt es „wie Sand am Meer". Darunter sind viele bedrohte Arten, die hier eines der letzten Rückzugsgebiete für sich erobert haben.

Doch dieses riesige Feuchtgebiet könnte schon bald von der Weltkarte verschwunden sein, denn Namibia, Angola und Botswana planen am Oberlauf des Flusses zahl-reiche neue Staudämme, Wehre und Kraftwerke, um den ständig steigenden Energiehunger der Bevölkerung zu befriedigen. In Namibia soll zudem vielleicht eine Wasser-Pipeline gebaut werden, die die Hauptstadt Windhuk mit Trinkwasser versorgen und die umgebenden Wüstenland-schaften in landwirtschaftliche Oasen verwandeln soll.

Wasserwelt in der Wüste: Blick auf das größte Binnendelta der Erde am Okavango.
© Teo Gómez/gemeinfrei

Im Gegensatz zu den weit verzweigten Deltaebenen stehen die Ästuare an Küsten mit mehr oder weniger starken Gezeiten. Ihre charakteristische Trichterform erhalten diese Flussmündungen jedoch nur, wenn die ständige Abfolge von Ebbe und Flut mehr Material abträgt, als der Fluss heranschaffen kann.

Insbesondere der Sog der Ebbe erodiert das Flussbett und transportiert die mitgeführten Partikel ins Meer. Auf diese Weise bilden sich oft sandbankähnliche Flächen im Flachwasserbereich der Mündung. Diese werden aber von der nächsten Flut ständig wieder ausgeräumt. Gleichzeitig nagt das auflaufende Wasser auch an den Ufern der Flussmündung und des umgebenden Küstengebiets und verlagert sie dadurch allmählich weiter landeinwärts. Doch die Flut nimmt nicht nur, sie gibt auch: So trägt sie Meeressedimente und vor allem Salzwasser weit in die Mündung hinein. Dadurch entstehen hier relativ sauerstoffarme, aber nährstoffreiche Brackwasserbereiche, die vielen Tieren und Pflanzen einen speziellen Lebensraum bieten.

In einem naturbelassenen Ästuar sind die Grenzen zwischen Wasser und Land – ähnlich wie in einem Delta – oft fließend. Das vielseitige und manchmal unkalkulierbare Wasserregiment sorgt für ein Labyrinth aus Sandbänken und Prielen. Als amphibischer Lebensraum an der Grenze zwischen Salz- und Süßwasser stellt ein Ästuar besonders hohe Anforderungen an die dort lebenden Tier- und Pflanzenarten. Motto: Anpassung ist Trumpf. Bekannte Ästuare sind die Mündungen der Elbe und des kanadischen St.-Lorenz-Stromes.

Wasserfälle

Täler, Mäander, Deltas und Ästuare: Oft noch viel spektakulärer als diese Landschaftsformen ist ein anderes Phänomen, das direkt mit Flüssen verknüpft ist – Wasserfälle. Die Yosemite Falls in Kalifornien beispielsweise sind die höchsten Wasserfälle Nordamerikas. In mehreren Etappen stürzen sie insgesamt 739 Meter zu Tal. Ihr oberer Teil ist so steil, dass das Wasser nahezu senkrecht herabfällt. Bevor sich das Wasser des Yosemite Creek an den unteren Yosemite Falls später auch wieder im „freien Fall" bewegt, muss es zwischendurch allerdings erst einmal zahlreiche Becken und kleinere Fälle bezwingen.

Zu den höchsten und bekanntesten Wasserfällen in Deutschland gehören dagegen die Triberger Wasserfälle im Schwarzwald. Hier kommt das Wasser des Flusses Gutach schäumend und tosend über zahlreiche Fallstufen aus Granitgestein den Berg herunter – insgesamt 163 Meter.

Diese Beispiele zeigen, dass Wasserfälle überall dort zu finden sind, wo ein Fluss eine Geländestufe, eine steile Kante

Linke Seite: Ändert sich der Flussverlauf, wirkt sich dies auch auf das Delta aus. So verlagerte der Mississippi in den vergangenen 6.000 Jahren mehrfach sein Delta. © NASA/Landsat

Blick auf die unteren Yosemite Falls in Kalifornien. Hier stürzt das Wasser 97 Meter frei in die Tiefe. © gemeinfrei

Panoramablick auf die Niagara-fälle: Links die amerikanischen Fälle, rechts die „Horseshoe Falls" der kanadischen Seite. Das obere Drittel des Kliffs und die Deckschicht sind aus hartem Dolomit gebildet. © GFDL

nach unten überwinden muss. Manchmal wird diese durch die erodierende Kraft des Wassers selbst produziert, andere Wasserfälle wachsen durch Carbonatausfällung an bereits vorhandenen kleineren Hindernissen mit der Zeit in die Höhe. Es gibt aber auch Wasserfälle, bei denen der Fluss oder Bach keinen entscheidenden Anteil an der Entstehung der Geländestufen hat. Das gilt beispielsweise für den Kieler Wasserfall im Nationalpark Jasmund auf der Ostseeinsel Rügen oder den Brautschleier-Wasserfall nahe Seixal auf der portugiesischen Insel Madeira. Sie stürzen über mehr oder minder hohe Brandungskliffs ins Meer.

Prinzipiell unterscheiden Geowissenschaftler mindestens drei Grundformen von Wasserfällen, den Kaskaden-, den Hängetal- und den Niagaratyp. Letzterer steht für einen Wasserfall, der sich durch seine eigene erodierende Kraft gebildet hat. Das passiert immer dann, wenn in einem Gebiet eine härtere Gesteinsschicht auf einer weicheren liegt und diese harte Deckschicht plötzlich aufhört. Das Wasser kann dem harten Gestein nicht viel anhaben, trägt aber nach dem Übergang allmählich mehr und mehr vom weichen Gestein ab. Dadurch entsteht im Laufe der Zeit eine Stufe, die immer höher wird.

Ist dieser Prozess einmal in Gang gekommen, kann sich der gesamte Wasserfall dadurch auch immer weiter stromaufwärts verlagern. Denn durch die Wucht des Wassers werden die am Fuß des Wasserfalls liegenden weichen Schichten langsam, aber sicher ausgehöhlt. Das geht so weit, bis die darüberliegenden harten Schichten brechen – ein Prozess der rückschreitenden Erosion.

Bei den namensgebenden Niagarafällen an der Grenze zwischen dem US-amerikanischen Bundesstaat New York und der kanadischen Provinz Ontario handelt es sich bei den härteren Schichten, den so genannten „Fallmachern", um flach lagerndes Dolomitgestein. Das weiche Gestein darunter besteht dort aus Schiefer. Um rund 1,8 Meter frisst sich das Wasser an den Niagarafällen pro Jahr stromaufwärts. Seit ihrer Entstehung sind die Fälle daher schon um elf Kilometer an den Eriesee herangerückt. Da heute aber ein Teil des Wassers für die Wasserkraftgewinnung umgeleitet wird, hat sich auch die Erosion auf wenige Zentimeter pro Jahr verringert.

Beim Wasserfall vom Kaskadentyp dagegen sind die Geländestufen weniger deutlich ausgeprägt. Meist muss der Fluss eine ganze Reihe von kleineren Geländesprüngen – so genannte Kaskaden – über eine längere Strecke bewältigen. Solche Wasserfälle bilden sich meist in relativ homogenem Gestein durch das Einschneiden in Klüfte. Ein kleiner, sehr schöner Wasserfall, der in Kaskaden über den Fels fließt, sind die McLean Falls auf der Südinsel von Neuseeland.

Wasserfälle an Hängetälern sind durch die Wirkung von Gletschern entstanden. Talabwärts fließende Eisriesen nehmen aus den Nebentälern weitere kleinere Gletscher auf. Nach dem Abschmelzen hinterlassen sie riesige Trogtäler, die viel tiefer als die Seitentäler liegen. Fließt ein Fluss aus diesen in das Haupttal, muss er eine Stufe abwärts überwinden – ein Wasserfall entsteht. Zu ähnlichen Fällen kommt es auch, wenn Seitenflüsse in einen größeren Fluss einmünden, der sein Bett tief ausgekerbt hat.

Folgende Doppelseite:
Der Salto Angel in Venezuela ist mit 979 Metern der höchste Wasserfall der Welt (links oben). Der größte Wasserfall Europas ist der Dettifoss in Island mit einem Wasserdurchfluss von 200 m³/s. (links unten). Die Wasserfälle von Iguacu in Brasilien bestehen aus rund 275 einzeln Wasserfällen und überwinden einen Höhenunterschied von 82 Metern (rechts oben). Der Rheinfall von Schaffhausen ist in Mitteleuropa einer der spektakulärsten Wasserfälle (rechts unten). © GFDL, gemeinfrei, Sylvia Wolter, Harald Frater

Höhlen, Löcher und verschwindende Flüsse

Die Karsthöhle Jaskinia Mylna in der Westtatra ist für ihre „Felsfenster" bekannt. Sie geben einen Ausblick auf das Kościeliska-Tal.
© GFDL

Wasser formt nicht nur so offensichtlich wie bei Tälern und Wasserfällen die Erdoberfläche, es wirkt auch im Verborgenen. So verdanken einige der vielfältigsten und interessantesten Landschaften der Erde dem Wasser als entscheidendem Baumeister ihre Existenz – die Karstlandschaften. In ihnen fehlen Oberflächengewässer wie Flüsse oder Seen fast völlig. Stattdessen versickert das Regenwasser dort schnell im porösen Gesteinsuntergrund und tut erst da seine Arbeit. Viele Karstformen haben daher ihren Ursprung unterhalb der Erdoberfläche.

Hauptleidtragender der Wassertätigkeit ist Kalk, ein Gestein, dass in Deutschland, aber auch weltweit häufig vorkommt. Kalkstein ist zwar relativ widerstandsfähig gegenüber physikalischer Verwitterung, dafür aber umso anfälliger für die Prozesse der chemischen Verwitterung, vor allem gegenüber Kohlensäure. Gehen nun Wasser und wasserlösliche Gesteine im Untergrund eine Allianz ein, sorgt die Kohlensäure im Wasser dafür, dass das Gestein zersetzt wird – es korrodiert. Die chemische Reaktion ähnelt der, die bei der Reinigung einer verkalkten Kaffeemaschine mithilfe von Essig(säure) zu beobachten ist.

Der Kalk ($CaCO_3$) nimmt dabei Wasserstoffionen aus der Säure auf und es bildet sich leicht lösliches Calciumhydrogencarbonat $Ca(HCO_3)_2$. Je weiter nun der chemische Verwitterungsprozess im Gestein fortschreitet, desto größere Risse und Spalten tun sich im Erdboden auf.

Doch wo Kalk als Gestein vorkommt, prägt er deshalb auf einmalige Weise das Gesicht ganzer Landschaften: von tiefen Klüften zerfressener Fels, versiegende Seen, ausgedehnte Höhlensysteme, dichte Wälder in den Tropen und karge Wiesen in unseren Breiten. Benannt ist der Karst nach einem 500 Meter hohen Plateau zwischen Triest, Vipava, Gorica und Postojna, dem slowenischen „Kras", das reich an Dolinen, Poljen, Tropfsteinhöhlen und Sinterterrassen unterschiedlicher Größe ist.

Die bzarren Karstfelsen von Guilin liegen am Fluss Li Jiang in der südchinesischen Provinz Guangxi. © GFDL

Die Intensität der Verwitterung und damit auch die Ausprägung der Karstformen ist in den feuchtheißen Zonen der Erde am höchsten. In den tropischen Regionen ist die Karstlandschaft zudem meist von dichter Vegetation bedeckt – man spricht auch vom „bedeckten" oder „grünen" Karst. Die malerischen Karstfelsen aus der chinesischen Region von Guilin sind sicher die bekanntesten Beispiele dafür. In den gemäßigten Zonen zeigt sich der Karst dagegen meist ohne Bewuchs („nackter Karst") als schroffe, weißgraue Landschaft – wie etwa das Gottesackerplateau im Kleinwalsertal oder der Burren, eine einzigartige Karstlandschaft in Irland. Die bedeutendsten Karstgebiete in Europa liegen in den Alpen und im Dinarischen Gebirge. In den Alpen sind es vor allem die Kalklandschaften der Nördlichen und Südlichen Kalkalpen, der Französischen Kalkalpen und der Provenzialischen Bergketten. Auch der Schweizer Jura besteht zum größten Teil aus Kalkstein. In Deutschland findet man größere Kalklandschaften – neben dem deutschen Anteil an den Nördlichen Kalkalpen – vor allem im Bereich der Schwäbischen und Fränkischen Alb.

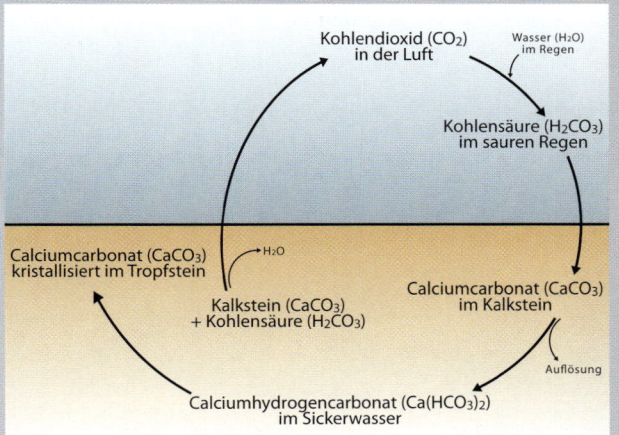

Der Kreislauf des Kalks

Verantwortlich für die Zersetzung des Kalkgesteins ist Kohlensäure (H_2CO_3). Sie bildet sich, wenn sich das Regenwasser (H_2O) mit dem in der Luft gelösten Kohlendioxid (CO_2) verbindet.

Das angereicherte Regenwasser dringt entlang von Spalten und Klüften in den kalkhaltigen Gesteinsuntergrund ein. Es bilden sich Sickerkanäle, durch die das Wasser zum nächsten Grundwasserleiter und von dort weiter über Flüsse zum Meer gelangt. Entlang der Sickerkanäle löst die im Wasser enthaltene Kohlensäure das umgebende Gestein aus Calciumcarbonat ($CaCO_3$) langsam auf (Kohlensäure- oder Kalklösungsverwitterung). Als Ergebnis entsteht Calciumhydrogencarbonat ($Ca(HCO_3)_2$). Die gelösten Partikel werden anschließend mit dem fließenden Wasser ausgespült. Durch anhaltenden Abbau erweitern sich die Klüfte im Laufe der Zeit zu ganzen Höhlensystemen. © MMCD NEW MEDIA

Höhlen – geheimnisvolle Welt unter der Erde

Eine der auffälligsten und berühmtesten Verwitterungsformen des Karstes sind Tropfsteinhöhlen. Auch sie beruhen auf dem Motto „Steter Tropfen höhlt den Stein". Die geheimnisvollen Welten unter der Erde entstehen durch Lösungsprozesse im Kalk, wenn das Regenwasser entlang von Klüften, Fugen oder Verwerfungen in den Gesteinsuntergrund sickert. Im Laufe der Zeit bilden sich so immer größere Hohlräume.

Wird eine Höhle zusätzlich von einem Fluss durchströmt, so wirkt auch diese Erosionskraft des Wassers bei ihrer Erweiterung mit. Nach und nach wird so immer mehr Gestein zernagt und es bildet sich im Laufe von vielen Jahren die Haupthöhle. Sinkt der Grundwasserspiegel, sucht sich das Wasser wieder seinen Weg durch Fugen und Ritzen nach unten und das Spaltensystem verzweigt sich weiter. Auf dem neuen Niveau des Grundwassers kommt es zu einem zweiten Kanal, der Nebenhöhle. Mit der Zeit kann sich auf diese Weise ein riesiges, weit verzweigtes Gewirr aus Gängen und Cavernen unter der Erdoberfläche etablieren.

Die Mammoth Cave in Kentucky besteht beispielsweise aus einem viele Kilometer langen System aus miteinander verbundenen Kammern, die teilweise sehr groß sind. Die Haupthalle in den Carlsbad Caverns in New Mexico ist sogar

mehr als 1.200 Meter lang, 200 Meter breit und 100 Meter hoch. Daran wird deutlich, wie viel Material hier aufgelöst werden musste. Und man ahnt bereits, dass diese Prozesse eine extrem lange Zeit dauern. Normalerweise werden nur wenige Zentimeter Kalkgestein innerhalb von 1.000 Jahren durch die Kraft des Wassers zersetzt. In der Regel braucht eine Höhle deshalb Millionen von Jahren, bis sie solche Ausmaße hat, dass sie begangen werden kann.

Stalaktiten und Stalagmiten

Zu der eigentümlichen Unterwelt der Tropfsteinhöhlen gehören lange Zapfen, die von der Decke wachsen, Kalksockel, die sich vom Boden emporrecken, und andere faszinierende Objekte. Diese Märchenwelt entsteht aber nur in luftgefüllten Höhlen. Das Sickerwasser, das mit gelöstem Calciumcarbonat gesättigt ist, tropft dort an der Decke aus zahlreichen Ritzen und Fugen. Beim Herunterfallen tritt ein Teil des gelösten Kohlendioxids aus dem Wasser aus und entweicht in die Atmosphäre der Höhle.

Die Löslichkeit des Carbonats hängt jedoch von der Konzentration an gelöstem Kohlendioxid ab. Deshalb fällt bei jedem Wassertropfen ein Teil des Carbonats wieder aus und bleibt an der Decke zurück. Jeder Tropfen fügt ein bisschen mehr Carbonat hinzu. Bei diesem Prozess handelt es sich in gewisser Weise genau um den umgekehrten Vorgang, der stattfindet, wenn das Wasser durch den Boden sickert, zunehmend saurer wird und das Kalkgestein auflöst. Im Laufe von vielen Jahren bleibt also immer mehr ausgefälltes Calciumkarbonat an der Höhlendecke zurück und bildet so einen immer länger werdenden Zapfen, einen Stalaktiten, der von der Decke zum Boden wächst.

Stalagmiten dagegen wachsen in entgegengesetzter Richtung vom Boden zur Decke und entstehen auf ähnliche Weise. An der Stelle, wo der zu Boden fallende Wassertropfen auftrifft, wird wieder etwas Kohlendioxid an die Luft in der Höhle abgegeben. Auch hier fällt dadurch wieder Carbonat aus und bleibt als Kalk auf dem Boden zurück. Irgendwann können sich Stalaktiten und Stalagmiten treffen und zusammenwachsen. Sie bilden dann Tropfsteinsäulen, die Höhlenforscher als Stalagnate bezeichnen.

Ein Nest von Höhlenperlen in den Carlsbad Caverns im U.S. Bundesstaat New Mexico.
© GFDL

Mit einer Schüttung von 2.000 Litern pro Sekunde ist der Blautopf in Blaubeuren Deutschlands ertragreichste Karstquelle. Hinter der Quelle verbirgt sich ein kilometerlanges Höhlensystem unterhalb der Schwäbischen Alb.
© Harald Frater

Popcorn, Perlen und Blumen – die bizarre Welt der Höhlenformationen

Die faszinierende Schönheit der Tropfsteinhöhlen besteht aber bei weitem nicht nur aus Stalaktiten und Stalagmiten. Es gibt noch eine Vielzahl weiterer Formationen, die auf ähnliche Weise entstehen und die der Ästhetik von Tropfsteinen in nichts nachstehen. Gipsblumen beispielsweise besitzen kristalline Blüten, die von einem zentralen Punkt kreisförmig ausgehen. Die Blüten setzen sich aus faserigen oder prismatischen Kristallen zusammen, die sich parallel orientieren. Gewöhnlich bestehen sie aus Gips, sie können aber auch aus Haliten oder anderen Mineralien aufgebaut sein. Die Blumen wachsen nicht wie Tropfsteine an der Spitze, sondern von der Basis aus. Voraussetzung für diese Formationen ist eine relativ trockene Umgebung ohne Tropfwasser. Sie entstehen, wenn Wasser unter dem Kapillardruck aus Poren im Gestein austritt und dann die in ihm gelösten Salze auskristallisieren. Im Falle der Gipsblumen ist das Wasser mit Calciumsulfat gesättigt, nicht mit Carbonat wie bei den Tropfsteinen.

In flachen Höhlenseen bilden sich dagegen oft Höhlenperlen. Sie können kugelförmig sein, aber auch zylindrisch oder sogar würfelförmig. In ihrer Größe variieren sie von Sandkorn- bis Golfballgröße. Wenn Wasser in eine Pfütze oder einen Tümpel platscht, verliert der Tropfen Kohlendioxid und Carbonat wird ausgefällt. Das Carbonat lagert sich anschließend an ein Sandkorn oder auch an Knochen oder andere Objekte an. Die runde Form ergibt sich aus dem gleichförmigen Wachstum der Perle. Eine weitere bemerkenswerte Kalkformation nennen die Höhlenforscher Popcorn. Es ist ein weit verbreiteter Typ von Höhlenkorallen, über deren Entstehung sich die Wissenschaftler noch nicht ganz einig sind. Diese Strukturen treten in Gruppen auf und zeichnen sich durch ihre knubbelartige Gestalt aus. Ihre Form kommt durch konzentrische Überlagerungen von mikrokristallinem Calcit zustande. Sie können sowohl unter Wasser als auch an der Luft auftreten. Im letzteren Fall sind sie ein Verdunstungsprodukt, bei dem nur der Kalk zurückbleibt. Deshalb kommt Höhlenpopcorn vor allem dort in großer Zahl vor, wo Luftströmungen existieren.

Fenster in die Erde – Einsturzdolinen und Erdfälle

Völlig anders, aber genau so spektakulär sind „Fenster in die Erde", die ebenfalls in Karstgebieten häufig zu finden sind. Diese so genannten Einsturzdolinen und Erdfälle sind meist kreisrund oder oval, bis zu 500 Meter tief und verzieren wie riesige Pockennarben in großer Zahl das Antlitz der Erde. Auch ihre Entstehung beruht wenigstens zum Teil auf der Kraft des Wassers. Denn wenn kohlensäurehaltiges Wasser im Laufe der Jahrmillionen Kalkstein, Marmor oder Dolomit im Untergrund aufgelöst hat und große Höhlen im Untergrund entstanden sind, ist oftmals Gefahr im Verzug.

Ab und zu werden dann Decken und Seitenwände der Höhlen instabil und es ist nur noch eine Frage der Zeit, bis es zur Katastrophe kommt. Oft reicht schon ein schwaches Erdbeben oder einfach das Gewicht des auflagernden Gesteins, um heftige unterirdische Einstürze auszulösen. Fällt schließlich auch die oberste Schicht des Höhlendoms in sich zusammen, kommt es zu Phänomenen wie dem Sotano del Barro in Mexiko. Die dortige Einsturzdoline hat einen Durchmesser von rund 420 Metern und ist darüber hinaus sogar mehr als 450 Meter tief.

Noch gewaltiger ist eines der „Löcher" des rund 2.300 Meter hohen Tafelberges Sarisarinama-Tepui im venezolanischen Bundesstaat Bolivar. Es nimmt insgesamt etwa 18 Millionen Kubikmeter Raum ein und übertrifft damit den Sotano del Barro noch um rund drei Millionen Kubikmeter. Entdeckt wurden die Krater am Sarisarinama-Tepui erstmals im Jahr 1964. Zwölf Jahre später gelang es dann dem venezolanischen Wissenschaftler Charles Brewer Carias, die größte dieser Strukturen, den „Mayor" zu vermessen.

Eine der imposantesten Einsturzdolinen der Welt befindet sich jedoch nahe der kroatischen Kleinstadt Imotski. Die Delle in der Erde ist dort knapp 500 Meter tief und mehr als zur Hälfte mit Wasser gefüllt. Dieser so genannte Crveno Jezero, der Rote See, wurde im Jahre 1998 von einem internationalen Wissenschaftlerteam unter der Leitung des kroatischen Geologen Professor Mladen Garasic von

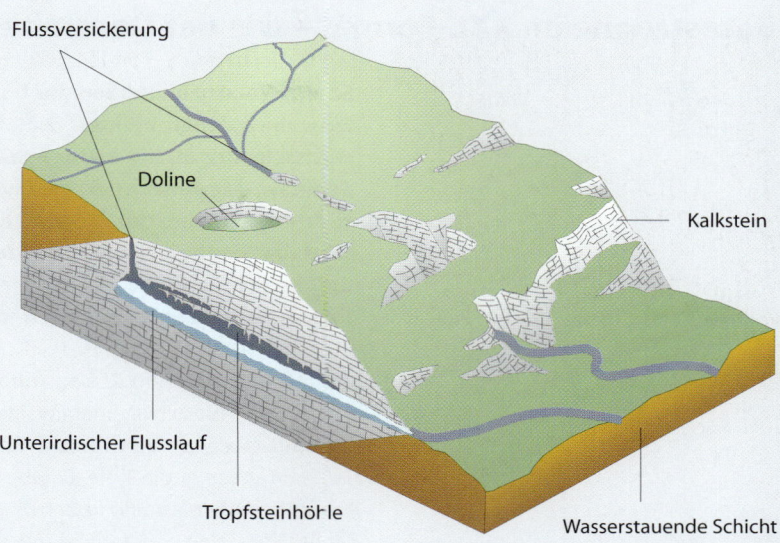

Flussversickerung

Doline

Kalkstein

Unterirdischer Flusslauf

Tropfsteinhöhle

Wasserstauende Schicht

Formenschatz des Karst: Unterirdische Flüsse, Dolinen und Höhlen sind in Karstregionen besoners häufig. © MMCD NEW MEDIA

420 Meter Durchmesser und 450 Meter tief: Sotano del Barro in Mexiko, die zweitgrößte Einbruchsdoline der Welt. © gemeinfrei

Katastrophe im XXL-Format – wie der December Giant entstand

Shelby County im Herzen des US-Bundesstaats Alabama. Mehr als 140.000 Einwohner leben hier auf 2.097 Quadratkilometern Fläche. Waldgebiete wechseln sich ab mit kleinen Städten und Gemeinden wie Indian Springs, Saginaw, Maylene oder Vestavia Hills. Nicht uninteressant, aber eben tiefste amerikanische Provinz. Aber das war nicht immer so. Im Jahr 1972 wird das Shelby County zumindest kurzzeitig aus der alltäglichen Routine aufgeschreckt und rückt für einige Wochen lang in den Mittelpunkt des Interesses der amerikanischen Medien, aber auch der Wissenschaftler.

Alles beginnt am 2. Dezember mit einem gewaltigen, ohrenbetäubenden Krach. Dann tut sich in einem Waldstück plötzlich und ohne Vorwarnung die Erde auf und tausende von Tonnen Gestein, Felsbrocken und Schotter stürzen mit lautem Getöse in die Tiefe. Bäume werden bei diesem Inferno wie Streichhölzer herumgeschleudert und verschwinden dann ebenfalls für immer im Untergrund.

Das ganze Ausmaß der Katastrophe wird aber erst einige Stunden später sichtbar, nachdem sich die Staubwolken endgültig verzogen haben: Da, wo noch vor kurzem dichter Wald stand und viele Tiere lebten, gähnt jetzt ein gewaltiges Loch. Eilig herbeigerufene Wissenschaftler des US Geological Survey (USGS) in Denver vermessen sofort das ungewöhnliche Gebilde, das verdächtig an einen Mondkrater erinnert. Sie kommen dabei auf erstaunliche Werte: Der „December Giant", wie die Medien das Naturphänomen getauft haben, ist 140 mal 105 Meter groß und rund 45 Meter tief – das vielleicht größte Phänomen dieser Art auf amerikanischem Gebiet.

December Giant in Alabama ist der vielleicht größte natürliche Einsturzkrater in den USA.
© U.S. Geological Survey

Doch was ist der Grund für diesen ungewöhnlichen Einsturz? Ein leichtes, unbemerkt gebliebenes Erdbeben? Oder sogar doch ein Meteoriteneinschlag, wie manche Zeitungen im Übereifer spekulieren? Weder noch: Dies ist für die Geowissenschaftler des USGS sofort klar. Ihrer Meinung nach handelt es sich beim December Giant um ein so genanntes „sinkhole", einen natürlichen Einsturzkrater. In Zentral- und Nordalabama gibt es viele solcher Krater in der Erde. Die meisten davon erreichen allerdings nicht einmal annähernd die Dimensionen des December Giant.

der Universität Zagreb erstmals näher untersucht. Die Forscher stießen bei ihren Tauchgängen unter anderem auf ein weit verzweigtes Höhlensystem und entdeckten einen unterirdischen Zufluss, der den Roten See mit Frischwasser versorgt. Sie nahmen aber auch eine biologische Inventur im See und im Krater vor, bei der sie auf eine vielfältige Tier- und Pflanzenwelt stießen.

Doch nicht nur in Kroatien, Venezuela oder den USA hat die Erdoberfläche solche typischen „Macken", sondern auch in Deutschland. Hier gibt es beispielsweise das Teufelsloch in Nordschwaben, das Neue und das Alte

Der Crveno Jezero, der Rote See, in der Nähe der kroatischen Kleinstadt Imotski ist eine der bekanntesten Dolinen. © GFDL

Eisinger Loch im baden-württembergischen Enzkreis oder die berühmten Erdfälle von Vlotho aus dem Jahr 1970: Gerade in Norddeutschland haben die existierenden Einsturzkrater aber oft eine andere Ursache. Denn dort ist es nicht Kalkstein, der im Untergrund durch Wasser aufgelöst wird, sondern Salz.

Verschwindende Flüsse und Kalksinterterrassen

Typisch für Karstlandschaften sind dagegen wieder Poljen (Serbokroatisch: Polje = Feld). Dabei handelt es sich um relativ ebene Becken, die an ihren Rändern durch steile Wände begrenzt werden. In der Polje sammelt sich das abgeschwemmte Verwitterungsmaterial des Umlandes. Die sich hierauf entwickelnden Böden sind zumeist tonig-lehmig. Infolge dessen läuft das Oberflächenwasser nur schwer ab, die Folge sind häufige Überschwemmungen. Poljen können mehrere hundert Quadratkilometer groß sein und entstehen entweder aus dem „Zusammenwachsen" mehrerer Dolinen oder – seltener – im Bereich tektonischer Schwächezonen. Viele der Flüsse, die den Boden einer Polje durchqueren, versickern häufig an offenen Stellen, den Ponoren, im Untergrund.

Etwas Ähnliches passierte im Jahr 1921 auch in Immendingen an der Donau. Für ganze 309 Tage verschwand der Fluss damals dort von der Bildfläche. Danach tauchte die Donau wieder auf, als sei nichts gewesen. Für die Bewohner des Städtchens in Baden-Württemberg ist es ganz normal, dass der Fluss ab und zu mal weg ist. Die Stadt ist für ihre „Donauversickerung" bekannt. Was aber steckt dahinter? Auch hier liefert der Untergrund die Erklärung: Bei Immendingen stößt die Donau auf den 150 Millionen Jahre alten Kalkstein der Schwäbischen Alb. Zwei Drittel des Donauwassers verschwinden dort in einem Ponor. Östlich dieser Versickerung formiert sich die Donau auch in sehr trockenen Jahren aus ihren Nebenflüssen neu, um dann am Fuße der Alb entlangzufließen. Doch das Wasser, das in dem Schluckloch verschwindet, ist auch nicht verloren. Zwölf Kilometer südlich von

Folgende Seite: Im Yellowstone-Nationalpark in den USA bildet das durch vulkanische Aktivität teilweise erwärmte, mineraliengesättigte Wasser eindrucksvolle Sinterlandschaften. © National Park Service

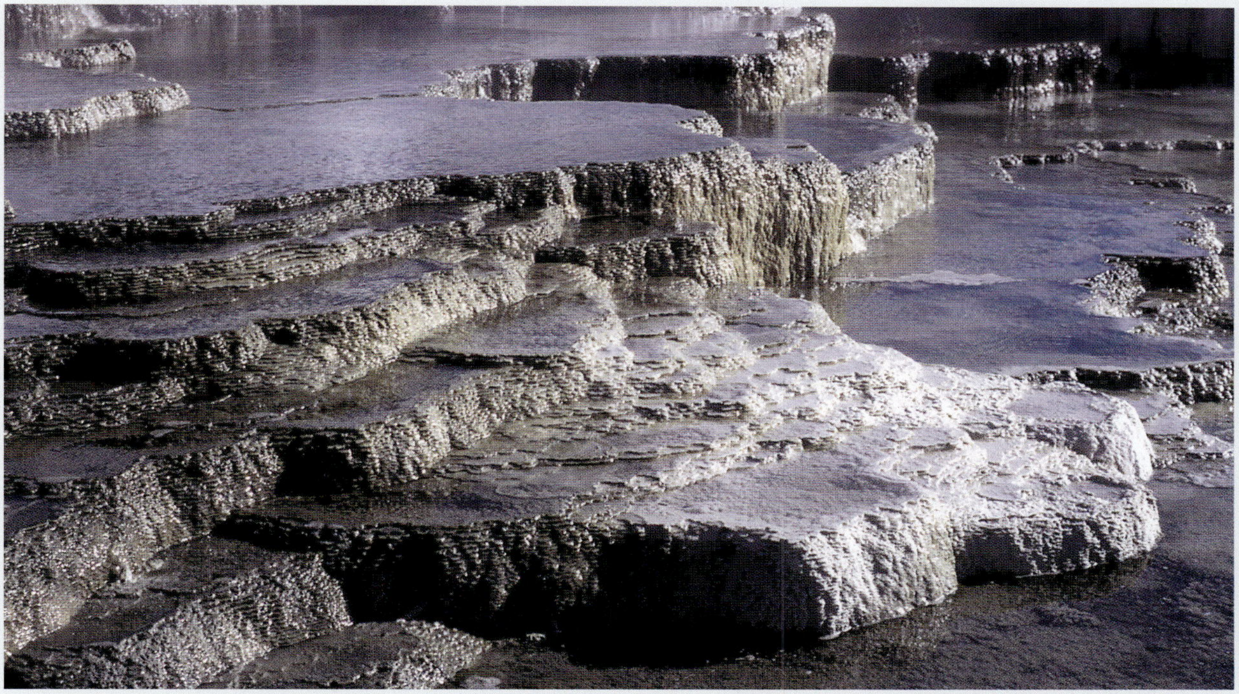

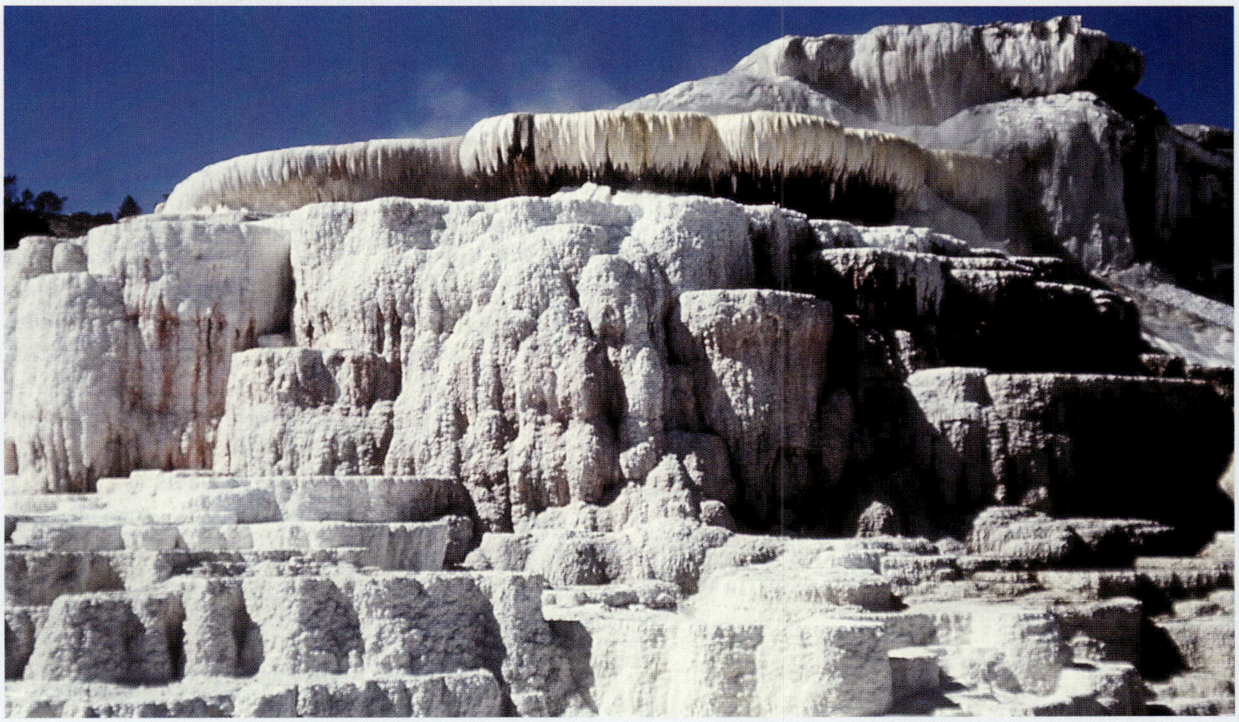

Donauversickerung nahe der Stadt Immendingen in Baden-Württemberg. © Drombalan/ GFDL

Immendingen und einige Tage später tritt es im Aachtopf wieder aus dem Felsen aus. Die Quelle des Flüsschens Aach ist die größte Deutschlands und fördert in jeder Sekunde etwa 8.500 Liter Wasser zutage – Donauwasser.

Ein beträchtlicher Teil der Donau überwindet so jährlich die europäische Wasserscheide. Allerdings nimmt das Wasser nicht den Weg über die Höhen des Schwarzwalds, sondern fließt im verkarsteten Untergrund unter der topographischen Wasserscheide hindurch. Anstatt im Schwarzen Meer landet es so zunächst im Bodensee und gelangt von dort über den Rhein in die Nordsee.

Naturwunder Pamukkale

Höhlen, Dolinen, Erdfälle: Wasser schafft in Karstgebieten einzigartige Formen und Figuren. Doch auch das austretende Karstgrundwasser kann als Landschaftarchitekt tätig werden. Da es beim Durchströmen der Klüfte, Poren und Hohlräume im Kalkstein ständig Lösungsfracht aufnimmt, ist das Wasser, wenn es als Quelle an die Erdoberfläche sprudelt, mit Mineralen gesättigt.

Weil es beim Verlassen des Gesteins druckentlastet wird und sich an der Luft gleichzeitig erwärmt, entweicht jedoch Kohlendioxid. Zusätzlich verstärkt wird der Effekt durch schnell fließendes Wasser, so dass sich die Kohlensäure verflüchtigt, wie bei einer Flasche Mineralwasser, die man schüttelt. Deshalb setzen sich die Minerale oft direkt beim Austreten aus dem Gestein wieder ab und bilden so genannte Quell- oder Süßwasserkalke. Dabei handelt es sich um ein bizarres, poröses Sediment, das auch als Kalktuff bezeichnet wird. Wachsen an der Quelle Wasserpflanzen oder Moose, entziehen diese dem Wasser noch zusätzlich CO_2. Unter diesen Umständen setzt sich der Kalk wie „steinerner Raureif" auf den Pflanzen ab und es entsteht poröser Kalktuff, der die organischen Teile langsam einhüllt. Da die Pflanzen Licht benötigen, versuchen sie über die Kalkkrusten hinauszustreben. So wächst der Kalktuff permanent in die Höhe. Dabei können sich in einem Bachlauf ganze Terrassentreppen oder spektakuläre „Steinerne Rinnen" bilden. Am Wachsenden Fels in Usterling beispielsweise haben kalkhaltiges Wasser und Pflanzenbewuchs einen 40 Meter langen und fünf Meter hohen Damm aufgetürmt, auf dessen Kamm das Quellwasser entlangläuft. Das heutige Klima ist allerdings zu kalt, um die steinerne Rinne noch weiter wachsen zu lassen. Sie entstand kurz nach der letzten Eiszeit, als sich eine Warmphase mit höheren Temperaturen als heute anschloss.

Die weltberühmten Terrassen von Pamukkale bestehen da schon aus sehr viel härterem Gestein. Die schneeweißen Kalksinter des „Baumwoll-Palastes", wie das türkische Pamukkale wörtlich übersetzt heißt, erstrecken sich an einem Berghang auf einer Länge von etwa drei Kilometern und sind insgesamt über 50 Meter hoch. In hunderten Kaskaden läuft das Wasser heißer, kalkhaltiger Quellen den Berg hinab, so dass innerhalb von Jahrtausenden eine einzigartige Terrassentreppe wachsen konnte.

Auch in den zahlreichen Wannen und Becken rund um die Thermalquellen kommt es zur Ausfällung von Kalk. Durch das heiße Wasser werden im Untergrund viele Minerale gelöst, die sich aber sofort wieder abscheiden, wenn das nahezu kochende Wasser an die Erdoberfläche tritt und verdampft. Die aus dem heißen Quellwasser ausfallenden Minerale legen sich schalenförmig übereinander, so dass ein kompaktes Gestein entsteht. Die Kalksinter von Pamukkale stehen mittlerweile unter Schutz, seit 1988 gehört das Naturschauspiel zum Weltkulturerbe. Nur ein Drittel der Anlage ist für Touristen und Badegäste noch zugängig. Ranger wachen darüber, dass die Becken nur barfuß betreten werden.

Die einzigartige Terrassentreppe im türkischen Ort Pamukkale.
© GFDL

Steinerne Zeugen der Kraft
des Meeres – die Twelve
Apostles an der Küste des
australischen Bundes-
staates Victoria.
© GFDL

Die Kraft des Meeres
Meeresgrund und Küstenformen

Die Erde ist ein blauer Planet: Mehr als 70 Prozent ihrer Oberfläche sind von Meeren wie Atlantik, Pazifik oder Indischer Ozean bedeckt. Nur vereinzelt ragen aus diesen gewaltigen glatten und einheitlichen Wasserwelten Inseln und Inselgruppen wie bunte Tupfer hervor. Sie geben einen Vorgeschmack auf das, was unter Wasseroberfläche im Verborgenen schlummert: hohe Berge, tiefe Täler, flache Plateaus und schroffe Schluchten. Doch die Meere haben nicht nur ebenso ausgefallene wie bizarre Landschaften zu bieten, sie helfen auch dabei mit, das Gesicht der Erde ständig neu zu formen – durch die Kraft des Wassers und der Wellen.

Eine Reise über den Meeresgrund

Wo der Meeresboden begehbar ist: das Wattenmeer vor der deutschen Küste. Die Häufchen stammen von Wattwürmern. © Harald Frater

Nicht nur auf den Kontinenten ist die Erdoberfläche keineswegs einheitlich gestaltet, auch der Meeresboden entpuppt sich bei näherem Hinsehen als Potpourri von verschiedenen Landschaftsformen und -phänomenen. Könnte man beispielsweise das Wasser aus dem Atlantik und der Nordsee ablassen, so käme eine einzigartige Gebirgslandschaft zum Vorschein.

Auf seinem Weg von der Küste bis zur Tiefsee hätte ein fiktiver Wanderer auf dem Ozeanboden enorme Hindernisse zu überwinden. Dabei beginnt alles noch ganz harmlos: Startpunkt der Reise könnte beispielsweise die Elbmündung bei Cuxhaven sein. Jeder, der schon einmal bei Ebbe an der Nordsee war oder sogar eine Wattwanderung gemacht hat, weiß, was ihn erwartet: Schlick und Sand und endlose Weiten. Das Wattenmeer gehört zum so genannten nordeuropäischen Schelf mit einer maximalen Wassertiefe von rund 200 Metern. Solche Flachwasserbereiche gibt es an fast allen Küsten dieser Erde. Sie machen insgesamt etwa acht Prozent der Meeresfläche aus.

Der Boden der Nordsee ist ebenso wie das norddeutsche Tiefland von den Eiszeiten geprägt und wurde einst von mächtigen Gletschern förmlich glattgebügelt. Trotz ihrer heutigen Wasserbedeckung bestehen die Schelfe aus kontinentaler Kruste und gehören somit aus geologischer Sicht nicht zu den Ozeanen.

Durch Meeresspiegelschwankungen fielen sie im Laufe der Erdgeschichte immer wieder trocken und sind heute von mächtigen Sedimentschichten bedeckt.

Auf der Tour durch die Deutsche Bucht kommt auch schon bald die Bohrinsel Mittelplate in Sicht: Riesige, muschelbehaftete Betonwände ragen aus dem Meeresboden und tragen eine große Förderplattform. Fest verankert, trotzt sie den rauen Stürmen und der Kraft der Wellen. Mehr als zwei Millionen Tonnen Erdöl fördern die beteiligten Firmen inmitten der Nordsee jedes Jahr aus zwei Kilometern Tiefe an die Oberfläche. Von hier ist es nicht mehr weit, bis die rote Felsnadel der Insel Helgoland in Sicht kommt. Der imposante Felsenturm aus Buntsandstein ragt vom Grund des Meeres knapp 100 Meter in die Höhe und bildet Deutschlands einzige Hochseeinsel.

Auf dem leicht hügeligen Meeresgrund geht es danach langsam, aber stetig weiter abwärts. Blauschlick bedeckt den Boden, eine Mischung aus toter organischer Substanz und feinen Tonen und Sanden. Seine dunkle, blaugraue Farbe erhält dieses Sediment durch die Zersetzungsarbeit von Mikroorganismen und den hohen Anteil an Eisensulfiden. Bald schon ist die Doggerbank erreicht, eine der größten Untiefen in der Nordsee. Rund 250 Kilometer von der deutschen Küste entfernt und auf der Höhe der englischen Grafschaft Yorkshire ist das Meer dank dieser riesigen Sandbank nur etwa 15 Meter tief.

Den Abhang hinunter

Dann, kurz hinter den Shetland-Inseln, wartet schließlich der Kontinentalabhang, das Ende des europäischen Kontinents. In Europa erstrecken sich diese Kontinentalränder auf über 15.000 Kilometern durch den Atlantischen Ozean und große Nebenmeere wie das Mittelmeer und umfassen etwa ein Drittel der Fläche des Kontinents. Schwindelerregend, zerklüftet und von schroffen Canyons durchzogen, stürzt der Meeresboden hier fast senkrecht in die Tiefe.

Selbst ein erfahrener Alpinist bräuchte an dieser Stelle eine Kletterausrüstung, um weiter vorwärts zu kommen. Den Boden bedecken auch hier Blauschlick und feine Sedimente, die immer wieder unvermutet ins Rutschen geraten. Lawinen aus Geröll oder das Abbrechen ganzer Hänge sind keine Seltenheit – ein Problem für so manches Tiefseekabel.

Reisestationen: Bohrinsel Mittelplate, die Lange Anna auf Helgoland und die Hauptinsel der Shetlands. © RWE Dea, gemeinfrei, GFDL

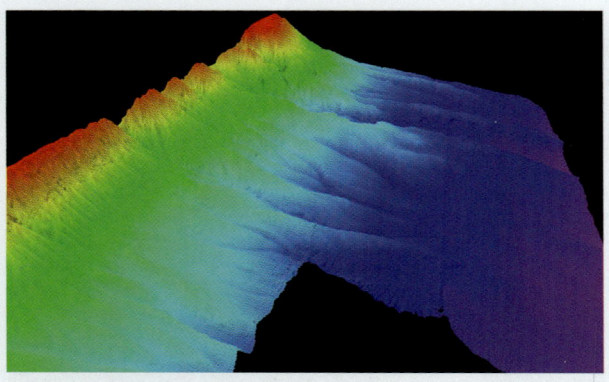

Bathymetrische Karte des Kontinentalabhangs vor der Ostküste Nordamerikas. Die Tiefen reichen von 200 Metern (rot) bis 3.500 Metern (violett).
© USGS/NOAA Ocean Explorer

Die Kontinentalränder sind der Lebensraum von Kaltwasserkorallen, wie hier der roten Weichkoralle (links) und Lophelia pertusa, der wichtigsten riffbildenden Kaltwasserkoralle (rechts). © NOAA

Die gewaltigen Bergstürze sorgen dafür, dass die Leitungen hin und wieder reißen und ersetzt werden müssen. Eine der weltweit größten Hangrutschungen fand vor einigen tausend Jahren im Storegga-Canyon am norwegischen Kontinentalrand statt. Instabile Gashydrate im Boden brachten Schutt und Geröll vom hundertfachen Volumen des Bodensees ins Rutschen und lösten damals einen gewaltigen Tsunami aus.

Aber nicht nur Lawinen, auch Canyons gibt es hier, an den Kontinentalrändern sind Schluchten von mehr als 1.000 Meter Tiefe keine Seltenheit. Ebenso wie ihre Ebenbilder an Land gibt es sie in zahlreichen Varianten, mal schmal, mal breit, mal schnurgerade, mal mäandrierend. Als eine Art „Rutschbahn" transportieren sie Sedimente vom Schelf über den Kontinentalabhang in die Tiefsee. Einige dieser riesigen Unterwasser-Canyons entstanden vermutlich als ganz normale Flusstäler zu Zeiten niedrigerer Meeresspiegel. So setzt sich beispielsweise das Flussbett der Themse direkt unterhalb der Wasseroberfläche als submariner Canyon in die Tiefe fort. Kleine Erdbeben oder spontane Rutschungen wirbeln in dieser Meeresregion die obersten Bodenschichten auf und lassen diese dann immer wieder wie eine Lawine in die Tiefe gleiten. Dadurch gräbt sich im Laufe der Zeit ein Canyon in den Meeresgrund.

Die in den Canyons bergab stürzenden Sedimente können dabei Geschwindigkeiten von bis zu 100 Stundenkilometern erreichen. Wie eine Art großer Staubsauger reißen sie alle Hindernisse und vor allem totes organisches Material mit sich in die Tiefe. Diese so genannten Turbiditströme graben im wahrsten Sinne des

Wortes den Kontinentalhang ab und sind eine der Erklärungen, warum sich die Canyons im Laufe der Zeit weiter vertiefen und nicht, wie früher angenommen, durch die hohe Sedimentfracht von selbst „versanden".

Und noch eine Besonderheit gibt es an den Kontinentalabhängen: Denn in den Nischen und Erhebungen des Schelfrandes lebt eine ganz eigene Organismenwelt. Vor einigen Jahren entdeckten Wissenschaftler an den Kontinentalrändern des kalten Nordatlantiks sowie der Barents-See Riffstrukturen, die bislang nur aus den warmen und lichtdurchfluteten Flachwassermeeren der subtropisch-tropischen Klimazone bekannt waren: Speziell an Kälte und wenig Licht angepasst, hatten Kaltwasserkorallen diesen Lebensraum erobert. Vor allem die Steinkoralle Lophelia pertusa lebt in Tiefen von mehr als 1.000 Metern und bildet dort große Kolonien. Diese Riffe sind auch eine wichtige Kinderstube für viele Fischarten des Atlantiks.

Gebirge unter Wasser

Erst in rund 1.700 Metern Tiefe nimmt das Gefälle am Kontinentalabhang wieder ab: Der Kontinentalfuß bildet als eine sanft abfallende Hügellandschaft den Übergang zur Tiefsee. Hier sammeln sich der kontinentale Verwitterungsschutt sowie abgestorbene, organische Materialien. Bis zu 1.000 Kilometer breit kann diese Zone sein, bis dann in durchschnittlich 4.000 Metern Tiefe die ausgedehnten Tiefseeebenen beginnen. Unterbrochen wird ihr ödes Einerlei mitten im Atlantik von einem gewaltigen Gebirge unter Wasser, das sich an einigen Stellen bis zu 4.000 Meter hoch aufgetürmt hat und vulkanischen Ursprungs ist.

Entstanden ist dieser Mittelatlantische Rücken beim Auseinanderdriften von tektonischen Platten. Vor rund 200 Millionen Jahren begann dieser Vorgang, zu einer Zeit, als alles Festland im Superkontinent Pangäa vereint war. Seitdem wandern die Kontinentalplatten mit wenigen Zentimetern pro Jahr auseinander. Die Amerikanische Platte nach Westen und die Eurasische Platte nach Osten.

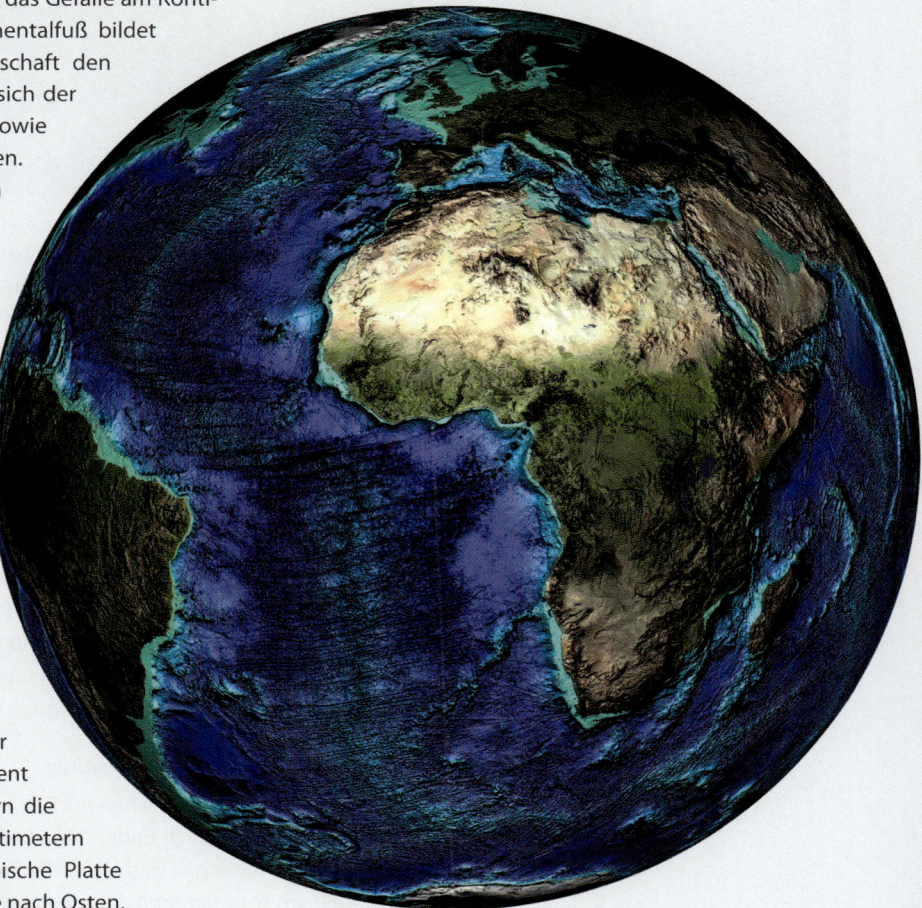

Das Relief der Erde. Deutlich erkennbar ist der Mittelatlantische Rücken, der von Grönland aus fast bis zur Antarktis reicht.
© NGDC/NOAA

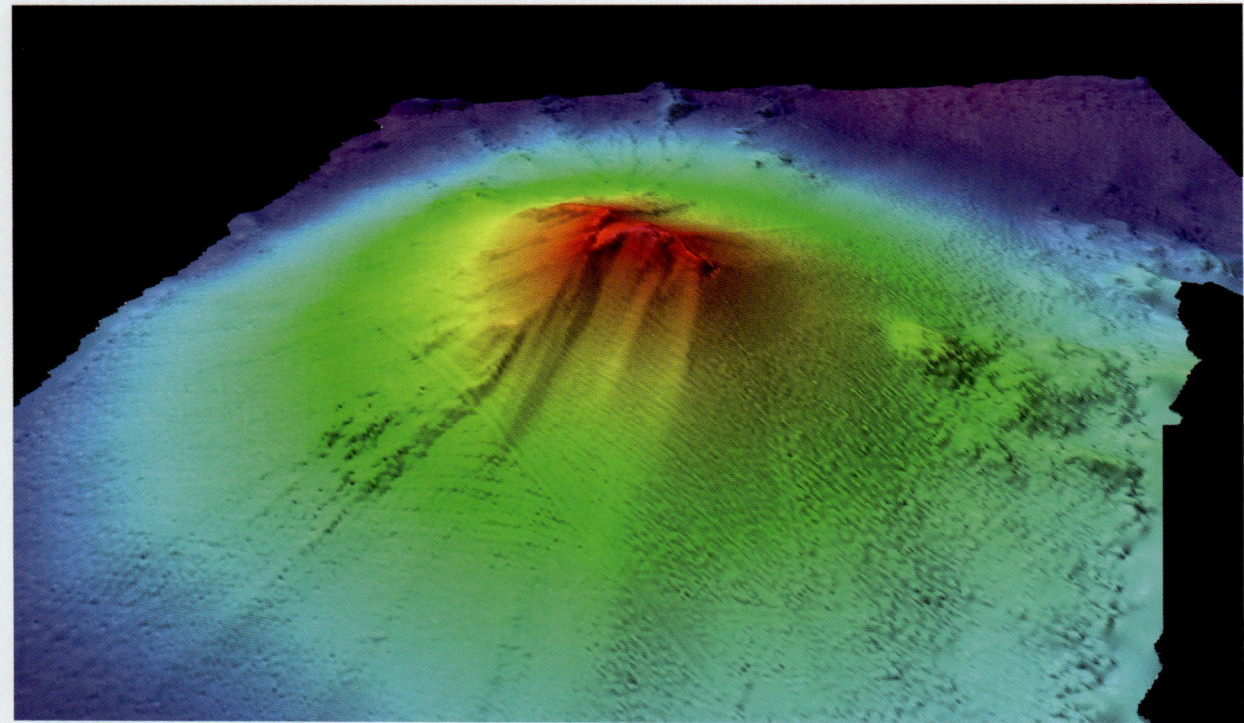

Sowohl an den mittelozeanischen Rücken als auch entlang der Tiefseegräben häufen sich unterseeische Vulkane. Hier ein bathymetrisches Modell des Northwest-Rota-1-Vulkans im Marianenbogen.
© NOAA/Ocean Explorer

Die „Risse" im Meeresboden, die an diesen auseinanderweichenden oder divergierenden Plattenrändern entstehen, werden durch aufsteigendes Magma gefüllt. Kontinuierlich steigt das glutflüssige Gestein an den Nahtstellen nach oben, drückt die Platten auseinander und erkaltet schließlich. Neuer Meeresboden entsteht. Diese „Produktion" neuer Erdkruste verläuft auf einer mehrere zehn Kilometer breiten aktiven vulkanischen Zone im Ozean. Der Kamm des Mittelatlantischen Rückens befindet sich durchschnittlich etwa 1.500 bis 3.000 Meter unter der Wasseroberfläche.

Doch es gibt Ausnahmen: Wie etwa auf den Azoren oder Island, die durch die andauernden untermeerischen Eruptionen bis über die Meeresoberfläche emporgehoben wurden. Untermeerische Phänomene wie den Mittelatlantischen Rücken gibt es aber längst nicht nur im Atlantik, sondern auch in anderen Meeren weltweit. Alle zusammen bilden sie ein riesiges Netz von langen, sehr hoch aufragenden Gebirgszügen, die die Erde umspannen – die mittelozeanischen Rücken.

Welt ohne Licht – die Tiefseegräben

Doch auch am Mittelatlantischen Rücken ist unsere fiktive Reise über den Meeresgrund noch lange nicht zu Ende. Denn kurz vor den Antillen-Inseln wartet schon ein anderes geologisches Highlight: der Puerto-Rico-Graben. Genau 9.219 Meter geht es hier am so genannten „Milwaukeetief" unter die Meeresoberfläche hinab –

die tiefste Stelle des Atlantiks ist erreicht. Während solche „Schlünde der Meere" in diesem Ozean relativ selten sind, findet man sie in anderen Meeren dafür erheblich häufiger. Die sechs gewaltigsten – Marianen-, Tonga-, Japan,- Kurilen-, Philippinen- und Kermadecgraben – haben sogar eine Tiefe von über zehn Kilometern und liegen alle im Pazifik.

Die meisten Tiefseegräben sind nur wenige Dutzend Kilometer breit, aber dafür oft mehrere tausend Kilometer lang. Typisch für sie sind zudem steil abfallende Felswände, die oft mit bizarren und schroffen „Auswüchsen" gespickt sind. Der Boden der Tiefseegräben erinnert an eine trostlose Einöde und besteht vornehmlich aus einer dicken Schicht schlammiger Sedimente. Nicht unbedingt eine Umgebung zum Wohlfühlen. Denn am Grund der Gräben ist es stockdunkel und auch die Wassertemperaturen liegen meist nur zwischen 1,2 und 3,6 °C. Von dem enormen Druck ganz zu schweigen.

Doch wie sind diese gewaltigen „Macken" in der Erdkruste entstanden? Und warum befinden sie sich gerade dort, wo sie entdeckt worden sind? Antworten auf diese Fragen liefert auch hier ein Blick in die Theorie der Plattentektonik. Während an den mittelozeanischen Rücken ständig neue Erdkruste produziert wird, gibt es auch Orte, an denen das Krustenmaterial wieder aufschmilzt und in der Tiefe verschwindet – ein klarer Fall von geologischem Recycling. Dies geschieht in so genannten Subduktionszonen. Dort taucht eine ältere und schwerere ozeanische Platte in einem Winkel von bis zu 90° unter eine leichtere kontinentale oder eine andere ozeanische Platte ab. An solchen Nahtstellen bilden sich deshalb nicht nur Vulkanketten oder hohe Gebirge, sondern auch die Tiefseegräben. Der Marianengraben zum Beispiel ist durch die Kollision der Philippinischen und der Pazifischen Platte entstanden.

Tiefseegräben, wie hier der Puerto-Rico-Graben in der Karibik, entstehen dort, wo ozeanische und kontinentale Platten aufeinander stoßen, in diesem Falle die Karibische mit der Nordamerikanischen.
© USGS

Dabei ist es eigentlich falsch, im Zusammenhang mit solchen Phänomenen von „Gräben" zu sprechen. Denn Geowissenschaftler bezeichnen diese Gebilde als „Rinnen". Grund: Gräben sind laut Definition durch tektonische Kräfte verursachte Einsenkungen der Erdoberfläche, die durch Dehnung gebildet werden. Die Tiefseerinnen sind aber das Produkt einer gegeneinander gerichteten Drift von Kontinentalplatten.

Asphaltvulkane – rätselhafte Unterwasserwelt

Im November 2003 entdeckten Wissenschaftler im Golf von Mexiko in 3.300 Meter Wassertiefe erstmals merkwürdige Tiefseehügel, die zum großen Teil aus Salz bestehen. An ihrer Spitze tritt aus einem Krater neben Öl und verschiedenen Gasen auch Asphalt aus. Die zum Teil mehrere hundert Meter langen Asphaltströme gleichen vom Aussehen her verblüffend denen aus basaltischer Lava, die beispielsweise auf Hawaii zu beobachten sind.

Der Asphalt entsteht, wenn Mikroorganismen – zum Teil viele tausend Meter tief im Meeresboden – Erdöllagerstätten als Nahrungsquelle nutzen und dabei das schwarze Gold zersetzen. Wie der Asphalt anschließend aus dem Erdinneren an die Meeresbodenoberfläche gelangt, ist noch weitgehend unklar. Viele Forscher vermuten, dass es Asphaltvulkane nur im Golf von Mexiko gibt, da dort die geologische Situation maßgeschneidert für die Entstehung des seltsamen und bizarren Phänomens ist: Wassertiefen von mindestens 3.000 Metern, Salzstöcke und größere Erdölvorkommen im Meeresboden.

Nicht nur die Asphaltvulkane selbst haben in der Wissenschaft für Aufsehen gesorgt. Denn auf und um den Asphalt herum hat sich ein exotisches Ökosystem mit Bartwürmern, Muscheln, Krebsen und großen Mengen an Bakterien etabliert. Professor Gerhard Bohrmann vom DFG-Forschungszentrum Ozeanränder an der Universität Bremen, der an der Entdeckung der Asphaltvulkane entscheidend beteiligt war, kommentiert die Funde so: „Nur selten hat man als Forscher die Gelegenheit, völlig unbekannte Dinge zu entdecken. Auf der Erde bietet das in diesem Maße nur die Tiefsee. Eigentlich haben wir nur nach Methanvorkommen am Meeresboden gesucht, doch stattdessen haben wir eine neue Art von Vulkanen mit einem komplexen Ökosystem gefunden."

Bizarre Asphaltstrukturen in der Campeche-Bucht nordwestlich der mexikanischen Halbinsel Yucatan. © MARUM – Zentrum für Marine Umweltwissenschaften der Universität Bremen

Schwarze Raucher – Schornsteine am Meeresgrund

Die Luke schließt sich und langsam beginnt das Tauch-boot Alvin zu sinken. 100 Meter, 500 Meter, 1.000 Meter – das Licht wird immer schwächer, es wird kalt. 2.000 Meter, 2.500 Meter unter der Meeresober-fläche: In dieser Tiefe ist auch das letzte bisschen Licht verschwunden, es herrscht absolute Dunkelheit.

250 Kilogramm lasten jetzt auf jedem Quadratzenti-meter der Außenhaut des Tauchboots, die Wassertemperatur liegt bei ungemütlichen 2 °C. Durch ein Bullauge betrachtet, erscheint der Meeresboden in dieser Tiefe öde und leer. Eintönig erstreckt er sich im Licht der starken Unterwasser-scheinwerfer. Doch plötzlich ändert sich das Bild dramatisch: Ein Rücken zerklüfteter Gesteinsformationen türmt sich auf, die Wassertemperatur schnellt in die Höhe und Turbulenzen lassen das Tauchboot schwanken. Aus zahlreichen Schloten scheint dunkler Rauch in die Höhe zu steigen und am Fuß dieser Schlote wimmelt es von Leben – eine Fata Morgana? Nicht ganz.

Geologen an Bord des Forschungs-U-Boots Alvin waren die ersten, die 1977 am Meeresgrund vor den Galapagos-Inseln das seltsame Phänomen der „Schwarzen Raucher" entdeckten. Sie stießen auf „rauchende" Schlote, weiße Bakterienwolken, Krabben ohne Augen, Würmer ohne Darm, Riesenmuscheln – rund um die unterseeischen „Schorn-steine" hatte sich eine ganz eigene und archaische Lebens-gemeinschaft herausgebildet. Das Ganze wurde umspült vom warmen, mineralhaltigen Wasser, das aus zahlreichen Öffnungen im hügeligen Meeresboden drang.

Inzwischen weiß man, dass die hydrothermalen Schlote vor allem an den mittelozeanischen Rücken liegen, dort, wo durch aufsteigendes heißes Magma aus dem Erdin-neren neuer Meeresboden gebildet wird. In den letzten Jahrzehnten wurden rund um den Globus hunderte weitere rFelder mit solchen unterseeischen „Schornsteinen" entdeckt. Und selbst diese – so glauben die Forscher – machen nur ein Prozent der möglicherweise weltweit vorhandenen „Raucher" aus. Typischerweise gruppieren sich die einzelnen „Vents", wie die Schlote auch genannt werden, zu Clustern, ähnlich wie es auch die Geysire des Yellowstone Parks tun. Die größten dieser Felder, wie beispielsweise das

TAG-Feld am Mittelatlantischen Rücken, sind so groß wie ein Fußballfeld. In ihm liegt auch einer der höchsten bisher entdeckten Schwarzen Raucher, sein Schlot ragt knapp 50 Meter auf und hat einen Durchmesser von gut 180 Metern. Solche Riesen tragen inzwischen meist mehr oder weniger fantasievolle Namen wie „Godzilla", „Eiffelturm", „Lucky Strike" oder auch „Schlangengrube".

Das aus den Schwarzen Rauchern ausströmende heiße Wasser ist nach Schätzungen von Wissenschaftlern für 34 Prozent des gesamten Wärmezustroms der Welt-meere verantwortlich. Die Forscher vermuten zudem, dass alle sechs bis acht Millionen Jahre das gesamte Wasser der Weltmeere durch diese hydrothermale Zirkulation einmal komplett umgewälzt wird.

Schwarzer Raucher am Mittelatlantischen Rü-cken. © P. Rona/OAR/National Undersea Re-search Program (NURP)/NOAA

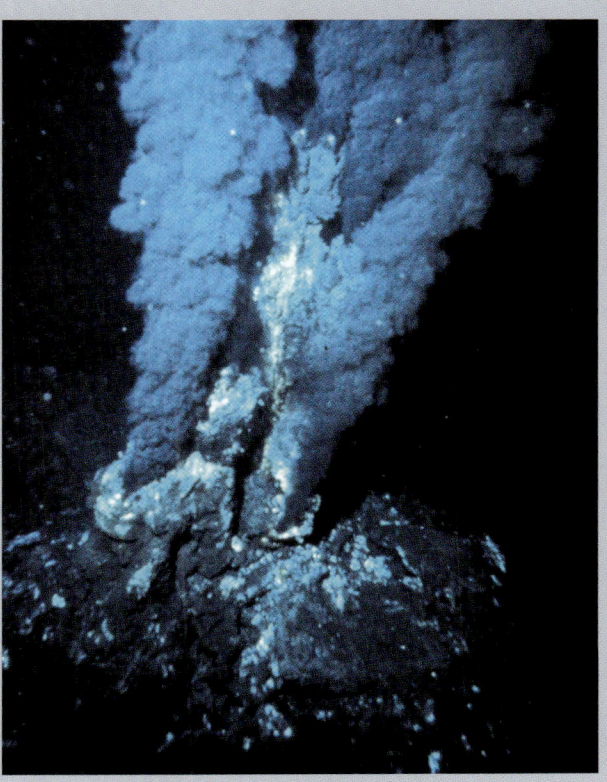

Küstenformen – abgenagt und angelagert

Die vom Meer rund geschliffenen Formationen aus rötlichem Granit gaben der Côte de Granit Rose in der Bretagne ihren Namen. © GFDL

Nicht nur der Meeresboden bekommt unaufhörlich ein neues Outfit verpasst, auch die Ozeane sind selbst geologisch tätig. Und das sehr effektiv und kreativ. Denn seitdem es Meere gibt, tobt auch schon ein unerbittlicher Kampf zwischen Land und Wasser – und meistens gewinnt dabei das Meer.

Forscher haben beispielsweise nachgewiesen, dass rund 80 Prozent aller Strände weltweit von Erosion bedroht sind. Immer wieder kommt es dabei zu riesigen Landverlusten. So schrumpft die Insel Sylt jährlich um nahezu 17.000 Quadratmeter. Bei Hörnum kann eine einzige Sturmflut die Dünenlandschaft bereits um mehrere Meter abtragen. An den schlammigen und sandigen Küsten Chinas gehen jährlich sogar Küstenstreifen in einer Breite von bis zu 85 Metern verloren. Doch das Meer „schmirgelt" so mit der Zeit nicht nur Dellen, Risse und Buchten in die Küsten, es lässt manchmal an anderer Stelle auch neues Land entstehen. Denn die durch die Brandung abgetragenen Partikel und Steine werden mehr oder weniger weit hinausgespült und lagern sich an anderer Stelle wieder ab. Dabei können beispielsweise neue Sandbänke entstehen oder Strände wachsen. Dieses geologische „Pingpong-Spiel" aus Abtragung und Ablagerung bestimmt zusammen mit der vorhandenen Geländeform und der Gesteinsart am Ende das Aussehen der Küste. Im Laufe der Jahrmillionen ist dabei eine zum Teil bizarre Vielfalt entstanden, die von Steilküsten, die sich scharf zum Meer hin abgrenzen, bis hin zu flachen und sandigen Traumstränden mit hohen Dünen reicht. Kommen, wie in einigen Regionen der Erde, noch Ebbe und Flut hinzu, entstehen ganz besondere Landschaften – wie die tropischen Mangrovenwälder der Everglades in Florida oder das Wattenmeer der Nordsee.

Geformt von Wellen und Wind

Ob mächtige Kliffe das Meer überragen oder aber ein weiter, flacher Sandstrand zum Baden einlädt – die Form einer Küste ist das Ergebnis des Zusammenwirkens von Wind, Wellen und dem Untergrundgestein im Übergangsbereich zwischen Land und Meer. Doch wie genau entstehen beispielweise ausgedehnte Sandstrände, die womöglich auch noch von Dünen begleitet sind? Zumindest zwei Bedingungen müssen dafür an Küsten erfüllt sein: eine ausreichende Sandzufuhr und weiches Gestein am Ufer. Quellen für den Sand, der sich im Laufe der Zeit an den Küsten der Meere abgelagert hat, gibt es viele. Da sind zum einen die Flüsse, die große Mengen an Sedimenten aus der Verwitterung der Gesteine in die Ozeane tragen und so für dauernden Nachschub an Sand, aber auch kleineren Partikeln wie Ton oder Schluff liefern. Ein Beispiel: Allein der „Gelbe Fluss", der Huang He, transportiert jährlich durchschnittlich 1.080 Millionen Tonnen an Sedimenten in das Gelbe Meer – mehr als genug, um ein gigantisches Delta zu bilden und die Strände der näheren Umgebung immer wieder mit Sand aufzufüllen. Auch Küstenströmungen und Wellen baggern immer wieder größere Mengen an Sand oder Kies aus tieferen Regionen des Meeres ans Ufer und sorgen so dafür, dass der Strand breiter und länger wird.

Und noch ein weiterer Vorgang kann einen Strand wachsen lassen: Die Verwitterung des Küstengesteins. Wind, Wellen oder Frost können derart heftig an Kliffen und anderen Felsformationen nagen, dass sie mit der Zeit zerkleinert, zermahlen und in Sand zerlegt werden. Ist erst einmal ein derartiger Sandstrand entstanden, lassen, wie beispielsweise in Holland oder Dänemark, auch Dünen nicht mehr lange auf sich warten. Vor allem wenn die Küstenabschnitte flach sind und der Wind vom Meer kommt, werden regelmäßig große Mengen an Sandkörnern aufgewirbelt und in höher gelegene Regionen geweht. An einem Hindernis – sei es nun eine Pflanze oder ein Fels – wird der Wind abgebremst und die Sandkörner lagern sich auf dem Wind abgewandten Seite ab. Mit der Zeit entsteht so ein kleiner Sandhaufen, der nach und nach von speziell an diesen Lebensraum angepassten Pflanzen

Fragiles Idyll aus Wellen, Sand und Wind: Sandstrand.
© Harald Frater

Die Felsnadel „l´Aiguille" und die „Porte d´Aval" im Westen von Étretat in der Normandie. Das Meer formte die Kreidefelsen zu diesen bizarren Formationen. © GFDL

Vegetation spielt eine entscheidende Rolle als Keimzelle und Befestigung für Dünen.
© Harald Frater

Wellen und Brandung sind entscheidende Faktoren bei der Gestaltung der Küsten.
© Mila Zinkova/GFDL

besiedelt und durch die Wurzeln gefestigt wird. Diese „Jungdüne" wächst immer weiter in die Höhe und in die Breite und kann irgendwann sogar einer Sturmflut trotzen. Auch wenn sich ein Strand auf den ersten Blick im Laufe der Jahre kaum zu verändern scheint, wird dort ständig Sand abgetragen und angelagert. Erosion und Ablagerung halten sich dann die Waage.

Ein wichtiger „Mitspieler" in diesem geologischen Gestaltungsprozess ist die Brandung. Sie sorgt sowohl für den Nachschub an Sand, sie kann – wenn sie stark genug ist – aber auch an den Stränden nagen und Teile davon wegschwemmen. Mit der Zeit verschieben sich die Küstenlinien dann weiter landeinwärts. Brandung entsteht, wenn Wellen im flachen Wasser abgebremst werden. Dadurch türmen sie sich auf und brechen schließlich in Richtung Land. Wie hoch diese Brandungswellen werden, hängt von verschiedenen Faktoren ab. Je stärker etwa der Wind weht und je flacher das Wasser ist, desto höher sind sie. Wenn die Wellen dann auf das Ufer treffen, schlagen sie mit enormer Wucht auf und setzen dadurch dem Untergrund mächtig zu. Je nach Art der Küste lösen sich dabei Sandkörner, manchmal aber auch größere Gesteinstrümmer. Ziehen sich die Wellen anschließend wieder zurück, nimmt der starke Sog das aufgewirbelte oder abgesprengte Material mit und trägt so entscheidend zur Erosion bei.

Und noch ein Vorgang spielt in diesem Zusammenhang eine entscheidende Rolle: Erreichen Wellen den ansteigenden Meeresboden einer Küste, werden sie durch die Neigung des Untergrunds abgelenkt. Sie schwenken in eine Richtung

Rückverlagerung einer Steilküste

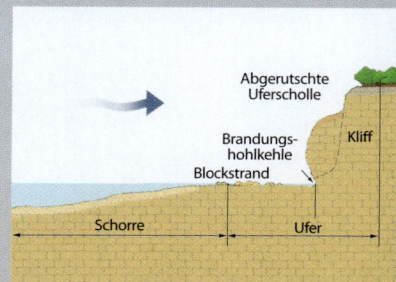

Da Steilküsten im Einflussbereich der Brandungswellen liegen, werden sie an ihrem Fuß ausgehöhlt.

Das führt dazu, dass darüberliegende Gesteine abrutschen. Am Strand sammelt sich der Schutt, der die Wucht der Brandung, wenn sie an das Kliff schlägt, erhöht.

Dadurch werden die Steilküsten oder Kliffe immer weiter landeinwärts verlagert.

parallel zur Küste ein und laufen oft annähernd gerade auf den Strand. Wissenschaftler nennen diesen Vorgang Wellenrefraktion. An Landzungen führt dieser Vorgang zu einer verstärkten Erosion. Der Grund: Der Meeresboden steigt hier deutlich früher an als an den anderen Strandabschnitten. Dadurch werden die Wellen in Richtung der vorstehenden Landspitze gelenkt – und sie konzentrieren hier auch ihre Energie. Die Folge: Die abtragenden Kräfte der Brandung verstärken sich und das Meer nagt an der ins Wasser hineinragenden Landzunge. Mit der Zeit wird diese schließlich oft sogar komplett abgetragen.

Trifft die Brandung jedoch auf eine Steilküste, hat sie eine härtere Nuss zu knacken. Denn diese ist in der Regel aus härteren Gesteinsschichten aufgebaut und widersteht daher der Erosion erheblich besser. Doch selbst die gewaltigsten Felsen können der Kraft des Meeres auf Dauer nicht trotzen. Wind und Wellen, aber auch Frost greifen Kliffe und andere Gesteinsformationen derart heftig an, dass sie im Laufe der Jahrhunderte immer weiter zerkleinert und zermahlen werden. Übrig bleibt dann am Ende auch hier nur noch Sand.

Auch dieser Niedergang beginnt damit, dass immer wieder eine starke Brandung gegen den Fuß einer Steilküste schwappt. Je nach Gesteinsart wird dieser mehr oder weniger stark von der Kraft der Wellen ausgehöhlt und es bildet sich eine so genannte Brandungshohlkehle. Und die bleibt nicht ohne Folgen. Denn durch die verringerte Stabilität an ihrem Fuß können die überhängenden Schichten abrutschen und ins Meer stürzen. Die Steilküste rückt dadurch ein Stück landeinwärts. Den dabei entstandenen Gesteinsschutt nimmt die Brandung wieder auf und schleudert sie erneut gegen das Kliff. Der Mix aus Gestein und Wasser trägt so zur weiteren Erosion bei – ein Prozess, den Wissenschaftler marine Abrasion nennen. Er findet so lange statt, bis das Kliff so weit abgetragen ist, dass die Brandung es nicht mehr erreicht.

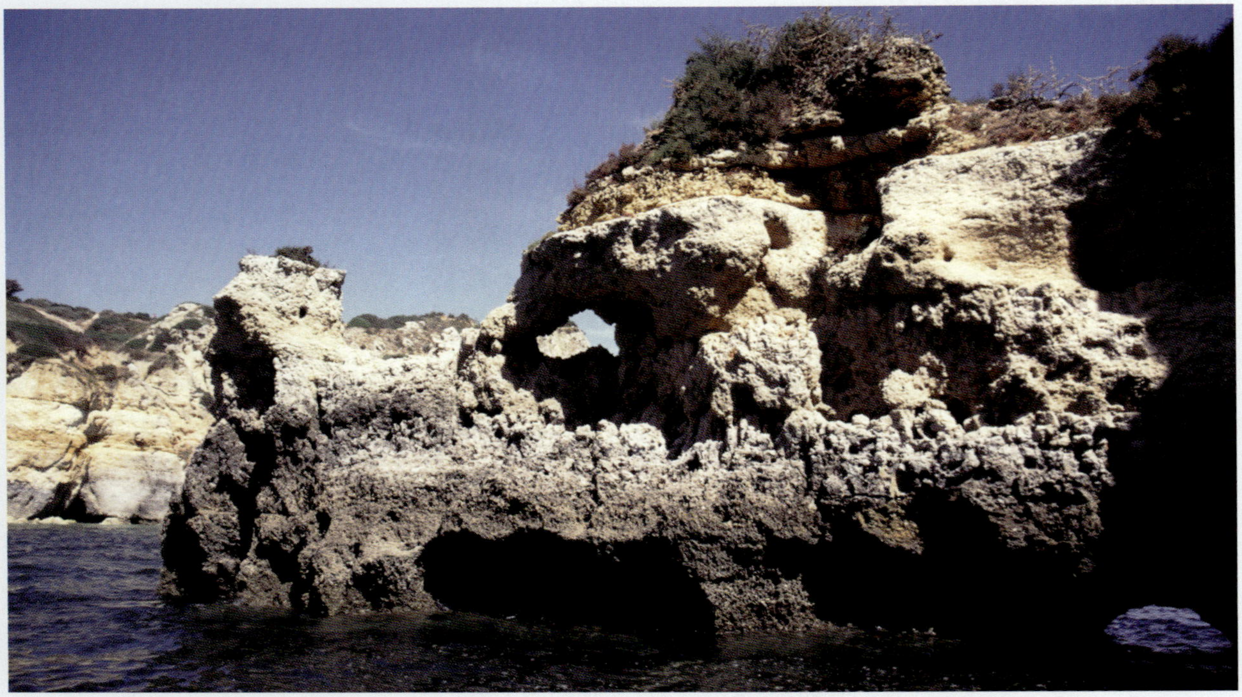

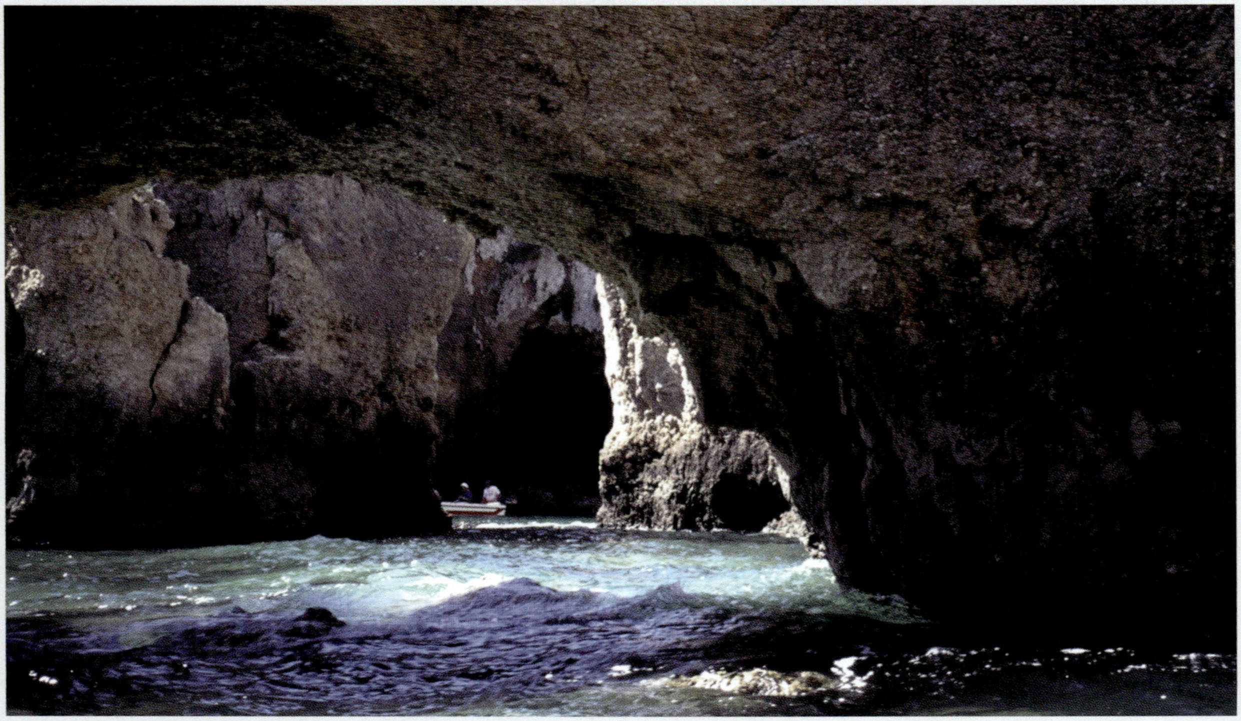

Doch auf dem Weg dahin verändern die Steilküsten beständig ihr Aussehen. Manche besitzen eine relativ einheitliche Form, andere beherbergen eine kunterbunte Mischung an interessanten Klein- und Kleinstformen. Spektakulär sind beispielsweise Brandungshöhlen, isoliert stehende Felsnadeln und große Brandungstore, die vom Festland abgetrennt wurden. Dabei handelt es sich um die Überreste der ehemaligen Landoberfläche, die bislang von der Erosion verschont geblieben sind. Im Bereich der Felsalgarve im Südwesten Portugals mit ihrer 20 bis 50 Meter hohen Steilküste aus gelbem und rötlich-braunem Kalk- und Sandstein trifft man beispielsweise immer wieder auf solche Landschaftselemente.

Strandhaken, Haffe und Nehrungen

Zum Teil ganz andere, aber ebenso wirkungsvolle geologische Vorgänge sind dagegen an vielen Flachküsten zu beobachten. Dort dominieren die Anlagerung und der Transport von Sand und Geröll. An der Ostsee, im Bereich der Pommerschen Bucht östlich von Rügen, lässt sich das Ergebnis solcher Prozesse direkt und „live" beobachten: Vom Meer abgeschnürte Buchten mit Süß- oder Salzwasser, hakenförmig gekrümmte Küstenvorsprünge und flache Buchten wie das Kleine und das Große Haff – sie alle beruhen letztlich auf der Arbeit von Wind, Wellen und Küstenströmungen.

Einer der wichtigsten „Akteure" bei der Veränderung von Flachküsten sind so genannte Strandversetzungen. Dabei reißt das auflaufende Wasser Sand und andere Materialen mit und bewegt sie durch eine andauernde Abfolge von Transport und Ablagerung entlang der Küste weiter. Bis zu 100 Metern täglich kann der Strandversatz dabei nach Erkenntnissen von Forschern betragen. Häufig deponiert das Wasser den mitgeschleppten Sand asymmetrisch am Beginn einer Bucht. Hier entsteht dann mit der Zeit eine langgestreckte, teils gebogene Sandbank – ein so genannter Strandhaken. Diese Sandbänke wachsen manchmal mit einer erstaunlichen Geschwindigkeit ins Wasser hinein. Jährlich bis zu fünf Metern oder mehr sind vielerorts keine Seltenheit. Typisch sind solche Strandhaken fast überall an der Ostsee, so auch in der Lübecker Bucht. Dort liegen die Seebäder Timmendorfer Strand und Niendorf, aber auch Travemünde, inklusive ihrer schönen, feinen Sandstrände auf solchen natürlichen „Küstenbauwerken".

Wächst ein Strandhaken weiter, erreicht er irgendwann die gegenüberliegende Seite der Bucht und trennt sie damit durch einen schmalen Streifen Land, die Nehrung, vom offenen Wasser ab. Die isolierte Bucht wird jetzt als Haff bezeichnet. Niederschläge und einmündende Flüsse sorgen anschließend dafür, dass der Salzgehalt sinkt und das Haff aussüßt. Auch seine Tiefe verringert sich langsam, es beginnt zu verlanden. Später deuten meist nur noch Strandseen darauf hin, dass es sich hier um eine ehemalige Meeresbucht handelt. Forscher sprechen immer dann, wenn an einer

Linke Seite: Brandungswellen, Gesteinsarten und -strukturen sowie das sich meerwärts anschließende Relief bestimmen die Ausbildung einer Steilküste wie hier an der Algarve (oben). Auch Brandungshöhlen (unten) können dann entstehen. © Harald Frater

Dort, wo die Küstenlinie in das Land einfällt, bilden sich infolge der Strandversetzung Haken, wie am Kurischen Haff an der Ostsee. © GFDL

Küste Material durch Erosion abgetragen und an anderer Stelle durch die Bildung von Nehrungen wieder angelagert wird, von einer Ausgleichsküste. Dieser Prozess führt letztlich zur Begradigung der Küste.

Sturmfluten formen Küsten

Wie sehr die Küstenlinien in Bewegung sind, erkennt man beim Vergleich historischer und aktueller Karten. Klar wird dabei auch, dass die Kraft des Meeres insbesondere vor der Ära des Deichbaus häufig zu massiven Küstenveränderungen geführt hat. Vor allem Sturmfluten können innerhalb weniger Stunden mächtige Kerben und Dellen in die ehemals einheitliche Küstenlinie schlagen. So auch 1362. Drei Tage lang, vom 15. bis zum 17. Januar, wütete die Zweite Marcellusflut, auch „Grote Manndränke" genannt, an der Nordseeküste. Der anhaltende Wind schob immer mehr Wasser Richtung Küste und ließ die unzureichenden Deiche gleich reihenweise brechen.

Die Gewalt der Flut veränderte die Gestalt der gesamten Nordseeküste. Besonders das Gebiet des heutigen Nordfrieslands und Dithmarschens wurde völlig umgeformt: Meeresarme drangen weit ins Marschland vor, gewaltige Buchten entstanden, die Insel Strand zerbrach und ging in Teilen unter, Halbinseln wurden zu Inseln. Riesige Flächen des zuvor über die Jahrhunderte mühsam dem Meer abgerungenen Marschlandes versanken in den Fluten – und blieben bis heute Teil des Meeres. In Ostfriesland brachen ebenfalls ganze Küstenbereiche ein und ließen Dollart und Jadebusen zu großen Buchten wachsen.

Doch auch in der Neuzeit haben Sturmfluten immer wieder Folgen für die Küstengebiete – wenn auch dank der Deiche nicht so starke wie damals bei der Manndränke. Im November 1981 wütete beispielsweise eine Sturmflut in Schleswig-Holstein und auf den dem Festland vorgelagerten Inseln, die enorme Schäden hinterließ. So hatten der heftige Wind und die Wellen beispielsweise auf Sylt große Teile des schützenden Dünengürtels beschädigt und Millionen von Kubikmetern Sand weggespült. Wo wenige Tage vorher noch Strand war, gab es nur noch Wasser.

Durch Wind, Sturmfluten und Küstenströmungen geht aber nicht nur Land verloren, es wird auch anderswo neues geschaffen. In der Nordsee beispielsweise werden manche Inseln größer – Spiekeroog hat innerhalb von 100 Jahren vier Kilometer an Länge

Die Westküste der Insel Sylt, hier das Rote Kliff bei Morsum, ist besonders durch die erodierende Kraft von Sturmfluten bedroht. Immer wieder muss die Küste durch Sandvorspülungen erneuert werden. © GFDL

Küstenverlagerung an der deutschen Nordseeküste

Beim Vergleich historischer und aktueller Karten wird deutlich, wie sich die Nordseeküste verändert hat. Vor über 1.000 Jahren gab es die Nordfriesischen Inseln noch nicht. Die Abtragung durch die Brandung (marine Abrasion) hat im Laufe der Zeit die Küste weit ins Landesinnere verlagert.

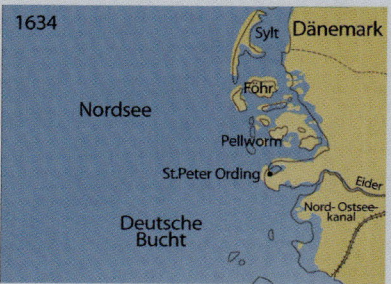

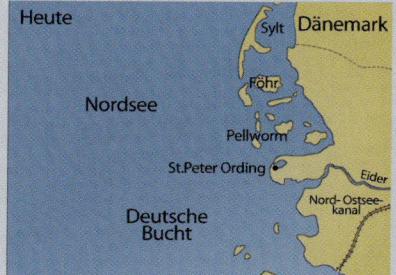

Ein Blick zurück in die Zeit vor rund 6.000 Jahren: Der Meeresspiegelanstieg nach der letzten Eiszeit lässt allmählich nach. Ebbe und Flut, aber auch Sturmfluten sorgen langsam, aber sicher dafür, dass große Teile des Sandes, der sich während der Kaltzeit beispielsweise im ausgetrockneten Ärmelkanal abgelagert hat, immer weiter Richtung Festland geschwemmt wird.

Mit der Zeit sammeln sich vor den Küsten gewaltige Mengen an Sand und anderen Sedimenten an. In einer dicken Schicht überziehen sie den flachen Meeresboden im Küstenvorland und bilden große Sandbänke, aber auch die Grundzüge der Wattlandschaften, die noch heute auf einer Länge von fast 500 Kilometern das Landschaftsbild in dieser Region prägen.

Vor rund 3.000 Jahren sind Sylt und Amrum Teil eines langgestreckten Sand- und Dünenwalls, der bis in Höhe der Eidermündung reicht und das dahinterliegende Gebiet einschließlich der Halligen vor dem offenen Meer schützt. Etwa um 1.000 nach Christus ändert sich die Situation wieder. Der Meeresspiegel steigt an und immer heftigere Sturmfluten beginnen an den Küsten und Stränden zu nagen. Innerhalb weniger Jahrhunderte holt sich die Nordsee in Nordfriesland das zurück, was sie den Menschen vorher geschenkt hat.

Zwei große Sturmfluten, die so genannten Manndränken von 1362 und 1634, sorgen dafür, dass die ehemalige Küstenlinie völlig zerschlagen wird und nur noch die Halligen sowie Sylt, Föhr und Amrum als Vorposten des Festlandes übrig bleiben. Weit über 100.000 Menschen und unzählige Tiere kommen in den Fluten ums Leben.

Durch den starken Tidenhub im Bereich der Bay of Fundy in Kanada wirkt die so genannte Blumentopferosion. © Franz Ossing

Rechte Seite: Die Ebbe legt im Wattenmeer weite Bereiche des Meeresbodens, durchzogen von Prielen und Sandbänken, frei (oben). In Gegenden mit starkem Tidenhub, wie beispielsweise an der französischen Kanalküste, liegen bei Ebbe ganze Häfen auf dem Trockenen (unten). © Harald Frater

gewonnen – andere „wandern" mit den vorherrschenden Wind- und Wasserströmungen von West nach Ost. So liegt der Punkt, an dem die erste Kirche Wangerooges stand, mittlerweile metertief im Wasser. Und manchmal kommt es sogar vor, dass inmitten der Nordsee völlig neue Inseln entstehen. So geschehen seit Mitte der 1970er Jahre östlich von Borkum, wo durch Aufspülungen aus einer ehemaligen Sandbank mittlerweile die mehrere Kilometer lange und rund einen Kilometer breite Kachelotplate geworden ist.

Gezeitenküsten

Wer in seinem Leben schon einmal an der Nordseeküste gewesen ist, hat dabei bestimmt auch das Wechselspiel von Ebbe und Flut miterlebt. Im Idealfall regelmäßig etwa alle zwölf Stunden melden die Pegel der Messstationen die höchsten Stände beim Gezeitenhochwasser. Anschließend läuft das Wasser wieder ab, bis schließlich Ebbe herrscht. Das Phänomen der Gezeiten beruht auf der Anziehungskraft von Sonne und Mond.

Ihre Stärke hängt dabei von der Konstellation der beteiligten Himmelskörper ab. Stehen Sonne, Mond und Erde in einer Linie – bei Vollmond oder Neumond – addieren sich ihre Anziehungskräfte. Sie wirken in die gleiche Richtung und verstärken einander in der Springtide oder Springflut. Stehen sie bei Halbmond dagegen im rechten Winkel zueinander, wirken ihre Anziehungskräfte gegeneinander und der Tidenhub ist schwach. Dieses ewige Wechselspiel von Ebbe und Flut ist jedoch nicht überall auf der Erde gleich stark ausgeprägt, sondern je nach Untergrund und Lage verschieden. So schwankt der Wasserspiegel im Pazifischen Ozean nur um einen halben und an der Nordsee etwa um zwei bis vier Meter. In einigen anderen Regionen der Erde wie der kanadischen Bay of Fundy kann der Tidenhub jedoch auch schon einmal unglaubliche 16 Meter betragen.

Die Unterschiede beim Wasserstand sorgen an sehr flachen Küsten dafür, dass dort weite, abwechselnd überflutete und trockengefallene Küstenbezirke, die Wattgebiete, entstehen. Hier kann man zweimal am Tag – bei Ebbe – über den Meeresboden laufen, ohne nass zu werden. Je nachdem, wie stark die Strömungen vor Ort sind, werden dort bei Flut mehr oder weniger kontinuierlich Sande oder feiner toniger Schlick abgelagert. Bei ablaufendem Wasser können sich dagegen große Flächen zumindest kurzfristig in Land verwandeln. Solche bis zu 40 Kilometer breite Watten gibt es beispielsweise an der deutschen Nordseeküste. Sie bestehen aus einer zehn bis 20 Meter mächtigen Sedimentschicht, die seit dem Ende der letzten Eiszeit nach und nach auf das im Untergrund liegende Moränenmaterial aufgeschichtet wurde.

Ein besonderer Küstentyp ist die Mangrovenküste. Die Mangrove ist ein tropisches Küstengehölz, das sich vornehmlich in geschützten Buchten, Flussmündungen und Lagunen entwickelt. Als salzliebende Pflanze verträgt sie im Gegensatz zu anderen Arten brackiges, aber auch Meerwasser. In tropischen Wattgebieten ist die Mangrove eine Pioniervegetation. Mit ihren weit ausladenden

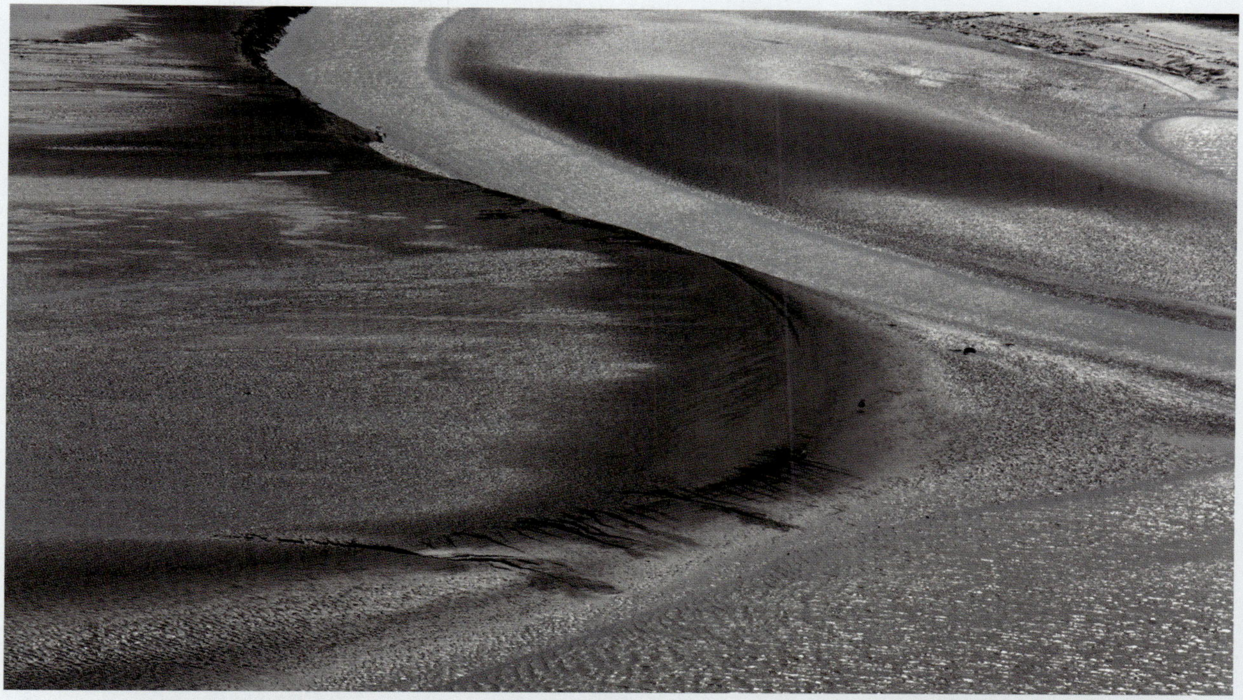

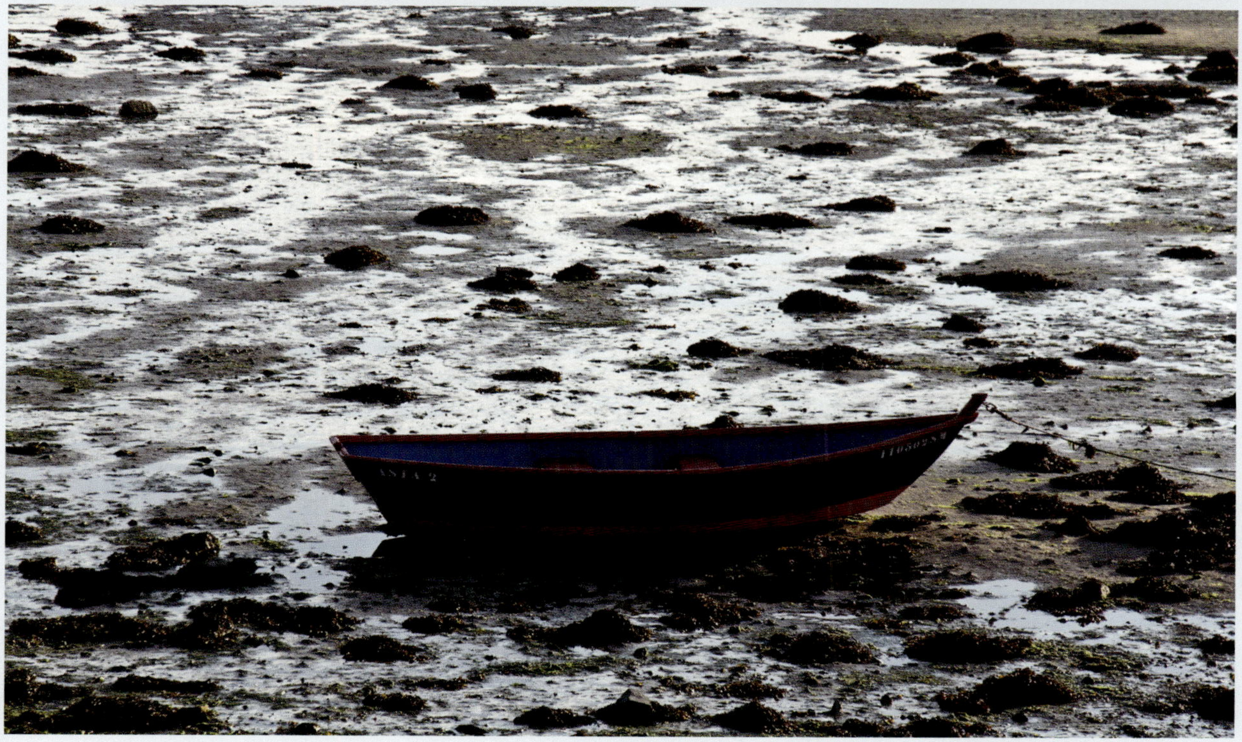

Die Fjorde Skandinaviens wie hier der norwegische Geirangerfjord mit den Wasserfällen „Sieben Schwestern" gehören zu den durch die Eiszeiten geprägten Küstenformen.
© *Michael David Hill/GFDL*

Stelzwurzeln ist sie in der Lage, den Schlickboden zu besiedeln und bei Flut feine Sedimente zu binden. Dadurch wird der Landzuwachs im Wattgebiet beschleunigt. Die verflochtenen Wurzelgerüste mildern aber auch die Gezeitenströme ab und verhindern so die Abtragung.

Glaziale Küstenformen

Viele Küstenformen, besonders an der Ostsee, sind jedoch ursprünglich nicht durch das Meer entstanden, sondern durch die Kraft des Eises. Während der letzten Eiszeiten drangen ausgehend von Skandinavien immer wieder Gletscher durch das Meer bis nach Mitteleuropa vor. Das oft viele 100 Meter mächtige Eis formte sowohl die skandinavischen Felsgesteine als auch die südliche Ostseeküste. Die bekannteste Küstenform, die auf dem Wirken der Gletscher beruht, ist die Fjord-Küste. Schon vor den Kälteeinbrüchen „frästen" etwa im heutigen Norwegen Flüsse tiefe V-förmige Kerbtäler in die harten Gneise und Granite des Baltischen Schildes. Diese wurden anschließend durch das Abschürfen der wandernden Eismassen zu Trogtälern umgeformt und später infolge des nacheiszeitlichen Meeresspiegelanstiegs überflutet. Der Talgrund einiger Fjorde liegt heute bis zu 1.500 Meter unterhalb der Wasseroberfläche.

Im Gegensatz zu den skandinavischen Fjorden bildeten sich damals in den Lockergesteinen der schleswig-holsteinischen Ostseeküste die so genannten

Schärengebiet vor Turku in Finnland. Deutlich ist die rundliche, glattgeschliffene Form der Inseln zu erkennen. © GFDL

Förden. Es handelt sich dabei um von Gletscherzungen ausgehöhlte Meeresbuchten, die meist ziemlich schmal sind. Die Boddenküste an den dänischen Inseln und der Küste Mecklenburg-Vorpommerns ist dagegen eine „ertrunkene" Grundmoränenlandschaft, bei der die Bodden die flacheren Meeresbereiche dieser Küstenlandschaft darstellen. Die großen Lagunen sind nur über schmale Meeresarme mit dem offenen Meer verbunden und führen einen Mix aus Salz- und Süßwasser.

Wird dagegen eine so genannte Rundhöckerlandschaft vom Meer in Besitz genommen, spricht man von einer Schärenküste. Rundhöcker sind längliche, durch mächtiges Gletschereis abgerundete Hügel aus Fels, die häufig noch Schrammen aus der Eiswanderung aufweisen. Durch den Meeresspiegelanstieg nach dem Abschmelzen des Eises sind diese Rundhöcker heute als Felseninseln (Schären) der Küste vorgelagert. Wenn auch die ursprüngliche Form aller dieser glazialen Küstenformen durch die Wirkung der Gletscher angelegt wurde, werden sie heute durch Wind und Wellen erneut verändert und angepasst. Aus den Förden und den Boddenküsten bilden sich so im Laufe der Zeit Ausgleichsküsten.

Riffe und Atolle

Doch nicht nur Erosion und Ablagerung kreieren neue Landschaftsformen, auch die Natur betätigt sich mitunter gerne als Landschaftsarchitekt. So lassen Korallen

Stadien der Atoll-Entwicklung

Während die ursprüngliche Vulkaninsel langsam absinkt und erodiert wird, wächst das umgebende Korallenriff in die Höhe, bis es am Ende allein über das Meer hinausragt.

Ein Beispiel für ein typisches Atoll ist Bora Bora in Französisch-Polynesien (unten). Die im Hintergrund sichtbare Hauptinsel ist von Motus, kleinen Riffinseln, umgeben, die bis 300 Meter groß sein können. Sie sind mit Palmen und anderer tropischer Vegetation bewachsen.

© MMCD NEW MEDIA, GFDL

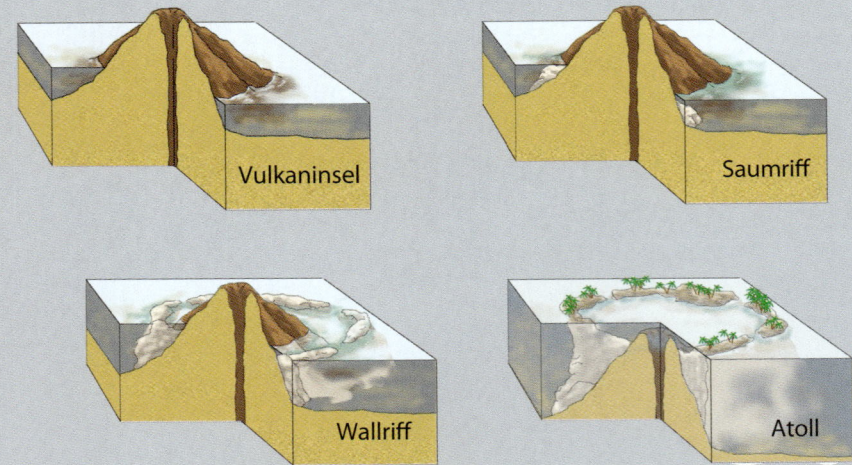

mit ihren kalkhaltigen Skeletten nicht nur die heutigen Riffe und Atolle der Erde wachsen und gedeihen: Sie und andere Riff bauende Organismen haben im Laufe der Jahrmillionen auch mächtige Kalkschichten erschaffen, die heute die Grundlage ganzer Landschaften bilden – wie beispielsweise in der Kalkeifel innerhalb des Rheinischen Schiefergebirges.

Erbauer eines Riffes sind Abermilliarden winzigster Korallenpolypen. Mithilfe von einzelligen Algen, mit denen sie in Symbiose leben, ist es ihnen möglich, Kalk aus dem Meerwasser und ihrer Nahrung abzusondern. Daraus bauen sie Wohnhöhlen, die das Skelett des Riffes bilden. Pro Jahr wächst auf diese Art ein Korallenriff zwei bis fünf Zentimeter. Der größte Teil des Riffes besteht aber aus einem toten Kern, auf dem die neuen Polypengenerationen nachwachsen. Allerdings sind die meisten Korallen ausgesprochen anspruchsvoll. Um optimale Lebensbedingungen zu haben, muss vor allem die Wassertemperatur zwischen 21 °C und 30 °C liegen. Die bunten und vielgestaltigen Tiere können außerdem nur in flachem, klaren und damit lichtdurchflutetem Wasser gedeihen, da ansonsten den Symbionten das lebensnotwendige Licht fehlt.

Korallen sind nicht nur Landschaftsbildner, sie sind auch die Basis für einen ganzen Lebensraum mit großer Artenvielfalt.
© gemeinfrei

Korallenriffe unterscheidet man nach ihrer Lage zur Küste oder ihrer Entstehung. So genannte Saumriffe, wie an den Küsten des Roten Meeres, liegen nah am Festland oder an Inseln. Barriereriffe dagegen begleiten das Festland in größerem Abstand vom Ufer. Das Great Barrier Reef vor der Nordostküste Australiens ist das größte seiner Art. Streng genommen ist es nicht nur ein Barriereriff, sondern setzt sich aus Saum-, Barriere- und Plattformriffen zusammen. Letztere bilden sich vorwiegend auf flachen Meeresböden. Die letzte Gruppe der Korallenriffe bilden Atolle. Sie umrahmen häufig erloschene Vulkaninseln und ragen als nahezu kreisrunde Kalkbauten aus den tropischen Meeren empor. Bereits Charles Darwin machte sich vor rund 150 Jahren Gedanken darüber, wie solche „Gebilde" entstanden sein könnten. Er vermutete damals, dass Atolle auf Absenkungsbewegungen von Vulkanen und einem dem Licht entgegenstrebenden Korallenwachstum beruhen könnten.

Die heutige Theorie setzt dagegen auf Erkenntnisse aus der Plattentektonik. Im Mittelpunkt steht dabei das allmähliche Verschwinden erloschener und sich abkühlender Hot-Spot-Vulkane im Meer. Um den Vulkan herum entwickelt sich nach Ansicht der Wissenschaftler zunächst ein Saumriff, das mitwächst, wenn

Das Atoll Atafu zeigt die typische Form, gut ist die Zentralinsel mit dem umgebenden Riff zu erkennen. © NASA/JSC

der Vulkan weiter absackt. Beträgt das Tempo des „Sinkflugs" nicht mehr als zwei Zentimeter pro Jahr, kann sich das Riff halten und bildet schließlich ein Atoll. Hinweise dafür, dass dieses Szenario stimmen könnte, gibt es einige. So hat man beispielsweise entdeckt, dass die Riffansätze einiger Atolle in über 1.000 Metern Tiefe liegen – wie zum Beispiel beim Eniwetok-Atoll im Pazifischen Ozean, das zu den Marshallinseln gehört.

Mehr als nur Meeresboden

Meere und Wellen sind aber nicht nur für die heutigen Küstenformen verantwortlich, auch ganz andere Landschaften, die uns bestens vertraut sind, haben ihren Ursprung eigentlich im Ozean. Und das Beste daran: Wir können sie sogar trockenen Fußes betreten. So war etwa das Gebiet, auf dem sich heute das Elbsandsteingebirge erhebt, vor rund 100 Millionen Jahren, während der Kreidezeit, von einem flachen Meer bedeckt.

Mit der Zeit lagerten sich dort gewaltige Mengen an Sedimenten ab, die sich im Laufe der Jahrmillionen unter dem Druck auflagernder Schichten in festes Gestein verwandelten. Später wurde der ehemalige Ozeanboden durch verschiedene geologische Prozesse angehoben und war ab dann der Erosion und vulkanischen Aktivitäten ausgesetzt, die ihn massiv veränderten. Als markante Landschaftsmerkmale übrig geblieben sind die härteren Bestandteile der uralten Sandsteintafel – die Tafelberge wie der Lilienstein in der Sächsischen Schweiz.

*Die zerklüftete Gletscher-
front des Perito-Moreno-
Gletschers in Patagonien.
Eisströme wie dieser for-
men ganze Landschaften.
© Harald Frater*

Die Kraft des Eises
Gletscher und Inlandeis

Gletscher geben heute nicht nur den Hochgebirgsregionen der Erde ein unverwechselbares Aussehen, auch in den Polargebieten bedecken riesige Eisschilde gewaltige Flächen und in der Antarktis sogar einen ganzen Kontinent. Doch trotz ihrer Größe und Mächtigkeit – die „weißen Riesen" sind extrem empfindlich. Auf das immer wärmer werdende Klima reagieren sie mit einem schnellen Schrumpfen. Vor allem in den Alpen schmelzen die Gletscher zurzeit mit alarmierender Geschwindigkeit. Aber das war nicht immer so.

Eiszeiten und ihre Landschaften

Eisfront eines Gletschers in Patagonien. Im Laufe der Erdgeschichte gab es immer wieder Zeiten, in denen Gletscher vorrückten und Eisdecken weite Teile des Planeten bedeckten.
© Harald Frater

Im Laufe der Erdgeschichte hat es häufig Zeiten gegeben, in denen Gletscher viel größere Teile der Erdoberfläche mit einem Panzer aus Eis bedeckten als heute. Dann zogen sie sich wieder zurück und unser Planet war nahezu eisfrei. Genau dieser ständige Wechsel aus Vorschieben und Rückzug der Gletscher hat viele Landschaften entscheidend verändert und geprägt.

Vor 4,5 Milliarden Jahren war die Erde noch ein gewaltiger Feuerball, bestehend aus glutflüssigem Material und geschmolzenem Gestein. Erst Jahrmillionen später bildete sich eine feste Kruste. Mit der Zeit kühlte die Oberfläche jedoch immer weiter ab und es entstanden erste Kontinente und Ozeane. Und irgendwann holte sich die Erde auch ihre erste richtige „Erkältung", es kam zum ersten Eiszeitalter. Diese bisher älteste bekannte Kälteepisode liegt nach Angaben von Klimaforschern mindestens 2,4 Milliarden Jahre zurück. Indizien für diese so genannte Huronische Vereisung wurden unter anderem in Kanada, Finnland, den USA, Südafrika und Indien gefunden.

Frostige Vergangenheit

Vor rund 800 bis 600 Millionen Jahren brachen sogar gleich mehrere extreme Eiszeiten in relativ kurzer Zeit über die Erde herein. Damals zeigten sogar Kontinente, die zu dem Zeitpunkt am Äquator lagen, Spuren dieser Vereisung. Unser

Ausmaß der Vereisung im Pleistozän. © MMCD NEW MEDIA

Heimatplanet flog als kosmischer Schneeball durch das All. Nur die aus dem geschmolzenen Kern aufsteigende Wärme verhinderte damals vermutlich ein vollständiges Einfrieren der Ozeane bis auf den Meeresgrund.

Auch in den letzten knapp 2,6 Millionen Jahren, im Zeitalter des Quartärs, gab es auf der Erde ein ständiges Auf und Ab der Temperaturen. Während in den Kaltzeiten zehn bis 15 °C weniger als heute gemessen wurden, waren sie in den dazwischenliegenden Warmzeiten den heutigen sehr ähnlich. Vor allem die vorletzte Kälteperiode, die Saale-Eiszeit, die vor 330.000 Jahren begann und erst mehr als 200.000 Jahre später zu Ende ging, machte fast der gesamten Nordhalbkugel und damit auch den dort lebenden frühen Menschen schwer zu schaffen. In vielen Teilen Norddeutschlands war das Eis bis zu 1.000 Meter dick. Vor etwa 135.000 Jahren reichten die Gletschermassen beispielsweise bis südlich von Berlin, Hannover oder Bremen.

Nicht ganz so schlimm war es dann auf dem Höhepunkt der letzten Kaltzeit, der Weichsel-Vereisung vor etwa 20.000 Jahren, als die Eismassen weltweit aber immerhin dreimal so groß waren wie heute. Das nördliche Amerika war von einer riesigen zusammenhängenden Eisdecke überzogen und auch über Skandinavien lag ein etwa 2.500 Meter mächtiger Eisschild. Mit einer Geschwindigkeit von 100 bis 230 Metern pro Jahr – dies haben Eiszeitforscher ermittelt – arbeiteten sich die gewaltigen Planierraupen aus Eis und Schnee damals nach Süden vor. Aus Gebirgen wie den Alpen kamen ihnen die ehemaligen Hochgebirgsgletscher entgegen, schürften Täler aus und bedeckten schließlich große Teile des Vorlands. Da in den frostigen Panzern gewaltige Wassermengen gespeichert waren, lagen die Meeresspiegel zum Teil mehr als 100 Meter niedriger als heute. In dieser Zeit hätte man problemlos trockenen Fußes nach England gelangen können.

Hügel, Täler und Schrammen

Sand, Kies und Geröll: Milliarden Tonnen an Material schoben die Gletscher bei ihren Vorstößen während der Kaltzeiten vor sich her. Gesteinsbrocken, die beispielsweise in Skandinavien abgetragen

Gletschervorstöße der drei letzten Eiszeiten in Deutschland. © MMCD NEW MEDIA

wurden, fanden sich nach Rückzug der Eismassen manchmal viele hundert oder tausend Kilometer weiter südlich wieder. Wurden riesige Brocken mitgerissen, verloren sie auf ihrem Weg Richtung Süden häufig an Masse oder wurden sogar komplett zerrieben und abgelagert. Bis zu 50 Tonnen Gewicht auf 100 Kilometer Reisedistanz – so ermittelten Wissenschaftler – hinterließen manche Quader auf den eiszeitlichen Gletscherautobahnen. Kein Wunder, dass deshalb selbst von gewaltigen Gesteinsbrocken am Zielort der Reise manchmal nur noch Staub oder fußballgroße Reste übrig blieben. Je widerstandsfähiger die Gesteine, desto besser überstanden sie den Transport. So sind etwa die aus hartem Granit bestehenden Markgrafensteine mit dem Eis von Skandinavien aus bis in die Nähe des Ortes Rauen in Brandenburg gelangt.

Immer dann, wenn die Gletscher in wärmere Gefilde vordrangen, wo der Eisnachschub das Abschmelzen nicht mehr ausgleichen konnte, kamen die Gletscher schließlich zum Stehen. In den Warmzeiten oder Interglazialen schmolzen sie schließlich ab und die von den Gletschern geprägten Landschaftsformen – in der Fachsprache Glazialformen – kamen zum Vorschein. Neue Hügellandschaften ragten aus den Ebenen heraus. Die ganze, vor kurzem noch vom Eis bedeckte Fläche war zudem mit einem Sammelsurium aus Staub, Sand, Dünen, Kiesen und Geröll überzogen.

Typisch für eine Grundmoränenlandschaft, hier im US-Bundesstaat New York, sind die sanften, flachen Hügel.
© GFDL

Typische Überbleibsel der Kaltzeiten sind unter anderem die verschiedenen Moränenformen. So führten die Gletscher beispielsweise Gesteinsmaterial, das sie durch ihre immense Gewichtskraft aus dem Untergrund oder aus seitlich gelegenen Felswänden herausschürften, als so genannte Grundmoräne mit sich. Sie besteht oft aus lehmigen Materialien, in die Geschiebe und Gesteinsbrocken eingebettet sind. Das Material der Grundmoräne ähnelt einem kunterbunten Sammelsurium, denn es ist weder eindeutig geschichtet, noch sortiert. Eine typische, eher kuppige Grundmoränenlandschaft findet man beispielsweise zwischen Hoptrup und Sönderballe in Südjütland, Dänemark.

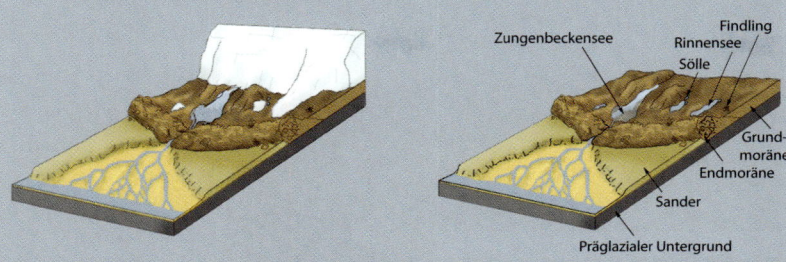

Zungenbeckensee
Findling
Rinnensee
Sölle
Grund-moräne
Endmoräne
Sander
Präglazialer Untergrund

Das sich zurückziehende Eis am Ende der Eiszeiten bildete nach und nach bestimmte charakteristische Landschaftsformen betroffene Landschaft, die so genannte Glaziale Serie.
© MMCD NEW MEDIA

Endmoränen nennt man dagegen die bogenförmigen Wälle aus Schutt, die Gletscher beim Vorstoßen an ihrer Spitze „abgeschabt" und vor sich her geschoben haben. Änderten sich die Klimaverhältnisse und das Eis begann langsam zu schmelzen, sammelten sich an der Gletscherstirn große Mengen an Schmelz-wasser. Mit der Zeit durchbrach dieses Wasser dann an vielen Stellen den Endmo-ränenwall und ergoss sich in die davorliegende Ebene. Dort bildeten sich zahl-reiche kleine Bäche und Flüsse, die sich schließlich in einem breiten Urstromtal trafen. Zu den bekanntesten Endmoränen Nordamerikas gehören die Tinley Moraine und die Valparaiso Moraine südwestlich von Chicago. Gleich eine ganze Serie von Endmoränen bildet den so genannten Salpausselkä im Süden und Osten Finnlands. Die Höhenzüge hatten ihren Ursprung vor rund 12.000 Jahren, als sich an den Rändern eines mächtigen Eisschildes gewaltige Mengen an Sand und Kies ablagerten.

Zu so genannten Mittelmoränen kommt es dagegen, wenn zwei Gletscher zusammenfließen und sich die Seitenmoränen zu einer steinigen Verschmelzungs-naht zusammenschließen. Mit der Zeit entstanden daraus attraktive wechselvolle Berg- und Tallandschaften. Viele dieser Relikte der Eiszeit, wie die Harburger Berge in der Nähe von Hamburg oder die Holsteinische Seenplatte, sind heute beliebte Ausflugs- und Tourismusgebiete.

Doch Gletscher haben auch noch andere charakteristische Spuren hinter-lassen. So schrammten an der Unterseite des Eisriesen teilweise eingefrorene Gesteinsbrocken während des Transports heftig über den Felsuntergrund. Durch die in Fließrichtung des Gletschers „gekritzten" Gesteine konnten Forscher sogar bereits großflächige Vereisungen im Laufe der Erdgeschichte nachweisen. So gibt es zum Beispiel Gletscherschrammen in der Sahara, die an der Grenze vom Ordo-vizium zum Silur, etwa vor 450 Millionen Jahren, entstanden sind.

In Gebirgen wie den Alpen schlossen sich die Gletscher des Haupttals und der Nebentäler irgendwann zusammen und flossen gemeinsam abwärts, ähnlich einem Strom, der auf seinem Weg zahlreiche Flüsse aufnimmt. Dabei wurden ehemalige Kerbtäler mit einem V-Querschnitt durch die Kraft des Eises zu

Gletscherschrammen im Gestein sind ein Relikt früherer Verei-sungen. © Harald Frater

U-förmigen Trogtälern umgewandelt. Typisch für letztere sind die breiten, flachen Talböden und die steilen, oft sogar senkrechten Seitenwände. Bekannte Beispiele dafür sind das Inntal, das Tal des Gschlößbaches in den Hohen Tauern Österreichs oder der Königssee, ein langgestreckter Gebirgssee im Berchtesgadener Land.

Seen ohne Ende

Auch viele andere Seen verdanken ihre Entstehung den Kaltzeiten und speziell der Arbeit von Gletschern. Durch ihre ausschürfende Wirkung, Wissenschaftler sprechen von Exaration, bildeten sich tiefe „Dellen" in der Landschaft, in denen sich später Wasser sammeln konnte. Solche glazialen Seen findet man beson-ders in den Regionen, die während des Pleistozäns noch von Gletschereis bedeckt waren. Dort haben sich viele der ehemals vereisten Gebiete sogar in ausgedehnte Seenlandschaften verwandelt, wie zum Beispiel die Großen Seen in Nordame-rika oder die Mecklenburgische Seenplatte. Am nördlichen Alpenrand trifft man zudem auf zahlreiche, oft in Nord-Süd-Richtung verlaufende Seen. Sie sind Relikte der letzten Eiszeit (Würm-Eiszeit), die vor rund 115.000 Jahren begann und bis vor etwa 12.000 Jahren andauerte. In dieser Zeit schoben sich mächtige Gletscher aus den Alpen mit ihren breiten Zungen bis weit in das Vorland vor. Dabei gruben sie tiefe Kerben in den weichen Untergrund. Nach dem Abschmelzen der Eismassen blieben mächtige Becken in der Landschaft zurück und füllten sich mit Schmelzwasser – Zungenbeckenseen nennt man diese heute.

Ebenfalls typisch für Höhenzüge wie die Alpen oder den Schwarzwald sind darüberhinaus Karseen wie der Mummelsee oder der Feldsee in Baden-Württemberg. Solche heute mit Wasser gefüllten Mulden beruhen ebenfalls auf der Erosion durch Gletscher. Immer dann, wenn während der Kaltzeiten ein Gletscher an einer Hangnische seinen Ursprung hatte, wurde diese durch das Zusammenspiel von Herausbrechen (Detraktion), Ausschürfen (Exaration) und durch am Gletscherboden mitgeführtes Material (Detersion) weiter ausgehöhlt. Mit der Zeit bildete sich eine schüsselartige oder sesselförmige Hohlform, ein Kar, in dem sich in wärmeren Zeiten Wasser ansammelte.

Und noch ein anderes Seephänomen geht auf die Würm-Eiszeit zurück: Toteisseen. Als die Gletscher vor etwa 20.000 Jahren langsam ihren Rückzug antraten, blieben zunächst an manchen Stellen noch einzelne Eisreste zurück. Dieses Toteis schmolz erst hunderte oder tausende Jahre später, da es von Schutt und Stäuben bedeckt und deshalb nicht der Sonnenstrahlung ausgesetzt war. Als am Ende das Toteis schließlich doch abtaute, füllten sich auch hier die freigegebenen, meist rundlichen Senken (Toteislöcher) mit Wasser. So bildeten sich beispielsweise auch die Osterseen südlich des Starnberger Sees, als die letzten Reste des Isar-Loisach-Gletschers mit der Zeit verschwanden.

Ganz anderen Ursprungs sind dagegen die bei Urlaubern sehr beliebten Lago Maggiore und Luganer See. Dabei handelt es sich um so genannte Rinnenseen – langgestreckte, schmalere Gewässer, die durch die erodierende Wirkung des Schmelzwassers unterhalb von Gletschern entstanden sind.

Der Seenreichtum einer von Gletschern geprägten Landschaft trägt nicht nur zur Attraktivität der Region für Touristen bei, er ist für Wissenschaftler auch ein wichtiges Kriterium zur Unterscheidung von Jung- oder Altmoränenlandschaften. Jungmoränenlandschaften waren während der letzten Vereisungen – Weichsel und Würm – noch vollständig von Gletschern bedeckt. Erst vor etwa 20.000 Jahren wurden sie ihre eiskalte Last los und das stark von den Eismassen geformte Relief ist noch weitgehend erhalten geblieben. Eine solche Jungmoränenlandschaft existiert in Deutschland beispielsweise rund um den Selenter See im Kreis Plön, den zweitgrößten See Schleswig-Holsteins. Dort findet man noch heute bis zu 90 Meter hohe Endmoränenwälle.

Ganz anders sieht es dagegen bei den Altmoränengebieten aus, die die letzten Gletschervorstöße nicht mehr erreicht haben. Dort sind die Seen zunehmend verlandet und heute teilweise sogar ganz verschwunden. Und auch die glazialen Oberflächenformen sind längst durch exogene Prozesse deutlich eingeebnet worden. Zu den Altmoränenlandschaften gehört unter anderem die schleswig-holsteinische Geest. Aber auch das schwäbische Alpenvorland in der Nähe von Biberach wird dazugezählt.

Die gewaltige Kraft des Eises hat also im Laufe der Jahrmillionen immer wieder ebenso markante wie vielfältige Landschaften und Landschaftselemente geschaffen, die von ihrem Grundaufbau her durch das Modell der glazialen Serie beschrieben werden können. Sie besteht aus Grundmoräne mit Zungenbecken, Endmoräne, Sander und Urstromtal, die aus der Sicht eines sich zurückziehenden Gletschers räumlich aufeinander abfolgen und etwa zur selben Zeit gebildet wurden. In der Landschaft ist diese „Serie" aber nicht immer erhalten geblieben, da spätere Vereisungen das Relief erneut „planierten" oder Wind, Schmelzwasser oder Frost die Oberflächenformen abgetragen haben.

Die sanften Hügel des Voralpenlandes sind Relikte einer Grundmoränenlandschaft.
© Harald Frater

Noch mehr Relikte der Eiszeit: Findlinge und Löss

In ganz Deutschland und anderen Ländern noch häufig sind dagegen andere Überbleibsel aus den Eiszeiten. Dabei handelt es sich um meist größere Gesteinsbrocken mit einem Durchmesser von ein bis zwei Metern – die so genannten Findlinge. Manche haben ein Gewicht von bis zu 300 Tonnen. Einer der größten Findlinge ist das unter Naturschutz stehende Holtwicker Ei im Münsterland. Noch ganz andere Dimensionen hat jedoch der Big Rock nahe der Großstadt Calgary in der kanadischen Provinz Alberta. Er wird auch Okotoks Erratic genannt und gilt als einer der größten bekannten Findlinge der Erde. Seine Maße: 15.000 Tonnen schwer, 41 Meter lang, 18 Meter breit und neun Meter hoch.

Der Big Rock in Alberta gilt als einer der größten Findlinge der Erde (links).
Das Holtwicker Ei im Münsterland ist knapp zwei Meter hoch und wiegt 300 Zentner (Mitte).
Der Große Markgrafenstein in den Rauenschen Bergen in Brandenburg war ursprünglich sogar mehr als sieben Meter groß.
© GFDL, GFDL, Markus Schweiß/GFDL

Während von solchen Findlingen schon mal die Tourismusbranche profitiert, leistet der Lössboden der Landwirtschaft gute Dienste. Mithilfe von Fallwinden oder Stürmen wurden während der Eiszeiten große Mengen an feinen mineralischen Bestandteilen über die Tiefebene getrieben. Die winzigen Quarz- und Kalkkügelchen türmten sich schließlich in meterdicken Schichten vor den Mittelgebirgen auf oder lagerten sich in den Flusstälern ab. Im Laufe der Zeit entstand aus diesen wertvollen Sedimenten ein gelblich-brauner Boden – der Löss. Er ist außerordentlich fruchtbar und insbesondere für Ackerbau besonders gut geeignet. Weizen, Roggen, Zuckerrüben – hier wächst alles, was das Herz eines Landwirts begehrt. Doch nicht nur Seen, Täler, Böden und Findlinge sind durch die Gletscherwanderung entstanden, auch die heutigen Küstenformen haben wenigstens zum Teil erst während der Eiszeiten ihren letzten Schliff erhalten. So haben sich in den Lockergesteinen der schleswig-holsteinischen oder dänischen Ostseeküste beispielsweise zahlreiche Förden gebildet, die tief in das Land hineinragen.

Löss (links) und Flugsand (rechts) sind ebenfalls Produkte der Eiszeit. © Harald Frater

Gletscher – Flüsse aus Eis

Gletscherzunge am Zusammenfluss von Morteratsch- und Pers-Gletscher im Oberengadin.
© Günter Seggebäing/GFDL

Doch wie entstehen eigentlich Gletscher? Warum kommen sie ins Fließen? Und welche Spuren haben die Eisriesen bei ihrer Wanderung auf der Erdoberfläche hinterlassen? Auf diese Fragen haben Gletscherforscher mittlerweile wenigstens zum Teil eine Antwort parat. So sind die extremen Klimaabkühlungen, die die Grundlage für ausgedehnte Kaltzeiten und damit für Gletscher bilden, unter anderem auf Schwankungen der Erdbewegungen (Milanković-Zyklen), plattentektonische Vorgänge sowie auf einen abnehmenden Kohlendioxidgehalt in der Erdatmosphäre zurückzuführen.

Gletscher gab es zunächst nur im Bereich der Hochgebirge und in den polaren Regionen. Als sich das Klima abkühlte und mehr Niederschläge als Schnee, Graupel oder Hagel über ihnen niedergingen, als durch Abschmelzen verloren ging, begannen sie zu wachsen. Und zwar so: Neuschnee hat eine Dichte von etwa 0,2 Gramm pro Kubikzentimeter und enthält noch circa 90 Prozent Luft. Durch Antauen und Wiedergefrieren der feinen Schneekristalle bilden sich mit der Zeit aber kleine, klumpige Schneekörner, der Firnschnee. Er ist etwa doppelt so schwer wie Neuschnee und sein Luftanteil sinkt auf 40 Prozent. Fällt dann immer mehr Neuschnee, steigt der Druck und der Firn verdichtet sich. Die mit Luft gefüllten Zwischenräume werden dabei durch eindringendes und anfrierendes Schmelzwasser langsam geschlossen. Firnschnee wird zu Firneis und dieses allmählich zum bekannten blau schimmernden Gletschereis. Die Umwandlung vom Schnee zum Gletschereis geschieht beispielsweise in den Alpen innerhalb weniger Jahre. In Nordwestgrönland dagegen dauert der gleiche Prozess wegen der extrem kalten Temperaturen und der geringen Luftfeuchtigkeit erheblich länger – bis zu 100 Jahre.

Hat ein Gletscher durch andauernde Schneefälle kräftig an Masse zugelegt, üben die Eismassen einen gewaltigen Druck auf seine Unterseite aus – der Gletscher beginnt zu fließen. Da sich das Eis ähnlich einem Förderband in seinem Inneren bewegt, wird den vorpreschenden Gletscherzungen immer neues Material zugeführt und sie erobern immer mehr Festland – egal ob als Gebirgs- und Talgletscher oder als mächtige Inlandeisschilde in der Antarktis oder auf Grönland. Das Innere der einzelnen Gletschereiskörner kann man sich dabei wie einen Kartenstapel vorstellen, der sich bei Druck zu verschieben beginnt. Forscher sprechen in diesem Fall von laminarem Gleiten. Die Summe vieler dieser kleinen Blättchen ermöglicht dann das Fließen des Eispanzers. Die Gletscherwanderung verlief je nach Relief und Klimaverhältnissen unterschiedlich schnell. Besonders „rasant" bewegten sich die Eismassen dann, wenn der Untergrund eben war und die Gletscher wenig Sand, Gestein oder Geröll aufnahmen. Größere Wassermengen, die sich unter dem Gletscher sammelten, erhöhten das Tempo weiter.

Warum Gletscher auch als „Weiße Riesen" gelten, wird deutlich, wenn man sich beispielsweise die Eismächtigkeit von aktuellen Talgletschern in den Alpen näher anschaut. So beträgt sie beim Gorner-Gletscher erstaunliche 450 Meter und beim Aletsch-Gletscher sogar 800 Meter. Beeindruckend sind auch die Flächen, die viele Gletscher einnehmen. So ist der erst 1956 entdeckte Lambert-Gletscher in der Antarktis über 400 Kilometer lang und bedeckt ein Gebiet von knapp einer Million Quadratkilometern. Er gilt deshalb als längster und größter Gletscher der Erde.

Der Druck des aufliegenden Eises komprimiert das Eis immer mehr. Deutlich sind hier am Skaftafell in Südisland die einzelnen Eisschichten zu erkennen.
© Andreas Tille/GFDL

Der größte und längste Gletscher der Alpen: der Aletsch-Gletscher.
© Tobias Alt/GFDL

Gletscherseen – tickende Zeitbomben?

Sie sind eiskalt, milchig-trüb und oft mit Millionen Litern an Schmelzwasser gefüllt: Gletscherseen gehören zu den auffälligsten und imposantesten Naturphänomenen in den Hochgebirgen – und zukünftig vielleicht auch zu den gefährlichsten. Denn wenn ihre natürlichen Dämme aus Gesteinsschutt oder Eis bersten, stürzen gewaltige Mengen an Wasser zu Tal und bringen Tod und Zerstörung in die tiefer gelegenen, bewohnten Regionen. Oft reicht schon eine Eislawine,

Gletscherzunge: An Gletscherzungen ist das Abtauen meist stärker als der Nachschub von Schnee und Eis. Durch stärkeres Abschmelzen an den Rändern des Gletschers ist die Gletscherzunge in der Gletschermitte höher als am Rand.

Gletscherspalten: Gletscherspalten entstehen, wenn der Gletscher Geländestufen überwindet oder sich das Gletscherbett verbreitert. Die entstehenden Spannungen werden durch Längs- und Querspalten ausgeglichen.

Seracs: An besonders steilen Stellen kann die Gletscheroberfläche in ein Chaos von Eistürmen und Spalten, so genannten Seracs, zerreißen.

Gletscherbach: Schmelzwasser, das durch Gletscherspalten an den Grund des Gletschers dringt, sammelt sich und fließt an der Gletschersohle talwärts. Als Gletscherbach tritt es unten aus dem Gletscher aus.

Strukturen eines Talgletschers

Gletschertor: Schmelzwasser tritt meist an einer Stelle der Gletscherzunge aus, dem Gletschertor. Diese Austrittsstelle ist oft in Richtung des Gletschers höhlenartig erweitert.

Endmoräne: Endmoränen bestehen aus Material, das der Gletscher vor sich hergeschoben und abgelagert hat. Unterschieden werden Stauch- und Satzendmoränen.

Mittelmoräne: Eine Mittelmoräne entsteht, wenn zwei Gletscher zusammenfließen. Am Wulst aus Abtragungsschutt lässt sich die „Verschmelzungsnaht" erkennen.

Seitenmoräne: Seitenmoränen setzen sich aus dem vom Gletscher mitgeschleppten Material, aber auch aus dem Schutt der angrenzenden Hänge zusammen.

Mittelmoräne

Gletscherspalten

Seracs

Gletscherzunge

Seitenmoräne

Gletschertor

Gletscherbach

Endmoräne

Oben: Strukturen eines Talgletschers.
Links: Unterer Abschnitt des Triftgletschers in der
Schweiz mit dem zugehörigen Gletschersee.
© MMCD NEW MEDIA/Harald Frater, gemeinfrei

ein Felsabbruch, ein Erdbeben oder eine Sturzflut aus, um die Seen „explodieren" zu lassen und eine verheerende Flutwelle auszulösen. Bisher traten solche Naturkatastrophen nur selten auf, bald jedoch könnten sie zur Normalität gehören. Denn viele Gletscherseen weltweit schwellen wegen des Klimawandels immer weiter an. Das Schmelzwasser der schrumpfenden weißen Riesen füllt sie auf und erhöht den Druck auf ihre natürlichen Dämme. Bei einer Bestandsaufnahme im Himalaja haben Forscher allein in den beiden Staaten Nepal und Bhutan über 5.000 solcher Gewässer entdeckt – 44 davon könnten bereits in nächster Zeit ausbrechen. Der gefährlichste von ihnen ist der Tsho Rolpa in Nepal. In den letzten 50 Jahren ist er auf das Sechsfache seiner ursprünglichen Größe angewachsen und droht nun den Damm zu sprengen. Um die Bevölkerung in den tiefer gelegenen Tälern besser vor einer drohenden Flutwelle zu schützen, haben Forscher am Tsho Rolpa mittlerweile ein Frühwarnsystem installiert. Mithilfe eines Kanals konnte der Seespiegel zudem um mehrere Meter gesenkt werden.

Linke Seite: Gletscher unterhalb des Fitz Roy im Nationalpark Los Glaciares in den argentinischen Anden. © Harald Frater

Kalben im Megamaßstab – Küstengletscher

Küsten- oder „Outlet"-Gletscher haben im Vergleich zu den Berggletschern ein spektakuläreres Ende. Ihre Gletscherzungen schmelzen nicht in den Bergtälern ab, sondern sie stürzen als riesige Eismassen in den Ozean: Der Gletscher „kalbt" und ein Eisberg entsteht. Bei den antarktischen und grönländischen Gletschern sind Eisabbrüche in der Größe eines Mehrfamilienhauses keine Seltenheit. Einer der größten gesichteten antarktischen Tafeleisberge hatte eine Länge von 180 Kilometern und eine Höhe von 200 Metern.

Kalbungsfront eines Gletschers im Bereich der antarktischen Halbinsel. © Harald Frater

Kalbt ein Gletscher, verliert er nicht nur einen großen Teil seiner Eismasse, er setzt auch große Wassermengen frei. Solange Wasser gefroren ist, nimmt es nicht am globalen Wasserkreislauf teil – es ist für Austauschprozesse blockiert. Erst wenn ein Eisberg oder Gletscher schmilzt, gelangen die Wasserteilchen wieder in den Kreislauf zurück. Die Zeit, die ein Wasserteilchen im Gletscher verweilt, liegt im Mittel bei 10.000 Jahren, ist aber je nach klimatischen Verhältnissen und Eismassen unterschiedlich. Das gefrorene Wasser eines Alpengletschers verbleibt beispielsweise „nur" 100 Jahre im Gletscher, bevor es verdunstet oder abfließt. Das Eis Grönlands hingegen hat an manchen Stellen ein Alter von über 100.000 Jahren, und bis dieses Eis wieder zu Wasser wird, kann es noch sehr lange dauern.

Die immer wieder an die Gletscherfront schlagenden Wellen, sind die Hauptursache für das Kalben. In der Höhe des Wasserspiegels höhlen sie den Gletscher aus. Dem überlagernden Eis fehlt das Widerlager und es bricht in das Meer. Auch die Kräfte der Gezeiten und Strömungen nagen am Eis und lassen Spalten entstehen, an denen die Gletscherteile

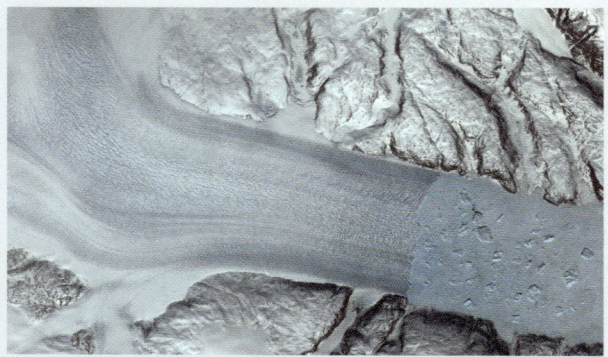

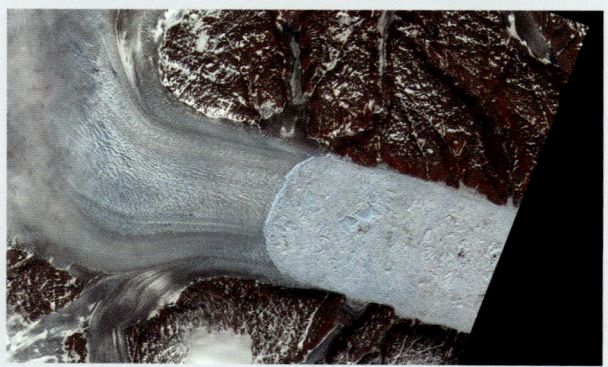

Zwischen Mai 2001 und Juni 2005 hat sich der Helheim-Gletscher (jeweils links im Bild) auf Grönland um 7,5 Kilometer landeinwärts zurückgezogen. Rechts auf den Bildern sind kleine und große Eisberge zu erkennen. © NASA/Earth Observatory/Jesse Allen

abbrechen. Zum Kalben kann es aber auch kommen, wenn die Landfläche eines Küstengletschers uneben ist. Überfährt ein Gletscher kurz vor der Küste diese Unebenheiten, bilden sich Gletscherspalten. Entlang dieser Brüche trennen sich die Eisberge von dem Gletscher und fallen in das Meer. Wenn sich eine Gletscherzunge in das Wasser schiebt, ohne sofort abzubrechen, kann diese unter die Wasseroberfläche absinken. Löst sich ein Eisberg aus dem Gletscherverband, taucht er aufgrund seines großen Auftriebs schnell und mit einem mächtigen Schwall auf.

„Weiße Riesen" in Gefahr?

Auch wenn wir heute in wärmeren Zeiten leben, ist die weitere Entwicklung der Gletscher ungewiss. Der Grund: Die Klimaerwärmung beeinträchtigt die heute noch existierenden, äußerst sensiblen Eissysteme erheblich. Der Vergleich historischer Aufnahmen mit der heutigen Lage zeigt, dass die meisten Alpengletscher in den letzten 150 Jahren bereits einen Großteil ihrer Masse verloren haben – und sie sind nicht die einzigen weltweit.

So hat ein Forscherteam der NASA im November 2008 rekordverdächtige Eisverluste der Gletscher Alaskas festgestellt. Der Geophysiker Scott Luthke und seine Kollegen vom Goddard Space Flight Center der NASA in Greenbelt verfeinerten satellitenbasierte Methoden so, dass es möglich wurde, die Massenveränderungen einer Eisdecke im Laufe der Jahre und der Jahreszeiten zu beobachten. Als Versuchsgebiet wählten sie die Gletscher im Golf von Alaska, eine für den Klimawandel sehr wichtigen Region. „Die Region des Golf von Alaska ist 20-Mal kleiner als die eisbedeckte Fläche Grönlands, dennoch trägt sie fast halb so viel zum Schmelzwassereinstrom ins Meer bei wie Grönland und ist für rund 15 Prozent des heutigen Meeresspiegelanstiegs verantwortlich", erklärt Luthke. „In Anbetracht der Tatsache, dass der Golf von Alaska einen unverhältnismäßig großen Anteil daran hat, ist es entscheidend, dass wir mehr über die Eisveränderungen in diesem Gebiet erfahren."

Das Forscherteam nutzte für die Messungen die Daten des „Gravity Recovery and Climate Experiment" (GRACE), einer aus zwei Satelliten bestehenden Kombination von Messsonden, die noch winzigste Veränderungen der Erdschwerkraft registrieren, wie sie auch durch Veränderungen der auflagernden Eismassen eines Gletschers ausgelöst werden. Mithilfe einer verfeinerten Datenanalysemethode konnten Luthke und seine Kollegen nun in einem Gebiet von 49.000 Quadratkilometern die Entwicklung der Gletschermassen alle zehn Tage erfassen. Das Ergebnis: Jedes Jahr verlieren die Gletscher des Golfs von Alaska rund 84 Gigatonnen an Masse – das entspricht dem Fünffachen der Wassermenge des Colorado River im Grand Canyon. Besonders große Eisverluste traten dabei in Yakutat, der Glacier Bay und der Region St. Elias auf. Die neuen Ergebnisse stimmen mit bereits zuvor beobachteten Trends von Flugzeugmessungen und anderen Satelliten überein. Auch die Eisschilde auf Grönland und in der Antarktis verlieren gegenwärtig nach Einschätzung des Intergovernmental Panel on Climate Change (IPCC) durch Schmelzen und Gletscherabbrüche erheblich an Masse und tragen schon jetzt 0,4 mm jährlich zum Meeresspiegelanstieg bei.

Doch damit nicht genug. In den nächsten 100 Jahren wird sich die Situation an den Gletschern und Eisschilden der Erde vermutlich noch dramatisch verschlechtern. Um bis zu 6,4 °C könnten die globalen Temperaturen nach Berechnungen des IPCC bis dahin ansteigen. Die größte Erwärmung wird vor allem in den hohen nördlichen Breiten erwartet. Doch schon, wenn es nur 1,5 bis 3,5 °C heißer wird, drohen gravierende Folgen– auch oder gerade für die Gletscher. Denn dann würde laut IPCC höchstwahrscheinlich ein unumkehrbarer Abschmelzprozess der Eisschilde Grönlands und in der westlichen Antarktis mit einem entsprechenden Meeresspiegelanstieg in Gang gesetzt. Und die Gletscher der Alpen wären spätestens am Ende des 21. Jahrhunderts ohnehin verschwunden …

Das Eis schmilzt nahezu weltweit. So auch hier am isländischen Vatnajökull-Gletscher.
© Andreas Tille/GFDL

Gletscherrekorde

Malaspina-Gletscher
Malaspina heißt der größte Gebirgsgletscher der Erde außerhalb der Polgebiete. Sein Eis überspannt an der südlichen Pazifikküste von Alaska 4.275 km² Fläche.

Austfonna-Gletscher
Mit 8.200 km² Fläche übertrifft der Austfonna auf der zu Norwegen gehörenden Inselgruppe Svalbard alle anderen Gletscher Europas an Größe.

Kutiah-Gletscher
Eine Fließgeschwindigkeit von zwölf Kilometern in drei Monaten brachten dem Kutiah-Gletscher in Pakistan 1953 den Titel als schnellster Gletscher der Welt.

Vatnajökull-Gletscher
In Bezug auf das Volumen ist der Vatnajökull auf Island der Rekordhalter in Europa. Fast 3.000 Kubikkilometer Eis sind dort zu finden.

Fedtschenko-Gletscher
Er ist 77 Kilometer lang, aber nur bis zu drei Kilometer breit: der Fedtschenko-Gletscher im Pamirgebirge in Tadschikistan gilt als weltweit längster Gletscher außerhalb der polaren Gebiete.

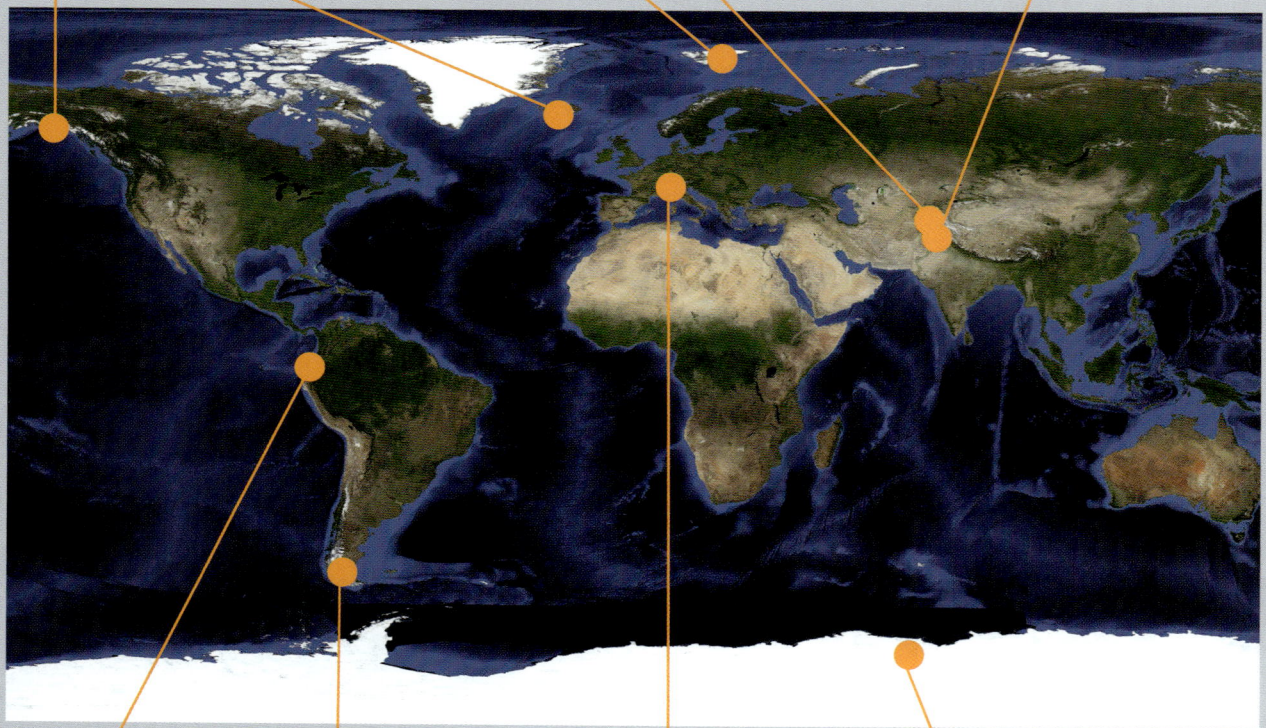

Campos de Hielo Sur
16.800 Quadratkilometer Fläche machen das Gletschergebiet Campos de Hielo Sur in Chile und Argentinien zum größten Südamerikas. Dazu gehören unter anderem der Viedma-Gletscher (978 km²), der Upsala-Gletscher (902 km²) und der berühmte Perito-Moreno-Gletscher (258 km²).

Lambert-Gletscher
Mehr als 500 Kilometer lang und über 80 Kilometer breit: Der 1956 entdeckte Lambert-Gletscher in der Antarktis bedeckt ein Gebiet von knapp einer Million Quadratkilometern und gilt deshalb als längster und größter Gletscher der Erde.

Vulkan Cayambe
Nur vier Kilometer vom Äquator entfernt in den Anden Ecuadors liegt der höchste Punkt des knapp 5.800 Meter hohen Vulkans Cayambe. Seine Gletschergebiete gelten als äquatornächste der ganzen Welt.

Großer Aletsch-Gletscher
Der Eisriese Aletsch in der Schweiz ist über 23 Kilometer lang, besitzt rund 26,5 Milliarden Tonnen Eis und bedeckt eine Fläche von 117,6 km². Damit ist er der mächtigste Gletscher der Alpen.

Die Pasterze in den Hohen Tauern ist der größte Gletscher der Ostalpen. © Harald Frater

Der „Delicate Arch"-Stein-
bogen im Arches-
Nationalpark in Utah,
USA, wurde durch die
Kraft des Windes geformt.
© Thomas Schoch/GFDL

Die Kraft des Windes
Unsichtbar, aber folgenreich

Er ist unsichtbar, lässt sich nicht mit Händen greifen, und doch verändert und formt er ganze Landschaften: der Wind. Mit seiner enormen Kraft bewegt er Millionen von Tonnen feinstes Material, schleift harte Gesteine wie ein Sandstrahlgebläse ab, türmt Dünen auf oder hinterlässt riesige Senken.

Vor allem dann, wenn der Untergrund trocken ist und eine Vegetation fehlt, kann der Wind seine Transport- oder Verwitterungskraft entfalten. Am deutlichsten sind seine Spuren daher in den Wüsten, Halbwüsten, Steppen oder Savannen zu erkennen.

Der Wind als Transportmittel

Ein Sturm trägt Sand und Staub aus der Sahara weit über den Atlantik hinaus. © NASA/GSFC, SeaWiFS Project, ORBIMAGE

Er ist unsichtbar, aber mächtig. In Wirbelstürmen und Tornados lässt seine Kraft Bäume schwanken, deckt Häuser ab und wirbelt selbst gewaltige Trümmerbrocken durch die Luft. Doch auch im ganz Kleinen entfaltet er seine Wirkung, Staubteilchen für Staubteilchen und Sandkorn für Sandkorn. Kaum bemerkt, kann er so im Laufe der Zeit buchstäblich Berge versetzen.

Wer schon einmal bei Wind am Strand gelegen und dabei den Sand beobachtet hat, der kennt das Phänomen: Der Wind streift über die Sandoberfläche und bringt Sandkörner zum Rollen. Jedes Korn bewegt sich dabei ein kleines Stück, stößt dann an ein anderes Korn und bleibt anschließend wieder liegen. Dieses Rollen und Kriechen des Sandes nennen die Fachleute Reptation. Bei Körnern von zwei bis vier Millimetern Durchmesser genügen schon Windgeschwindigkeiten von 25 bis 40 Kilometer pro Stunde, das entspricht den Windstärken 4 bis 5, um diese Bewegung auszulösen.

Wird der Wind ein wenig stärker, ändert sich das Bild: Jetzt stoppen die rollenden Sandkörner nicht mehr an einem Hindernis, sondern werden von der Kraft des Windes in die Luft gerissen. Ein kurzes, flaches Stück weit fliegen sie und fallen dann wieder herunter. Bei dieser so genannten Saltation gleicht ihre Flugbahn kleinen, parabelförmigen Bögen. Bei ihrem Wiederaufprallen auf den Boden geben sie ihre Bewegungsenergie an andere Körner weiter. Diese springen dann ihrerseits in die Höhe oder kommen ins Rollen. Gerade bei sehr feinen Sanden ist dies die typische Bewegungsform.

Ob der Wind ein Material zum Springen oder Kriechen bringt, ist demnach von der Windgeschwindigkeit, aber auch von der Korngröße abhängig. Diese Faktoren bestimmen darüber hinaus, wie weit der Wind das Material mitschleppt. Am kürzesten werden naturgemäß die schwereren, größeren Körner mitgetragen, am weitesten die feinen Stäube.

Wirbelnder Staub über tausende Kilometer

Besonders deutlich wird dies an einer sehr dramatischen Form des Windtransports: Gerade noch ist es windstill, doch dann rast plötzlich eine dunkle Wolke heran – ein Sandsturm. Feiner, erstickender Staub dringt in Nase, Mund und Kleidung, bedeckt in Windeseile alles in weitem Umkreis. Das umherwirbelnde Material nimmt jede Sicht, alles erscheint nebelig und trüb. Ein Kubikkilometer Luft kann in einem dichten Staubsturm bis zu 1.000 Tonnen Staub enthalten. Pro Jahr können solche Stürme mehrere Milliarden Tonnen Sand und Staub bewegen. Ist die Windgeschwindigkeit hoch genug, schleudert ein solcher Sturm die feinen Partikel bis in mehrere Kilometer Höhe. Ein großer Teil davon wird regelmäßig von Höhenluftströmungen erfasst und mehrere tausend Kilometer mitgeschleppt.

Der westwärts wehende Passatwind trägt die gewaltigen Staubwolken über den Atlantik bis in die Karibik nach Südamerika. Hier sorgen sie als regelrechte „Nährstoff-Dusche" im Regenwald für neues Leben, wenn sie sich in den Kronen der Bäume niederschlagen. So genannte Aufsitzerpflanzen wie Orchideen, Bromelien oder Flechten gewinnen aus den Sanden lebenswichtige Nährstoffe wie Kalium, Kalzium oder Phosphor. Ohne diesen Mineraliennachschub aus der afrikanischen Wüste würde der südamerikanische Regenwald in seiner heutigen Form nicht existieren. Kürzlich stellten Wissenschaftler fest, dass der Wüstensand auf diese Weise nicht nur die Amazonasregion versorgt, sondern sogar bis in die Bergregenwälder Ecuadors transportiert wird. Zuvor war lange unbekannt, woher diese Wälder, die oft auf armen, sauren Böden zu finden sind, ihre Nährstoffe erhalten.

Staubstürme, wie hier in Al Asad im Irak, tragen Sand über tausende von Kilometern.
© U.S. Marine Corps/Alicia M. Garcia

Der Wind aus der Sahara bringt Nährstoffe für den südamerikanischen Regenwald.
© Harald Frater

Der Scirocco transportierte am 22. Februar 2004 Staub aus der Sahara bis nach Kufstein in Tirol. © GFDL

Sydney am Morgen des 23. September 2009: Der Staub aus dem Outback färbt die Luft leuchtend orange-rot. © GFDL

Kampf gegen Staubstürme

Der Wüstensand kann aber auch bis nach Mitteleuropa vordringen, wenn der heiße Wind des Scirocco von der Sahara über das Mittelmeer nach Norden weht. Dann überziehen die Stäube aus der Wüste manchmal sogar die Gletscher der Alpen mit einer rötlich-gelben Schicht. Während dieses Phänomen in Europa eher selten ist, trifft es andere Regionen der Erde immer häufiger: Der Klimawandel und die durch Überweidung oder Rodungen geförderte Ausbreitung der Wüsten sorgen dafür, dass Sandstürme immer häufiger auch dicht besiedelte Gebiete treffen.

Im September 2009 traf es beispielsweise die australischen Metropolen Sydney, Brisbane und Canberra: Stürme im Outback von New South Wales hatten eine Wolke roten Staubs und Sandes über weite Bereiche der Ostküste getragen. Eine außergewöhnlich lange Periode der Dürre hatte das Gebiet besonders anfällig für diese Verwehung gemacht. Am 23. September hatte die aufgewirbelte Staubwolke eine Breite von 500 Kilometern und erstreckte sich über 1.000 Kilometer Länge. Einen Tag später maß der Terra-Satellit der NASA sogar eine Ausdehnung von 3.450 Kilometern. Nach Schätzungen der australischen Wissenschaftsorganisation CSIRO transportierte der Sturm insgesamt mehr als 16 Millionen Tonnen Staub, seine Dichte erreichte 15.400 Mikrogramm pro Kubikmeter Luft.

Flug- und Fährverkehr in Sydney kamen zum Erliegen, hunderte Menschen ließen sich wegen Atembeschwerden behandeln. In vielen Städten blieben die Schulen geschlossen. Der Himmel erschien in orangefarbenem Dämmerlicht.

In China ist die Hauptstadt Peking bereits mehrmals im Jahr betroffen. Immer wieder gibt es hier „Staubalarm". Weil der Staub mit Schadstoffen aus den Industriegebieten vermischt ist, trübt er nicht nur die Luft, sondern löst auch Gesundheitsstörungen aus. Die Bewohner der betroffenen Städte müssen daher sogar Schutzmasken tragen, um Atemproblemen vorzubeugen.

Ursache für die zunehmenden Sandstürme ist auch dort die fortschreitende Desertifikation: Jedes Jahr verliert China eine fruchtbare Fläche von der Größe des Saarlands an die Wüste. Gewaltige Aufforstungsaktionen wie die „Grüne Mauer" sollen dem entgegenwirken und vor allem die Sandstürme zurückhalten. Auf einer Länge von 4.500 Kilometern und einer Breite von mehr als 100 Kilometern werden dabei Schutzgürtel aus Bäumen, Büschen und Gräsern angepflanzt. Sie sollen den Boden festhalten, den Sand abfangen und die Windgeschwindigkeit verringern. Die aufwändigen Maßnahmen zeigen bereits erste Erfolge und haben in einigen Gebieten das Vorrücken der Wüsten stoppen können.

Der Staub aus dem Inneren Chinas wird bis nach Korea und Japan, hier an den Berg Bitchu Matsuyama in der Provinz Okayama, transportiert.
© GFDL

Abgelagert – Dünen und Co.

Dünen gibt es auch in Europa, hier die Dunas de Maspalomas auf der zu Spanien gehörenden Insel Gran Canaria.
© gemeinfrei

Das bekannteste und vielleicht schönste Ergebnis von Transport und Ablagerung durch den Wind sind Dünen. Sie entstehen überall dort, wo es trocken genug ist und wo ausreichend lockeres Material vorhanden ist – meist in den Wüsten und Küstengebieten der Erde.

Die Grundbausteine der Dünen müssen jedoch längst nicht immer aus Quarzsand bestehen, auch Kalk oder Gips kommen vor. Die als „White Sands" bezeichneten Dünen im amerikanischen Bundesstaat New Mexico bestehen beispielsweise komplett aus weißem Gips. Wichtig ist nur, dass die Größe der Körner zwischen 0,063 und zwei Millimetern liegt, denn dann fliegen sie genau richtig, um nach und nach einen Hügel zu bilden. Sind sie größer, heben sie gar nicht erst ab, sind die Körner dagegen zu fein, fliegen sie zu weit und werden vom Wind zerstreut.

Während die Saltation, das typische Springen der Körner, sich normalerweise immer weiter fortsetzt, weil jedes zurückfallende Sandkorn wieder nach oben in die Luft katapultiert wird, ist dies bei der Dünenbildung anders. Sie entstehen, wenn die Körner auf weichem Untergrund – beispielsweise einem schon angefangenen „Haufen" – landen oder auf ein Hindernis stoßen. Die Weitergabe der Bewegungsenergie wird dadurch gestoppt, alle Körner bleiben liegen. Im Laufe der Zeit entsteht so ein immer größer werdender Hügel – die Düne. Ihre charakteristische Form ist durch das Wesen des Windtransports bedingt: Der Wind treibt die Sandkörner die flachere, windzugewandte Dünenseite, das Luv, hinauf. Weil die kleineren Körner weiter fliegen, ist der Sand am Dünenkamm meist besonders fein. Der Kamm wiederum ist dem Wind stark ausgesetzt und „verliert" ständig Sand zur windabgewandten Seite hin, dem Leehang. Dieser ist mit einer Neigung von rund 30° deutlich steiler als der Luvhang. Seine Körnung und Steigung variiert jedoch auch ein wenig, sie ist abhängig vom Abrutsch-Widerstand der einzelnen Körner.

Wandernd oder nicht wandernd?

Bildet sich eine Düne an einem Hindernis, beispielsweise einer Pflanze oder einem Steinbrocken, spricht man von einer gebundenen Düne. Sie bewegt sich meist nicht fort, sondern bleibt an der Stelle, an der sie entstanden ist. Bei einer Leedüne beispielsweise lagert sich der Sand vor allem im Windschatten des Hindernisses ab. Die weniger als einen Meter großen Kupstendünen wachsen dagegen um die Basis von Büschen oder Sträuchern herum heran.

Auch bei den Parabeldünen spielen Pflanzen eine wichtige Rolle: Sie halten das Material an den Seiten der Düne fest und lassen so die typischen, lang zur Windseite hin auslaufenden Enden entstehen. Im Zentrum der sichelförmigen Düne hat der Sand die Pflanzen vollständig überwachsen, so dass dieser Bereich vom Wind schneller verlagert werden kann. Dieser Dünentyp ist besonders in semiariden Gebieten und an den Küsten verbreitet.

Im Gegensatz zu den gebundenen, weil an einem Ort festgehaltenen Dünen sind die freien Dünen alle potenzielle Wanderer. Der Wind trägt ständig Sand von der Luvseite ab und lagert ihn an der Leeseite wieder ab. Die Düne wächst damit auf der windabgewandten Seite und bewegt sich dadurch allmählich mit dem Wind vorwärts. Die bekannteste Form solcher Wanderdünen ist die Sicheldüne oder der Barchan. Sie gleicht einem Bogen, dessen flache Enden in Richtung der vorherrschenden Windrichtung zeigen. Diese „vorauseilenden Enden" entstehen, weil der Wind hier viel weniger Material umlagern muss, um eine Bewegung zu erreichen, als im massereichen Zentrum. Verwirbelungen tragen zusätzlich dazu bei, Sand von außen in die Leeseite der Düne zu transportieren.

Querdünen, auch Transversaldünen genannt, sind im Prinzip nichts anderes als viele Sicheldünen in Reihe neben- und hintereinander. Diese geschlängelten Wälle aus Sand

Dünen können auch aus Gips bestehen, wie hier im White Sands National Monument in New Mexico.
© Jennifer Willbur/GFDL

Sanddünen im Erg Chebbi in der marokkanischen Sahara.
© Jerzy Strzelecki/GFDL

Dieser Leuchtturm bei Rubjerg Knude in Dänemark wird von einer Wanderdüne verschluckt.
© David Reimann/GFDL

Rechte Seite: Die Dune du Pyla bei Arcachon am Atlantik ist mit 117 Metern Höhe, 2,7 Kilometer Länge und 500 Meter Breite die größte Wanderdüne Europas (oben). Die Sterndünen der Namibwüste gehören zu den größten der Erde (unten).
© Halward/GFDL, Patrick Giraud/GFDL

stehen etwa im rechten Winkel zur Windrichtung und bilden sich oft am Rand großer Dünenfelder. Der Abstand der einzelnen Dünenkämme zueinander entspricht dabei meist dem Zehn bis Zwanzigfachen der Dünenhöhe. Diese liegt in der Regel zwischen drei und 30 Metern. Häufig bildet sich dieser Dünentyp in Wüstengebieten mit viel Sand und wenig Vegetation. Aber auch an Küsten ist er regelmäßig zu finden.

Anders als die Querdünen verlaufen die Strich- oder Längsdünen mehr oder weniger parallel zum Wind. Sie besitzen lang gezogene Höhenrücken, deren Kammlinien der vorherrschenden Windrichtung folgen. Besonders häufig entstehen solche Gebilde in Gebieten, in denen der Wind seine Richtung regelmäßig um bis zu 40° ändert. So schwanken die Richtungen des Nordostpassats, des in der Sahara vorherrschenden Windes, zwischen Nord und Ost. Dadurch wirkt der Wind wie ein großer Besen, der gemeinsam mit auftretenden Turbulenzen den Sand zusammenfegt und die Kämme erzeugt.

Eine besonders spektakuläre Sonderform bilden die Sterndünen. Sie haben mehrere Kämme, die sternförmig auseinander laufen, und kommen in Gegenden vor, in denen die Windrichtung je nach Jahreszeit wechselt. Dadurch wird der

Dünenformen

In Abhängigkeit von der Untergrundbeschaffenheit, der Vegetationsbedeckung sowie der Stärke und der Richtung des Windes können Dünen sehr unterschiedliche Formen annehmen.

© MMCD NEW MEDIA

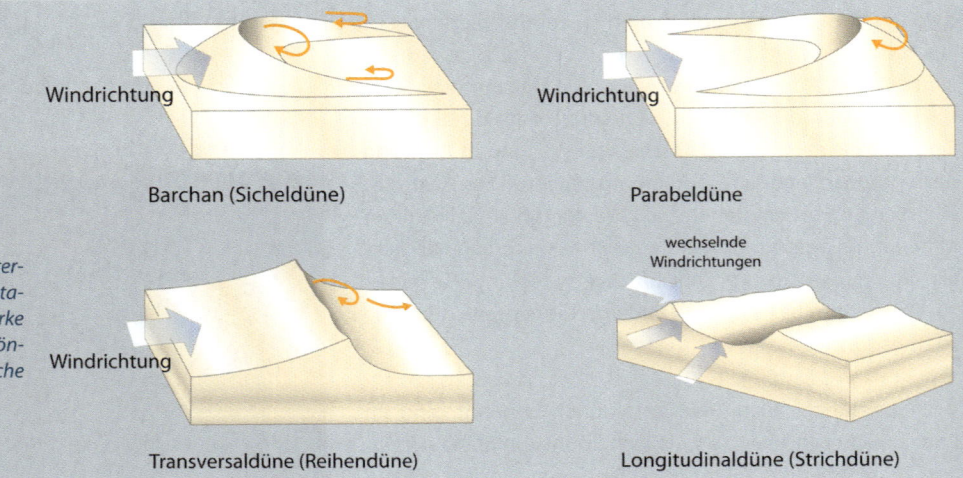

Windrichtung · Barchan (Sicheldüne)

Windrichtung · Parabeldüne

Windrichtung · Transversaldüne (Reihendüne)

wechselnde Windrichtungen · Longitudinaldüne (Strichdüne)

Das Geheimnis der singenden Dünen

Schon vor Jahrhunderten berichteten Weltreisende von „singenden Dünen", von Sandbergen, denen der Wind laute Geräusche entlockte. Im 12. Jahrhundert hörte Marco Polo in der Wüste Gobi seltsame Musik oder Trommeln, die er für die Geräusche von „Wüstengeistern" hielt. Auch Charles Darwin beschrieb 1889 klare Töne, die aus einer Sandablagerung an einem Berg in Chile drangen.

Auch heute noch finden sich solche singenden Dünen in fast allen Wüsten der Erde. Die von ihnen erzeugten Töne können eine Lautstärke von bis zu 100 Dezibel erreichen und sind über mehrere Kilometer hörbar. Wie aber entstehen diese geheimnisvollen Klänge? Lange Zeit glaubte man, dass vom Wind ausgelöste Vibrationen der gesamten Düne diese Töne hervorbringen.

Doch im Jahr 2006 ging ein internationales Wissenschaftlerteam den Ursachen erneut auf den Grund und widerlegte diese Theorie. Durch Feldstudien und kontrollierte Experimente im Labor belegten sie, dass die Töne durch die synchronisierten Bewegungen von Sandlawinen einer bestimmten Größe ausgelöst werden.

Während kleine Sandlawinen keinerlei wahrnehmbaren Ton erzeugen und große Lawinen Geräusche einer solchen Frequenzbreite produzieren, dass es einfach nur wie lautes Rumpeln und Lärmen klingt, gibt es Lawinen, die genau die richtige Größe und Geschwindigkeit haben: Sie erzeugen Töne einer reinen Frequenz mit gerade ausreichend „Obertönen", um dem „Singen" eine bestimmte Klangfarbe zu geben.

Wie aber entstehen die Töne in der Lawine? Auch hierfür fanden die Forscher eine Erklärung – die gleichzeitig eine ganze Reihe früherer „musikalischer" Entstehungstheorien entkräftet. Es zeigte sich, dass die Reibung von gleitenden Sandblöcken entlang des Dünenkörpers die Töne nicht produziert – das wäre vergleichbar dem Prinzip der Tonerzeugung einer Violine. Ebenfalls ausgeschlossen haben die Forscher eine andere Vermutung, nach der ein Resonanzeffekt – ähnlich dem vibrierenden Luftstrahl im Inneren einer Flöte – die Töne erzeugt.

Stattdessen stammen die geheimnisvollen Sandtöne aus der synchronisierten, freien Gleitbewegung von trockenem, grobkörnigerem Sand, der über den Untergrund rutscht und dabei Schwingungen mit niedriger Frequenz auslöst. Die Forscher konnten solche Töne auch gezielt provozieren, indem sie einen Dünenhang hinabrutschten oder Sandlawinen mit den Händen auslösten.

Sand schichtweise in immer andere Richtungen umgelagert und die Düne bleibt ortsfest. Im Gegensatz zu den anderen Dünenformen entstehen Sterndünen nicht direkt, sondern aus oder auf Primärdünen.

Eine Sonderform der Sterndünen sind die Draa, wie sie beispielsweise in der südwestafrikanischen Namib vorkommen. Diese oft mehr als 100 Meter hohen und einen Kilometer langen Dünenriesen bilden die größten Dünen der Erde. Sie stammen vermutlich noch aus der Ära der letzten Eiszeit vor 10.000 bis 20.000 Jahren. Damals sorgten die starken Luftdruckunterschiede zwischen den Eisflächen im Norden und den milderen Gebieten im Süden dafür, dass spiralige Luftwirbel bis in Bodennähe reichten. Diese türmten den Sand zu solchen Riesendünen auf.

Flächendeckend hingeweht: Löss

Aber längst nicht immer hinterlässt der Wind so auffällige Hügel und Wellenformen. Manchmal sind die Spuren seines Wirkens kaum erkennbar, obwohl sie sich buchstäblich unter unseren Füßen befinden: Denn auch einige Bodenarten verdanken ihre Entstehung dem Einfluss des Windes. Ein Beispiel dafür ist der Löss. Typisch für ihn ist die extreme Feinkörnigkeit, gerade einmal 0,05 Millimeter klein sind die einzelnen Partikel. In Mitteleuropa ist dieser sehr kalkhaltige Boden ein

Linke Seite: Der Sand Mountain, 32 Kilometer östlich von Fallon in Nevada gelegen, gehört zu den singenden Dünen. © GFDL

Die Kelso Dunes in Kalifornien geben ein tiefes Brummen von sich, wenn größere Mengen Sand die Hänge hinabrutschen. © gemeinfrei

*Lössboden-Aufschluss in Szu-
limán, Ungarn. © GFDL*

Relikt der letzten Eiszeit. Damals wurden Gesteinsmehle und Sande aus den riesigen Schotterflächen vor den Gletschern ausgeblasen und von den vorherrschenden Winden über weite Strecken transportiert.

Abgelagert wurde der Löss dann vor allem an den Nordhängen der Mittelgebirge oder am Westufer von Flusstälern. Die Schichten können hier zwischen drei und zehn Meter, in seltenen Fällen sogar 40 Meter dick sein. Durch weitere Verwitterung und bodenphysikalische Umwandlungsprozesse entstand mit der Zeit aus dem feinen Flugstaub der heutige Löss. Er ist sehr fruchtbar und bildet die Grundlage beispielsweise für Schwarzerdeböden. In Deutschland sind vor allem die Landschaften wie die Magdeburger Börde vom Löss geprägt, aber auch das Rheingau, das Thüringer Becken, der Kaiserstuhl oder die Gäugebiete in Baden-Württemberg und Bayern. Auch die Kornkammer der früheren Sowjetunion, die Schwarzerdeböden der Ukraine, verdanken ihre Fruchtbarkeit dem Löss. Insgesamt sind etwa zehn Prozent der Landoberfläche auf der Erde mit Löss bedeckt. Es gibt ihn auf allen Kontinenten, im mittleren Westen der USA, in Argentinien, in Mitteleuropa, Zentralasien und China. Auch in Afrika und Australien finden sich lössartige Sedimente. In den mittleren Breiten ist er damit das am weitesten verbreitete Sediment.

Lössverbreitung weltweit

Löss kommt nahezu auf allen Kontinenten vor und prägt weite Landstriche. Etwa zehn Prozent der Landoberfläche der Erde sind mit Löss bedeckt.

So sind die Great Plains in den USA und die Pampa in Südamerika typische Lössboden-Landschaften.

Auch die „Kornkammern" Europas und Asiens, beispielsweise in der Ukraine, profitieren vom fruchtbaren Lössboden.

Eine Sonderform, der Yedoma, findet sich in den Permafrostböden Nordsibiriens: Hier ist der Löss mit 50 bis 90 Prozent Eis vermischt.

© MMCD NEW MEDIA

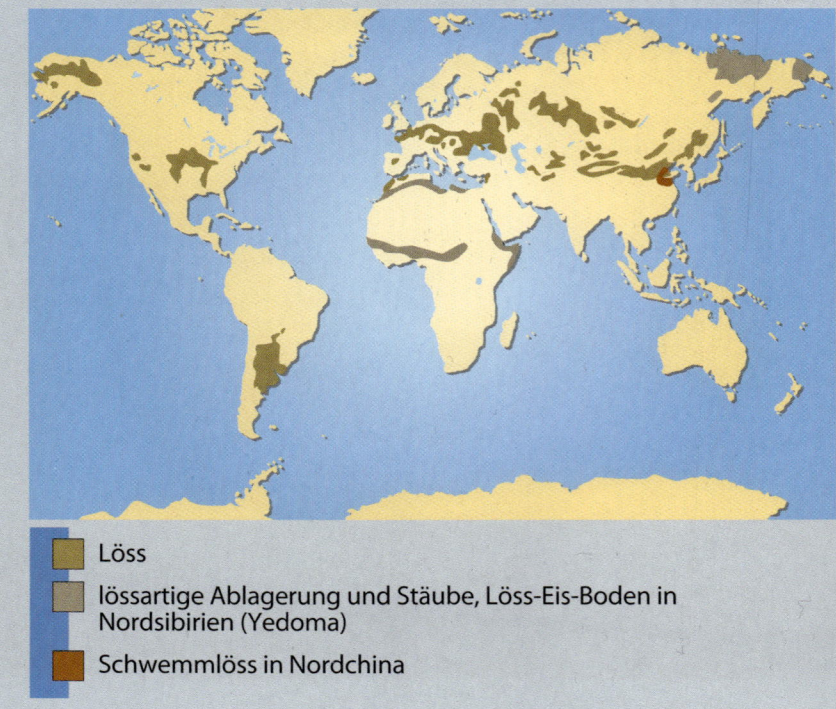

■ Löss

■ lössartige Ablagerung und Stäube, Löss-Eis-Boden in Nordsibirien (Yedoma)

■ Schwemmlöss in Nordchina

Die größten Bodenumschichtungen und Lössanhäufungen hat der Wind aber in China bewirkt. Hier bedeckt der Flugstaub aus den Wüsten und Steppen Innerasiens gewaltige Flächen. Das entdeckte Ende des 19. Jahrhunderts auch Ferdinand von Richthofen, ein junger Geologe aus Schlesien. Wie viele seiner Kollegen war auch von Richthofen zunächst davon überzeugt, dass es sich bei den ihm bekannten Löss-Vorkommen, beispielsweise am Mittelrheingraben, um schlammige Ablagerungen von Flüssen handeln müsse. Als der Geologe aber nach China kam, stieß er hier auf Sedimentdicken in Größenordnungen, die er sich bis dahin nicht hatte vorstellen können. In der Nähe des Gelben Flusses (Huang He) gab es ganze Labyrinthe von Schluchten, die sich in ein mächtiges Lössplateau eingeschnitten hatten. Das konnte nicht der Fluss allein erzeugt haben, erkannte von Richthofen. Aufgrund seiner Beobachtungen in den Wüsten Gobi oder Taklamakan sowie im südlich angrenzenden Kunlun-Gebirge und auf dem Tibet-Plateau kam der Forscher schließlich zu der Erkenntnis, dass der Löss nicht durch Flüsse, sondern durch Wind abgelagert worden sein musste. Nur so hatten sich derartige Mengen des ockerfarbenen Staubs ansammeln können.

Heute weiß man: Das chinesische Lössplateau am Gelben Fluss ist eines der mächtigsten zusammenhängenden Lössvorkommen der Welt – mit einer Fläche von 450.000 Quadratkilometern ist es größer als Deutschland. In den chinesischen Provinzen Henan, Shanxi und Gansu erreichen die Löss-Schichten bis zu 400 Meter Dicke - sie sind damit die mächtigsten der Erde.

Treibsand: wenn Sand zur Falle wird

Sand kann vom Wind nicht nur verweht werden oder Dünen auftürmen, er kann auch zur gefährlichen Falle werden und Menschen, Autos oder gar Häuser zumindest teilweise verschlingen. Treibsand heißt dieses seltene Phänomen, das typischerweise bei feuchtem Sand auftritt. Ist dieser Sand bis zu einem bestimmten Grad mit Wasser gesättigt, dann kann das Sand-Wasser-Gemisch schnell zwischen den Eigenschaften einer Flüssigkeit und denen eines Festkörpers wechseln. Schon eine kleine Erschütterung – durch ein Erdbeben oder eine unvorsichtige Überquerung – reicht dann aus, um den Wechsel auszulösen. Denn im Treibsand sind die Sandkörner nur locker gepackt, zwischen ihnen befinden sich relativ breite, wassergefüllte Hohlräume. Durch die Erschütte-

Lösslandschaft nahe der Stadt Hunyuan in der Shanxi-Provinz, China. © Till Niermann/GFDL

rung verlieren sie vollends ihren Zusammenhalt und geraten ins Schwimmen. Die Masse verhält sich nun wie eine Flüssigkeit. Das Sand-Wasser-Gemisch ist dann zwar immer noch etwa zwei bis sechs Mal dichter als Wasser, aber es trägt kein Gewicht mehr.

So viel die Erklärung für nassen Treibsand. Aber was ist mit den Geschichten von einsinkenden Karawanen in der Wüste? Lange Zeit galt trockener Treibsand als Schauergeschichte und Legende. Doch im Jahr 2006 wiesen Wissenschaftler von der Universität Trente in den Niederlanden mit einem Experiment nach, dass das plötzliche Einsinken eines Menschen im Wüstensand durchaus realistisch sein könnte.

Mit einer Düse pumpten die Wissenschaftler von unten Luft in ein Sandgefäß und lockerten ihn damit stark auf. Statt der üblichen 60 Prozent hatte die Sandpackung danach nur noch eine Dichte von 40 Prozent. Danach setzten die Physiker einen mit Metallpartikeln beschwerten Tischtennisball vorsichtig an einem Faden auf den Sand und verbrannten seinen Haltefaden. Sofort verschwand der Ball im aufgelockerten Sand. Kurz darauf spritzte eine kleine Sandfontäne empor, gefolgt von einer Luftblase. Bei weiteren Versuchen stellten die Forscher fest, dass der Ball um so tiefer eindrang, je schwerer er war.

Wenn sehr feiner Sand vom Wind aufgewirbelt und woanders abgelagert würde, könnten ähnliche Bedingungen entstehen wie im Labor, nur in größerem Maßstab. Die Wissenschaftler halten es durchaus für möglich, dass es Treibsand in der Wüste gibt.

Bläst der Wind den Sand zu einem sehr lockerem Gefüge, könnte es Treibsand in Wüsten geben. © GFDL

Windabtragung – vom Wind geschliffen

Der Wind ist nicht nur ein großer „Baumeister", der Tonnen von Material bewegt und ablagert. Er kann auch das Gegenteil bewirken und selbst härtestes Gestein abtragen und erodieren. Je nachdem, ob der Wind dabei lockeres Material mitnimmt oder aber festes Gestein abträgt, unterscheiden Geologen zwischen Deflation und Korrasion.

Unter dem Strand liegt das Pflaster – Deflation

Deflation tritt immer dann auf, wenn Wind konstant und über einen längeren Zeitraum über Flächen mit lockerem Sand oder Staub weht – beispielsweise in Wüsten oder über ausgetrocknete Fluss- oder Seeböden. Er nimmt dann nach und nach immer mehr feines Materials mit, alles was er transportieren kann, wird weggeblasen. Übrig bleiben nur größere, zu schwere Teilchen oder im Extremfall der feste Gesteinsuntergrund. Viele Geröll- und Schuttwüsten wie Hammada- oder Serir-Flächen in der Sahara verdanken diesem Prozess ihre Existenz. Der Wind hat hier die feineren Sandpartikel ausgeweht und das so genannte Wüstenpflaster aus gröberen Brocken übrig gelassen.

Doch solche Ausblasungen kommen keineswegs ausschließlich in den subtropischen Trockengebieten vor. Selbst in mitteleuropäischen Heideregionen oder auf Ackerflächen kann der Wind je nach Beschaffenheit der Erdoberfläche

Der Window Rock, eine Felsformation nahe des gleichnamigen Orts im Apache County, Arizona, ist ein 60 Meter hoher Sandstein-Yardang mit einem vom Wind ausgehöhlten, runden Loch. © Ben Frantz Dale/GFDL

größere Mengen Feinmaterial auswehen. Im Laufe von Jahrzehnten und Jahrhunderten nimmt auch hier der Untergrund dann ein pflasterartiges Aussehen an, nur größere Brocken und Gestein bleiben zurück. Solche natürlichen Steinpflaster existieren aber auch in den Kältewüsten der Polargebiete. Bläst der Wind eine Ebene so aus, dass eine Senke entsteht, spricht man von einer Deflationswanne. Sie finden sich vor allem in den Wüstengebieten, weil hier weite Flächen vegetationsfrei und damit der abtragenden Wirkung des Windes ausgesetzt sind. So gibt es beispielsweise in der Gipsdünenlandschaft der White Sands in New Mexico auch einige Deflationsbecken.

Natürliches Sandstrahlgebläse in Aktion – Korrasion

Aber nicht nur Lockermaterial trägt der Wind ab. Weht er stark und stetig genug, schafft er es, selbst harten Fels im Laufe der Zeit abzuschleifen. Bei diesem Windschliff, auch Korrasion genannt, wirkt weniger der Wind selbst, als vielmehr die vielen kleinen von ihm transportierten Sand- und Staubkörner. Wie kleine Geschosse prallen sie auf die feste Oberfläche eines Steins oder Felsens und schmirgeln seine Oberfläche ab. Ähnlich wie bei einem Sandstrahlgebläse wird das Material dabei glatt geschliffen, vorstehende Grate und Kanten werden gerundet. Je nachdem, wo der Wind dabei am stärksten ansetzt und wo das Material am weichsten ist, können so ganz unterschiedliche, teilweise bizarre Formen entstehen. Bei den so genannten Pilzfelsen etwa wirkt die Winderosion besonders stark an der Gesteinsbasis, weil hier der Wind größere Partikel transportieren kann als weiter oben. Dadurch ist die „Schmirgelwirkung" in Bodennähe entsprechend stärker. Im Laufe der Zeit präpariert der Wind so einen schmalen Fuß mit einem breiteren „Kopf" heraus. Wird die Auflast des überhängenden Felsens zu groß für die tragende Säule, kann diese auch abbrechen.

Ein weiteres Beispiel für die Kraft des Windes ist der so genannte Windkanter. Diese meist aus ihrem Verbund herausragenden Gesteinsbrocken sind auf der windzugewandten Seite rund geschliffen, auf der Leeseite jedoch bleiben die natürlichen Unebenheiten des Steins erhalten. Zusätzliche Kanten und Facetten bilden sich, wenn der Wind im Laufe der Zeit seine Richtung ändert oder der Stein verlagert wird. Heute sind solche Windkanter typisch für vegetationslose Wüstengebiete. Während der letzten Eiszeit herrschten jedoch auch in Mitteleuropa Bedingungen, die diese Steine formten. Daher werden vor allem in den norddeutschen Moränenlandschaften sehr häufig Windkanter gefunden – als Relikte der Eiszeit.

Besonders in den Wüsten Asiens verbreitet sind Yardangs, vom Wind geschliffene, tropfenförmige Gesteins-

Linke Seite: Wüstenpflaster und windgeschliffene Steine in den Ahaggar-Bergen der Sahara in Südalgerien (oben).
Die sieben Meter hohe Formation Árbol de Piedra in der bolivianischen Siloli-Wüste verdankt dem Windschliff ihre Pilzform (unten). © Bertrand Devouard/ GFDL, gemeinfrei

Windkanter aus Brandenburg, gefunden im Landkreis Dahme-Spreewald. © GFDL

Pilzförmige Kalkformation in der Weißen Wüste nördlich der Oase Farafra in Ägypten.
© Christine Schultz/gemeinfrei

Vom Wind geformt ist auch der Mesa Arch im Canyonlands National Park in Utah, USA.
© Michael Rissi/GFDL

formationen, deren Name sich vom uigurischen „Yar" – Sandwall – ableitet. Ihre steile Vorderseite wird durch das direkte Aufprallen von Sandkörnern zu einer steilen, abgerundeten Wand abgeschmirgelt. Die Luft strömt dabei an den Seiten vorbei und wird beschleunigt. Dort, wo die Strömungen auf der Rückseite aufeinandertreffen, bilden sich schließlich Wirbel, die die langgezogene Leeseite des Yardangs formen.

Schon der Forschungsreisende Sven Hedin berichtete 1903 von solchen herausragenden Felsen in der chinesischen Wüste Lop Nor herausragenden Felsen. In dem in dieser Wüste liegenden Sanlongsha Yardan Geopark finden sich besonders auffällige Yardangformationen aus hell gelblichbräunlichem Sandstein inmitten einer flachen, schwarzen Wüstenlandschaft. Sie sind einige Dutzend Meter breit und bis zu einem Kilometer lang. Die Yardangs dienten unter anderem in den chinesischen Spielfilmen „Hero" und „The Touch" als Filmkulisse.

Ein anderer weltweit bekannter von Wind und Wetter herauspräparierter Felsen ist der australische Uluru. Dieser Monolith überragt frei stehend die Wüste um rund 340 Meter. Er besteht zu einem großen Teil aus hartem Sandstein, während in der Umgebung weicheres Material zu finden ist. Der auch Ayers Rock genannte Berg entstand durch Hebung des Sandsteins und gleichzeitige Abtragung der umlagernden Gesteine. Doch auch am Uluru nagt der Zahn der Zeit – und der Wind: Mehr oder weniger schutzlos ist er heute dessen erodierender Wirkung ausgeliefert, die an den steilen Hängen ihre Spuren hinterlässt. Der Windschliff formt aber nicht nur herausragende Formationen oder Steine. Im Zusammenspiel mit der Verwitterung vertieft er auch bereits bestehende Hohlräume in Felswänden. Im Extremfall entstehen dadurch aus unterschiedlich widerstandsfähigen Gesteinsschichten so bizarre Steinskulpturen wie beispielsweise die steinernen „Torbögen" oder die hoch aufragenden kantigen Säulen im „Canyonland" im Südwesten der USA.

Wüsten –
Meere aus Sand und Stein

Heiß oder eiskalt, trocken, staubig und meist öde und leer – Wüsten gehören zu den unwirtlichsten und lebensfeindlichsten Regionen der Erde. Auf fast allen Kontinenten sind sie auf dem Vormarsch und bedecken immer größere Landstriche. Allein die größte Wüste der Welt, die Sahara, misst heute neun Millionen Quadratkilometer und ist damit fast genauso groß wie das gesamte Staatsgebiet der USA.

Allen Wüsten gemeinsam ist das Fehlen einer Pflanzendecke, verursacht entweder durch extreme Trockenheit oder aber zu große Kälte. Die klassischen Trockenwüsten ziehen sich wie eine Art „Gürtel" beiderseits des Äquators um den Globus. Hier, etwa im Bereich der Wendekreise, liegt eine Zone besonders trockenen und heißen Klimas. Regen fällt nur spärlich oder periodisch, die Verdunstung ist hoch.

In einigen dieser Wüstenregionen hat es sogar seit Jahrhunderten nicht mehr geregnet. Aber warum? Die Ursache dafür ist die Zirkulation der Luftmassen über den Tropen, die so genannte Innertropische Konvergenz: Am Äquator steigt heiße feuchte Luft auf und kühlt sich dabei ab. Dadurch kondensiert die Luftfeuchtigkeit und es entstehen mächtige Wolken, die ihr Wasser als die typischen Tropengüsse abregnen. Die auf diese Weise „entfeuchtete" Luft strömt, durch Druck-

Dünen in der Rub al-Chali („leeres Viertel"), der größten Sandwüste der Erde. Sie liegt im Süden der arabischen Halbinsel.
© GFDL

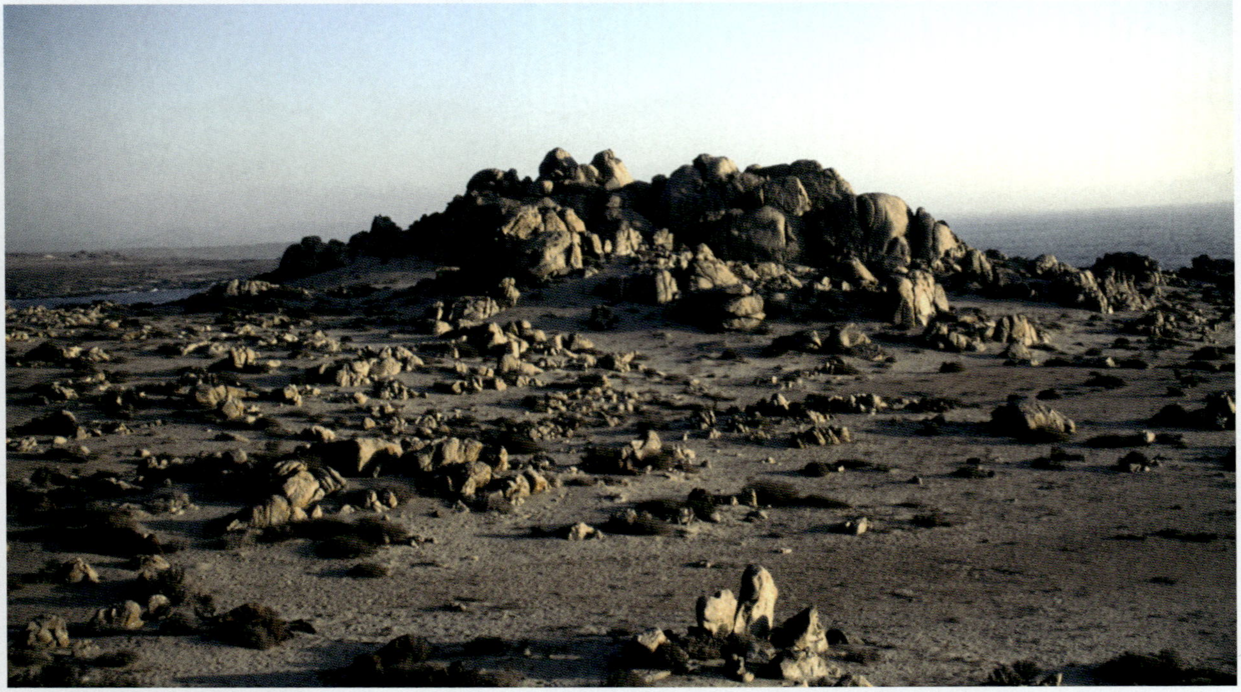

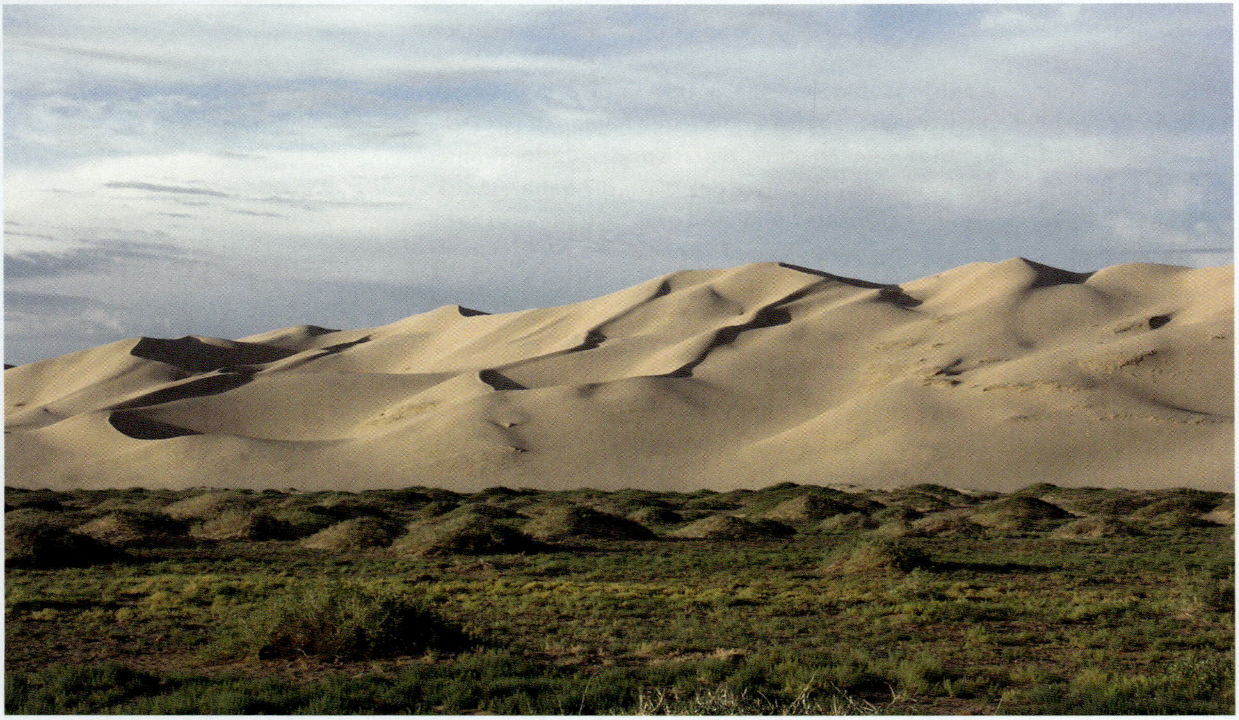

unterschiede angetrieben, vom Äquator aus in Richtung Norden und Süden. Etwa in Höhe der Wendekreise bei 23,5° nördlicher und südlicher Breite sinkt sie wieder zur Erdoberfläche hinab und beschert diesen Gebieten damit ein extrem trockenes Klima. Typische Beispiele für solche Trockenwüsten sind die Sahara und die Kalahari in Afrika.

Einschlossen von Gebirgen

Ein etwas anderer Fall ist die Wüste Taklamakan in Zentralasien. Diese zweitgrößte Sandwüste der Erde liegt nicht im Bereich der Wendekreise, sondern deutlich nördlich davon. Ihre extrem unwirtlichen Bedingungen verdankt sie der Lage im Schatten gleich mehrerer Hochgebirge: Im Norden wird sie vom Tien-Gebirge begrenzt, im Süden von den Bergen des Kunlun. Die Gebirge zwingen feuchte, von außen heranströmende Luftmassen zum Aufsteigen, kühlen sie ab und bringen sie so zum Abregnen. Bis die Luft die Berge überquert hat und über dem Becken der Taklamakan angelangt ist, enthält sie daher nahezu keine Feuchtigkeit mehr. Mit weniger als 30 Millimeter Niederschlag im Jahr gehört die Taklamakan daher auch zu den trockensten Wüsten der Erde.

„Diese Wüste ist so groß, dass man ein Jahr bräuchte, um von einem zum anderen Ende zu gelangen; und an ihrer schmalsten Stelle braucht man dazu noch einen Monat. Sie besteht gänzlich aus Bergen, Sand und Tälern. Es gibt dort nichts Essbares." – Der Mann, der 1270 in seinen Reiseaufzeichnungen ein derart vernichtendes und angsteinflößendes Urteil fällte, war Marco Polo. Er sprach dabei über die Wüste Gobi, die an die Taklamakan angrenzt und manchmal quasi als Oberbegriff für diese und andere zentralasiatische Wüstengebiete verwendet wird. Die Dimensionen der Wüste Gobi sind gigantisch, wenn alle entsprechenden Gebiete mitgerechnet werden. Rund 2.000 Kilometer lang und bis zu 1.000 Kilometer breit ist die Wüste dann und erstreckt sich dabei von Ulan Bator im Norden bis zum Kunlun-Gebirge im Süden, von den Ausläufern des Tien Shan im Westen bis zur Mandschurei im Osten. Sie gilt damit nach der Sahara als zweitgrößte Wüste der Erde.

Wer in der knapp 1,5 Millionen Quadratkilometer großen Gobi ausschließlich Dünen und Sand erwartet, wird jedoch enttäuscht. Zwar gibt es Regionen wie die Badain Jaran Shamo nordwestlich der Millionenstadt Lanzhou, wo tatsächlich Sandwüste dominiert, doch sind diese eher die Ausnahme als die Regel. Stein- und

Linke Seite: Nicht jede Wüste besteht aus Sanddünen, oft dominieren Geröll und Gestein, wie hier in der Atacama in Nordchile (oben).
Die Wüste Gobi entspricht ebenfalls nur in Teilen dem Klischee (unten): Hier gibt es durchaus zeitweilig bewachsene Gebiete.
© Andreas Heitkamp, GFDL

Das Satellitenbild zeigt deutlich die Lage der Taklamakan zwischen zwei Hochgebirgszügen: Im Norden der schneebedeckte Tien-Gebirge, im Süden das zerklüftete Kunlun-Gebirge.
© NASA/GSFC

Geröllwüsten, Sümpfe und Salzseeen und vor allem gigantische Grassteppen-gebiete geben der Gobi ein unverwechselbares Aussehen. Die wie von einem Zufallsgenerator verteilt wirkenden, seltenen Regengüsse lassen immer wieder bestimmte Abschnitte der Steppengebiete für kurze Zeit zu saftigen Wiesen aufblühen. Sie sind das Ziel der fast überall in der Gobi anzutreffenden Nomaden. Mit ihren schnell abbaubaren runden Jurten, Zelten aus weißem Filz, und ihren Viehherden ziehen sie diesen grünen Paradiesen in der Wüste hinterher.

Küstenwüsten: Trockenheit am Meeresrand

Einen scheinbaren Widerspruch zwischen Wasserreichtum und Trockenheit bilden die so genannten Küstenwüsten wie die Namib im Südwesten Afrikas. Denn obwohl diese Region auf über 2.000 Kilometer unmittelbar an das Meer grenzt, fallen hier nur äußerst selten Niederschläge. Ursache dafür ist eine besonders ungünstige Kombination von vorherrschender Windrichtung und Meeresströ-mung: Vor der Küste Südwestafrikas verläuft der kalte Benguelastrom, in dem Wasser aus sehr tiefen Wasserschichten an die Oberfläche quillt. Das nur 10 bis 12 °C kalte Auftriebswasser kühlt die Luft über dem Meer so stark ab, dass diese nur relativ wenig Feuchtigkeit aufnehmen kann. Weil die Region in einem durch Passatwinde geprägten Bereich der Erde liegt, strömt gleichzeitig vom Land her ständig warme, trockene Luft auf diese kalte Meeresluft auf und hindert sie am Aufsteigen. Eine typische und sehr stabile Inversionswetter-lage entsteht, die die Bildung von Regenwolken verhindert. Einzige Feuchtigkeitsquelle in der Namibwüste ist daher der Nebel, der an rund 200 Tagen im Jahr vom Meer her land-einwärts zieht und sich frühmorgens als Tau absetzt. Auch die Atacama-Wüste an der Westküste Südamerikas verdankt ihre Existenz diesem Mechanismus – vor Nordchile sorgt der pazifische Humboldt-Strom für das kalte Meerwasser.

Kalt und trocken – Kältewüsten

Aber nicht immer bedeutet Wüste auch gleichzeitig Hitze. In den Kältewüsten der antarktischen Trockentäler beispiels-weise sinkt das Thermometer bis auf weniger als –50 °C, selbst im Sommer klettern die Temperaturen dort nicht über –10 °C. Orkanartige Winde, salzhaltiger Boden und eine extreme Trockenheit machen diese Kältewüsten zu den lebensfeind-lichsten Orten auf unserem Planeten. Sie sind sogar noch trockener als die afrikanische Sahara oder die Atacama-Wüste in Nordchile. Die Ursache dafür liegt auch hier wieder in abschirmenden Gebirgen, in diesem Falle den Gipfeln der Transantarktischen Berge. Die Luft vom Inland weht zuerst über die Berge und verliert dort ihre Feuchtigkeit als Schnee, bevor sie über die Trockentäler Richtung Meer streicht. Sie wirkt so austrocknend, dass die Leichen von Tieren hier nicht verwesen, sondern mumifiziert werden.

Die größten Wüsten der Erde

Sonora
Mit einer Fläche von 320.000 km² ist die Sonora die achtgrößte Wüste der Erde und eine der vielseitigsten.

Sahara
Sie ist die größte „heiße" Wüste der Erde mit einer Fläche von 8,7 Millionen km².

Karakum
Diese extrem wasserarme Region nimmt einen Großteil Turkmenistans ein und ist mit einer Fläche von 273.000 km² eine der „großen" Wüsten.

Takla Makan
Die Takla Makan ist mit 330.000 km² die zweitgrößte Sandwüste der Erde. Sie liegt in einem von Hochgebirgen umgebenen Becken.

Gobi
Die 1,04 Millionen km² große Steppenwüste in Zentralasien ist die fünftgrößte Wüste.

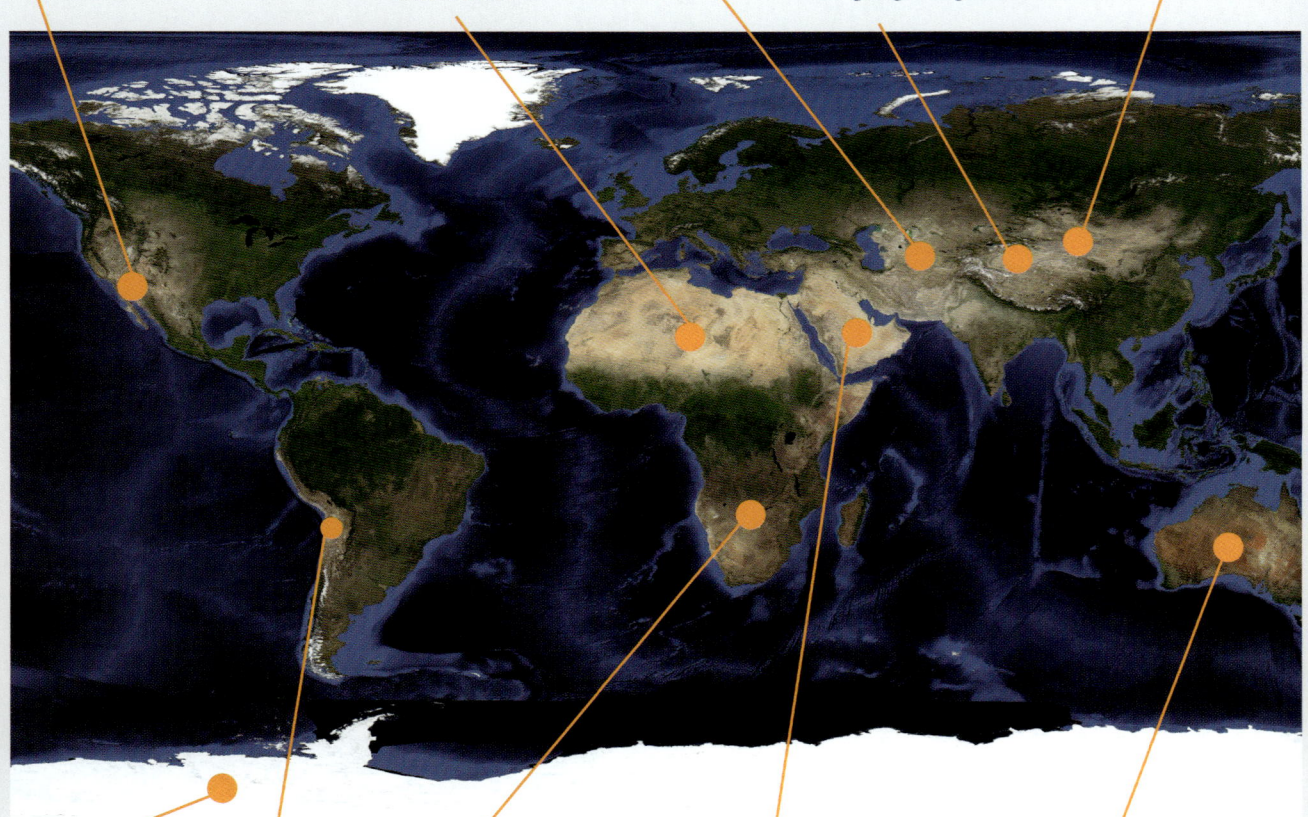

Antarktis
Kältewüste und größte Wüste der Erde mit einer Fläche von 13,2 Millionen km².

Atacama
Die im Norden Chiles liegende Küstenwüste gilt als die trockenste Wüste der Erde.

Kalahari
Große Sandwüste, die sich von Südafrika über Namibia und Botswana bis nach Sambia und Angola erstreckt. Mit 900.000 km² Fläche sechstgrößte Wüste der Erde.

Arabische Wüsten
Die Große Nefud im Norden und die Rub al-Chali im Süden der Arabischen Halbinsel bilden mit 1,3 Millionen km² die viertgrößte Wüste der Erde.

Australische Wüsten
Zusammengenommen bilden die Wüsten Australiens mit 1,56 Millionen km² das drittgrößte Wüstengebiet der Erde. Dazu gehören u. a. die Victoria-Wüste, die Simpson-Wüste, die Gibson-Wüste und die Große Sandwüste.

Oasen – Inseln des Lebens in der Wüste

Wüsten sind der Inbegriff der Lebensfeindlichkeit. Doch auch in den unendlichen Weiten dieser kargen und trockenen Gebiete gibt es immer wieder grüne Kleckse und Lebensadern – die Oasen. Solche Wüstenparadiese können – wie im Niltal – mehrere tausend Kilometer lang sein, andere haben lediglich einen Durchmesser von wenigen hundert Metern.

Die Ufer des Nils bilden die größte Oase der Erde.
© Jerzy Strzelecki/GFDL

Der vielleicht bekannteste Oasentyp sind Quelloasen. Sie basieren auf natürlichen Wasseraustritten, die manchmal sogar Wasserlöcher oder kleinere Seen bilden. Erstaunlicherweise schafft es die sonst alles verschlingende Wüste nicht, solche offenen Wasserstellen, wie beispielsweise die Oase Ubari inmitten der Libyschen Wüste, mit der Zeit zuzuwehen.

Bei den Grundwasseroasen dagegen wird das kühle Nass aus Wasservorkommen im Untergrund mithilfe von Brunnen nach oben befördert. Auf der Suche nach Wasser treiben Menschen überall auf der Welt deshalb Bohrungen tief in den Wüstenboden. Manche Grundwasseroasen befinden sich in so genannten Deflationswannen. Dies sind Regionen, in denen der Wind den Boden fast bis zum Grundwasserspiegel abgetragen hat. Beispiele für diesen Oasentyp liegen unter anderem in Tunesien und Algerien, wo riesige Salzseen, so genannte Schotts, zu großen Teilen sogar unter dem Meeresspiegel liegen.

Ein eher untypischer Oasentyp sind die Flussoasen. Sie kommen überall dort vor, wo ein Fluss ein Trockengebiet durchquert und dabei entlang seiner Ufer fruchtbares Land entstehen lässt.

Fremdlingsflüsse nennt man diese Gewässer, weil ihre Quelle außerhalb der Trockengebiete liegt. Zu diesem Oasentyp gehört auch die größte und bekannteste Oase der Welt, das Niltal, das seit Jahrtausenden für seine Bodenfruchtbarkeit berühmt ist.

Die Oase Ubari in Libyen besitzt eine offene Wasserstelle.
© gemeinfrei

*Einschläge von Meteoriten
verändern Landschaften –
auch auf dem Mars, wie hier
der Victoria Krater in Meri-
diani Planum zeigt.
© NASA/JPL*

Meteoriteneinschläge
Kosmisches Bombardement

Spätestens seit den Hollywoodfilmen „Deep Impact" und „Armageddon" sind Kometen und Asteroiden als potenzielle Bedrohung der Erde ins Blickfeld der Öffentlichkeit geraten. Aber was ist wirklich dran an den Katastrophenszenarios, die Hollywood präsentierte? Ist die Erde tatsächlich eine „kosmische Schießbude", wie es ein NASA-Wissenschaftler einmal formulierte, oder ist alles eine völlig übertriebene Panikmache?

Meteoriten – von Risiken und Einschlägen

Meteoriteneinschläge haben im Laufe der Erdgeschichte die Lebensbedingungen unseres Planeten und die Formung der Landschaften entscheidend mit beeinflusst und geprägt.
© NASA/Don Davis

Am 9. Dezember 1994 schrammte die Erde haarscharf an einer Katastrophe vorbei: Der Asteroid 1994 XM1 passierte unseren Planeten in einem Abstand von nur 100.000 Kilometern – weniger als einem Drittel der Entfernung Erde – Mond. Der wahrscheinlich nur rund zehn Meter große Gesteinsbrocken gehörte zwar bei weitem nicht zu den größten seiner Art, hätte aber bei einem Treffer deutliche Konsequenzen für die Erdoberfläche gehabt. Und er ist kein Einzelfall: Die Erde ist seit ihrer Entstehung einem ständigen kosmischen Bombardement ausgesetzt.

Wissenschaftler der University of Washington haben errechnet, dass die Erde durch Materieteilchen von weniger als einem Millimeter Größe pro Jahr um rund 40.000 Tonnen an Masse zunimmt. Doch auch größere Einschläge ereignen sich immer wieder und hinterlassen ihre Spuren in Form von Einschlagskratern. Viele von ihnen sind zwar durch den Einfluss von Wind, Wasser und Eis im Laufe der Erdgeschichte größtenteils wieder verschwunden, doch einige von ihnen prägen noch heute die Landschaft bestimmter Regionen.

Meteorit ist nicht gleich Meteorit

Als Meteoriten im engeren Sinne werden alle Himmelskörper bezeichnet, die die Erdatmosphäre durchdringen und in die Erdoberfläche einschlagen. Zwei Drittel von ihnen bestehen aus Asteroiden oder Bruchstücken davon, ein Drittel aller bekannten Meteoriteneinschläge auf der Erde sind dagegen auf Kometen zurückzuführen. Während Asteroiden aus Gestein oder Metall bestehen, sind Kometen eher eine Art „kosmischer Schneeball", denn ihr Kern ist eine Mischung aus Eis und Staub.

Die Asteroiden lassen sich nach ihrer Zusammensetzung grob in drei Klassen einteilen: Stein-, Eisen- und Stein-Eisen-Meteoriten. Rund ein Viertel der bekannten Einschläge auf der Erde gehen auf Steinmeteoriten zurück. Sie enthalten vorwiegend Silikate, in die noch andere Bestandteile wie Eisen oder Nickel eingelagert sein können.

Die urtümlichsten Vertreter dieser „steinigen Himmelsboten" sind die so genannten Chondriten. In ihnen sind kugelförmige, bis zu einem Zentimeter große, teilweise kohlenstoffhaltige Gesteinskörnchen in der Grundsubstanz eingeschlossen. Da die meisten Steinmeteoriten beim Aufprall auf der Erde zerplatzen und sich ihr Material mit dem Untergrund vermischt, sind sie nur schwer aufzufinden und zu identifizieren. Der tatsächliche Anteil so genannter Chondriten könnte daher bei bis zu 93 Prozent der Gesamteinschläge liegen.

Obwohl nur etwa fünf Prozent der im All fliegenden potenziellen Einschlagskandidaten aus Eisen bestehen, gehören Eisenmeteoriten zum bislang am häufigsten auf der Erde gefundenen Meteoritentyp. Ein typisches Kennzeichen dieser Eisenmeteorite sind die „Widmanstätten'schen Figuren" – charakteristische Muster, die sichtbar werden, wenn man die Schnittfläche des Meteoriten anätzt. Stein-Eisen-Meteoriten sind eine sowohl im All als auch auf der Erde seltene Mischform. Der älteste bekannte Meteorit auf der Erde ist ein Chondrit, der in einer 460 Millionen Jahre alten Kalksteinschicht in Schweden entdeckt wurde. Mit einem geschätzten Alter von 300 Millionen Jahren ist ein russischer Eisenmeteorit vermutlich der zweitälteste bekannte Meteorit überhaupt.

Wie hoch ist das Risiko?

Im Gegensatz zur Erde sind auf dem Mond aufgrund der fehlenden Verwitterung die Krater sehr alter Einschläge noch deutlich zu erkennen. Aus ihnen lässt sich ablesen, dass Meteoriteneinschläge auch in der Frühzeit der Erde an der Tagesordnung gewesen sein müssen. Erst nach und nach nahm das kosmische Bombardement ab, da sich die anfangs dicht und chaotisch im Sonnensystem herumfliegenden Gesteinsbrocken im Laufe der Zeit auf einer Bahn zwischen Mars und Jupiter, dem Asteroidengürtel, sammelten.

Während die meisten in diesem Gürtel kreisenden Objekte stabil auf ihren Bahnen bleiben, haben einige eine Umlaufbahn um die Sonne, die sie regelmäßig in den Einflussbereich des Jupiters bringt. In bestimmten Positionen ihres Orbits können sie so in eine instabile Lage geraten, in der schon kleinste Einflüsse genügen, um sie abzulenken. Bei Kollisionen zwischen den Asteroiden werden

Oben: Dieser acht Zentimeter kleine Brocken stammt vom Allende-Meteorit, einem kohlenstoffhaltigen Chondriten, der am 8. Februar 1969 in Mexiko einschlug.
Unten: Bruchstück eines Eisen-Meteoriten, der am 12. Februar 1947 in Sikhote Alin in Sibirien einschlug.
Ganz unten: Widmanstätten'sche Figuren auf einem Eisenmeteorit im Naturkundemuseum London.
© H. Raab/GFDL, gemeinfrei

Heute noch Reservoir für kosmische „Bomben": der Asteroidengürtel. © NASA/JPL

die Splitter dieser Zusammenstöße aus dem Asteroidengürtel hinausgeschleudert und können dann auf Kollisionskurs mit der Erde gehen.

Aus Vermessungen und Altersbestimmungen der Mondkrater geht hervor, dass die Meteoritenhäufigkeit in unserem Teil des Sonnensystems in den letzten Milliarden Jahren relativ stabil geblieben ist. Es besteht daher Grund zu der Annahme, dass die Erde auch in Zukunft immer wieder das Ziel von Meteoriten bleiben wird. Nach aktuellen Schätzungen der Astronomen kreuzen mehr als eine Milliarde Objekte von über zehn Metern Durchmesser regelmäßig oder sporadisch die Umlaufbahn der Erde. Rund eine Million von ihnen ist größer als 100 Meter, etwa 2.000 Objekte könnten sogar mehr als einen Kilometer Durchmesser haben. Von diesen so genannten Erdbahnkreuzern ist bisher nur eine kleine Minderheit identifiziert und in ihrer Flugbahn genau bestimmt.

Die Größe ist entscheidend

Doch längst nicht jeder Himmelskörper, der Kurs auf die Erde nimmt, kommt auch dort an: Steinmeteoriten von weniger als zehn Metern Durchmesser scheitern beispielsweise bereits an der Atmosphäre. Die schützende Lufthülle bremst die Himmelskörper ab und die Reibungshitze lässt sie noch in der Luft zerplatzen. Die Fragmente einer solchen Explosion erreichen aber häufig noch den Erdboden und können beträchtliche Schäden anrichten.

Der Einschlag eines rund zehn Meter großen Meteoriten geschieht nach Schätzungen von Experten rund alle zehn Jahre einmal. In den meisten Fällen gehen sie jedoch weitgehend unbemerkt über den Ozeanen oder unbewohntem Gebiet nieder. 1947 zerplatzte ein Eisenmeteorit dieser Größe über den Sikhote-Alin-Bergen im Osten Sibiriens und verursachte einen Schauer von Fragmenten. Die insgesamt 136 Tonnen kosmischen Materials verteilten sich über zwei Quadratkilometer Fläche und hinterließen rund 200 Krater.

Mit Treffern durch Meteoriten von 50 bis 300 Metern Durchmesser muss nach Einschätzung von NASA-Experten alle paar hundert Jahre gerechnet werden. Die Wahrscheinlichkeit, dass bei einem solchen Impakt bewohntes Gebiet getroffen wird, ist allerdings erheblich geringer: Nur alle 3.000 bis 10.000 Jahre könnte dies der Fall sein. Einschläge von Brocken einer Größe zwischen 500 bis 5.000 Metern Durchmesser sind bereits erheblich seltener, nur einmal in 70.000 bis sechs Millionen Jahren kommen sie im Durchschnitt vor. Hochrechnungen aus der Anzahl

Rechte Seite: Die von Kratern übersäte Mondoberfläche zeugt von der Häufigkeit der Einschläge im Nahbereich der Erde. Wegen der fehlenden Atmosphäre sind die Mondkrater besonders gut erhalten. © NASA

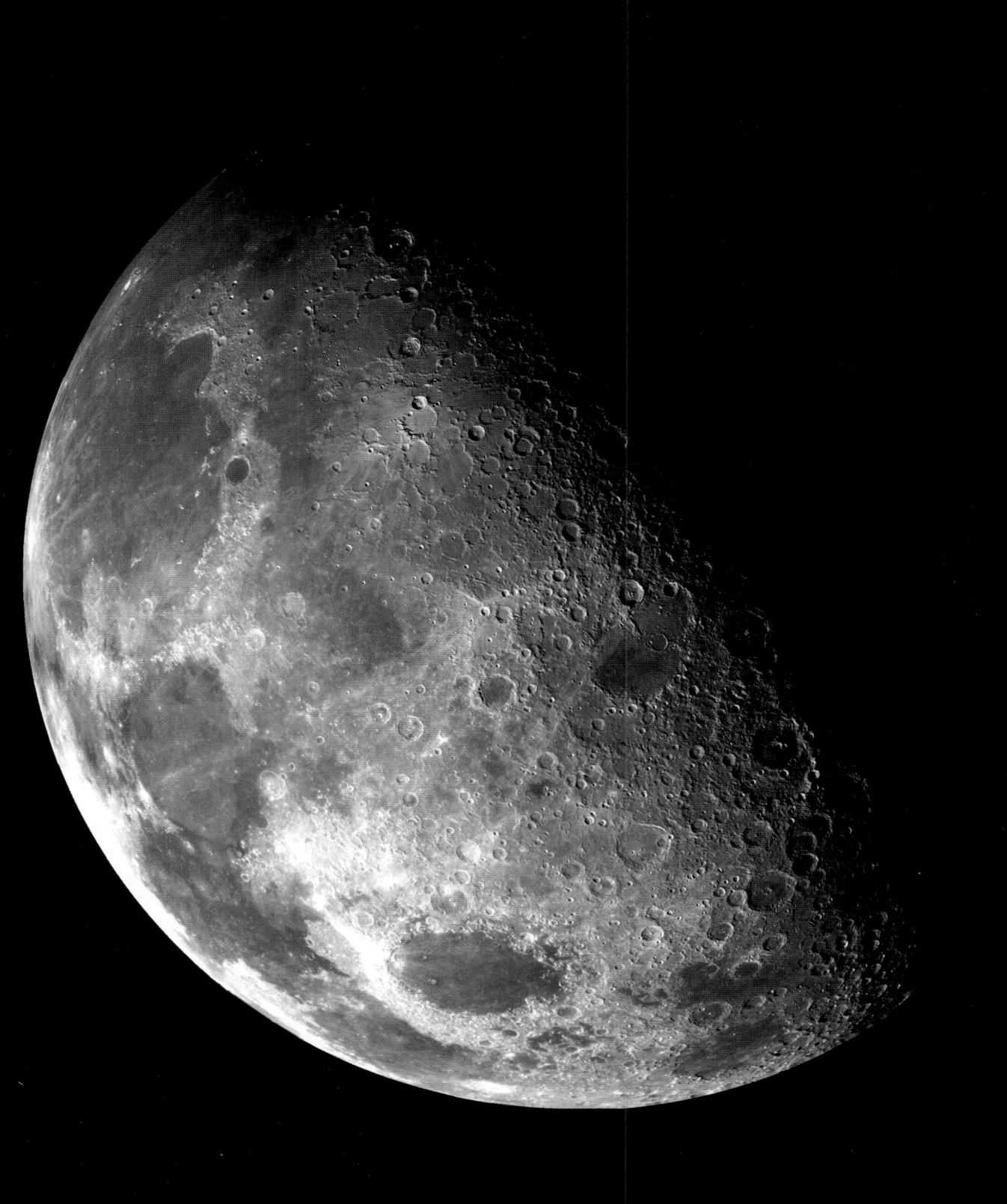

Einschlagshäufigkeit von Meteoriten

Die Wahrscheinlichkeit eines Einschlags nimmt mit zunehmender Meteoritengröße ab, dafür steigt die Zerstörungskraft, die ein solcher Einschlag entfalten könnte.

Der Explosion eines Meteoriten über dem sibirischen Tunguska im Jahr 1908 hatte vermutlich die Sprengkraft von 10 bis 15 Megatonnen TNT, dies entspricht dem 1.1150-Fachen der Hiroshima-Bombe.

Der Einschlag, der den Meteor-Krater (Bild rechts) in Arizona bildete, war drei Mal stärker als Tunguska und löschte vor 50.000 Jahren vermutlich alles Leben im Umkreis von vier Kilometern aus.

© NASA

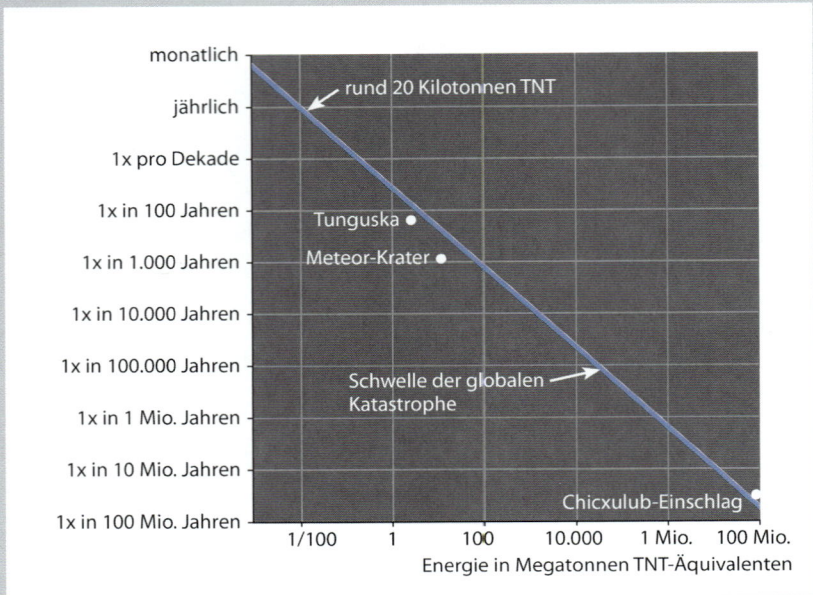

der irdischen Krater und der Häufigkeit von erdnahen Asteroiden und Kometen zeigen, dass auf dem Festland etwa alle zwei bis drei Millionen Jahre ein Krater von 20 Kilometern Durchmesser durch einen solchen Einschlag entsteht. Der jüngste bisher entdeckte Krater dieser Größenordnung ist der rund eine Million Jahre alte Zhamanshin-Krater in Kasachstan.

Eine Katastrophe globalen Ausmaßes hätte der Einschlag eines Meteoriten von mehr als fünf Kilometern Durchmesser verursacht. Ein solcher Impakt ereignete sich vermutlich vor 65 Millionen Jahren, als ein gut zehn Kilometer großer Meteorit vor der Küste Mittelamerikas einschlug. Er hinterließ nicht nur den erst durch Schwerkraftmessungen identifizierten Chicxulub-Krater, sondern war vermutlich auch für das Aussterben der Dinosaurier verantwortlich. Doch glücklicherweise tritt ein solches Ereignis schätzungsweise nur alle 100 Millionen Jahre ein. Die Wahrscheinlichkeit, noch innerhalb des 21. Jahrhunderts von einem solchen Meteoriten getroffen zu werden, liegt daher nach Meinung des NASA-Meteoritenforschers Clark R. Chapman unter eins zu einer Million.

Der Hoba-Meteorit aus den Otavibergen Namibias ist der bislang größte Meteoritenfund. Er wiegt 50 bis 60 Tonnen und ist 2,70 Meter lang und breit und 90 Zentimeter hoch.
© Patrick Giraud/GFDL

Krater, Tektite und Co. –
die Spuren des Einschlags

**Welche Folgen ein Treffer durch einen Meteoriten von rund einem Kilo-
meter Durchmesser haben kann, zeigt das Nördlinger Ries in Süddeutsch-
land. Lange Zeit wurde vermutet, der mehr als 25 Kilometer weite Krater
sei vulkanischen Ursprungs, bis in den 1960er Jahren die amerikanischen
Geologen Eugene Shoemaker und Edward Chao das typische Impaktmi-
neral Coesit in der Vertiefung nachwiesen. Inzwischen gehört das Nördlinger Ries zu den am besten untersuchten Meteoritenkratern weltweit.**

*Der Barringer- (oder Meteor-)-
Krater in Arizona war der erste,
der durch Eugene Shoemaker
als Meteoritenkrater identifziert
wurde. Der 1.200 Meter große
Krater entstand vor 50.000
Jahren. © USGS*

Für seine Entstehung haben die Forscher folgendes Szenario entworfen: Vor
rund 15 Millionen Jahren drang ein knapp 1.000 Meter großer Steinmeteorit in die
Atmosphäre ein. Der riesige Feuerball traf mit mehr als 40.000 Stundenkilometern
auf die Erdoberfläche und bohrte sich tief ins Juragebirge hinein. Einen Kilometer
unter der Oberfläche kam er zum Stillstand und explodierte. Gesteinsdampf brach
mit einem Druck von zehn Millionen Bar und Temperaturen von 30.000 °C nach
oben aus und schleuderte geschmolzenes Gestein und Trümmer bis zu 20 Kilometer hoch in die Atmosphäre. Zwanzig Sekunden nach dem Einschlag hatte sich
ein Krater von 15 Kilometern Durchmesser und 4,5 Kilometern Tiefe gebildet. Das
ausgeworfene Material Gesteinstrümmer fiel auf die Erde zurück und deckte im
Umkreis von 50 Kilometern die Erde mit einer 30 bis 40 Meter dicken Trümmer-
schicht zu, der Krater weitete sich auf 20 bis 25 Kilometer aus. Die bei dieser Kata-

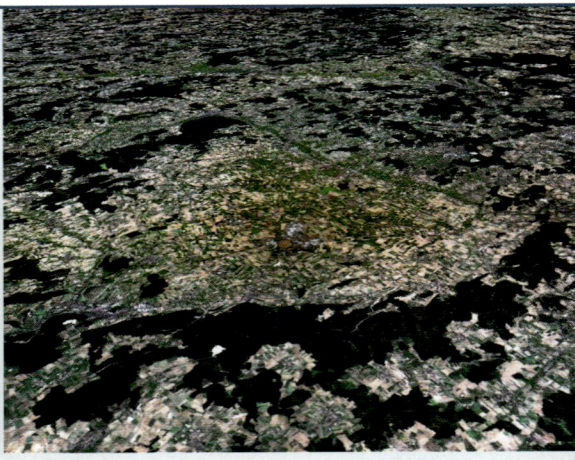

Nördlinger Ries: Wo heute idyllische Landschaften in einer weiten Senke liegen, schlug vor 15 Millionen Jahren ein Meteorit ein und hinterließ einen 25 Kilometer breiten Krater. Links Realfoto, rechts aus Satellitenbildern erstelltes Modell, Blickrichtung bei beiden nach Osten/Nordosten. © Bernd Haynold/ GFDL, NASA

strophe freigesetzte Energie der Sprengkraft von rund einer Million Hiroshimabomben verwüstete 6.500 Quadratkilometer Land und tötete wahrscheinlich alles Leben im Umkreis von 100 Kilometern.

Der Einschlag eines mehrere Kilometer großen Meteoriten hätte aber nicht nur regionale, sondern auch globale Auswirkungen: Modelle von Impaktforschern der NASA zeigen, dass durch den Aufprall zusätzlich rund zehn Milliarden Tonnen Staub und Aerosole in die Atmosphäre geschleudert werden könnten. Diese Partikel würden sich rund um den Erdball verteilen und damit einen Großteil des Sonnenlichts abschirmen. Als Folge könnten die globalen Temperaturen um mehrere Grad fallen. Der dadurch verursachte „kosmische Winter" würde die Landwirtschaft auf der gesamten Erde über Monate hinweg beeinträchtigen, große Hungersnöte wären die Folge. Noch heute nachweisbar sind die globalen Folgen des Einschlags eines zehn bis 20 Kilometer großen Meteoriten vor 65 Millionen Jahren. In Bohrkernen aus der ganzen Welt bilden Asche und Staubablagerungen aus dieser Zeit eine deutlich erkennbare Schicht an der Grenze zwischen den Sedimenten der Kreidezeit und des Tertiärs, heute als Neogen bezeichnet.

Krater – die „Wunden" der Erde

Sind die unmittelbaren Folgen eines Einschlags abgeklungen, bleibt die „Wunde" als Krater in der Erdoberfläche erhalten. Im Gegensatz zu den förmlich mit Kratern übersäten Oberflächen von Mars, Mond oder Merkur wirkt die Erde allerdings auf den ersten Blick weitgehend unberührt. Doch dieser Schein trügt. Wie alle inneren Planeten des Sonnensystems war auch die Erde im Laufe ihrer Geschichte Ziel zahlreicher Meteoriten, Asteroiden und Kometen. Geologen schätzen, dass die Zahl der Einschläge sogar noch die des Mondes übertrifft.

Die Spuren von Meteoriteneinschlägen an der Erdoberfläche werden ständig durch Erosion zerstört, durch Ablagerungen oder Vulkanismus überdeckt oder durch die Bewegungen der tektonischen Platten oder Vulkanismus verformt. Entdeckt hat man bisher rund 150 Krater, die meisten von ihnen in den geologisch stabilen Regionen Nordamerikas, Europas und Australiens. Durch die starke

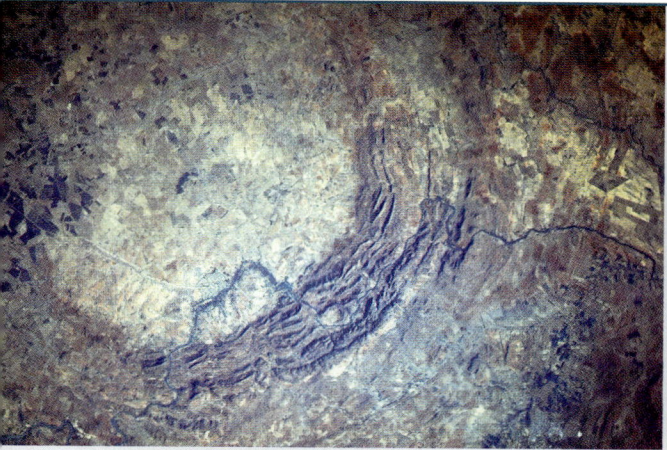 

Verwitterung sind die meisten der heute bekannten Krater nicht älter als 200 Millionen Jahre, ihre Durchmesser variieren, die größten liegen bei rund 300 Kilometern. Nach statistischen Berechnungen soll es noch mindestens 700 weitere Einschlagskrater auf der Erde geben, davon werden etwa 300 auf dem Festland, der Rest in den Tiefen der Weltmeere vermutet.

Ein Meteoritenkrater bildet sich zunächst als einfacher Trichter mit hohen Rändern, die von herabstürzenden Gesteinsbrocken jedoch teilweise wieder eingeebnet werden. Die weitere Ausformung des Kraters hängt direkt von seiner Größe ab: Kleinere Impaktstrukturen behalten die einfache schüsselartige Form, bei der das Verhältnis von Tiefe und Durchmesser typischerweise bei 1:5 bis 1:7 liegt. Der Barringer-Krater in Arizona ist mit 1,2 Kilometern Durchmesser und rund 170 Metern Tiefe ein typisches Beispiel für einen solchen einfachen Krater.

Sowohl der Vredefort Dome in Südafrika (links) als auch die Clearwater Lakes in Quebec sind stark erodierte Meteoritenkrater. © NASA, Larry Bloom/GFDL

Der 1.200 Meter große Barringer-Krater in Arizona ist ein typisches Beispiel für einen einfachen Krater. © Larry Bloom/GFDL

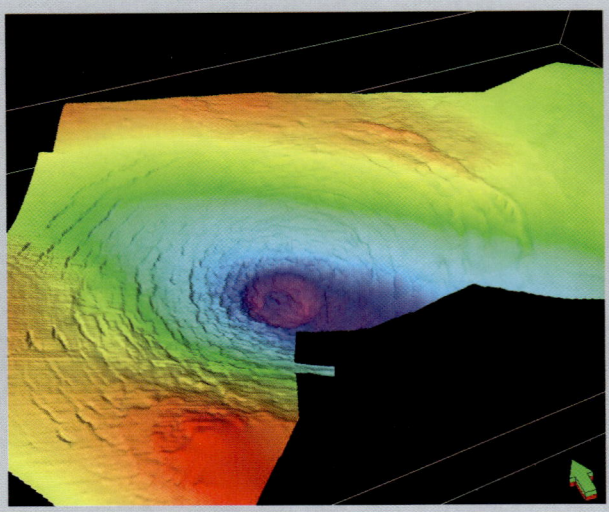 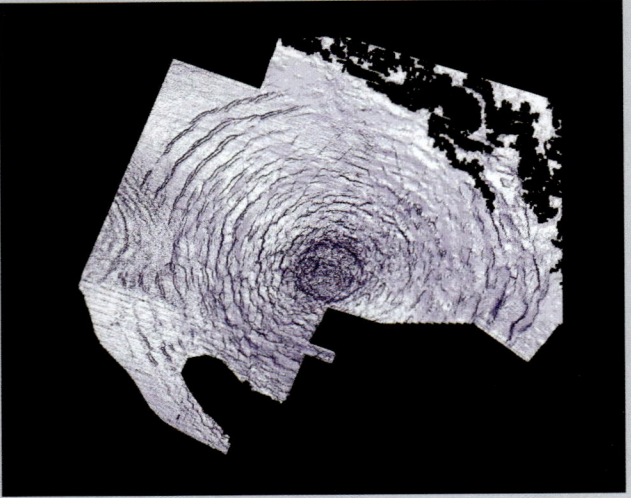

Das Rätsel der Silverpit-Formation in der Nordsee

Ein heiß umstrittener Kandidat für einen Einschlagskrater liegt quasi vor unserer Haustür, in der Nordsee auf halbem Wege zwischen Großbritannien und den Niederlanden. Entdeckt wurde die rätselhafte Struktur per Zufall durch die Erdölgeologen Simon Stewart von BP und Philip Allen von der Firma Production Geoscience, als sie auf der Suche nach Erdgasvorkommen seismische Daten durchmusterten.

Bei dieser Routinearbeit stieß Allen in einem Gebiet 130 Kilometer östlich des britischen Humber-Ästuars auf eine ungewöhnliche Formation aus konzentrischen Kreisen, begraben unter 1.500 Meter dickem Sediment. Weil der Forscher die drei Kilometer große Struktur nicht auf Anhieb einordnen konnte, „parkte" er einen Ausdruck der seismischen Karte erst einmal an der Wand seines Büros in der Hoffnung, später einen Experten dazu befragen zu können. Wenig später sah Stewart bei einem Besuch das Bild und erkannte darin einen möglichen Einschlagskrater.

Nähere Untersuchungen enthüllten, dass die zwischen 45 und 74 Millionen Jahre alte Kalksteinformation eine zentrale Erhebung aufweist, wie sie für komplexe Impaktkrater typisch ist. Zum Zeitpunkt seiner Entstehung lag er vermutlich zwischen 50 und 300 Meter tief unter Wasser.

Seit der Veröffentlichung dieser Entdeckung im Jahr 2002 in der Fachzeitschrift „Nature" wird in der Fachwelt gestritten, ob wirklich ein Impakt diese Formation entstehen ließ. Im August 2009 veröffentlichte der schottische Geologe John Underhill eine Gegenstudie, nach der das Lösen und Abwandern großer Mengen Salz aus der darunterliegenden Schicht das konzentrische Einsacken des Kraters verursacht haben soll. Welches der beiden Erklärungsmodelle tatsächlich für den „Silverpit-Krater" verantwortlich ist, ist daher noch immer nicht eindeutig klar.

Lage des Silverpit-Kraters in der Nordsee. © MMCD NEW MEDIA

Bilder oben: Falschfarben-Bild der Tiefenstufen des Silverpit-Kraters und seismische Karte der Formation. © Phil Allen (Production Geoscience Ltd.) und Simon Stewart (BP), freigegeben unter GFDL

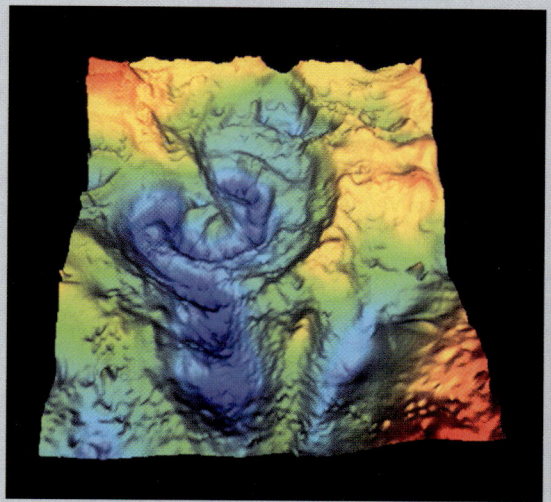

Chicxulub – dem „Dinokiller" auf der Spur

Vor rund 65 Millionen Jahren ereignete sich ein globales Massenaussterben, das nicht nur rund 85 Prozent aller Tier- und Pflanzenarten vernichtete, sondern auch den Dinosauriern, den Herrschern der Kreidezeit, das aus brachte. Was aber war sein Auslöser?

Lange Zeit wurden Vulkanausbrüche, Klimawechsel oder sogar eine Supernova in Erdnähe in Betracht bezogen. Am 6. Juni 1980 erschein jedoch in der Fachzeitschrift „Science" ein Artikel, der die Hypothese von einem Meteoriten als „Dinokiller" vertrat. Einer der Autoren: der Geologe Walter Alvarez. Er hatte schon in den siebziger Jahren eine stark iridiumhaltige Tonschicht in den Kalkformationen nahe der italienischen Stadt Gubbio entdeckt. Da dieses Metall auf der Erde extrem selten ist, musste es außerirdischen Ursprungs sein.

Labors in 13 Ländern bestätigten den hohen Iridiumgehalt der 65 Millionen Jahre alten Ablagerungen, die seither auch in anderen Orten nachgewiesen wurden. Alvarez und seine Mitstreiter zogen den naheliegenden Schluss und wiesen einem Meteoriteneinschlag die Rolle des „Täters" zu. Nach ihren Berechnungen müsste dieser Meteorit eine Größe von mindestens zehn Kilometern gehabt haben. Bald begann eine fieberhafte Suche nach dem Einschlagskrater.

1990 gaben zwei Geologen der staatlichen mexikanischen Ölgesellschaft Mexicos bekannt, sie hätten in der Region Yucatan eine runde, unter der Erde verborgene Struktur aus dichtem eisenhaltigem Gestein entdeckt. Nach ihren Berechnungen könnte es sich dabei um den gesuchten Einschlagskrater handeln. Magnetische und gravimetrische Vermessungen enthüllten einen Krater mit drei ringförmigen Strukturen, die einen Zentralberg und den inneren und äußeren Kraterrand markieren könnten. Insgesamt ist der Krater vermutlich 180 Kilometer breit, neuere Messungen gehen sogar von 300 Kilometern aus, sind aber noch nicht bestätigt. In jedem Falle ist der „Chicxulub"– Schwanz des Teufels – getaufte Krater der größte, der bislang auf unserem Planeten gefunden wurde.

Bilder oben: Modell des Chicxulub-Kraters (links). Auffallende Ablagerungen an der Grenze zwischen Kreide und Tertiär in einem Bohrkern (rechts). © NASA/LPI, Harald Frater

Lage des Chicxulub-Kraters auf der Halbinsel Yucatan in Mexiko. © MMCD NEW MEDIA

Ein typischer komplexer Krater: der Manicouagan in Quebec.
© NASA/GSFC/JPL

Bei größeren Meteoriteneinschlägen entstehen komplexere Kraterformen: Der durch die Stoßwellen des Einschlags zusammengepresste Untergrund federt nach und wölbt sich zu einem Zentralberg oder Ring in der Kratermitte auf. Durch die Schwerkraft fallen die anfangs steilen Ränder nach innen zusammen, Gestein und Trümmer rutschen weiter nach und erweitern den Durchmesser zusätzlich. In der Folge entstehen so komplexe Krater mit Zentralerhebung und zum Teil zwei oder mehr zusätzlichen Ringen. Im Vergleich zu einfachen Kratern sind die komplexen Formen deutlich flacher. Das Verhältnis Tiefe zu Durchmesser liegt bei ihnen bei 1:10 bis 1:20. Ein Beispiel für ein solches komplexes Gebilde mit Zentralberg ist der 100 Kilometer breite Manicouagan-Krater im kanadischen Quebec. Nach dem Impakt eines Meteoriten vor rund 212 Millionen Jahren soll dort der Untergrund in der Kratermitte sogar zehn Kilometer weit hochgefedert sein.

Ab welcher Größe ein Krater komplexe Strukturen bildet, hängt von der Schwerkraft des Planeten ab: Bei höherer Schwerkraft reichen schon kleinere Durchmesser aus. Auf der Erde liegt der Grenzwert für komplexe Krater bei rund zwei bis vier Kilometern Durchmesser, auf dem Mond, mit nur einem Sechstel

Kratertypen

Einfacher Krater
Unterhalb von zwei bis vier Kilometern Durchmesser gehören Krater meist zum einfachen Kratertyp. Der schüsselförmige Kraterboden ist von Impaktgestein bedeckt, es gibt keinen Zentralberg oder mehrfache Ringstrukturen.

Komplexer Krater:
Die meisten größeren Krater auf der Erde gehören zu den komplexen Kratern. Sie sind meist flacher und von mehrfachen Ringen aus Auswurfmaterial umgeben. Auch ein Zentralberg, entstanden durch zurückfedernden Untergrund, ist häufig.

© MMCD NEW MEDIA

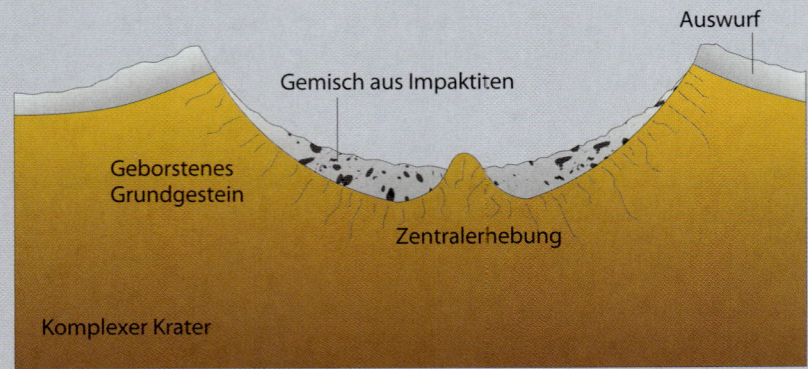

der Erdschwerkraft, entstehen sie erst ab Durchmessern von 15 bis 20 Kilometern. Impaktforscher haben aus Berechnungen und Modellen eine allgemeine Beziehung zwischen Meteoritengröße, Aufprallgeschwindigkeit und Kratergröße entwickelt. Als Faustregel gilt, dass ein Krater in felsigem Untergrund einen etwa 20-mal größeren Durchmesser hat als der Meteorit, der ihn erzeugte. Bei sandigem Untergrund wird ein Teil der Aufschlagenergie absorbiert, der Krater hat daher nur das Zwölffache der Meteoritengröße.

Große Krater mit Durchmessern von über 100 Kilometern lassen sich vom Boden aus kaum erkennen, sie sind meist zu stark verwittert und werden von anderen Landschaftsformen überlagert. Nach Schätzungen von Experten müsste es auf der Erde rund 30 Krater geben, die über 40 Kilometer groß sind, gefunden hat man davon allerdings kaum ein Viertel. Die Aussichten, die noch fehlenden Krater zu finden, sind dank der Satellitentechnik gestiegen. Die durch die alten Einschläge verursachten Schwerkraft- und Magnetfeldanomalien sind bis heute erhalten und können vom All aus gemessen und durch Computerbearbeitung sichtbar gemacht werden.

Dieser 110 Meter große, einfache Krater auf der estnischen Insel Saaremaa ist Teil einer Gruppe. Sie entstand, als ein in neun Bruchstücke zerfallener Meteorit 660 v. Chr. einschlug. © GFDL

Oben: Moldavit, ein grünlich gefärbter Tektit, entstand beim Einschlag des Nördlinger-Ries-Meteoriten. Darunter: Dieser Tektit aus Australien erhielt seine Form, als das geschmolzene Gesteinsglas durch die Atmo-sphäre geschleudert wurde.
© H. Raab/GFDL

Links: Kalkstein mit Trüm-merkegeln (links) und Brekzie aus zertrümmertem Kalkstein (rechts) aus dem Steinheimer Becken. © H. Raab/GFDL

Indizien für einen Einschlag

Woran erkennt man, ob ein Krater durch einen Meteoriteneinschlag entstanden ist? Während auf dem Mond geologische Prozesse fehlen, die auf andere Weise Krater entstehen lassen könnten, ist die Zuordnung auf der Erde nicht so einfach. Erosion, Vulkanausbrüche und andere geologische Prozesse lassen Landschafts-formen entstehen, die den Einschlagskratern von Meteoriten oft zum Verwech-seln ähnlich sind. Erst Anfang des 20. Jahrhunderts identifizierten Forscher daher Meteoriten überhaupt als Ursache von irdischen Kratern.

Wichtige Indizien für einen Meteoriteneinschlag sind neben einem Krater auch die Veränderungen, die der Impakt im Untergrund und umgebenden Gestein hinterlässt. Typisches Kennzeichen sind beispielsweise glasartig ausse-hende Gesteinsbrocken, die als Tektite oder Schwarzglas bezeichnet werden. Sie entstehen, wenn Tropfen geschmolzenen silikatreichen Gesteins in höheren Schichten der Atmosphäre so schnell erkalten, dass sich keine Kristallstruktur ausbilden kann. Von den sehr ähnlichen Glassteinen vulkanischen Ursprungs unterscheiden sie sich durch ihren geringen Wassergehalt.

Die Druckwellen des Einschlags verändern aber auch die Kristallstruktur von Mineralien, es entstehen charakteristische Muster. Quarzgestein zum Beispiel zeigt dann typische, in alle Richtungen ausgerichtete Streifen. Schlägt ein Mete-orit in felsigem Gelände ein, finden sich in der näheren Umgebung des Kraters oft typische keil- oder kegelförmige Gesteinstrümmer, die so genannten Trümmer-kegel. Ein anderes Indiz für einen Einschlag eines Meteoriten entdeckte der ameri-kanische Bergbauingenieur Daniel M. Barringer in den 1920er Jahren: In einem großen, nahezu kreisrunden Krater in Arizona fand er zahlreiche kleine runde Kügelchen, die rostig aussahen und in der Hand zerbröselten. Die von ihm Schie-ferkugeln getauften Fragmente erwiesen sich bei näherer Untersuchung als ein für Eisenmeteoriten typisches Eisen-Nickel-Gemisch.

Die bekanntesten und größten Einschlagskrater der Erde

Nach Schätzungen von Impaktforschern ereignen sich innerhalb einer Million Jahre ein bis drei Meteoriteneinschläge, die einen Krater von 20 oder mehr Kilometern hinterlassen. Eigentlich müsste die Erdoberfläche daher ebenso „pockennarbig" erscheinen wie die des Mondes.

Doch die Erosion durch Wasser, Wind und Eis sowie Vegetation und Sedimentation haben die meisten der größeren und älteren Krater überdeckt.

Bisher sind deshalb auf der Erde nur rund 170 eindeutig als Impaktkrater identifizierte Formationen nachgewiesen. Diese reichen im Durchmesser von einigen zehn Metern bis zu 300 Kilometern und sind meist weniger als 200 Millionen Jahre alt, da alle älteren Einschlagsspuren durch geologische Prozesse ausgelöscht sind.

Die Karte zeigt einige der bekanntesten irdischen Einschlagskrater.

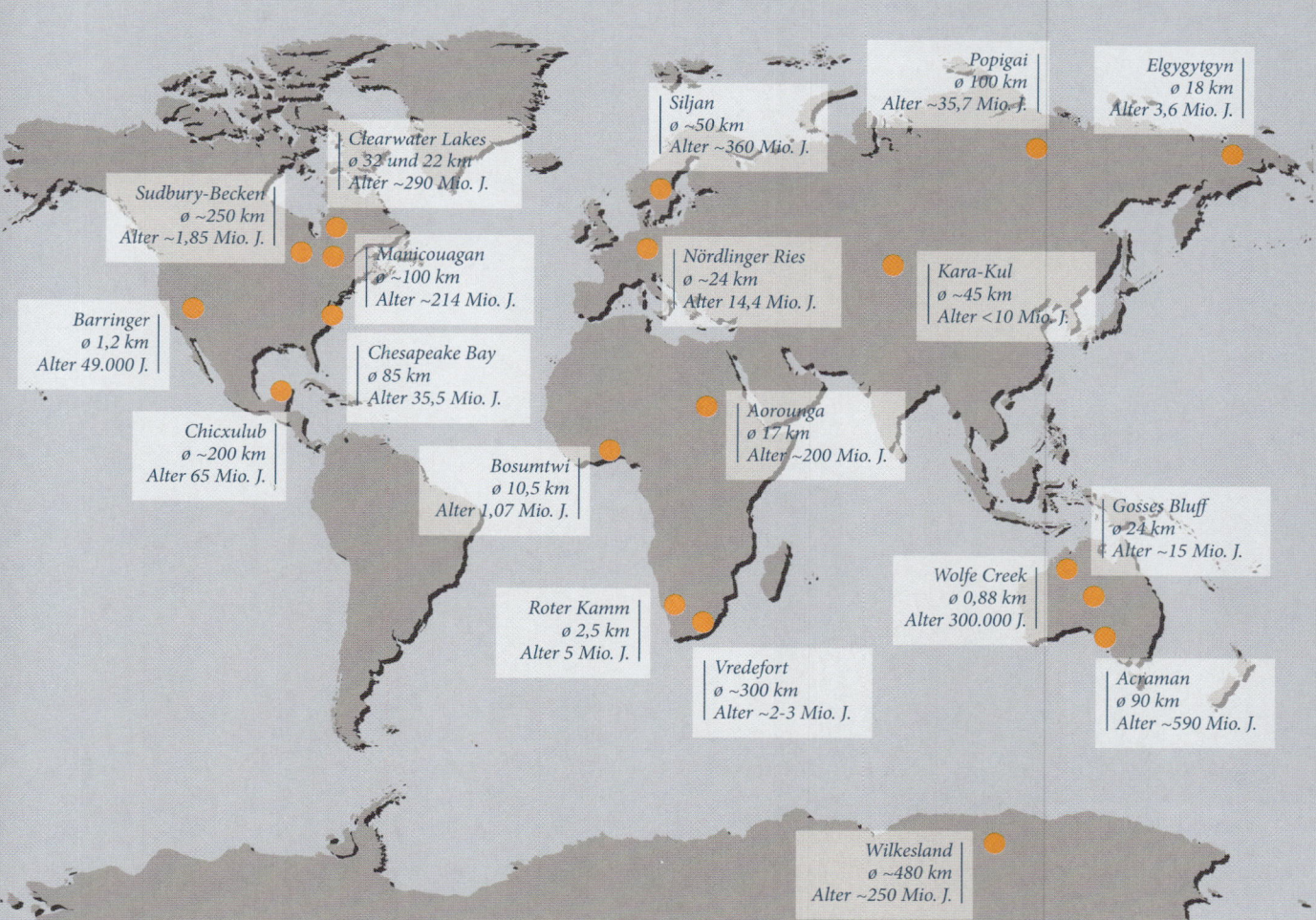

Popigai
ø 100 km
Alter ~35,7 Mio. J.

Elgygytgyn
ø 18 km
Alter 3,6 Mio. J.

Siljan
ø ~50 km
Alter ~360 Mio. J.

Clearwater Lakes
ø 32 und 22 km
Alter ~290 Mio. J.

Sudbury-Becken
ø ~250 km
Alter ~1,85 Mio. J.

Manicouagan
ø ~100 km
Alter ~214 Mio. J.

Nördlinger Ries
ø ~24 km
Alter 14,4 Mio. J.

Kara-Kul
ø ~45 km
Alter <10 Mio. J.

Barringer
ø 1,2 km
Alter 49.000 J.

Chesapeake Bay
ø 85 km
Alter 35,5 Mio. J.

Chicxulub
ø ~200 km
Alter 65 Mio. J.

Bosumtwi
ø 10,5 km
Alter 1,07 Mio. J.

Aorounga
ø 17 km
Alter ~200 Mio. J.

Gosses Bluff
ø 24 km
Alter ~15 Mio. J.

Roter Kamm
ø 2,5 km
Alter 5 Mio. J.

Wolfe Creek
ø 0,88 km
Alter 300.000 J.

Vredefort
ø ~300 km
Alter ~2-3 Mio. J.

Acraman
ø 90 km
Alter ~590 Mio. J.

Wilkesland
ø ~480 km
Alter ~250 Mio. J.

Gewaltige Abraumhalden in der Nähe der Kupfermine Chuquicamata in Chile.
© Pierre cb/gemeinfrei

Von Menschenhand
Veränderungen und Eingriffe

Hohe Berge, tiefe Täler. Feuerspei-
ende Vulkane, gewaltige Tiefseegräben: Das heutige Antlitz der Erde
ist das Ergebnis eines seit Milliarden
Jahren andauernden Gestaltungspro-
zesses, an dem viele „Mitspieler" beteiligt waren. Neben natürlichen Phänomenen gibt es noch einen weiteren
Faktor, der den Blauen Planeten
verändert und ihm neues „Make-up"
verpasst: den Menschen. Wir graben
riesige Löcher in den Boden, wir begra-
digen Flüsse, legen neue Seen, Inseln
oder Kanäle an und erschaffen so
künstliche Landschaften. Doch auch
bei anderen Phänomenen wie Bodenerosion, Wüstenbildung und vor allem
beim Klimawandel hat der Mensch
ganz entscheidend seine Finger im
Spiel – mit fatalen Folgen.

Bergbaulandschaften – Make-up für die Erde

Blick in die Udatschnaja- Diamantenmine in der Republik Sacha in Russland.
© Stapanov Alexander/GFDL

Vor etwa 300 Millionen Jahren schwirrten in Deutschland gigantische Libellen mit Flügelspannweiten von mehr als 70 Zentimetern durch riesige Sumpfwälder. Baumhohe Farne, Schuppenbäume und Schachtelhalme prägten die üppige Vegetation. Die absterbenden Pflanzen und Tiere versanken im Schlamm und verwandelten sich unter Luftabschluss erst in Torf, später allmählich zu Braun- und Steinkohle. Heute wird die Kohle dem Erdboden zur Energiegewinnung entrissen. Garzweiler I und II: 11,4 Quadratkilometer Fläche, in Betrieb; Goitzsche: 60 Quadratkilometer groß, stillgelegt; Dreiweibern: 35,8 Quadratkilometer, ebenfalls geschlossen. Dies sind nur drei Beispiele für Braunkohlentagebaue, die die Landschaft in Deutschland nachhaltig verändern.

Nicht nur die Natur ist davon betroffen, sondern auch der Mensch. Denn fast ebenso lang wie die Liste der vertriebenen Arten ist die Aufstellung der „abgebaggerten" Siedlungen, wie man in der Fachsprache sagt. In der Lausitz wurden bisher über 80 Orte und Gemeindeteile Opfer der Tagebaue. Und im Rheinischen und im Mitteldeutschen Braunkohlenrevier mussten, Massenprotesten zum Trotz, unter anderem Garzweiler, Lürken, Rundstedt oder Markkleeberg den Schaufelradbaggern weichen. Denn um an die relativ flach unter der Erdoberfläche lagernden Kohlenflöze heranzukommen, muss zunächst die Deckschicht und damit die Landschaft großflächig abgetragen werden. Beispiel Tagebau Hambach in Nordrhein-Westfalen. Zwischen Elsdorf, Niederzier und dem Forschungszentrum Jülich gelegen, ist dies zurzeit Deutschlands größter Tagebau. Fast 400 Meter in die Erde haben sich die gewaltigen Maschinen hier bereits vorgefressen. Kein Wunder, denn dort arbeiten die größten Bagger der Welt: 240 Meter lang, 96 Meter hoch und 13.500 Tonnen schwer. Sie bauen täglich 240.000 Tonnen Kohle oder Gestein ab. Zum Vergleich: Damit könnte ein normales Fußballstadion 30 Meter hoch zugeschüttet werden. Unvorstellbar ist aber auch der Abraum in Hambach. Fast 300 Millionen Tonnen davon fallen im Jahresverlauf an. Ein großer Teil wird anschließend in einem bereits „abgeernteten" Bereich des Tagesbaus eingelagert. Auswirkungen hat der Tagebau aber nicht nur auf die Betriebsfläche selbst, sondern auch auf benachbarte Regionen. Denn da die Braunkohle meist deutlich unter dem Grundwasserspiegel liegt, muss das Grundwasser ständig abgepumpt werden. Die Folge: Quellen in der Nachbarschaft versiegen, Orte und Landschaften sacken ab, Bergschäden. Während in Deutschland nur Braunkohle in offenen Gruben gefördert wird, sieht das beispielsweise in den USA aufgrund der dort herrschenden geologischen Bedingungen ganz anders aus. Im Nordosten des Bundesstaats Wyoming, im Powder River Basin, befinden sich beispielsweise besonders ergiebige Steinkohle-Vorkommen nahe der Oberfläche. Die gewaltigen Kohlenflöze sind zum Teil mehr als 50 Meter dick und bis zu 66 Millionen Jahre alt. Der Kohleabbau erfolgt dort meist im Tagebau. Eine der größten Kohleminen in Wyoming ist der „Peabody Energy's North Antelope Rochelle"-Komplex, der sogar von der International Space Station (ISS) problemlos zu sehen ist. Die Steinkohlenflöze erkennt man als dünne schwarze Linien in den offenen Minen.

Bis zu mehrere hundert Meter tiefe Abbaukrater entstehen beim Abbau der Massenkalke im Rheinischen Schiefergebirge, wie hier bei Wuppertal.
© Harald Frater

Berge und Seen aus der Retorte

Doch was passiert eigentlich nach dem Ende des Bergbaus mit den vielen entstandenen Löchern? Oder mit den riesigen Mengen an wertlosem und störendem Abraum? Eine Antwort auf diese Fragen gibt beispielsweise ein Blick auf die rund sechs Kilometer östlich der Kleinstadt Jülich gelegene Sophienhöhe. Sie gilt als größter künstlicher Berg der Erde, als überdimensionaler Blickfang in der flachen Bördelandschaft, aber auch als Sinnbild des Braunkohlenabbaus. Denn entstanden ist sie eigentlich durch „Müll". Hier wurden bisher mindestens zehn Kubikkilometer Abraum aus dem nahe gelegenen Tagebau Hambach abgekippt, aufgeschichtet und verdichtet. Angeliefert haben das

Material nicht etwa riesige Megatrucks, sondern beständig ratternde, tausende von Metern lange Förderbänder. Herausgekommen ist dabei im Laufe der Jahrzehnte ein durchschnittlich 200 Meter hohes tafelbergähnliches Gebilde, das auch jetzt noch immer weiter wächst – zumindest teilweise. Vom Gipfel auf dem Römerturm, 290 Meter über Normalnull, bietet sich ein außergewöhnlich schöner Blick über Wiesen und Felder, die umliegenden Städte und Gemeinden, aber auch in den Tagebau selbst. Die Halde besteht aus mehreren bewaldeten Geländestufen, die viel Raum für Spaziergänger, Fahrradfahrer und Reiter bieten. Die Sophienhöhe ist einmalig, allerdings nur was ihre Höhe und Ausdehnung betrifft. Denn ansonsten sind von Menschenhand geschaffene Hügel in Deutschland keine Seltenheit. Fast 200 davon hat es allein im Ruhrgebiet gegeben, viele davon sind aber bereits wieder beseitigt. Auch, weil es manchmal aufgrund von Fehlern beim Aufschütten zu gefährlichen Haldenbränden kam.

Zu einer besonderen Attraktion hat sich die Halde Rheinpreußen in Moers entwickelt. Von dem 70 Meter hohen Hügel kann man tagsüber das Ruhrgebiet und den Niederrhein in Augenschein nehmen. In den Abendstunden und nachts jedoch hüllt sich die Halde in ein rotes Gewand. Denn dann tritt ihr Wahrzeichen, das so genannte „Geleucht" so richtig in Aktion. Die vom Künstler Otto Piene entworfene rund 30 Meter hohe Plastik in Form einer Grubenlampe erstrahlt mit insgesamt 61 Beleuchtungskörpern und taucht mehr als einen halben Hektar Fläche in rotes Licht. Ist es mit dem Bergbau erst einmal vorbei, ist aber auch Rekultivierung „in". So wie am Blausteinsee in der Nähe von Eschweiler. Dort ist das so genannte Restloch längst verschwunden und einem riesigen künstlichen See gewichen. Viel erinnert heute dort nicht mehr an die bergbauliche Vergangenheit des Gebietes. Bis 1987 wurden hier im Tagebau Zukunft-West insgesamt 530 Millionen Tonnen Braunkohle gefördert. Nun gibt es mitten im Rheinischen Braunkohlenrevier statt Schaufelradbagger, Radlader und Bandanlagen nur noch Wasser. 25 Millionen Kubikmeter genau genommen, in dem sich längst zahlreiche Tiere und Pflanzen breitgemacht haben. Und auch rund um den 100 Hektar großen und fast 50 Meter tiefen See lautet das Motto „Natur pur". Extra angelegt wurde beispielsweise ein bis zu 130 Meter breiter, abwechslungsreicher Grünstreifen, in dem verschiedene Bäume, Sträucher und Gräser wachsen und sich die verschiedensten Lebewesen tummeln. Für den Menschen hat das Gebiet des ehemaligen Tagebaurestlochs aber noch mehr zu bieten. Hier kann man tauchen,

Der Kulkwitzer See im Leipziger Neuseenland ist durch die Flutung von zwei Braunkohlentagebauflächen entstanden. © Martin Geisler/GFDL

„The Big Hole" in Südafrika –
das berühmteste Loch der Erde

Egal, ob Diamanten aus Südafrika, Erze aus Chile oder Kohle aus Deutschland und den USA: Viele von uns dringend benötigte Rohstoffe werden heute in offenen Gruben, so genannten „open pits" oder Tagebauen, gewonnen. Als berühmtestes Loch der Erde gilt dabei das „Big Hole". Es misst 460 Meter im Durchmesser, ist fast genauso tief und in etwa so groß wie 24 Fußballfelder: Das riesige Loch inmitten des Ortes Kimberley gehört zu den spektakulärsten Phänomenen, die Südafrika zu bieten hat. Jahr für Jahr strömen tausende von Touristen hierher, um das „Big Hole" in Augenschein zu nehmen und sich im Visitors Center über die Geschichte dieser Landschaftsattraktion zu informieren. Und die hat es durchaus in sich. Alles begann mehr oder weniger mit einem Zufall. Ein gewisser Fleetwood Rawstorne entdeckte im Juli 1871 die ersten Diamanten auf einer Farm, die den Brüdern Johannes und Diedrich de Beer gehörte. Zu diesem Zeitpunkt ahnte noch niemand, dass die gerade mal zweikarätigen Edelsteine aus einer Lagerstätte stammten, die sich in den nächsten Jahren als eine der ergiebigsten weltweit entpuppen sollte.

Denn die Funde auf dem kleinen Hügel, dem so genannten Colesberg Koppje, sorgten, so „mickrig" sie auch waren, für einen Diamantenrausch, wie ihn die Welt bis dahin noch nicht gesehen hatte. Zehntausende von Schürfern, boomende Zeltstädte und der Traum vom Reichwerden: Der neue Ort Kimberley entwickelte sich im Verlauf der nächsten Jahrzehnte zum Nabel der Diamantenwelt. Die Invasion der „Digger" sorgte aber auch dafür, dass das Aussehen der Landschaft um den Colesberg Koppje komplett verändert wurde. Mit Schaufel und Spitzhacke bewaffnet, trugen die Edelsteinsucher den Hügel zunächst komplett ab und gruben sich anschließend immer tiefer in die Erde vor. Schicht um Schicht wurde das Diamanten führende Kimberlit-Gestein abgetragen und von seiner wertvollen Fracht befreit. 50, 100, 150 Meter: Dem Wachstum der längst „Big Hole" genannten Mine schienen keine Grenzen gesetzt – genauso wie dem chaotisch anmutenden Gewimmel an Menschen in der Grube.

37 Jahre lang kämpften sich die menschlichen „Drohnen" ohne jede maschinelle Hilfe in die Tiefe und erreichten nach Informationen des Big-Hole-Forschers Steve Lunderstedt dabei eine Tiefe von 220 Metern unter der Erdoberfläche. Ab 1908 ging dann die Diamantensuche im Untertagebergbau weiter und der Schacht der Mine endete letztlich erst nach erstaunlichen 1.070 Metern. 1914 kam dann aber doch das Aus für das Big Hole, die Mine wurde wegen mangelnder Rentabilität geschlossen. Die Gesamtbilanz jedoch war erstaunlich. Insgesamt 2.722 Kilogramm Diamanten holten die Schürfer dort aus dem Boden. Das entspricht 14,5 Millionen Karat. Der Wert: 40 Milliarden Euro.

© NJR ZA/GFDL

*Ein künstlicher Hügel: die So-
phienhöhe am Tagebau Ham-
bach. © Joern Brach/GFDL*

schwimmen, surfen, segeln. Zahlreiche Wander- und Radwege liegen heute dort, wo sich vor dem Braunkohlenabbau Orte wie Langendorf, Lürken oder Obermerz befanden. Doch Zukunft-West ist nur einer von vielen Tagebauen in Deutschland, auf denen am Reißbrett entworfene neue, künstliche Landschaften entstanden sind. Weiter gehören dazu die Brühler Seenplatte oder das immer weiter wachsende Leipziger Neuseenland. Ein wahrscheinlich noch spektakuläreres Projekt soll am Tagebau Hambach in Nordrhein-Westfalen entstehen. Noch bis zum Jahr 2040 gilt dort die Genehmigung zum Braunkohlenabbau. Danach soll auf dem geplünderten Gelände ein See der Superlative entstehen: mehr als 4.200 Hektar groß, 400 Meter tief und mit 3,6 Milliarden Kubikmeter Wasser gefüllt. Das künstliche Gewässer würde die TopTen der größten deutschen Seen ordentlich durcheinanderbringen und Platz 2 nach dem Bodensee belegen. Der tiefste See hierzulande wäre er ohnehin – wenn er bis 2100 tatsächlich realisiert wird.

Krater aus dem Nichts – gefährliche Tagesbrüche

Menschengemachte Seen, Naherholungsgebiete aus der Retorte, neue grüne Berge, künstlerisch angehauchte Landmarken: Der Bergbau verändert die Landschaften und kann sie nach der Rekultivierung manchmal sogar bereichern. Immer wieder aber zeigt er auch noch Jahrzehnte nach dem Ende der Kohleförderung seine dunkle Seite. Denn urplötzlich und wie von Geisterhand tun sich manchmal Löcher auf, Gartenstühle, Planschbecken, manchmal sogar ganze Gebäude verschwinden in der Tiefe. Zurück bleiben geschockte und ratlose Anwohner: So genannte Tagesbrüche haben im Ruhrgebiet und im Siegerland eine lange Tradition. Mehr als 50 dieser Phänomene ereignen sich in Nordrhein-Westfalen durchschnittlich pro Jahr – Dunkelziffer unbekannt. Der vielleicht bekannteste Tagesbruch überhaupt brachte Anfang Januar 2000 das Bochumer Stadtviertel Wattenscheid-Höntrop in die Schlagzeilen. Mehrere Garagen samt Autos wurden dort damals ohne Vorwarnung von zwei wie aus dem Nichts entstandenen 15 Meter tiefen Kratern verschluckt. Ursache für das so genannte Höntroper Loch: Vermutlich der Einsturz von tiefer gelegenen Teilen des Schachts der stillgelegten Zeche „Vereinigte Maria Anna & Steinbank". Auf den ersten Blick weniger dramatisch ging es im Sommer 2004 in einem Wohnviertel in Mülheim an der Ruhr zu. Anwohner der Mühlenstraße registrierten dort eine fast harmlos und unscheinbar wirkende „Delle" vor einem Grundstück. Doch im Untergrund lauerte eine enorme Gefahr.

Wie nähere Untersuchungen zeigten, gab es dort ein umfangreiches System an Hohlräumen, das viele Häuser bedrohte. Nur mithilfe von 8,5 Millionen Euro und mehreren tausend Tonnen Beton konnte der Untergrund schließlich stabilisiert werden. Die „Löcher" unter dem Straßenzug beruhten offenbar auf einem längst vergessenen illegalen Kleinbergbau der Bürger vor einigen Jahrzehnten.

Wie viele gefährliche – weil schlecht oder gar nicht verfüllte – Stollen und Schächte es in Nordrhein-Westfalen gibt, ist unklar. Experten gehen aber von mehreren hundert oder tausend aus. „Theoretisch könnte man unterirdisch durch das ganze Ruhrgebiet wandern", sagte dazu Jörg Mittrach von der Deutschen Montan-Technologie im Jahr 2000 im Spiegel. Vor allem im südlichen Ruhrgebiet und im Siegerland ähnelt der Untergrund weniger dem üblichen kompakten Gebilde als einem überdimensionalen „Emmentaler-Käse". Die jahrzehntelange Bergmannstradition hat hier deutlich ihre Spuren hinterlassen. Diese Tunnel zu finden und zu sichern ist nicht so einfach, denn die Bergbauarchive sind mehr als lückenhaft. Techniker, Ingenieure und Experten versuchen deshalb mithilfe von Testbohrungen, Schallwellen oder über eine Suche Untertage, potenziellen Gefahrenquellen auf die Spur zu kommen. Einige von ihnen konnten mittlerweile bereits „entschärft" werden, bevor sie sich an der Erdoberfläche bemerkbar machten. Trotzdem ist es nach Ansicht von Wissenschaftlern nur eine Frage der Zeit, bis der nächste dieser menschengemachten Stollen einbrechen wird – mögliche Opfer und größere Sachschäden wie in Bochum oder Mülheim inklusive. Aber wie sagte Helmut Diegel von der Bezirksregierung Arnsberg im Juni 2009 so treffend: „Wir müssen in diesem Bundesland mit unserer Geschichte leben und sie meistern."

Ein Krater mit einem Durchmesser von 20 Metern entstand in Herbolzheim (Breisgau) nach dem Einsturz eines alten Bergwerkstollens. © DerFalkVonFreyburg/GFDL

Wasserstraßen und Energielieferanten

Gewässerregulierungen haben oft negative Auswirkungen auf das Aussehen und den Wasserhaushalt einer Landschaft. Hier die Emscher in Recklinghausen.
© GFDL

Nicht nur Veränderungen durch den Bergbau, auch künstliche Manipulationen an Flüssen und ihrem Einzugsgebiet können die ursprüngliche Landschaft entscheidend verändern. Gründe für die menschlichen Eingriffe gibt es viele. So machen beispielsweise begradigte Flüsse die Schifffahrt deutlich effizienter und trockengelegte Auen- und Niedermoorgebiete schaffen neue Flächen für die Landwirtschaft. Der Bau von Staudämmen dagegen leistet einen entscheidenden Beitrag zur umweltfreundlichen Stromerzeugung. Und mit Deichen schützt der Mensch besiedelte oder landwirtschaftlich genutzte Flächen vor den verheerenden Folgen von Jahrhunderthochwassern.

Begradigung von Flüssen

Zu Beginn des 19. Jahrhunderts glich der Oberrhein mehr einer Seenlandschaft als einem Fluss. Unzählige Inseln ragten aus dem sich ständig verändernden Strom, der an einigen Stellen mehrere Kilometer breit war. Ständig überflutete der ungebändigte Fluss bereits kultiviertes Gebiet, vernichtete Ernten und teilweise ganze Dörfer. Die Anwohner hatten nicht nur unter den Folgen der Überschwemmungen zu leiden, sondern auch unter Krankheiten wie Malaria. Denn die Sümpfe und Altarme des Rheins waren ideale Brutstätten für Anopheles-Mücken. Kein Wunder, dass die Vorschläge von Johann Gottfried Tulla (1770 – 1828) damals auf großes

Interesse stießen: Der badische Ingenieur plante zu Beginn des 19. Jahrhunderts, durch eine künstliche Flussbegradigung alle diese Probleme auf einmal in den Griff zu bekommen: Durch die Verringerung der Fließstrecke des Rheins wollte er die Abflussgeschwindigkeit erhöhen und somit die Tiefenerosion verstärken. Das tiefere Flussbett sollte einerseits die Bedingungen für die Schifffahrt verbessern, andererseits versprach sich Tulla davon eine Senkung des Grundwasserspiegels. Ziel war es, die Sümpfe trockenzulegen und die Altarme verlanden zu lassen. Eine weitere erhoffte positive Folge dieser Maßnahmen: Die landwirtschaftliche Nutzfläche würde sich vergrößern und damit der lästigen Mückenplage den Nährboden entziehen.

Im Jahr 1817 wurde das Großprojekt schließlich in Angriff genommen und auch nach dem Tod Tullas bis zum Jahr 1876 fortgeführt. In diesem Zeitraum durchstach man beispielsweise zahlreiche Mäander und verkürzte auf diese Weise die Fließstrecke des Rheins um 81 Kilometer. Und die Rechnung schien tatsächlich aufzugehen. Wie geplant gingen die Hochwasserereignisse zurück, der Grundwasserspiegel sank und die Auen konnten von Bauern in Beschlag genommen werden. Doch eine Auswirkung des Eingriffs hatte Tulla gewaltig unterschätzt: Die Tiefenerosion war viel stärker, als angenommen. An einigen Stellen fraß sich das Flussbett mit der Zeit bis zu zehn Meter tief in den Boden. Dadurch sank der Grundwasserspiegel stellenweise so stark, dass die Auengebiete komplett trockenfielen. Außerdem staute sich der mitgerissene Schotter an anderen Stellen wieder auf – die Hochwassergefahr stieg. Was Tulla und andere Wasserbauingenieure nach ihm ebenfalls nicht bedacht hatten: In begradigten Flüssen wird nicht nur die Abflussgeschwindigkeit des Wassers erhöht, auch Hochwasser kommen auf solchen Wasserautobahnen viel schneller voran. Benötigte eine Flutwelle im Rhein im Jahre 1955 von Basel bis Karlsruhe noch 65 Stunden, sind es heute nur noch 25.

Wichtige biologische Hochwasserpuffer sind neben Flussauen auch Böden und Wälder, denn sie können einen großen Teil der Niederschläge speichern. Doch auch in diese Systeme hat der Mensch längst eingegriffen. So fallen immer mehr Forste, Wiesen und Äcker dem Straßen- oder Städtebau zum Opfer. Allein auf dem Gebiet der alten Bundesländer hat sich innerhalb der letzten 50 Jahre der Anteil der Siedlungsflächen von sechs auf weit über zehn Prozent erhöht. Tendenz steigend. Bei starken Regenfällen fehlen diese natürlichen Senken dann. Verstärkt wird das Ganze noch durch die moderne Landwirtschaft. Immer größere Betriebe verlangen immer schwerere Landmaschinen. Durch das häufige Befahren der landwirtschaftlichen Nutzflächen, seien es Äcker, Wiesen oder Weiden, wird der Boden stark verdichtet. Selbst heute noch nicht versiegelte Böden können deshalb vielfach deutlich weniger Wasser aufnehmen und speichern als noch vor einigen Jahrzehnten. Durch alle diese Maßnahmen gelangt viel mehr Wasser – und das auch noch viel schneller als unter natürlichen Bedingungen – in die Flüsse, und die Gefahr einer Flutkatastrophe steigt. Vor allem in Zeiten der Schneeschmelze oder bei sehr plötzlichen und starken Niederschlägen treten daher

Durch die Begradigung wurde der Lauf des Rheins wesentlich verkürzt. Infolge der Durchstiche entstanden zahlreiche Altarme.
© MMCD NEW MEDIA

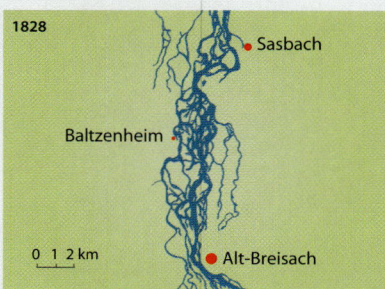

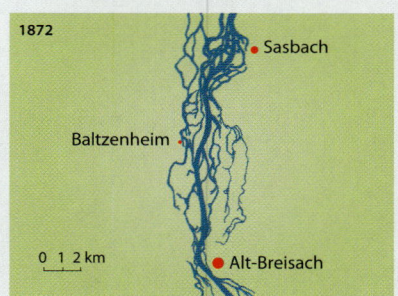

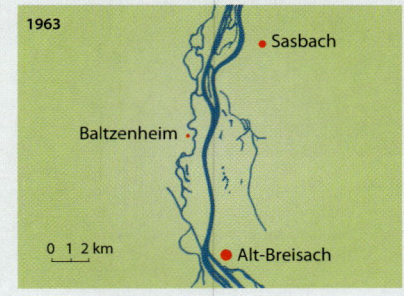

Land unter in Hitzacker: Die Elbeflut 2006 setzt die historische Altstadt unter Wasser. © Harald Frater

immer wieder folgenreiche Jahrhunderthochwasser auf. Doch mittlerweile hat man in vielen Ländern Europas aus den Fehlern der Vergangenheit gelernt und beginnt, über neue Strategien im Umgang mit Flüssen und im Hochwasserschutz nachzudenken. Dabei kommt es nicht selten sogar zu einer Art „Rolle rückwärts" in Sachen Flussbegradigungen. So gibt es in Deutschland seit Mai 2005 ein neues Hochwasserschutzgesetz, das vorsieht, den Flüssen mehr Platz zu bieten, und die Nutzung von durch Überflutung bedrohten Flächen stärker einschränkt. Eine der Hauptforderungen lautet dabei: „Gebt den Flüssen ihre Auen zurück": Doch viele davon sind an Rhein oder Elbe durch Deiche isoliert und müssen erst wieder an das fließende Wasser angeschlossen werden. Das ist aber meist leichter gesagt, als getan. Denn oft fehlt für Deichrückverlegungen schlicht und einfach das Geld, in anderen Regionen sind aus technischen Gründen schon begangene Bausünden nicht ohne weiteres wieder rückgängig zu machen.

Groß in Mode sind deshalb längst auch künstliche Flutpolder. Sie entstehen ebenfalls bei der Rückverlegung von Deichen ins Hinterland und ahmen den wasserspeichernden Effekt natürlicher Auen nach. Die Vorteile liegen auf der Hand: Die gesteuerte Überflutung großer Flächen zapft einiges Wasser aus den Hochwasser führenden Flüssen ab. Wie in einer großen Badewanne wird es „geparkt" und erst wieder entlassen, wenn keine Gefahr mehr besteht. Dies hilft, ungewollte Überschwemmungen flussabwärts zu verhindern. Derzeit wird am Oberrhein in der Nähe von Straßburg ein solches Überflutungsbecken getestet. Sechshundert Hektar ist es groß und kann fast acht Millionen Kubikmeter Wasser aufnehmen. Was sich viel anhört, ist bei einer großen Flut allerdings nicht mehr als ein Tropfen auf den heißen Stein. Ob sich diese Entlastung am Mittel- und Niederrhein noch auswirkt, ist daher fraglich. Denn erst im Verbund mit weiteren Poldern und der Renaturierung von Auen lässt sich die Fluthöhe merkbar senken. Nach dem Willen der IKRS – einer länderübergreifenden Kommission zum Schutz des Rheins – sollen daher bis 2020 insgesamt 1.000 Quadratkilometer Überflutungsflächen geschaffen werden. Im Vergleich zu heute würde dadurch der Pegel von Extremhochwassern bis zu 70 Zentimeter gesenkt.

Links: Fast schon eine Wasserautobahn: der Rhein bei Kehl. Rechts: Die Altarme des Rheins bei Karlsruhe sind wichtige Überflutungsflächen. © Szeder László/GFDL, Harald Frater

Stauseen

Einen mindestens ebenso großen Eingriff in die Landschaft wie Flussbegradigungen stellen Stauseen dar. Mehr als 45.000 Großstaudämme gibt es heute weltweit und jedes Jahr kommen weitere hinzu. Die meisten dieser Giganten aus Stahl, Erde oder Beton sind erst nach 1950 erbaut worden. Ein erheblicher Teil der Energieversorgung der Erde stammt heute aus der Kraft des fließenden Wassers. Und die Nachfrage nach Energie aus der „sauberen" Nutzung der Wasserkraft steigt in Zeiten des Klimawandels ständig. Aber Staudämme erfüllen noch andere Aufgaben. Je nach Situation vor Ort sollen sie mal Überschwemmungskatastrophen verhindern, dann wieder dringend benötigtes Süßwasser für die Industrie und die vielen Haushalte der Städte liefern. Großstaudämme spielen darüber hinaus eine wichtige Rolle bei der Verbesserung der weltweiten Ernährungssituation, liefern sie doch das kostbare Nass für die Bewässerung der zahlreichen, mehr oder minder flussnahen Agrargebiete – auch oder gerade in den Entwicklungsländern. Bis zu 16 Prozent der weltweiten Nahrungsmittelproduktion, so haben die Wissenschaftler der World Commission on Dams (WCD) ermittelt, hängen mittel- oder unmittelbar von Staudämmen ab. Meist übernehmen Staudämme gleich mehrere dieser Aufgaben gleichzeitig.

Aber in die Diskussion um die Wasserkraft mischen sich in den letzten Jahrzehnten auch zunehmend kritische Töne. Dammgegner haben zahlreiche Probleme und Nachteile bei der Nutzung der Energie des fließenden Wassers ausgemacht, die den Staudammbau immer mehr in Frage stellen. So überfluten die gewaltigen Wassermassen beim Aufstauen eines Flusses ganze Täler. Wiesen, Wälder, Ackerland und ganze Dörfer – eine ganze Landschaft befindet sich danach auf dem Boden des neu geschaffenen Sees. Für die Pflanzen- und Tierwelt bedeutet das den Verlust ihres Lebensraums und auch Menschen müssen bei großen Stausee-Projekten regelmäßig umgesiedelt werden. Über 90.000 Nilanrainer verloren beispielsweise beim Bau des Assuan-Staudamms in Ägypten ihre Heimat und zogen in Bereiche außerhalb des Überschwemmungsgebietes. Der durch den Damm entstandene fast 600 Kilometer lange Nasser-See ist einer der

Ein Staudamm-Projekt der Superlative: der Drei-Schluchten-Damm am Jangtsekiang in China. © GFDL

Oben: Blick vom Assuan-Hoch-damm auf den Nassersee. Unten: Intensive Landwirtschaft am Nil bei Luxor. © Olaf Tausch/GDFL, Bionet/gemeinfrei

größten künstlichen Seen der Erde. Trotz der positiven Auswirkungen des Damms wie gesicherte Stromversorgung, Hochwasserschutz und gleichmäßige Wasser-führung gibt es dort vor allem stromabwärts Probleme. Denn Talsperren und Stau-seen wandeln die Eigenschaften der betroffenen Gewässer völlig. So nimmt ober-halb der Staumauer die Sedimentation wegen der geringeren Fließgeschwindig-keiten zu, die flussabwärts gelegenen Bereiche dagegen werden durch verstärkte Erosion weiter eingeschnitten. Die Folge: Das Längsprofil eines Flusses verän-dert sich. Aber auch die an den Fluss angrenzenden Gebiete werden in Mitleiden-schaft gezogen. Durch den Assuan-Staudamm schrumpften beispielsweise die landwirtschaftlich nutzbaren Flächen erheblich. Auf dem verbleibenden Rest kam es infolge des Dammbaus nicht mehr zu den regelmäßigen Überflutungen – die natürliche Düngung mit fruchtbarem Nilschlamm blieb aus. Darüber hinaus nahm die Versalzung der natriumhaltigen Böden zu, da das Wasser die Salze nicht mehr aus dem Boden ausspülte. Selbst unterhalb der Erde sorgte der Damm für weitrei-chende Änderungen. Der Grundwasserspiegel stieg um etwa 1,6 Meter. Dadurch kamen auch die Salze der Böden an die Oberfläche und bildeten dort Krusten. Landwirtschaft ist auf diesen versalzenen Böden heute nicht mehr möglich.

Kanäle

Sie heißen „Nord-Ostsee-Kanal", „Sues-Kanal", „Canal du Midi" oder „Donau-Schwarzmeer-Kanal": Künstliche, oft schnurgerade Wasserstraßen haben in vielen Ländern der Erde eine lange Tradition und sind dementsprechend häufig als landschaftsprägende Elemente zu finden. Manche von diesen menschenge-machten Bauwerken dienen lediglich zur Be- oder Entwässerung, die meisten aber verbinden Flüsse oder sogar Meere und haben daher eine große Bedeutung für die Schifffahrt. Was wäre diese beispielsweise ohne den Panamakanal? Auf jeden Fall umständlicher, müssen sogar Kritiker zugeben. Denn die nur 82 Kilo-meter kurze Verbindung zwischen Atlantik und Pazifik hat es in sich. So verkürzt sich die Fahrtstrecke von Tokio nach London um 7.200 Kilometer und die von San Francisco nach New York sogar um über 14.000 Kilometer.

Die Idee, die beiden Ozeane über eine Wasserstraße zu verbinden, ist wohl so alt wie die Entdeckung des Pazifiks durch den Spanier Vasco Núñez de Balboa im Jahre 1513. Zu seiner Zeit mussten die Schätze Mittelamerikas noch mühsam über Mauleselpfade von Küste zu Küste transportiert werden. Bis zum Bau des Kanals sollten jedoch noch einige Jahrhunderte vergehen. Als im Jahr 1914 schließlich das erste Schiff den Kanal durchfuhr, hatten 75.000 Menschen über zehn Jahre an dem Jahrhundertbauwerk gearbeitet. Ein Drittel der Arbeiter kam dabei ums Leben. Ein hoher Preis für das technische Meisterwerk, das damals gerne als das achte Welt-wunder bezeichnet wurde. Heute passieren jährlich rund 14.000 Schiffe (Stand 2005) die betagten Schleusen des Panamakanals und befördern dabei insgesamt 300 Millionen Tonnen Fracht. Dies entspricht etwa fünf Prozent des weltweiten Seehandels. Doch das „Nadelöhr" zwischen Atlantik und Pazifik wird langsam, aber sicher zu klein. Die Schleusen lassen nur Schiffe durch, die höchstens 297 lang und 32 Meter breit sind. Über 90 Prozent der weltweit fahrenden Handelsschiffe haben

Vom Atlantik zum Pazifik – mit dem Frachter durch den Kanal

Eine Fahrt durch den Panamakanal dauert nur ungefähr zehn Stunden. Es geht dabei 26 Meter herauf und wieder herunter, einige Stauseen werden ebenso wie die mittelamerikanische Wasserscheide durchquert. Begleiten wir ein Frachtschiff von Colon am Atlantik nach Panama City am Pazifik durch den Kanal.

1. Abschnitt:
Über elf Kilometer fährt das Schiff sehr langsam und unter der Führung eines Lotsen durch Mangrovensümpfe bis zu den Gatun-Schleusen. Dort heben es drei Schleusenstufen auf 26 Meter über dem Meeresspiegel. Diese, wie auch die beiden anderen Schleusensysteme, die noch durchfahren werden müssen, waren bei dem Bau des Kanals die größte Betonkonstruktion der Welt. Die Kammern sind 305 Meter lang, 35,5 Meter breit und über 24 Meter tief. Bis auf Supertanker und die größten Containerschiffe passt hier fast jedes Schiff durch. Nicht aus eigener Kraft steuern die großen Schiffe durch die Schleusen. Sie werden von speziellen Lokomotiven, die entlang der Schleusen fahren, gezogen. Bei jedem Schleusengang gehen über 100.000 Liter Süßwasser an die Ozeane verloren. Für einen durchgängigen Schleusenbetrieb und ein ganzjähriges Durchfahren des Kanals müssen diese Wassermassen natürlich nachgeliefert werden. Dafür wurde in den 1930er Jahren der Alajuela- (oder Madden-)See östlich des Kanals aufgestaut.

2. Abschnitt:
Weiter geht die Fahrt auf dem Gatun-See, der durch die Stauung des Rio Chagres entstanden ist. 37 Kilometer Fahrt in tropischer Kulisse und immer noch befindet sich das Frachtschiff 26 Meter über dem Meeresspiegel. Als der Kanal gebaut wurde, war der Gatun-See mit einer Fläche von ungefähr 430 Quadratkilometern der größte, der je von Menschen-

hand angelegt wurde. Bis er voll gelaufen war, dauerte es mehrere Jahre. Ganze Landstriche wurden überschwemmt und heute schauen die ehemaligen Hügel als kleine Inseln aus dem Wasser.

3. Abschnitt:
Bei Gamboa beginnt der interessanteste Teil des Kanals, der Culebra oder Gaillard Cut. Es ist der schmalste Abschnitt der Strecke. Hier wurde ein ganzer Bergrücken auf einer Länge von 13 Kilometern abgetragen und die kontinentale Wasserscheide durchbrochen. Bis zu 80 Meter tief mussten sich die Bauarbeiter in das Gestein wühlen, die Hänge rutschten ständig ab und begruben Mensch und Maschinen – es spielten sich die dramatischsten Szenen des Kanalbaus ab. Aber nicht nur an dieser Stelle wurden unglaubliche Erdmassen versetzt, insgesamt waren es dreimal so viel wie beim Sues-Kanal, mehr als 200 Millionen Kubikmeter.

4. Abschnitt:
Nach dem Gatun-See geht es „bergab": Die Pedro-Miguel-Schleuse lässt das Schiff auf eine Höhe von 15 Meter über dem Meer hinunter und weiter geht es auf dem kleineren Miraflores-See in Richtung Pazifik. Allein ist man übrigens nie im Kanal. Seit 1914 durchquerten ihn schätzungsweise 900.000 Schiffe.

Letzter Abschnitt:
Nach 1,5 Kilometer Fahrt auf dem See wird das Frachtschiff bei den Miraflores-Schleusen wieder auf Meeresniveau abgesenkt – der Hafen von Balboa ist erreicht.

Auf dem Weg durch den Panamakanal am Beginn des Culebra oder Gaillard Cut. © Stan Shebs/GFDL

EIn Ozeanriese passiert die Miraflores-Schleusen. © Dozenist/GFDL

derzeit keine Probleme, den schmalen Panamakanal zu passieren – noch. Denn die Schiffs-Ära der Supertanker und „Post-Panamax"-Klasse mit einer Länge von mehr als 300 Metern ist längst angebrochen. Eine neue, heftig umstrittene Groß-schleuse soll deshalb nun den alten Kanal bis 2015 fit für die Zukunft machen. Beeindruckend sind die Visionen von Panamas Regierung: 55 Meter breit und 427 Meter lang sollen sie werden, die neuen Schleusensysteme auf beiden Seiten des Landes. Selbst „Queen Mary 2", eines der weltweit größten Passagierschiffe, könnte es sich in diesem gigantischen Becken problemlos bequem machen. Die Fläche von rund vier hintereinander gelegten Fußballfeldern bietet aber auch jede Menge Platz für Containergiganten und andere Ozeanriesen. In einem Volksent-scheid stimmte die wahlberechtigte Bevölkerung Panamas im Oktober 2006 mit 79 Prozent Mehrheit für eine Erweiterung des Panamakanals. Am 3. September 2007 begannen Ingenieure und Arbeiter auch bereits mit den Baumaßnahmen. Der Neubau wird voraussichtlich mindestens fünf Milliarden US-Dollar kosten und soll spätestens bis zum Jahr 2015 abgeschlossen sein.

Doch Kritiker der Erweiterung warnen vor Umweltschäden und einer Zuspit-zung der Trinkwasserproblematik. Denn derzeit gehen bei jeder Schiffsdurchfahrt Millionen Liter Süßwasser unwiderruflich an die Ozeane verloren. Schuld daran ist die veraltete Technik, die das Pumpwasser für das Anheben der Schiffe jedes Mal neu aus den landeseigenen Stauseen bezieht. Die neue Anlage soll daher riesige Tanks erhalten. Diese dienen als Zwischenspeicher und füllen bei Bedarf die Schleusenkammern oder fangen das abfließende Wasser wieder auf.

Künstliche Landschaft und militärische Schlüsselstelle: Der Sues-Kanal verbindet das Mittel-meer mit dem Roten Meer – und erspart den Schiffen so große Umwege. © U.S. Navy/Pedro A. Rodriguez

Erosion, Versalzung, Wüstenbildung

Fast ein Viertel der Landflächen weltweit sind nach Schätzungen von Wissenschaftlern durch den Einfluss des Menschen von Austrocknung, Erosion, Versalzung und im Endeffekt von Wüstenbildung bedroht. Eine entscheidende Rolle bei diesen Phänomenen spielt häufig die Landwirtschaft. Das zeigt die Situation am Aralsee in Kasachstan und Usbekistan. Er ist wohl eines der tragischsten Beispiele, wie der Mensch durch übermäßige Nutzung von Ressourcen in den Wasserhaushalt einer Landschaft eingreifen kann. 1969 war noch fast alles gut und der Aralsee das viertgrößte Binnenmeer der Erde. Doch schon Anfang der 1990er Jahre gingen die Bilder von Schiffen, die inmitten riesiger Wüstengebiete lagen, um die ganze Welt. Was war passiert?

Hauptursache für den Wassermangel im Einzugsgebiet des Aralsees sind die ausufernden Bewässerungstechniken, mit denen die Anrainerstaaten ihre Baumwollfelder mit dem lebensspendenden Nass versorgen. Diese Maßnahmen machten zwar die Wüste zu einer „blühenden Landschaft", für den Aralsee bedeuteten sie jedoch den Anfang vom Ende. Der wasserreichste Fluss Zentralasiens, der Amudarja, kommt heute an seiner Mündung in den Aralsee nur als Rinnsal an, in trockenen Jahren versickert er im Wüstensand der Kysylkum – hunderte Kilometer, bevor er überhaupt in die Nähe des Aralsees kommt. Auch am Syrdaria,

Aralsee: Sandwüste statt Wasserwelt

Wie weit die Austrocknung des Aralsees bereits fortgeschritten ist, hat im August 2009 eine Bilderserie des Terra-Satelliten der NASA enthüllt. Sie zeigt die dramatische Entwicklung in den letzten zehn Jahren. Schon das erste Bild des „Moderate Resolution Imaging Spectroradiometer" (MODIS) an Bord des Terra-Satelliten der NASA im Jahr 2000 enthüllte, wie sehr der See seit 1960 geschrumpft war. Der Nordteil des Gewässers bildete einen eigenen Bereich, den „kleinen Aralsee", der Süden hatte sich in zwei nur an einer Stelle verbundene Becken geteilt. Schon ein Jahr später, 2001, war die Verbindung zwischen beiden Be-

cken getrennt und der flachere östliche Teil begann immer rapider zu verlanden. Besonders dramatische Abnahmen zeigen Vergleiche der Aufnahmen des Satelliten aus den Jahren 2005, 2006, 2007 sowie 2008. In dieser Zeit trocknete der Ostteil des Sees immer weiter aus.

Eine Ursache für das sich beschleunigende Schrumpfen ist direkt menschengemacht: 2005 versuchte Kasachstan, zumindest einen Teil des Sees zu retten und errichtete einen Damm zwischen dem Nord- und Südbecken. Dieser hielt das vom Syrdarja einfließende Wasser in

dem kleineren Nordteil zurück, bedeutete aber für den Südteil das To-
desurteil. Von einem seiner Zuflüsse komplett abgeschnitten, gewann
die Verdunstung endgültig die Oberhand. Während der Wasserspiegel
im „kleinen Aralsee" in den letzten Jahren sogar wieder leicht anstieg,
dokumentiert die neueste Aufnahme des Terra-Satelliten vom Mai 2009
das endgültige Ende des Ostbeckens im Südteil: Statt Wasser sind hier
nur noch Staub und Wüste zu sehen.

*Der Aralsee im August 2000
(links) und im August 2009
(rechts). Die Umrisszeichnung
zeigt die Küstenlinie im Jahr 1960.*
© NASA/MODIS/Jesse Allen

dem zweiten Fluss, der den Aralsee speist(e), sieht die Situation nicht viel besser aus. Seine Wasserversorgung ist dadurch seit Jahrzehnten fast vollständig lahmgelegt. Die Folge: Die Wasserverluste durch die starke Verdunstung können nicht mehr ausgeglichen werden – der See trocknet aus. In der Region entstanden riesige Wüstengebiete mit Folgen für das Klima. So werden beispielsweise die täglichen und jährlichen Temperaturschwankungen in den letzten Jahrzehnten immer größer. Durch Staubstürme rund um den Aralsee gelangen jährlich etwa 75 Millionen Tonnen Salzstaub in die Atmosphäre. Das meiste davon rieselt in einem Radius von etwa 1.000 Kilometern wieder herab. Schwere gesundheitliche Schäden bei der Bevölkerung in der Region sind die Folge. Das Austrocknen des Aralsees hat aber noch eine weitere Plage mit sich gebracht: Heuschrecken. In schlechten Jahren fallen die „Zähne des Windes" zu Abermillionen über alles Fressbare her, was sich ihnen in den Weg stellt.

Einzigartige Landschaften in Gefahr

Obwohl sich die Situation am Aralsee besonders dramatisch zeigt, ist diese Region in Mittelasien keineswegs das einzige Krisengebiet in Sachen Wassermangel und Wüstenbildung. So sinkt der Wasserspiegel des Toten Meeres nach wie vor jährlich um rund einen Meter. Geht diese Entwicklung so weiter, wird das Tote Meer nach Angaben von Umweltschutzorganisationen in 50 Jahren völlig verlandet sein. Der See liegt mittlerweile bereits 417 Meter unter dem Meeresspiegel. Schuld an diesem Desaster ist neben der hohen natürlichen Verdunstung aufgrund des Klimas auch hier vor allem der Mensch. Nur noch ein Bruchteil der früheren Wassermassen erreicht heute über Flüsse wie den Jordan und Wadis das Tote Meer. Und auch die Wassereinträge über die Oberfläche sind stark zurückgegangen. Verantwortlich für den hohen Wasserverbrauch in der Region ist beispielsweise der Tourismus. Hunderttausende Besucher kommen jährlich ans Tote Meer. Neben Müllbergen, riesigen Abwassermengen und der Landschaftszerstörung durch den Bauboom bringt der Hype in der Tourismusbranche vor allem eins: einen gewaltigen Bedarf an Süßwasser.

Experten haben ausgerechnet, dass jeder Urlauber täglich bis zu 350 Liter Trinkwasser verbraucht. Der größte Teil des Süßwassers fließt jedoch in Bewässerungsprojekte in der Landwirtschaft. Seit der Fertigstellung eines gigantischen Wasserleiters – dem National Water Carrier – vom oberen Jordan bis in die Negev-Wüste beutet vor allem Israel das Flusswasser in

Der große Wasserbedarf von Landwirtschaft und Tourismus sorgt dafür, dass das Tote Meer immer weiter verlandet.
© David Shankbone/GFDL

großem Umfang aus. Da zudem bei der Gewinnung von Heilmineralien wie Pottasche, Salz, Magnesium und Brom neben Energie auch große Mengen an Süß- und Meerwasser verbraucht werden, geht dem abflusslosen Toten Meer noch mehr Wasser verloren. Die Folgen für die Natur sind fatal. Viele der Feuchtgebiete und Marschlandschaften, die früher unmittelbar an seinem Ufer lagen, sind mittlerweile verödet und zu salzüberzogenen Wüsten geworden. Da mit dem langsamen Verlanden auch der Grundwasserspiegel in der Region fällt, sind zudem viele der zahlreichen natürlichen Quellen und kleineren Oasen in der Umgebung längst ausgetrocknet und die früher dort zu findenden Mikroökosysteme unwiederbringlich verloren.

Ein ähnliches Schicksal könnte vielleicht schon bald dem größten Binnendelta der Erde am Okavango-Fluss im Norden von Botswana drohen. Denn Namibia, Angola und Botswana wollen dem Delta das lebensnotwendige Wasser „abdrehen". Am Oberlauf des Flusses sind zahlreiche neue Staudämme, Wehre und Kraftwerke geplant, die den ständig steigenden Energiehunger der Bevölkerung befriedigen sollen. Damit nicht genug: Namibia spielt noch immer mit dem Gedanken, eine Wasser-Pipeline zu bauen, die dem Okavango noch mehr Wasser abzapft. Die Politiker wollen so die „durstende" Hauptstadt Windhuk mit Trinkwasser versorgen und die umgebenden Wüstenlandschaften in landwirtschaftliche Oasen verwandeln. Einige der Projekte haben bereits das Stadium von unverbindlichen Absichtserklärungen hinter sich gelassen. So hat die namibische Elektrizitätsgesellschaft NamPower bereits eine Machbarkeitsstudie für ein 20-Megawatt-Stauwehr am Oberlauf des Okavango vorgestellt. Darin ist bereits der günstigste Standort für die Anlage – unmittelbar in der Nähe der Touristenattraktion „Popa-Wasserfälle" – festgelegt.

Von der Wasserwelt zur Wüste? Eine Trinkwasserpipeline zur Versorgung der Stadt Windhuk könnte im Okavango-Delta bald eine Wasserkrise auslösen. © Teo Gómez/gemeinfrei

Raubbau in den „grünen" Lungen der Erde

Dunkle Rauchwolken steigen zum Himmel – der Regenwald brennt. Besonders in den tropischen Regionen Afrikas, Asiens und Südamerikas gehören solche Szenarien zum Alltag. Neue Landwirtschaftsflächen werden dort häufig noch immer durch Brandrodung gewonnen. Auf Kosten der einzigartigen Lebensgemeinschaften des Regenwaldes, die dabei ihre Existenzgrundlage für immer verlieren. Die Tropenwälder werden schneller zerstört als jeder andere Lebensraum. Vor nur 150 Jahren bedeckten sie noch zwölf

Prozent der Erdoberfläche und bargen dabei rund die Hälfte aller weltweiten Wälder. Mehr als die Hälfte hat der Mensch bereits zerstört. Auch heute noch werden rund 200.000 Quadratkilometer Wald pro Jahr verbrannt – dabei wird mehr Kohlendioxid freigesetzt, als beim Verbrauch aller fossilen Brennstoffe zusammen. Die Erträge auf den brandgerodeten Böden sind jedoch nur in den ersten Jahren gut. Denn sie gelten nicht zu Unrecht als ausgesprochen nährstoffarm. Die üppige Vegetation des Regenwaldes erhält sich durch einen schnellen Nährstoffkreislauf mehr oder weniger aus sich selbst. Die Böden liefern dabei nur einen geringen Anteil. Sobald die fruchtbare Asche nach dem Abbrennen der Wälder aufgebraucht ist, sinken die Ernten rapide. Vor einer Brandrodung werden meistens die tropischen Edelhölzer geschlagen, die vor allem in die Industrienationen exportiert werden, die ihre eigenen Wälder schonen wollen. Aber nur etwa jeder 500. Baum eignet sich zu diesem Zweck – die anderen werden, wenn überhaupt, zerhäckselt und zu Papier verarbeitet.

Wie sehr die Landwirtschaft die Landschaft in der Amazonasregion verändert, zeigt das Beispiel Pantanal. Das größte Süßwasser-Feuchtgebiet der Erde liegt inmitten des südamerikanischen Kontinents im Dreiländereck Brasilien, Paraguay, Bolivien und gehört längst zum Unesco-Weltnaturerbe. „Im Einzugsgebiet des Pantanals werden immer mehr Soja und Ethanol für die Märkte in Europa und Nordamerika produziert – auf Kosten unserer einzigartigen Natur", beschreibt Adalberto Eberhard, Gründer der brasilianischen Naturschutzorganisation Ecotropica im Januar 2007 die Situation vor Ort. So weit das Auge reicht, überziehen heute Plantagen die hochgelegenen Regionen, die so genannten Cerrados. Dafür wurde der dort natürlich wachsende Wald in großem Maßstab abgeholzt. Der Grundbesitz in den brasilianischen Bundesstaaten Mato Grosso und Mato Grosso do Sul, zu denen auch große Teile des Pantanals gehören, ist zudem mittlerweile in der Hand von wenigen Großgrundbesitzern, die die früher dort beheimateten Kleinbauern verdrängt haben. „Traditionelle Pantanal-Erzeugnisse wie Rinder oder Fisch sind heute auf dem Markt nicht mehr konkurrenzfähig.

Die Farmer und Viehzüchter verkaufen deshalb ihr Land an außenstehende Unternehmer mit der Folge, dass großflächig betriebene Landwirtschaft Einzug in die Hochländer rund um das Pantanal hält. In den meisten Fällen wissen diese Newcomer nicht, wie man das Land auf nachhaltige, umweltschonende Weise bewirtschaftet", beschreibt der Direktor der Pantanal Regional Environment Programme der United Nations University (UNU) Paulo Teixeira de Sousa, den Strukturwandel in der Region. Nicht zuletzt durch die stark steigende Produktion im Mato Grosso hat Brasilien mittlerweile längst die USA als weltgrößter Exporteur von Sojabohnen überholt. Weit über 50 Millionen Tonnen wirft das größte Land Südamerikas jährlich auf den Weltmarkt. Ein Teil des geernteten Sojas und des aus dem Zuckerrohr gewonnenen Ethanols wird in Brasilien selbst verbraucht. Doch der größte Batzen ist für den Export nach Europa und Nordamerika bestimmt. Dort dient Alkohol dazu, den steigenden Hunger nach umweltfreundlichem Biotreibstoff zu befriedigen.

Regenwaldzerstörung in der Amazonasregion in Westbrasilien (Stand 2009).
© NASA/MODIS

Künstliche Inseln

Rund 6,5 Milliarden Menschen leben heute auf der Erde. Tendenz noch immer stark steigend. Es wird dadurch immer enger an Land. Kein Wunder, dass die Menschheit nach Alternativen sucht, um sich weiter auszubreiten. Eine mögliche Lösung für das Problem: Künstliche Inseln, die als Baugrund beispielsweise für Flughäfen oder neue Stadtteile dienen. Sie können nach drei Prinzipien erbaut werden: durch Aufschüttung, als Pfahlbauten oder schwimmend. Pfahlbauten und Aufschüttungen werden schon seit langem zum Bau von Siedlungsraum im Wasser genutzt. Beispiele sind Venedig, das Stadtviertel Fontvieille in Monaco oder die Landgewinnung in den Niederlanden.

Einen enormen Boom beim Inselbau durch Aufschüttung hat es in den letzten 15 bis 20 Jahren insbesondere in Südostasien gegeben. So sind etwa die neuen Flughäfen von Tokio und Hongkong auf diese Weise entstanden. Ebenfalls auf einer künstlich aufgeschütteten Insel errichtet wurde der im Jahr 2001 eröffnete „Incheon International Airport" in der Nähe der südkoreanischen Hauptstadt Seoul. Die Basis der Insel bildet erstaunlicherweise eine weiche Schlammschicht. Sandsäulen, ein dazwischen verankertes synthetisches Gewebe und spezielle Entwässerungsverfahren sollen jedoch verhindern, dass der Flughafen mit der Zeit langsam, aber sicher im Meer versinkt. Die Terminals stehen zusätzlich

Die künstliche Halbinsel „Palm Jumeirah" in Dubai, Vereinigte Arabische Emirate von der Internationalen Raumstation ISS aus gesehen. Die Halbinsel befindet sich noch im Bau und soll in Kürze fertig sein. © NASA/JSC

Hotels, Villen und ganz viel Strand: Ein „Palmwedel" der künstlichen Halbinsel „Palm Jumeirah" in Dubai. © Imre Solt/GFDL

auf 15.000 Stahlröhren, die nach Angaben der Erbauer bis zu 50 Meter tief durch die Aufschüttung in das Grundgestein hineinreichen. Damit sollen die Gebäude immerhin Erdbeben von der Stärke sieben bis acht standhalten können. Ob allerdings das Ganze auch ausreichend gegen die Absinkgefahr schützt, scheint nicht so sicher: „Prophylaktisch" haben die Ingenieure deshalb auch hier ein elektronisches Überwachungssystem installiert, dass bei Senkungen Alarm schlägt.

Palmen im Ozean

Ein mindestens ebenso atemberaubendes Projekt steht zurzeit in Dubai kurz vor dem Abschluss. Die 560 Hektar große künstliche Insel in Form einer Palme liegt im Golf von Arabien – „The Palm Jumeirah", ein neues supermodernes Ferienparadies. Mehr als 50 Millionen Kubikmeter Sand waren nötig, um die siebzehn gewaltigen „Palmblätter" und den sie umgebenden zwölf Kilometer langen Schutzwall im Meer anzulegen. Die bizarre Struktur ist – so verspricht es zumindest die Werbung – noch vom Mond aus zu sehen. The Palm Jumeirah bietet tausenden von Villen, 40 Luxushotels sowie zahlreichen Einkaufspassagen, Wellnessoasen, Häfen und Kinos Platz und ist über eine 300 Meter lange Brücke mit dem Festland verbunden. Ihrem Bau und Entwurf gingen drei Jahre Planung, mehr als 50 Studien und die Arbeit von 42 Firmen und Institutionen voraus. Die künstliche Insel und ihr halbkreisförmiger Schutzdeich „The Crescent" sitzen auf einem Sockel von mehr als hundert Millionen Kubikmetern aufgeschüttetem Fels und Sand. Würde man alles verwendete Material zu einer zwei Meter hohen und 50 Zentimeter dicken Mauer aufschichten, würde diese dreimal um die Erde reichen.

Vor einigen Jahren haben zudem die Arbeiten an einer zweiten und dritten Auflage der „Palme" begonnen: „The Palm Jebel Ali" liegt nur 22 Kilometer von ihrer baugleichen Schwester entfernt. Die größte der drei Palminseln wird jedoch „The Palm Deira". Sie soll 12,5 Kilometer ins Meer hinausreichen und maximal 7,5 km breit sein. Zum Vergleich: Sie wäre damit fast so groß wie die Innenstadt von Paris. Irgendwann sollen hier weit über eine Million Menschen wohnen, arbeiten und Urlaub machen. Doch auch damit nicht genug: Der Herrscher des Emirats Dubai, Scheich Mohammed bin Raschid al Maktoum, hat noch mindestens zwei größere Projekte in Planung: „The World", eine Gruppe von 270 künstlichen Inseln in Form einer Weltkarte und die Retortenstadt „Dubai Waterfront". Neben einigen Teilbereichen an Land gehören zu letzterer auch mehrere künstliche Inseln. Herauskommen soll am Ende das längste von Menschenhand erschaffene Ufer der Erde. Auch bei The World und Dubai Waterfront sind die Landgewinnungsarbeiten bereits in vollem Gange. Sie werden voraussichtlich in den 2020er beziehungsweise 2030er Jahren fertig sein. Dass milliardenschwere Bauten der Superlative erfolgreich sein können, hat der Scheich schon mit seinem „Burj al Arab", dem luxuriösesten und höchsten Hotel der Welt, gezeigt. Auch über Erfahrungen im Wasserbau verfügen die Ingenieure und Arbeiter von Mohammed bin Raschid al Maktoum reichlich: Der größte künstliche Hafen der Welt, Port Jebel Ali, geht ebenfalls auf ihr Konto.

Rechts: Vor der Küste des Emirats Dubai entsteht ein Bauprojekt der Superlative. Hunderte von künstlichen Inseln werden dort in Zukunft Platz zum Arbeiten, Leben und Urlaubmachen bieten. © NASA/Jesse Allen, using data provided courtesy of NASA/GSFC/ METI/ERSDAC/JAROS, and U.S./ Japan ASTER Science Team.

DUBAI - Ausgewählte Bauprojekte

0   10   20 km

PERSISCHER
GOLF

EMIRAT
SCHARDSCHA

Palm Deira
(im Bau)

Maritime City
(im Bau)

Dubai
International

The World
(im Bau)

Emirates
Towers

Burj Dubai
(im Bau)

The Universe
(in Planung)

Atlantis
Dubai

Burj al Arab

Palm Jumeirah
(im Bau)

Pentominium
(im Bau)

EMIRAT DUBAI

Jumeirah
Islands

Palm Jebel Ali
(im Bau)

Nakheel Tower
(in Planung)

Waterfront
(im Bau)

Jebel Ali

IRAK

KUWAIT

IRAN

Persischer

BAHRAIN

KATAR

Golf

OMAN

Emirat
Dubai

SAUDI-
ARABIEN

VEREINIGTE
ARABISCHE
EMIRATE

OMAN

Ablagerung
Ablagerung (→ Sedimentation) ist der Prozess des Absetzens von Materialien. Sedimentiert werden z. B. verwitterte Gesteine, abgestorbene Organismen oder vulkanische Aschen.

Abrasion
Abrasion ist die Abtragungsarbeit der Brandung an Meeresküsten und an Seen. Durch diesen Erosionstyp entstehen u. a. Kliffe.

Abrasionsplattform
Eine Abrasionsplattform (auch Schorre) ist der sich meerwärts vor einer Steilküste anschließende relativ flache Bereich.

Absorption
Aufnahme von Strahlungsenergie durch einen gasförmigen, flüssigen oder festen Stoff und ihre Umwandlung in z. B. Wärmeenergie oder chemische Energie. Die Erdoberfläche absorbiert die kurzwellige Sonnenstrahlung und wandelt sie in langwellige Wärmestrahlung um.

Abtragung
Die Abtragung (→ Erosion) umfasst Prozesse, die durch die Verlagerung von Materialien zur Zerstörung oder Veränderung der Landschaftsformen führen. Fließendes Wasser, Meeresbrandung, Wind und Eis sind die Hauptakteure. Abtragungsprozesse werden vom Klima gesteuert.

Aerosol
Feste und/oder flüssige Teilchen in der Atmosphäre, wie z. B. Staub, Rauch oder Salzkristalle. Diese Partikel können Strahlung absorbieren, streuen und emittieren.

Akkumulation
Ansammlung von Verwitterungs- und Abtragungsmaterial, z. B. von Asche, Geröll oder Gesteinsschutt.

Altersbestimmung
Die Altersbestimmung dient der zeitlichen Einordnung von Gesteinen und Fossilien. Es wird die relative (älter oder jünger) und die absolute (mit genauer Zeitangabe) Altersbestimmung unterschieden. Die einfachste Bestimmung des relativen Alters einer Gesteinsschicht geschieht über die Lagerungsverhältnisse von Sedimentgesteinen. Sofern die Gesteinsschichten nicht tektonisch beansprucht wurden, liegt immer die ältere Schicht unter der jüngeren. Für die absolute Altersbestimmung wird der radioaktive Zerfall einiger Elemente genutzt (radiometrische Datierung). Mit dieser Methode ist eine Datierung von bis zu 4,6 Mrd. Jahre alten Gesteinen möglich.

Altmoränenlandschaft
Gebiet, das von den Gletschern der Saale- bzw. Riß-Kaltzeit (von 350.000 bis 128.000 Jahren vor heute) geprägt wurde, aber von den Gletschern der letzten Kaltzeit (Weichsel-Kaltzeit: von 115.000 bis 10.000 Jahren vor heute) nicht mehr erreicht wurde. Die Altmoränenlandschaft unterlag daher einem längeren Zeitraum der Abtragung.

Andiner Typ
Bewegen sich eine ozeanische und eine kontinentale Erdplatte aufeinander zu, kommt es zu einer Ozean-Kontinent-Kollision bzw. zur Gebirgsbildung nach dem Andinen Typ. Da die ozeanische Kruste schwerer ist, wird sie untergetaucht oder subduziert. Die Platte wird in größeren Tiefen aufgeschmolzen und Magma steigt auf: Es entstehen auf der kontinentalen Platte Vulkane. Zudem setzen Verformungen und Faltungen der Gesteine ein und Berge wölben sich auf. Ein typisches Beispiel für diesen Gebirgsbildungstyp sind die südamerikanischen Anden.

Antiklinale
Nach oben gebogener, konvexer Bereich einer geologischen Falte. Die konkave Form einer Faltung ist die Synklinale.

Äolisch
Äolisch bedeutet vom Wind transportiert oder vom Wind abgelagert.

Arealeruption
Vulkanische Ausbruchtätigkeit, die auf eng begrenzten Flächen mit mehreren Austrittsstellen von Magma stattfindet. Sie stehen im Gegensatz zu Lineareruptionen, bei denen die Ausbruchsstellen auf einer Linie angeordnet sind, und Zentraleruptionen, die von einem Punkt ausgehen.

Aridität
Beschreibt das Verhältnis von Verdunstung und Niederschlag. Aridität liegt vor, wenn im jährlichen Mittel die Verdunstung höher ist als die Menge der gefallenen Niederschläge.

Aschen
Förderprodukte eines Vulkans. Sie sind keine Verbrennungsprodukte, sondern maximal sandkorngroße (kleiner als zwei mm) Gesteinsbruchstücke. Sie entstehen hauptsächlich, wenn Magma durch Gasausbrüche zerstäubt wird.

Aschenstrom

Heiße vulkanische Aschen, die bei einer Eruption den Berghang herunterfließen. Eine besondere Form der Aschenströme sind die pyroklastischen Ströme, die auch Gase und Gesteinsstücke enthalten. Besonders gefährlich für umliegende Ortschaften ist es, wenn sich Aschen mit Wasser (z. B. Schmelzwasser eines Gletschers) vermischen und Schlammströme bilden.

Aschenvulkan

Auch Lockervulkan genannt. Kegelförmiger Vulkan, der ausschließlich aus vulkanischem Lockermaterial besteht. Er entsteht, wenn keine Lava, sondern hauptsächlich Aschen ausgeschleudert werden.

Aschewolke

Vulkanische Aschen, die bei einer explosiven Eruption in die Atmosphäre geschleudert werden. Sie gelangen bis in eine Höhe von 65 km. Aschewolken können Witterung und Klima großräumig beeinflussen.

Asthenosphäre

Die Asthenosphäre ist der obere, zähplastische Teil des Erdmantels. Sie reicht an mittelozeanischen Rücken bis an die Erdoberfläche, liegt aber meist zwischen 30 und 200 km Tiefe. Auf der Asthenosphäre verschieben sich die starren Lithosphärenplatten.

Atmosphäre

Die gesamte Lufthülle der Erde. Ihre Dichte nimmt nach oben hin exponentiell ab. Das bedeutet, dass etwa die Hälfte ihrer Gesamtmasse unterhalb von ca. 5,5 km Höhe liegt. Die Atmosphäre besteht aus Gasen und gasartigen Elementen wie Stickstoff (ca. 78 %), Sauerstoff (ca. 21 %), Argon (ca. 0,9 %), verschiedenen anderen Edelgasen und Kohlenstoffdioxid (zusammen ca. 0,1 %), Wasserdampf und Aerosolen in veränderlichen Anteilen. Man unterteilt die Atmosphäre in verschiedene Stockwerke: Troposphäre (bis 17 km), Stratosphäre (10–50 km), Mesosphäre (50–80 km), Thermosphäre (80–700 km).

Aue

Tief liegender, feuchter Bereich des Talbodens. Sie wird oft von Hochwässern überschwemmt und besteht aus feinkörnigen Sedimenten, die dort von den Flüssen abgelagert werden. Auen werden – vom Fluss aus gesehen – in die gehölzfreie Aue, die Weichholz- und Hartholzaue gegliedert.

Aufschluss

Aufschlüsse sind Orte, an denen Gesteinsschichten nicht von Böden oder Pflanzen bedeckt werden und damit direkt sichtbar sind. Ein vom Menschen gebildeter Aufschluss ist beispielsweise ein Steinbruch. Natürliche Aufschlüsse sind Einschnitte von Flüssen, wenn an den Talhängen Gesteine freigelegt wurden.

Ausgangsgestein

Das Ausgangsgestein ist ein an der Erdoberfläche lagerndes Gestein, das der Verwitterung ausgesetzt ist. Auf und aus dem Ausgangsgestein beginnen sich Böden zu entwickeln.

Badland

Von Kerbtälern und Erosionsrinnen tief zerschnittene und durch scharfe Kämme geteilte Gebiete in einem semiariden bis wechselfeuchten Klima. Die klimabedingte Vegetationsarmut begünstigt in den Badlands die Abtragung der Gesteine und Böden durch Niederschläge und Flüsse. Sie sind deshalb nicht mehr vom Menschen nutzbar.

Basalt

Vulkanisches Gestein, das aus Magmen stammt, die nah unter oder an der Erdoberfläche relativ schnell erstarren. Der feinkörnige, dunkle und siliziumarme Basalt entsteht hauptsächlich an mittelozeanischen Rücken. Basalt ist das häufigste Gestein der Erdkruste.

Basisches Magma

Basaltische Magmen, Laven oder Schmelzen besitzen einen geringen Anteil an Kieselsäure (SiO_2). Sie werden auch als basische Magmen (Laven, Schmelzen) bezeichnet. Sie stehen damit im Gegensatz zu kieselsäurereichen (sauren) Magmen, aus denen sich z. B. der Granit bildet. Der Kieselsäureanteil von Magmen entscheidet über die Zähflüssigkeit und über die Farbe (je mehr, desto zäher und heller).

Batholithe

Große Gesteinsmassive im Erdinneren. Ihre Begrenzung nach unten ist in den meisten Fällen nicht bekannt. Sie sind eine besondere Form der Plutone, die aus magmatischen Schmelzen kristallisieren. Die Durchmesser von Plutonen betragen bis zu mehreren 100 km.

Baumgrenze

Die Baumgrenze ist ein Grenzsaum, in dem selbst einzelne Bäume aufgrund von widrigen Standortfaktoren nicht langfristig überleben können. Die montane Baumgrenze (in Gebirgen) ist bedingt durch niedrige Temperaturen und starke Winde, die polare ergibt sich ebenfalls durch niedrige Temperaturen und die kontinentale durch fehlende Niederschläge.

Becken
Große schüsselförmige, gegenüber ihrer Umgebung tiefer liegende Einmuldungen in der Landschaft. In Sedimentationsbecken lagern sich bei gleichzeitiger Senkung immer mehr Sedimente ab.

Bergsturz
Bei Bergstürzen lösen sich Gesteine an Klüften und Schichtfugen aus dem Gesteinsverbund und fallen oft im freien Fall hinab. Der Abbruch von mehr oder weniger großen Blöcken führt mit der Zeit zu großen Schutthalden am Hangfuß.

Blockgletscher
Ansammlung von Gesteinsblöcken und Schutt in Hochgebirgen ohne erkennbaren Zusammenhang zur Abrisskante. Transport meist durch Gletscher während Vereisungsperioden.

Blocklava
Gasarme, langsam fließende Lava. Bildet beim Erstarren Blöcke und Schollen.

Blöcke
Bodenart oder Sedimentgestein, bei dem die Durchmesser der mineralischen Bestandteile über 20 cm liegen.

Boden
Der mit Wasser, Luft und Lebewesen durchsetzte oberste Bereich der Erdkruste. Böden bestehen aus Mineralien (z. B. Sand, Ton) sowie organischen Stoffen (Humus). Nach unten werden sie durch festes oder lockeres Gestein begrenzt, nach oben durch eine Vegetationsdecke oder die Atmosphäre.

Bodenbildung
Die Bodenbildung (Pedogenese) umfasst Prozesse, die zur Entstehung und/oder Weiterentwicklung von Böden führen. Faktoren, die die Bodenbildung beeinflussen, sind: Ausgangsgestein, Klima, Vegetation, Tierwelt, Wasser und auch die Zeit.

Bodendegradierung
Auch als Degradation bezeichnete Veränderung des Bodens und seiner Eigenschaften. Meist gleichbedeutend mit einem fortschreitenden Funktionsverlust und einer Verschlechterung der Bodenfruchtbarkeit. Neben der Erosion bewirken auch Überdüngung oder Verdichtung durch schwere Landmaschinen eine chemische bzw. physikalische Degradierung.

Bodenerosion
Abtragung des Bodens durch Wasser und Wind. Von Bodenerosion wird im Allgemeinen erst dann gesprochen, wenn die Abtragung über das natürliche Maß der Erosion hinausgeht. Ursachen für Bodenerosion sind vor allem Überweidung, intensiver Ackerbau und Entwaldung. Weltweit gehen etwa zwei Drittel aller erodierten Böden durch Wasser, ein Drittel durch den Wind verloren.

Bodenfließen
(auch: Erdfließen) Eine Massenbewegung von lockeren, feinkörnigen Böden oder Gesteinen, die Geschwindigkeiten bis zu mehreren km/h erreichen kann. Die hangabwärts gerichteten Bewegungen finden statt, wenn Böden wassergesättigt sind und Reibungswiderstände überschritten werden.

Bodenhorizont
Meist horizontal lagernde „Schichten" der Böden, die gegeneinander abgegrenzt werden können. Sie entstehen durch die Prozesse der Bodenbildung.

Bodenkriechen
Sehr langsame, fließende Bewegung von Lockermaterial. Zäune und Masten neigen sich in Richtung der Bodenbewegung, Gebäude ohne Fundament verziehen sich. Diese Bewegung kann auch nahezu zerstörungsfrei verlaufen, wenn der Hang in sich stabil bleibt.

Bodentyp
Bodentypen fassen Böden mit ähnlichem Entwicklungszustand und ähnlichen Horizontfolgen zusammen. Bodenhorizonte sind meist horizontal lagernde „Schichten" der Böden, die gegeneinander abgegrenzt werden können. Sie entstehen durch die Prozesse der Bodenbildung und gleichen sich in Aufbau und stofflichem Bestand. Bodentypen sind z. B.: Braunerde, Schwarzerde, Podsol, Gley.

Bodenverdichtung
Zusammenpressen des Bodens durch den Einsatz schwerer Maschinen, vor allem in der Landwirtschaft. Dies führt zu einer Verschlechterung der Durchlüftung, der Durchwurzelbarkeit und der Wasserdurchlässigkeit des Bodens.

Bodenversalzung

Anreicherung von Salzen in den oberen Bodenschichten oder an der Bodenoberfläche durch Verdunstung. In ariden Gebieten, in denen der durchschnittliche Niederschlag geringer ist als die Verdunstung, ist dies ein natürlicher Prozess. Durch übermäßige oder falsche Bewässerung kann die Versalzung so stark werden, dass Anbauflächen nicht mehr für die Landwirtschaft zur Verfügung stehen.

Bodenversiegelung

Bedeckung der Bodenoberfläche mit Bauwerken, Straßenbelägen oder sonstigen wasserundurchlässigen Materialien.

Brandungserosion

→ Abrasion.

Bruch

Gesteine: An Brüchen wurden Gesteinsschichten aus ihrer ursprünglichen Lagerung gebracht.
Mineralien: Der Bruch von Mineralien dient ihrer Einordnung und Klassifizierung. Brüche in Mineralien verlaufen nicht an ihren Kristallflächen, sondern entlang unregelmäßiger Flächen. Beispiele sind u. a. der muschelige oder faserige Bruch.

Bruchfaltung

Bruchfaltungen gibt es in Gesteinen, die zuerst gefaltet werden und später durch nochmalige tektonische Beanspruchung in einzelne Schollen zerfallen.

Bruchstufe

Durch vertikale Verschiebungen von Gesteinsschichten entstandene treppenartig ausgebildete Fläche und deren zugehöriger Steilabfall.

Bruchtektonik

Beschreibt die Auswirkungen von tektonischen Bewegungen, die zu Brüchen in Gesteinen führen.

Bruchzone

Bruchzonen sind überregionale Brüche (Verschiebungen von Gesteinsschichten) in der Erdkruste.

C14-Methode

Die C14- oder Radiokarbonmethode ist eine Technik zur Bestimmung des Alters von kohlenstoffhaltigen Materialien (Holz, Knochen, kalkhaltige Fossilien etc.). Die Methode basiert auf dem Vergleich des radioaktiven C14-Isotops und C12. In der Atmosphäre herrscht ein konstantes Verhältnis von C14 zu C12. Dieses Verhältnis spiegelt sich auch in Materialien und Lebewesen wider, denn der Kohlenstoff wird genau in diesem Verhältnis in die Organismen eingebaut. Wird eine weitere Kohlenstoffaufnahme verhindert (z. B. durch Tod des Lebewesens), nimmt das Verhältnis von C14 zu C12 ständig ab, da das C14 zerfällt. Die Halbwertszeit des C14 beträgt 5.730 Jahre. Durch eine C-Isotopen-Messung wird der Zeitpunkt bestimmt, an dem die Aufnahme des atmosphärischen Kohlenstoffs endete. Auf diese Weise können Materialien bis zu einem Alter von etwa 50.000 Jahren datiert werden.

Caldera

Beim Einsturz des Daches einer Magmakammer oder durch eine Explosion, die einen Vulkankrater zum Einstürzen bringt, entsteht oft eine beckenartige Vertiefung im Vulkan, die Caldera. Diese Hohlform kann sich mit Wasser füllen und einen Kratersee entstehen lassen.

Canyon

In ariden Klimaten und bei horizontal, wechselnd widerständig gelagerten Sedimentschichten entstehen durch die Abtragungsarbeit von Flüssen Canyons. Die Seitenhänge zeigen ein gestuftes Profil, in dem die morphologisch härteren Gesteine wie Kalk- oder Sandsteine Vorsprünge bilden, während die weicheren Gesteine wie Tone leicht ausgeräumt werden. Die charakteristischen, gestuften Hänge bleiben aufgrund seltener Niederschläge erhalten, da die Abtragung an den Hängen gering ist.

Decke

Der Begriff (tektonische) Decke wird verwendet, wenn größere Gesteinsschichten annähernd horizontal an Bruchflächen verschoben werden und sie das unterlagernde Gestein „überdecken". Der Gesteinszusammenhang bleibt dabei erhalten. Vulkanische Decken entstehen beim Austritt von dünnflüssigen (basischen) Magmen aus großen Spalten.
→ Plateaubasalt.

Deckgebirge

Sedimentgesteinskomplexe, die auf den älteren Grundgebirgen liegen und ab dem Mesozoikum (vor ca. 250 Mio. Jahren) abgelagert wurden. Die Sedimentgesteine der Deckgebirge sind tektonisch weniger beansprucht und haben daher einen niedrigeren Grad der Metamorphose. Die Schichten des Grund- und Deckgebirges liegen meist in einem bestimmten Winkel zueinander (→ Diskordanz).

Deckenerguss
Beim Austreten von sehr flüssigen basaltischen Laven können sich keine Vulkankegel bilden, da sich die Lava sehr schnell zu den Seiten ausbreitet. Die Laven treten häufig an Spalten aus und bilden vulkanische Deckenergüsse, die Plateaubasalte. Sie nehmen z. B. in Indien im Dekkan-Trapp eine Fläche von über eine Mio. km² ein.

Deflation
Flächige Abtragung des Untergrundes durch den Wind.

Deformation
Gesteinsschichten besitzen je nach Zusammensetzung eine gewisse Druckfestigkeit. Wird diese Festigkeit überstiegen, kommt es bei plastischen Gesteinsschichten zu Verformungen. Die Deformation kann so stark sein, dass es zum Bruch in der Gesteinsschicht kommt.

Delta
Dreiecks- oder fächerförmige Aufschüttung von Schwebstoffen eines Flusses mit hoher Feststoff-Fracht vor seiner Mündung. Im Mündungsbereich verliert ein Fluss seine Transportkraft und lagert die mitgeführten Feststoffe ab, das Delta wächst allmählich in das Meer oder den See hinein.

Dendrochronologie
Altersbestimmung eines Holzes oder Baumes durch Auszählen von Jahresringen. Da die Jahresringe einen Spiegel der Umweltverhältnisse darstellen, ähneln sich die zur selben Zeit gebildeten Ringstrukturen auch bei verschiedenen Bäumen. Durch Vergleich ist es möglich, Zeitreihen in die Vergangenheit aufzustellen. Ist ein Baum als Fossil in einem Gestein konserviert, ist eine Datierung von bis zu 10.000 Jahre alten Gesteinen möglich.

Denudation
Flächenhafte Abtragung von Böden und Gesteinen.

Depression
Große und flache Hohlform in der Erdoberfläche. Häufig wird der Begriff für unter dem Meeresspiegel liegende Hohlformen verwendet.

Desertifikation
Durch menschliche Eingriffe verursachter Prozess der Wüstenbildung. Als Folge einer Übernutzung wird in Trockengebieten der Wasser- und Bodenhaushalt stark verändert und die Böden degradieren. Der Desertifikation steht die natürliche Wüstenbildung (Desertation) gegenüber.

Diagenese
Umbildung von lockeren Sedimenten zu festen Gesteinen. Porenräume der Lockersedimente werden mit Bindemitteln aufgefüllt oder durch Druckeinwirkung geschlossen. Steigen die Temperaturverhältnisse, unter denen das Sediment verfestigt wird, über 200 °C, handelt es sich um eine Metamorphose.

Dichte
Verhältnis von Masse zu Volumen. Sie wird z. B. in g/cm³ ausgedrückt. Wasser hat eine Dichte von 1, Quarz von etwa 2,6 und Gold von über 15 g/cm³. Unterschiede der Dichte verschiedener Erdkrustenbestandteile sind bei plattentektonischen Prozessen von besonderer Bedeutung.

Diskontinuität
Grenzflächen, an denen sich chemische und/oder physikalische Eigenschaften von Materialien sprunghaft ändern. Ein Beispiel ist die Mohorovičić-Diskontinuität (Moho) in ca. 30–40 km Tiefe.

Diskordanz
Winkelbeträge zwischen verschiedenen Gesteinsschichten. Sie entstehen, wenn Gesteinsschichten gefaltet oder verstellt und danach an der Oberfläche abgetragen werden. Schichten, die darauf horizontal abgelagert werden, stehen dann unter einem bestimmten Winkel zu der gefalteten oder verstellten Schicht. Der Betrag wird als Winkeldiskordanz bezeichnet.

Divergierende Plattengrenze
Auch als Divergenzzone oder Riftzone bezeichnete Grenze zwischen zwei Erdplatten, die sich voneinander weg bewegen. Effusiver Vulkanismus ist eine typische Erscheinungsform an divergierenden Plattengrenzen. In ozeanischer Kruste markiert durch mittelozeanische Rücken, in kontinentaler Kruste durch kontinentale Grabenbrüche.

Dünenschichtungen
Schrägschichtungen, die durch unterschiedliche Windverhältnisse an der Luv- und Leeseite einer Düne entstehen. Sandkörner, die an der flacheren Luvseite einer Düne durch den Wind bis zum höchsten Punkt

transportiert werden, rutschen an der steileren Leeseite ab. Da sich dieser Vorgang ständig wiederholt, bilden sich zueinander parallele Schichtungen. Mit der Windrichtung ändern sich auch die Lagerungsverhältnisse der Schichtungen.

Ebenen
Meist große Flächen mit einem geringen Relief. Unterschieden werden Hoch- und Tiefebenen sowie Aufschüttungs- und Abtragungsebenen.

Effusiver Vulkanismus
Sammelbezeichnung für Eruptionstypen mit dünnflüssiger Lava, die nach der Eruption noch weit fließen kann. Ein bekanntes Beispiel dafür ist der Vulkanismus Hawaiis. Der daher auch „hawaiianischer Typ" genannte Eruptionstyp bildet flache und großflächige Schildvulkane. An den mittelozeanischen Rücken überwiegt ebenfalls effusiver Vulkanismus.

Einebnung
Flächenbildung durch Abtragung. Aufgrund von Verwitterungs- und Abtragungsprozessen entstehen flache und wellige Ebenen (Rumpfflächen, Fastebenen).

Einzugsgebiet
Einzugsgebiete von Flüssen sind durch Wasserscheiden abgrenzbare Räume, in denen Fließgewässer Niederschlagswasser aufnehmen und abführen. An Wasserscheiden trennen sich die Niederschläge, indem sie entweder dem einen oder anderen Fluss-System zugeführt werden. Die oberirdischen Wasserscheiden sind meist Berge, Kämme oder Bergrücken.

Eis
Eis ist gefrorenes Wasser. Es hat ein etwa 10 % größeres Volumen als flüssiges Wasser. Mehr als 75 % des Süßwassers auf der Erde sind als Eis in den Eismassen der Antarktis, Grönlands oder in den Gebirgsgletschern gespeichert. Die Erdoberfläche wird zu etwa 10 % vom Eis bedeckt.

Eisen
Eisen ist das vierthäufigste Element der Erdkruste (5,1 Volumenprozent). Als leitendes und magnetisierbares Metall sorgt es im äußeren Erdkern (gesamter Kern: 79,4 Volumenprozent) für die Entstehung des Erdmagnetfeldes. Im Erdmantel ist der Eisengehalt nur wenig höher als in der Erdkruste.

Eisschild
Eisschilde sind kleinere Inlandvereisungen. Der Vatnajökull auf Island (Europas größter Gletscher) gehört diesem Gletschertyp an.

Eiszeit
→ Kaltzeit.

Ekliptik
Erdbahnebene. Gedachte Ebene, auf der sich die Erde um die Sonne dreht. Gegenüber der Ekliptik ist die Erdachse um etwa 23,5° geneigt.

Endogen
In der Geologie werden die Kräfte aus dem Erdinneren als endogene Kräfte bezeichnet. Endogene Prozesse sind z. B. Magmatismus und Tektonik.

Epizentrum
Ort auf der Erdoberfläche, der sich senkrecht über einem Erdbebenherd befindet. Im Epizentrum treten die stärksten Erdbebenwellen auf und breiten sich von dort in konzentrischen Ringen aus.

Erdachse
Gedachte Linie durch die Pole und den Erdmittelpunkt. Sie ist die Rotationsachse, um die die Erde sich dreht.

Erdbeben
Erdbeben sind natürliche Erschütterungen der Landoberfläche. Bricht Gestein an einer tektonischen Störung unter dem Druck der aufgestauten Spannung, wird die freiwerdende Energie in Form von Wellen abgegeben – die Erde bebt. Etwa 90 % der jährlich auftretenden Erdbeben haben einen tektonischen Ursprung. 3 % entstehen durch Einstürze von Gesteinsdecken in Gebieten mit Kalkgesteinen, Salz oder Gips und die verbleibenden 7 % stehen in engem Zusammenhang mit dem Vulkanismus. Das Auftreten von Erdbeben konzentriert sich an den Plattengrenzen, vor allem im Bereich des pazifischen Feuerrings.

Erdbebenherd
Erdbebenherde (auch: Hypozentren) sind die Entstehungsorte von Erdbeben. Hypozentren von Erdbeben liegen meist zwischen 0 und 70 km (Flachbeben). Weitaus seltener sind Tiefbeben, die unterhalb von 70 km bis in eine Tiefe von 700 km auftreten.

Erdbebenintensität
Beschreibung der Auswirkungen eines Erdbebens an Gebäuden, der Landoberfläche oder sonstigen beobachtbaren Objekten. Zur Angabe der Erdbebenintensität werden verschie-

Glossar

dene Skalen verwendet. Verbreitet sind die zwölfstufige Mercalli-Skala und die EMS-Skala.

Erdbebenmagnitude
Maß für die Stärke eines Erdbebens. Sie wird aus dem maximalen Ausschlag eines Seismographen, der Amplitude, und dem Zeitintervall zwischen Eintreffen der Primär- und Sekundärwellen berechnet. Die Werte werden in Magnituden-Skalen, z. B. der Richter-Skala, angegeben.

Erdbebenwellen
Erdbebenwellen unterscheiden sich u. a. in der Art ihrer Auswirkungen an der Oberfläche, ihrem Verhalten im Erdinneren sowie durch ihre Geschwindigkeiten. Vier Erdbebenwellen werden unterschieden: Primärwellen und Sekundärwellen dehnen sich räumlich aus. Love- und Rayleigh-Wellen setzen sich dagegen nur an der Oberfläche fort.

Erdfließen
Massenbewegung von lockeren, feinkörnigen Böden oder Gesteinen, die Geschwindigkeiten bis zu mehreren km/h erreichen kann. Die hangabwärts gerichteten Bewegungen finden meist im flüssigen Zustand statt, wenn Böden wassergesättigt sind und Reibungswiderstände überschritten werden.

Erdkern
Der Erdkern besteht zu etwa 80 % aus Eisen. Die restlichen 20 % werden wahrscheinlich hauptsächlich von Nickel, Silizium, Sauerstoff und Schwefel eingenommen. Er wird in einen äußeren und inneren Bereich gegliedert. Die Grenze zum Erdmantel

liegt in 2.900 km Tiefe, die Grenze zum inneren Kern bei 5.100 km. Insgesamt hat er einen Durchmesser von fast 7.000 km. Im äußeren Erdkern liegt höchstwahrscheinlich die Ursache für die Entstehung des Erdmagnetfeldes.

Erdkruste
Oberste Gesteinsschicht der Erde. Die Grenze zwischen Erdkruste und Mantel liegt zwischen zehn und 65 km unter der Erdoberfläche (Mohorovičić-Diskontinuität). Unter hohen Gebirgen erreicht die Erdkruste die größte Mächtigkeit, unter den Ozeanen ist sie am dünnsten. Sie wird in die kontinentale und ozeanische Kruste gegliedert. Diese Krustenbestandteile unterscheiden sich deutlich in Dichte, Gesteinsvorkommen, Mächtigkeit sowie in Alter und Herkunft. Ozeanische Kruste wird ausschließlich an den mittelozeanischen Rücken gebildet und besteht hauptsächlich aus basaltischen Gesteinen, die von Tiefseesedimenten überlagert werden. Die leichtere kontinentale Kruste setzt sich vorwiegend aus Graniten zusammen. Mit dem oberen Mantelbereich bildet sie die Lithosphäre, die mit zwölf großen Lithosphärenplatten die gesamte Erdoberfläche bedeckt.

Erdmantel
Der Mantel nimmt 82 % des Erdvolumens in Anspruch und wird hauptsächlich aus Siliziumdioxid (SiO_2), Magnesium, Kalzium und Eisen aufgebaut. In ihm befindet sich der „Motor" für die Bewegung der Lithosphärenplatten. Heiße Magmaströmungen, die sich im Mantel auf und ab bewegen, verschieben die Platten und sorgen für Vulkanismus, Erdbeben und Gebirgsbildungen. Der obere Mantelbereich

(→ Asthenosphäre) ist zumindest teilweise aufgeschmolzen. An den mittelozeanischen Rücken reicht die Asthenosphäre bis an die Oberfläche, ihre Obergrenze liegt sonst zwischen 30 und 100 km Tiefe.

Erdrotation
Nahezu gleichförmige Drehung der Erde von West nach Ost um ihre eigene Achse innerhalb von nicht ganz 24 h. Sie bildet die Grundlage für die Abfolge von Tag und Nacht, beeinflusst aber auch klimatische Faktoren, wie Windsysteme und Meeresströmungen.

Erdrutsch
Eine gleitende Massenbewegung ähnlich einem Bergrutsch, an dem statt Gestein eher erdiges Lockermaterial beteiligt ist.

Erdumlaufbahn
Ellipsoide Bahn, auf der die Erde ihren jährlichen Umlauf um die Sonne vollzieht. Ein vollständiger Umlauf bezogen auf den Sternenhintergrund dauert 365 Tage, 5 Stunden, 9 Minuten und 10 Sekunden.

Erosion
Erosion ist der Vorgang der Abtragung von Böden und Gesteinen. Obwohl der Begriff für sehr viele Abtragungsvorgänge verwendet wird, bezeichnet er im engeren Sinne die lineare Abtragung durch das fließende Wasser. Flächenhafte Abtragung, z. B. durch Wind, wird Deflation genannt.

Erosionsbasis
Die Erosionsbasis eines Flusses ist das Niveau, bis zu dem die Erosion wirksam werden kann. Die absolute

Erosionsbasis sind Meere oder Binnenseen, denn an diesen Orten geht die Fließgeschwindigkeit gegen Null, die Ablagerung ersetzt die Abtragung. Von Fließgewässern durchflossene Seen, Stauseen oder Schwellen sind die lokale Erosionsbasis eines Fließgewässers.

Erratische Blöcke
→ Findlinge.

Erstarrungsgestein
→ magmatische Gesteine.

Eruption
Die verschiedenen Arten von vulkanischen Ausbruchtätigkeiten (u. a. ausfließend, auswerfend) werden unter dem Begriff Eruption zusammengefasst. Nach der Lage der Eruptionen werden Zentraleruption (z. B. Stratovulkan), Lineareruption (z. B. Spaltenvulkanismus) und großflächige Arealeruptionen unterschieden.

Eruptionssäule
Bei explosiven Vulkanausbrüchen weit sichtbare Säule aus Dampf, Asche und Gesteinsbrocken. Eine Eruption kann vulkanische Aschen bis in die Stratosphäre schleudern und durch die Absorption des Sonnenlichts klimatische Veränderungen verursachen.

Eruptionstyp
Abhängig von der Zähflüssigkeit und dem Gasgehalt der Magmen sowie dem Vorhandensein von Wasser im Untergrund oder an der Oberfläche. Eruptionstypen werden häufig nach einem für diesen Typ charakteristischen Vulkan benannt, z. B. plinianischer Typ, Krakatau-Typ oder strombolianischer Typ.

Exogen
Exogen bedeutet außenbürtig. In der Geologie werden die Kräfte, die von außen auf die Erdoberfläche wirken, als exogene Kräfte bezeichnet. Exogene Prozesse sind z. B. Verwitterung, Abtragung und Transport.

Exogene Kräfte
Zu den exogenen Kräften zählen Wasser, Wind, Eis, Temperaturgegensätze, Schwerkraft, Meteoriteneinschläge sowie die menschlichen Aktivitäten. Die exogenen Kräfte steuern Prozesse, wie z. B. Verwitterung, Abtragung und Transport.

Explosiver Vulkanismus
Sammelbezeichnung für Eruptionstypen, deren Fördermechanismus vorwiegend explosiv ist. Oft nach bekannten Vulkanen und deren Ausbruchstyp benannt, z. B. „Krakatau-Typ" oder „plinianischer Typ". Aus dem Wechsel von explosiver Asche- und effusiver Lavaförderung entstehen z. B. die Strato- oder Schildvulkane.

Exzentrizität
Abweichung der elliptischen Umlaufbahn eines Himmelskörpers von einer exakten Kreisbahn. Innerhalb von 92.000 Jahren verändert sich die Erdbahn von einer elliptischen hin zu einer fast kreisförmigen Umlaufbahn.

Falte
Entsteht durch die seitliche Einengung einer Gesteinsschicht (→ Faltung). Sie wird in Sattel (konvex) und Mulde (konkav) gegliedert. In Abhängigkeit der Stärke der Faltung können die Falten weiter unterteilt werden: stehende Falte, schiefe Falte, überkippte/liegende Falte.

Faltengebirge
Faltengebirge haben ihren Ursprung in tektonischen Prozessen. Zum alpidischen Faltengürtel, der sich von Europa bis nach Asien zieht, gehören zahlreiche junge Hochgebirge wie die Alpen, der Kaukasus und der Himalaja. Sie entstanden bei der alpidischen Gebirgsbildung, die vor etwa 250 Mio. Jahren begann. Ursache war das Aufeinanderprallen der Afrikanischen auf die Eurasische Platte.

Faltung
Faltungen von Gesteinen oder auch von ganzen Gebirgen gehen auf Kompressionskräfte zurück, die die Gesteinspakete zusammendrücken und dadurch tektonisch beanspruchen. Sofern ein Gestein verformbar ist, bilden sich dadurch Sättel und Mulden. Werden die einwirkenden Kräfte stärker, neigen sich die Falten immer weiter zu einer Seite, was schließlich zum Überkippen führt. Bei einer abtauchenden Falte senkt sich die Faltenachse an einem Ort ab.

Fazies
Gesamtheit aller Merkmale eines Sedimentes, die durch die Ablagerungsbedingungen während der Entstehung geprägt wurden. Großfaziesbereiche sind die marine oder kontinentale Fazies. Diese wiederum werden in kleinere Faziesgebiete unterteilt, wie z. B. Strand-, Küsten-, Flachmeer-, Hochsee- und Tiefseefazies. Gleichartige Fazies-Verhältnisse werden als isopisch und verschiedene als heterotopische Fazies bezeichnet.

Felssturz
Massenbewegungen, die stürzend, also im freien Fall, stattfinden.

Ferromagnetisch
Ferromagnetische Minerale haben die gleichen magnetischen Eigenschaften wie Eisen. Sie richten sich nach dem vorherrschenden Magnetfeld aus.

Festgestein
Zu den Festgesteinen zählen die Magmatite, Metamorphite (Umwandlungsgesteine) und Sedimentgesteine. Festgesteine werden den Lockergesteinen gegenübergestellt.

Findling
Zumeist große, auch als Erratische Blöcke bezeichnete Gesteine, die von Gletschern transportiert werden und erst sehr weit von ihrem Entstehungsgebiet wieder abgelagert werden. Sie stehen daher in keinem Zusammenhang mit den Böden und Gesteinen, auf denen sie liegen (lat.: erratisch = „verirrt"). In den Kaltzeiten wurden Findlinge von Skandinavien bis weit nach Mitteleuropa transportiert.

Flächenbildung
Gehört zusammen mit der Talbildung zu den wichtigsten formgebenden Prozessen. Sie herrscht in den wechselfeuchten Tropen und Subtropen vor. Durch Flächenbildung entstehen Ebenen, die keine Beziehung zum inneren Bau des Gesteinsuntergrundes erkennen lassen (Rumpfflächen), aber auch Aufschüttungsebenen (z. B. Schwemmlandebenen).

Fließgeschwindigkeit
Die Fließgeschwindigkeit (in m/s) ist die Geschwindigkeit des Wassers in einem Bett. Sie nimmt in Fließgewässern von der Oberfläche zur Sohle ab. In Flusskurven ist sie am Außenufer höher als am Innenufer.

Fluss-Sedimente
Fluss-Sedimente sind Ablagerungsprodukte in Flüssen. Da die Sedimente in den meisten Fällen vor ihrer Ablagerung im Fluss transportiert wurden, zeigen sie eine ausgeprägte Rundung. Je nach der Länge des Transportwegs steigt der Rundungsgrad.

Flussbegradigung
Bei Flussbegradigungen werden Mäanderbögen oder Fluss-Schlingen durchstochen, also vom Flusslauf abgetrennt. Der Flusslauf wird verkürzt und begradigt. Höhere Abflussgeschwindigkeiten, besonders bei Hochwässern, und die Vertiefung des Flussbettes sind die Folge.

Flussdelta
→ Delta.

Flussterrassen
Ehemalige Talböden, die als Terrassen oder Stufen höher als der aktuelle Talboden liegen. Sie entstehen, wenn sich ein Fluss durch Tiefenerosion in seine Sedimente einschneidet. Der Wechsel von Ablagerung und Tiefenerosion kann klimatische oder tektonische Ursachen haben. Terrassentreppen bilden sich durch den Wechsel von Kalt- und Warmzeiten. In Kaltzeiten, in denen weniger Wasser zur Verfügung steht, überwiegen Ablagerungsprozesse, in Warmzeiten überwiegt die Tiefenerosion.

Fluvial
Fluvial bedeutet durch ein Gewässer entstanden oder dem Gewässer zugehörig. Fluviale (auch: fluviatile) Erosion geschieht demnach durch Flüsse; fluviatile Sedimente sind Ablagerungsprodukte von Flüssen.

Fossilien
Überreste vorzeitlicher pflanzlicher und tierischer Organismen. Auch Lebensspuren wie Wühlgänge oder Fußabdrücke sind Fossilien.

Fossilisation
Prozess der Fossilienbildung durch Versteinerung. Je nach chemisch-physikalischen Bedingungen bleiben unterschiedliche Bestandteile der Organismen oder auch nur Abdrücke erhalten.

Frostverwitterung
Art der Gesteinszerkleinerung, die auf die besondere Eigenschaft des Wassers zurückgeht. Wasser, das in Gesteinsspalten gefriert, dehnt sich um etwa zehn % aus und bricht Gesteine auf. Trägt zur Zerkleinerung und Verwitterung bei.

Fumarole
Vulkanische Ausgasungen mit einem hohen Anteil an Wasserdampf und Temperaturen zwischen 200 und 1.000 °C.

Gebirgsbildung
Gebirgsbildungen (auch: Orogenesen) sind hoch aufragende Gesteinsdeformationen, die durch Falten- und Bruchtektonik entstehen. Die Lagerungsverhältnisse der Gesteine werden bei diesem geologisch gesehen schnell ablaufenden Prozess völlig verändert. Der Orogenese steht die Epirogenese gegenüber. Hierbei handelt es sich um langsame Aufwölbungen (oder Einsenkungen) der Erdkruste, ohne dass die Lagerungsverhältnisse gestört werden.

Geest
Landschaftstyp im Nordwesten Mitteleuropas, der im Bereich der Altmoränenlandschaft liegt. Sie besitzt
ein hügeliges, im Untergrund durch
Sande bestimmtes Relief.

Gemäßigte Breiten
Die gemäßigten Breiten (auch:
Mittelbreiten) befinden sich jeweils
zwischen dem 40. Breitengrad
und dem Polarkreis. Temperaturen
zwischen 0 und 12 °C im Jahresmittel,
starke jahreszeitliche Wechsel und
über das ganze Jahr verteilte Niederschläge charakterisieren sie. Da die
Erdoberfläche gemäßigter Regionen
normalerweise durch eine geschlossene Pflanzendecke überzogen ist,
wird die mechanische Verwitterung behindert, die chemische durch
humide Verhältnisse dagegen begünstigt.

Geofaktoren
Geofaktoren bestimmen die Ausprä-
gung einer Landschaft. Hierzu zählen
u. a. der geologische Untergrund,
Böden, Klima, die hydrologischen
Verhältnisse und die Vegetation. Alle
Faktoren beeinflussen sich gegen-
seitig in dem offenen System der
Landschaft.

Geoid
Mathematischer Körper, der die wahre,
durch Unregelmäßigkeiten der Dichte
und Massenanziehung gewellte und
gewölbte Figur der Erde darstellt.

Geologie
Die Geologie (griech.: Erdlehre) ist die
Wissenschaft von der Entstehung, der
Strukur und der Entwicklung der Erde.
Die allgemeine Geologie behandelt
die endogene (z. B. Tektonik, Vulkanismus) sowie die exogene Dynamik
(Erosion, Verwitterung etc.). Die ange-
wandte Geologie beschäftigt sich
mit der Nutzbarmachung geologischer Erkentnisse z. B. bei der Suche
nach Rohstoffen. Die Rekonstruktion der Umweltverhältnisse (z. B.
Gesteinsablagerungen, Aussterben
von Lebewesen) in der Erdgeschichte
ist Gegenstand der historischen
Geologie.

Geologische Gefahren
Sammelbezeichnung für Naturereignisse, die ihre Ursache im Erdinneren
oder nahe der Erdoberfläche haben
und zu Naturkatastrophen anwachsen
können. Erdbeben oder vulkanische
Aktivitäten fallen unter diesen Begriff.

Geologische Schicht
→ Schicht.

Geologische Störung
→ Störung.

Geomorphologie
Die Geomorphologie beschäftigt sich
mit den Oberflächenformen der Erde.
Diese werden aufgrund ihrer Erscheinung (Morphographie), Entstehung
(Morphogenese) und Verbreitung
(regionale Geomorphologie) untersucht.

Geophysik
Wissenschaft, die sich mit allen die
Erde betreffenden physikalischen
Erscheinungen befasst. Sie untersucht den Aufbau des Erdinneren und
alle seismischen, elektrischen, ther-
mischen und magnetischen Phänomene der Erde. Ein wichtiges Teilgebiet ist die Seismologie, aber auch die
Meteorologie und die Hydrologie sind
geophysikalische Disziplinen.

Georelief
Das Georelief zeigt die Höhengestal-
tung der Erdoberfläche.

Geosphäre
Die Geosphäre umfasst die oberste
Erdkruste, die Landoberfläche und
die darüber liegende Lufthülle. In der
Geosphäre überschneiden sich Land
(Pedosphäre), Wasser (Hydrosphäre),
Luft (Atmosphäre), sowie Pflanzen-
und Tierwelt (Biosphäre).

Geröll
Gesteinsbruchstücke, die durch
bewegtes Wasser (Flüsse oder Meere)
transportiert und abgelagert werden.
Je nachdem, wie stark das Geröll an
anderen Steinen oder dem Untergrund an- oder aufschlägt, sind die
Kanten der Gesteinsbrocken stark
oder schwach abgerundet.

Gestein
Gesteine sind feste oder lockere
Verbindungen aus verschiedenen
Mineralien. Es gibt jedoch auch
Gesteine, die nur aus einem Mineral
bestehen (monomineralische
Gesteine). Magmatische Gesteine
bestehen aus erkaltetem Magma, wie
z. B. Granit. Sie sind ungeschichtet
und enthalten meist keine Fossilien.
Sedimentgesteine sind geschichtete
Ablagerungen aus verschiedenen
Gesteinsmaterialien, wie z. B. Sand-
oder Kalkstein. Metamorphe Gesteine
entstehen nach der Umwandlung von Gesteinen aufgrund von
hohen Drücken/Temperaturen, Stoff-
austausch oder Umkristallisation, wie
z. B. Quarzit.

Gesteinshärte

Widerstand, den ein Mineral beim Ritzen mit einem scharfkantigen Gegenstand leistet (Ritzhärte). Neben Farbe, Glanz, Dichte, Bruch usw. ist die Härte ein wichtiges Kriterium zur Mineralienbestimmung. Die relative Härte eines Minerals wird über die Moh'sche Härteskala angegeben. Sie enthält zehn Minerale, wobei jeweils das Mineral mit der höheren Mohs-Härte das Mineral mit der niedrigeren anritzt. Die Reihenfolge lautet: Talk (1), Gips, Kalzit, Fluorit, Apatit, Orthoklas, Quarz, Topas, Korund, Diamant (10).

Geysir

Heiße Quelle, die in periodischen Abständen fontänenartig und mit hohem Druck Wasser ausstößt. Die Eruption erfolgt durch Überhitzung des Wassers im Untergrund. Geysire sind eine typische Erscheinung vulkanischer Gebiete.

Gezeiten

Gezeiten (auch: Tide) sind die durch Anziehungskräfte von Mond und Sonne und durch Fliehkräfte der Erde entstehenden Änderungen des Wasserstandes der Meere. In einem etwa 12,5-stündigen Wechsel treten Ebbe (abfließendes Wasser) und Flut (auflaufendes Wasser) auf.

Glacis

Das Glacis liegt im Vorfeld eines Berges (Bergfuß) und besteht in der Regel aus einer flachen Form von Lockersedimenten.

Glazial

Der Begriff glazial bedeutet „durch die Wirkung eines Gletschers". (z. B. glaziale Erosion = Abtragung durch das Gletschereis). Das Glazial (Substantiv) ist der Fachbegriff für eine Kaltzeit. Glaziale werden von Interglazialen (Warmzeiten).
→ Interglazial.

Graben

Abgesunkene, lang gestreckte, keilförmige Scholle, deren seitliche Begrenzungen zur Tiefe hin zusammenlaufen. Dadurch, dass die angrenzenden Gesteinsschollen ihre Lage behalten, entsteht eine deutliche Hohlform. Gräben werden an ihren Seiten durch Verwerfungen begrenzt.

Grundgebirge

Präkambrische bis paläozoische Gesteinskomplexe, die bei Gebirgsbildungen gefaltet wurden (älter als 250 Mio. Jahre). Sie werden von den Deckgebirgen überlagert, die ein geringeres Alter und einen niedrigeren Grad der Metamorphose aufweisen. Die Schichten des Grund- und Deckgebirges liegen in einem bestimmten Winkel zueinander und sind dadurch voneinander zu trennen (→ Diskordanz). Beispiele deutscher Grundgebirge sind das Rheinische Schiefergebirge, der Schwarzwald und der Bayerische Wald.

Grundmoränenlandschaft

Durch Gletscherwirkung in Kaltzeiten entstandener Landschaftstyp. Wenn sich Gletscher bewegen, lagern sie unter sich die Grundmoräne, die aus mitgeführtem Schutt und Geröll (Geschiebe) besteht, ab. Diese bleiben auch nach Abschmelzen des Eises erhalten. Grundmoränenlandschaften haben ein meist kuppiges, flach welliges Relief.

Grundwasser

In die Erde versickerndes Wasser aus Niederschlägen oder Flüssen und Seen sammelt sich oberhalb einer wasserundurchlässigen Schicht im Erdreich, im Gestein oder in Höhlen. Aus ihm stammt ein großer Teil des Trinkwassers.

Halbwertszeit

Im physikalischen Sinn der Zeitraum, in dem die Hälfte der Atomkerne eines Radionuklids durch spontanen radioaktiven Zerfall umgewandelt werden. Die Halbwertszeit kann je nach Element zwischen Sekundenbruchteilen und mehreren Mrd. Jahren liegen. Die Halbwertszeit bestimmter Isotope liegt auch der Altersbestimmung von Fossilien zugrunde.

Halbwüste

Übergangsgebiet von Steppe zur Wüste. Zeichnet sich durch eine spärliche Vegetation (kleine Sträucher, Sukkulenten) und wenig Niederschlag aus.

Halligen

Als Halligen werden die nordfriesischen Inseln zwischen Föhr und Nordstrand bezeichnet, z. B. Langeneß, Oland, Gröde oder Hooge. Sie haben keinen Winterdeich und werden bei Hochwasser in der Regel überflutet. Daher liegen die Häuser auf künstlichen, 4 bis 5 m erhöhten Erdhügeln.

Hamada

Die Hamada (arab.: die Unfruchtbare) ist eine Felswüste aus eckigem Schutt. Sie entsteht durch die ausblasende Wirkung des Windes, der das feinkörnige Material abtransportiert.

Hangabtragung

Fasst alle Prozesse der Erosion an Hängen zusammen. Beinhaltet sowohl die Ergebnisse von Massenbewegungen als auch die abtragende Tätigkeit von Wasser, Wind und Eis.

Hangrutschung

→ Rutschung.

Hebung

Lageveränderung von Erdkrustenbestandteilen. Ursachen für eine Hebung sind plattentektonische Prozesse, wie Gebirgsbildungen, Vulkanismus oder Erdbeben. Epirogenetische Hebungen, wie z. B. in Skandinavien, haben einen anderen Ursprung: Während der letzten Kaltzeiten lag ein mehrere Kilometer dicker Eispanzer auf dem Land. Dadurch wurde die Erdkruste in den Erdmantel gedrückt. Durch die abgeschmolzene Eis-Auflast finden auch heute noch Ausgleichsbewegungen statt, die die Landoberfläche ansteigen lassen.

Hochgebirge

In der Regel spricht man bei einem Gebirge von einem Hochgebirge, wenn es sich mehr als 1.500 m über die Umgebung erhebt, es ein Steilrelief mit Hangneigungen über 30° besitzt und Spuren von gegenwärtiger oder ehemaliger Vereisung zeigt.

Hohlform

Reliefbeschreibender Ausdruck der Geomorphologen. Eine Hohlform wird von meist stark geneigten Hängen, die zu einem Punkt einfallen, begrenzt. Eine geschlossene Hohlform wird allseitig von Hängen umgeben (Bsp.: abflussloser See).

Holozän

Umfasst die vor 11.700 Jahren beginnende und damit letzte geologische Epoche, in der wir uns auch heute noch befinden. Das auf die so genannte „Eiszeit" (→ Pleistozän) folgende Holozän ist durch eine zunehmende Klimaerwärmung, den endgültigen Rückzug der Inlandeismassen und eine Wiederbesiedlung vorher eisbedeckter Gebiete durch Pflanzen gekennzeichnet.

Horst

Ein Horst ist ein herausgepresstes oder herausgehobenes Gesteinspaket, das an seinen Seiten durch Verwerfungen begrenzt wird. Die seitlichen Begrenzungen laufen zur Tiefe auseinander.

Hot Spot

Hot Spots („heiße Flecken") sind aufgeschmolzene Bereiche des oberen Erdmantels, die sich an der Erdoberfläche durch Vulkanismus bemerkbar machen. Sie werden von Manteldiapiren, heißen Magmenaufstiegskanälen, gespeist. Da sich über einem Hot Spot, der seine Position über Millionen von Jahren nicht verändert, die Lithosphärenplatten hinwegbewegen, bildet er im Laufe der Zeit eine ganze Kette von Vulkanen.

Humidität

Meteorologischer Fachbegriff für das Verhältnis von Verdunstung und Niederschlag. Wenn im jährlichen Mittel mehr Niederschlag fällt, als Wasser verdunstet, ist eine Region humid. Unter diesen Bedingungen fließen überschüssige Wassermengen oberflächlich als Flüsse ab.

Hydratationsverwitterung

Prozess der chemischen Verwitterung. Gesteinsoberflächen werden durch die Anlagerung von Wasser an Kationen (Hydratation) aufgelockert.

Hydrologie

Die Lehre vom Wasser auf, in und über der Erdoberfläche. Die Hydrologie befasst sich mit dem Vorkommen von Wasser, seinen Erscheinungsformen, Eigenschaften, dem Wasserhaushalt und den im Wasser transportierten Materialien und darin lebenden Organismen.

Hydrolyse

Chemische Reaktion, bei der durch die Anlagerung von Wassermolekülen an Grenzflächen (z. B. äußere Flächen von Mineralen) Kationen durch Protonen (Wasserstoffionen) ersetzt werden. Dabei kommt es zu einem fortschreitenden Ersatz von Metallen in den Kristallgittern eines Minerals, aber auch zur Neubildung von Tonmineralen. Wichtigster Prozess der chemischen Verwitterung.

Hydrolytische Verwitterung

Chemische Verwitterung mit der Reaktion der Hydrolyse.

Hydrosphäre

Die Wasserhülle der Erde, bestehend aus den Ozeanen, Nebenmeeren, Seen, Flüssen, Grundwasser, Eis und Schnee.

Hypozentrum

Das Hypozentrum ist der Entstehungsort eines Erdbebens, der auch als Erdbebenherd bezeichnet wird.

Impakt

Ein Impakt ist der Einschlag eines Meteoriten auf der Erde. Dabei werden typische, oft vulkanähnliche Strukturen (Krater) erzeugt, so genannte Impaktstrukturen wie z. B. das Nördlinger Ries.

Ingression

Ingression bedeutet das Vorrücken des Meeres in flache Ufer-Becken durch Anhebung des Meeresspiegels oder Absinken des Festlandes. Es entstehen Ingressionsmeere.

Inlandeis

Inlandeis ist eine großflächige, schildförmige Vereisung einer Landmasse. Dieser Gletschertyp überdeckt das unter ihm liegende Gebiet fast völlig, wie z. B. in Grönland und Antarktika. Weitere Gletschertypen: Talgletscher, Plateaugletscher und Eisschilde.

Inselbogen

Ein Inselbogen ist eine Kette von Vulkaninseln, die meist am Rand von Tiefseegräben liegen. Inselbögen entstehen an konvergierenden Plattengrenzen, wenn untergetauchte Platten aufschmelzen und Magma aufsteigt (Gebirgsbildung des Inselbogen-Typs).

Insolationsverwitterung

Verwitterungsart, die durch Temperaturunterschiede an Gesteinen hervorgerufen wird. Durch Sonneneinstrahlung am Tag und nächtliche Abkühlung findet im Gestein ein ständiger Wechsel von Volumenzu- und -abnahme statt. Dadurch entstehen Spannungen, die sich in Klüften und Spalten entladen und schließlich Gesteine zerbrechen.

Interglazial

Als Interglazial werden die zwischen zwei Kaltzeiten (Glazialen) auftretenden wärmeren Perioden bezeichnet, in der ein Teil der Gletscher schmilzt und sich wärmeliebende Pflanzengesellschaften (z. B. Wälder) wieder ansiedeln.

Iridiumwert

Iridium ist ein Metall der Platingruppe, das in metallischen Meteoriten und Asteroiden sehr häufig vorkommt. Es ist in der Erdkruste sehr selten, da es bei der Erdentstehung zusammen mit Eisen in Richtung des Erdkernes abgesunken ist. In Gesteinsschichten an der Grenze von Kreide zum Paläogen (weltweit an über 100 Orten) wurden erhöhte Konzentrationen dieses Metalls festgestellt. Sie werden mit einem Meteoriteneinschlag vor 65 Mio. Jahren in Verbindung gebracht.

Jungmoränenlandschaft

Gebiet, das von den Gletschern der letzten Kaltzeit (Weichsel-Kaltzeit: von 115.000 bis 10.000 Jahren vor heute) geprägt wurde. Da diese Landschaftsform erst seit 10.000 Jahren eisfrei ist, sind die Strukturen, die die Gletscher und Schmelzwässer dort geschaffen haben, noch gut erhalten. Typisch für Jungmoränenlandschaften sind u. a. der Seenreichtum und ein mehr oder weniger ungeordnetes Fließgewässersystem.

Kalklösung

Die Kalklösung ist Teil der chemischen Verwitterung. Kalkhaltige Gesteine werden durch das im Wasser gelöste Kohlendioxid oder die sich daraus bildende Kohlensäure aufgelöst.

Die Carbonate (CO_3) werden dabei von den Erdalkalimetallen (Ca, Mg) getrennt und das Gestein verwittert auf diese Weise. Es bilden sich die wasserlöslichen Hydrogencarbonate (HCO_3-) und, in diesem Fall, freie Calcium- oder Magnesium-Ionen. Die Intensität der Kalklösung ist stark vom Gehalt des Kohlendioxids im Wasser abhängig.

Kältewüsten

Kältewüsten umfassen die arktischen und antarktischen Lebensräume, die sich an die Tundra anschließen. Sie sind gekennzeichnet durch eine fehlende oder spärliche Vegetation und die Verbreitung der Tierwelt vorwiegend auf die Küsten.

Kaltzeit

Kaltzeiten sind geologische Zeitabschnitte, in denen die Temperaturen so weit absinken, dass sich Gletscher und Inlandeismassen bilden. Der Begriff Eiszeit wird oft sinngleich mit Kaltzeit verwendet. Da nicht immer eine Zeit mit niedrigen Temperaturen zwangsläufig mit Gletscherbildungen verbunden ist und es auch kalte, aber eisfreie Gebiete gibt, sollte statt „Eiszeiten" der Begriff Kaltzeit benutzt werden.

Klima

Der über einen längeren Zeitraum beobachtete mittlere Zustand der meteorologischen Erscheinungen. Das Klima eines Ortes wird durch Klimafaktoren (z. B. Breitenkreislage), Klimaelemente (z. B. Wind), kosmische Einflüsse (z. B. Sonneneinstrahlung) sowie deren Wechselwirkungen beeinflusst.

Klimaelement

Die messbaren Erscheinungen, die in ihrer Gesamtheit das Klima bestimmen. Wichtige Klimaelemente: Niederschlag, Temperatur, Verdunstung, Wind, Luftdruck, Luftfeuchtigkeit, Strahlung und Bewölkung.

Klimaerwärmung

Seit Ende des 19. Jahrhunderts haben sich die globalen Temperaturen um durchschnittlich 0,74 °C erhöht. Bei dieser globalen Temperaturerhöhung handelt es sich um eine Klimaschwankung. Von einer Klimaänderung spricht man erst ab einer Temperaturveränderung von 5 °C. Klimaschwankungen sind natürliche Prozesse, die Mitverantwortung des Menschen an der aktuellen Klimaerwärmung ist aber wissenschaftlich erwiesen.

Klimageomorphologie

In der Klimageomorphologie wird versucht, die Entstehung von Landschaftsformen in Abhängigkeit vom Klima zu erklären. Ein Beispiel für den Zusammenhang zwischen Klima und formgebenden Prozessen ist die Verwitterung. In der Klimazone der Tropen herrscht aufgrund hoher Niederschläge und Temperaturen die chemische Verwitterung vor. In der polaren Zone ist sie dagegen aufgrund niedriger Temperaturen sehr gering.

Klimazonen

Großräumige Gebiete auf der Erde, die ein ähnliches Klima aufweisen. Die theoretisch breitenkreisparallele Anordnung ist in der Realität wegen Inhomogenitäten der Erdoberfläche (Land-Meer-Verteilung, Gebirgskörper etc.) nicht streng verwirklicht.

Klippen

Klippen sind oft turmförmige Einzelformen an Küsten, die von der Brandungserosion herauspräpariert werden. Oft wird auch der steil ins Meer abfallende Teil eines Kliffs Klippe genannt.

Kluft

Eine Kluft ist ein kaum geöffneter Riss, der Gesteine und Schichtungen durchsetzt. Klüfte entstehen durch Spannungen im Gestein infolge tektonischer oder physikalischer Zustandsänderungen.

Kohle

Verfestigtes Ablagerungsprodukt von Pflanzenresten (biogenes Sediment). Braun- und Steinkohle entstehen durch Umwandlungsprozesse aus Torfen. Unter Sauerstoffabschluss in Sümpfen und Torfmooren wird Torf nicht vollständig abgebaut. Er wird von weiterer organischer Substanz (Pflanzenresten) oder anderen Sedimenten überdeckt, zusammengepresst und chemisch umgewandelt. Dabei kommt es zur Anreicherung des Kohlenstoffs auf bis zu 70 % bei der Braunkohle, zwischen 70 und 90 % bei Hartbraunkohle und Steinkohle sowie schließlich bis über 90 % bei Anthrazit.

Kohlendioxid

Geruchloses und ungiftiges Gas, das in geringen Mengen Bestandteil der atmosphärischen Luft ist. Kohlendioxid (chemisch korrekt: Kohlenstoffdioxid) entsteht bei Verbrennungsprozessen bzw. der Atmung und wird in der pflanzlichen Fotosynthese zum Aufbau von Kohlenhydraten verwendet. Der Anstieg des Kohlendioxidgehalts in der Atmosphäre seit der Industrialisierung gilt als ein Grund für die globale Klimaerwärmung.

Konkordanz

Ungestörte und parallele Lagerung von Gesteinsschichten.

Kontinent

Ein Kontinent ist eine große zusammenhängende Landmasse. Im Allgemeinen werden Eurasien, Afrika, Amerika, Australien und die Antarktis als Kontinente bezeichnet.

Kontinent-Kontinent-Kollision

Folge von konvergierenden (sich aufeinander zu bewegenden) kontinentalen Krustenbestandteilen. Da die kontinentalen Krusten (→ Lithosphärenplatten) die gleiche Dichte haben, stapeln sie sich bei einer Kollision übereinander. Dabei kommt es zu komplizierten tektonischen Prozessen mit Überschiebungen und Faltungen. Die Bildung der Alpen oder des Himalaja geht auf diesen Kollisionstyp zurück.

Kontinentale Kruste

Die kontinentale Kruste ist der Bestandteil der Erdkruste, der die Kontinente darstellt. Die kontinentale Kruste ist viel dicker als die ozeanische Kruste und auch leichter als diese. Die Dichte der kontinentalen Kruste beträgt 2,7 bis 2,8 g/cm^3 (ozeanische K. 3,0 bis 3,1 g/cm^3). Unter Hochgebirgen kann die kontinentale Kruste bis zu 60 km mächtig sein.

Kontinentalhang

Übergang von den flachen Schelfbereichen (bis 200 m Wassertiefe) zu den Tiefseeböden (ab 2.400 m Wassertiefe). 6 % der Erdoberfläche werden von Kontinentalhängen eingenommen.

Kontinentalplatten
→ Lithosphärenplatten.

Kontinentalschelf
Das Kontinentalschelf (kurz: Schelf) umfasst als relativ ebene Großform die flachen Meeresbereiche mit Wassertiefen bis maximal 200 m.

Kontinentalverschiebung
Die Kontinentalverschiebung ist eine 1912 von Alfred Wegener aufgestellte Theorie, die von einer Drift der Kontinente ausgeht. Dabei wird angenommen, dass die gesamte Festlandmasse einmal in einem Urkontinent (→ Pangaea) vereint gewesen ist. Gleiche geologische und paläontologische Merkmale der Ost- und Westküsten des Atlantiks beweisen, dass eine Verschiebung der Kontinente stattgefunden haben muss. Die Kontinentalverschiebung basiert auf der Theorie der Plattentektonik.

Konvektionsströmung
In den Geowissenschaften stellen Konvektionsströmungen Magmenbewegungen im zähplastischen Bereich der Asthenosphäre dar. Sie gehen auf Wärmeströme aus dem Inneren der Erde zurück und sind verantwortlich für Erdkrustenbewegung. Dabei werden Kontinentalplatten von dem strömenden Magma mitgeschleppt. Nicht nur im Erdmantel, sondern auch im äußeren Erdkern gibt es Konvektionsströmungen von geschmolzenem Material. Im Erdkern wird durch diese Bewegungen der Erdmagnetismus aufrechterhalten.

Konvergierende Plattengrenze
Übergangszone zwischen zwei Kontinentalplatten, die sich aufeinander zu bewegen. Es gibt zwei Typen konvergierender Plattengrenzen: 1. Kontinent-Kontinent-Kollisionen, an denen zwei Platten aus kontinentaler Kruste kollidieren. 2. Subduktionszonen, an denen eine ozeanische Platte unter eine andere Platte aus ozeanischer oder kontinentaler Kruste abtaucht.

Korngröße
Die Korngröße gibt den Durchmesser eines mineralischen Teilchens von Sedimenten oder Böden an. Sie teilt die Sedimente in Ton (feinkörnig), Silt, Sand, Kies, Steine, Blöcke (grobkörnig) ein. Für die Klassifikation gibt es die DIN-Vorschrift 4022: Ton ist die feinste Korngröße (< 2 mm), darauf folgt Schluff (0,02 bis 0,063 mm), Sand (0,063 bis 2 mm), Kies (2 bis 63 mm), Steine (63 bis 200 mm), Blöcke (> 200 mm).

Korrasion
Mechanische Schleifwirkung des Sandes an Gesteinsoberflächen. Sie ist neben der Deflation eine Form der Windabtragung.

Korrosion
Chemische Verwitterungsart, bei der die Lösungsverwitterung und die Kohlensäureverwitterung wirken (lat.: corrodere = zernagen). Die Lösung von Gesteinen durch Wasser erfolgt aufgrund des Dipolcharakters des Wassers. Dipolmoleküle des Wassers werden an Anionen oder Kationen des Kristallgitters eines Gesteins angelagert und Ionen aus dem Gitter verdrängt und abgeführt, das Gestein wird aufgelöst. Lösungsverwitte-

rung wird z. B. durch CO_2 und SO_2 im Wasser verstärkt.

Kruste
→ Erdkruste.

Kulturlandschaft
Vom Menschen beeinflusste Landschaften. Durch die agrarische oder wirtschaftliche Nutzung, die Besiedelung und die Erschließung der Landschaft werden Naturlandschaften zu Kulturlandschaften umgewandelt.

Küste
Grenzsaum zwischen dem Festland und dem Meer. Nach ihrem Erscheinungsbild werden sie in Steil- und Flachküsten gegliedert.

Küstenwüste
Küstenwüsten treten an den Westküsten der Kontinente im subtropischen Klima auf. Sie liegen im Einflussbereich von kalten Meeresströmungen (Atacama – Humboldtstrom, Namib – Benguelastrom), die absinkende Luftmassen abkühlen und damit ein Aufsteigen und Abregnen auf dem küstennahen Festland verhindern.

Lagerstätten
Natürliche Ansammlung von wirtschaftlich nutzbaren und abbauwürdigen Rohstoffen (z. B. Minerale, Gesteine, Erdöl, Erdgas).

Lagune
Vom Meerwasser abgeschnittene, aber noch mit Wasser gefüllte Becken an Küsten und Atollen.

Lahar
Schlamm- oder Schuttstrom aus wassergesättigtem vulkanischen

Material (→ Pyroklastika) nach einer Eruption. Lahars bilden sich, wenn vulkanische Förderprodukte auf einen Fluss oder ein Schneefeld bzw. einen Gletscher treffen. Lahars zählen zu den gefährlichsten vulkanischen Ereignissen.

Lakkolith

Große Magmamassen, die nicht bis an die Erdoberfläche aufsteigen, sondern in geringen Erdtiefen steckenbleiben. An ihrer Unterseite sind sie gerade, da sie in Schichtgrenzen eindringen, diese aufdrücken und sich nach oben hin wölben.

Landhebung

Vertikale Lageveränderung von Erdkrustenbestandteilen. Ursache für eine Hebung sind plattentektonische Prozesse, wie Gebirgsbildungen, Vulkanismus oder Erdbeben.

Lava

Glutflüssige Gesteinsschmelze, die bei Vulkanausbrüchen aus dem Erdinneren an die Erdoberfläche tritt. Temperaturen bis 1.300 °C und Lava-Fontänen mit mehreren 100 m Höhe sind möglich. Lava enthält im Gegensatz zu Magma kaum noch Gasanteile, da diese bei der Eruption eines Vulkans entweichen. Man unterscheidet saure und basische Lava. Saure Lava besitzt einen höheren Gehalt an Siliziumdioxid (SiO_2), ist daher zähflüssiger und fließt langsamer als basische Lava.

Leitfossil

Fossil (Pflanzen, Tiere), das für eine bestimmte Gesteinsschicht oder zeitliche Einheit charakteristisch ist. Hauptmerkmal der Leitfossilien ist die große räumliche bei geringer zeitlicher Verbreitung. Aus diesem Grund werden Leitfossilen zur Parallelisierung von Gesteinsschichten herangezogen. Sie sind ein wichtiger Bestandteil der geologischen Zeitskala, die anhand von Leitfossilfunden aufgestellt wurde.

Lichtjahr

Entfernung, die das Licht bei einer Geschwindigkeit von 300.000 km/s pro Jahr zurücklegt: 9,460528 x 1.012 km.

Lineareruption

Eine Lineareruption ist eine vulkanische Ausbruchsart, bei der sich die Austrittsstellen von Lava auf einer Linie befinden (Spalteneruption). Die austretende Lava ist sehr dünnflüssig und verteilt sich schnell auf der Fläche.

Lithosphäre

Die Lithosphäre umfasst die gesamte Erdkruste und die obersten Mantelbereiche. Sie hat eine ungefähre Mächtigkeit von 100 km. Unterhalb der starren Lithosphäre liegt zähplastisches Mantelmaterial, auf dem sich die Lithosphärenplatten langsam bewegen können.

Lithosphärenplatten

Die Lithosphärenplatten nehmen die gesamte Erdoberfläche ein. Sie umfassen die Erdkruste und Teile des oberen Mantels mit einer Mächtigkeit von bis zu 100 km. Da die Lithosphäre in zwölf große Platten zerbrochen ist und unterhalb der Lithosphäre der Erdmantel teilweise aufgeschmolzen ist, bewegen sich die Platten langsam. Dichte, Grenzen und Bewegungsrichtungen der einzelnen Platten bestimmen plattentektonische Vorgänge wie Erdbeben, Gebirgsbildungen und Vulkanismus.

Lockergestein

Lockergesteine sind noch nicht verfestigte Sedimente oder verwitterte Festgesteine. Lockergesteine werden den Festgesteinen gegenübergestellt.

Lockersediment

Locker gelagerte, unverfestigte Sedimente.

Longitudinalwellen

→ Primärwellen.

Löss

Sehr feinkörniges (0,05 bis 0,01 mm) Sediment, das leicht vom Wind transportiert werden kann. Besitzt einen hohen Kalkanteil (bis 20 %). Wird häufig in Kaltzeiten aus vor dem Gletscher liegenden Gebieten (→ Sander) ausgeblasen und an anderer Stelle wieder abgelagert. Es bilden sich dann Lössdecken, die wie in China mehrere hundert Meter mächtig sein können.

Lösungsverwitterung

Die Lösung von Gesteinen durch Wasser erfolgt aufgrund des Dipolcharakters des Wassers. Dabei werden die Dipolmoleküle des Wassers an Anionen oder Kationen des Kristallgitters eines Gesteins angelagert. Dadurch werden Ionen aus dem Gitter verdrängt und abgeführt, das Gestein wird aufgelöst. Lösungsverwitterung wird z. B. durch CO_2 und SO_2 im Wasser verstärkt.

Love-Wellen

Erdbebenwellen mit hoher Zerstörungskraft. Love-Wellen verformen das Gestein in horizontaler Richtung. Durch ihre oft großen Amplituden gehören diese seitlichen Schwingungen des Bodens zu den zerstörerischsten Wellen eines Bebens, die besonders an Gebäuden enorme Schäden anrichten. Im Gegensatz zu den Primär- und Sekundärwellen setzen sich Love-Wellen nur an der Oberfläche fort.

Mäander
Flussschlingen mit charakteristisch geformten Ufern, den Prall- und Gleithängen.

Maar
Rundliche, kraterähnliche Hohlform, die durch explosiven Vulkanismus entsteht. In der Hohlform kann sich Wasser sammeln.

Magma
Glutflüssige Gesteinsschmelze im Erdinneren. Kühlt sich Magma ab, entstehen Erstarrungs- oder magmatische Gesteine. Je nach Chemismus und Abkühlungsgeschwindigkeit des Magmas bilden sich dann beispielsweise Basalt, Granit oder Trachyt. Dringt Magma bis an die Erdoberfläche, spricht man von Lava.

Magmenkammer
Magmenkammern liegen innerhalb der Erdkruste und speisen mit ihrem aufgeschmolzenen Gesteinsmaterial die Vulkane.

Magmatische Gesteine
Oberbegriff für alle Gesteine, die aus abgekühltem Magma entstanden sind. Je nach Ort der Abkühlung unterscheidet man Plutonite (Tiefengesteine), die in der Erdkruste abkühlen, und Vulkanite, die an der Erdoberfläche erstarren. Je höher der Kieselsäuregehalt (SiO_2) magmatischer Gesteine ist, desto heller sind sie (z. B. Granit). Dunkle Magmatite (basische) haben einen geringeren Kieselsäuregehalt (z. B. Peridotit).

Magmatismus
Unter Magmatismus werden alle geologischen Vorgänge subsummiert, die im Zusammenhang mit der Entstehung und dem Aufdringen von Magma stehen.

Magmatite
→ magmatische Gesteine.

Magmenintrusionen
Dringt Magma oder fließfähiges Material in andere Gesteinsverbände ein, spricht man von Intrusionen.

Magnitude
Die Stärke eines Erdbebens. Sie wird aus dem maximalen Ausschlag eines Seismographen, der Amplitude, und dem Zeitintervall zwischen Eintreffen der Primär- und Sekundärwellen berechnet. Die Werte werden in Magnituden-Skalen, z. B. der Richter-Skala, angegeben.

Mangroveküste
Tropische Gezeiten- oder Wattküste, deren Vegetation (Mangrove) die Küste besonders durch das Festhalten von Schwebstoffen prägt. Die bis zu 10 m hohen Mangrovewälder mit ihren ausgedehnten Stelzwurzelsystemen sind nicht die Hauptursache für die Bildung der Wattgebiete, beschleunigen aber den Landzuwachs.

Marsch
Landschaftstyp, der sich landeinwärts an die Watten anschließt. Durch eine fortwährende Ablagerung der mit den Gezeiten herantransportierten Schwebstoffe liegen die Marschen über dem mittleren Hochwasserniveau. Durch Landgewinnungsmaßnahmen ist der größte Teil der Marschgebiete in Norddeutschland nicht mehr natürlichen, sondern menschlichen Ursprungs.

Massenbewegung
Sammelbegriff für die hangabwärts gerichtete Bewegung von Gesteinen oder Bodenmaterial. Je nach Art der Bewegung, ihrer Geschwindigkeit und dem Ausgangsmaterial werden unterschiedliche Arten von Massenbewegungen unterschieden, z. B. Bergrutsch, Bergsturz, Schuttlawine oder Schuttrutschung.

Meeresspiegelanstieg
Durch globale Klimaerwärmung verursachte Erhöhung des Meeresspiegels. Aktuelle Szenarien gehen von einem Anstieg um mindestens einen m bis zum Jahr 2100 aus. Die wesentliche Ursache dafür liegt in der Wärmeausdehnung des Wassers. Das Abschmelzen des Eises über polaren Festlandmassen ist ein großer Unsicherheitsfaktor in den Prognosen.

Meteorit
Meteoriten sind Himmelskörper, die die Erdatmosphäre durchdringen und bis zur Erdoberfläche gelangen. Sie sind im Gegensatz zu Kometen, die aus Stäuben und Eis bestehen, aus Gesteinen oder Eisen aufgebaut.

Meteorologie
Wissenschaft von den physikalischen Vorgängen in der Erdatmosphäre. Die Meteorologie befasst sich im Wesentlichen mit den Ursachen und Eigenschaften des Wettergeschehens und seinen Wechselwirkungen auf der Erde. Im Gegensatz zur Klimatologie stehen dabei kurzfristigere Betrachtungszeiträume im Vordergrund.

Milanković-Zyklus
Der serbische Mathematiker Milanković berechnete 1930 Abweichungen der Erdbahn und Veränderungen der Erdneigung (Obliquität). Die Exzentrizität, die Präzession und die Obliquität finden demzufolge in einem bestimmten Rhythmus statt. Die Veränderungen führen zu Schwankungen der Sonneneinstrahlung auf der Erde und sind damit ein Teilprozess der Entstehung von Vereisungen.

Mineral
Minerale sind anorganische, natürlich gebildete Festkörper der Erdkruste. Sie besitzen eine spezielle chemische Zusammensetzung und Kristallstruktur.

Mineralogie
Mineralogie ist die Lehre von den Mineralen. Diese Wissenschaft untersucht deren Entstehung, Strukturen, Formen und Zusammensetzung.

Mittellauf
Mittlerer Abschnitt eines Fließgewässers. Der Mittellauf eines mitteleuropäischen Flusses zeichnet sich durch eine mäßige Fließgeschwindigkeit, mittleren Sauerstoffgehalt, Temperaturen zwischen ungefähr 10 bis 18 °C und sandig-kiesigen Untergrund aus.

Mittelozeanischer Rücken
Ein mittelozeanischer Rücken ist eine großräumige, lang gestreckte Struktur am Meeresboden. Die Gesamtlänge kann zwischen 200 und 20.000 km betragen. Mittelozeanische Rücken findet man an divergierenden Plattengrenzen, an denen zwei Platten auseinanderdriften, da hier ständig neue ozeanische Kruste gebildet wird (→ Plattentektonik).

Mofette
Als Mofette bezeichnet man eine kohlendioxidhaltige Quelle in einem Vulkangebiet.

Monsun
Windsystem in Süd- und Südostasien mit halbjährlichem Wechsel der vorherrschenden Windrichtung. Monsune haben ihre Ursachen sowohl in dem jahreszeitlichen Wechsel der innerasiatischen Luftdruckverhältnisse als auch in der jahreszeitlichen Verschiebung der globalen Windsysteme. Der sommerliche Südwest-Monsun bringt den betroffenen Ländern erhebliche Niederschläge und verursacht z. B. in Bangladesch regelmäßig Hochwasserkatastrophen.

Moor
Gebiete, in denen eine Torfbildung stattgefunden hat oder stattfindet. Durch hohe Grundwasserstände, abfließendes Hang- und Quellwasser oder sehr hohe Niederschläge ist der Untergrund von Moorgebieten langanhaltend bis an die Erdoberfläche durchfeuchtet. Abgestorbene Pflanzen werden unter den im Wasser herrschenden sauerstofffreien Bedingungen nur langsam abgebaut und es bildet sich Torf.

Morphologie
Morphologie ist die Lehre von der äußeren Gestalt von Körpern oder Formen.

Mure
Wenn sich nach Starkregen oder der Schneeschmelze wasserdurchtränkte Schuttmassen in Bewegung setzen, spricht man von Muren oder Murgängen. Diese breiartigen Schuttströme können in Hochgebirgen durch ihre große Masse und Geschwindigkeit von 300 km/h eine ungeheure Zerstörungskraft haben.

Naturkatastrophen
Außergewöhnliche Naturereignisse, wie z. B. Erdbeben, Vulkanausbrüche, Dürren oder Meteoriteneinschläge. Zu einer Katastrophe werden sie durch die beträchtlichen Folgen in Bezug auf Menschenopfer und direkte Sachschäden.

Naturlandschaft
Gebiete, die im Gegensatz zur Kulturlandschaft wenig oder gar nicht vom Menschen beeinflusst werden.

Niederschlag
Sammelbezeichnung für Wasser, das in flüssiger oder fester Form aus der Atmosphäre auf die Erdoberfläche gelangt (Regen, Schnee, Hagel oder Tau).

Normalnull
Bezugsgröße für Höhenangaben, die auf der mittleren Höhe des Meeresspiegels (NN) basiert.

Oase
Oasen besitzen im Vergleich zur umgebenden Wüste eine bessere

Wasserversorgung durch höhere Grundwasserspiegel oder Quellen und dadurch ein größeres Pflanzenwachstum.

Oberboden

Der Oberboden (A-Horizont) ist der oberste mineralische und mit organischer Substanz (Humus) vermischte Horizont eines Bodens. Im Gegensatz zu Schichten, die durch geologische Vorgänge entstehen, spricht man bei Böden von Horizonten. Diese sind durch die Bodenbildung meist einheitlich ausgebildete und parallel zur Oberfläche verlaufende Bereiche der Böden.

Oberlauf

Oberer Abschnitt eines Fließgewässers. Der Oberlauf eines mitteleuropäischen Flusses (z. B. Rhein) zeichnet sich durch hohe Fließgeschwindigkeit, hohen Sauerstoffgehalt, Temperaturen zwischen ungefähr 5 und 10 °C und einen gerölligen oder schotterigen Untergrund aus.

Offshore-Bereich

Offshore-Bereiche (engl. = küstennah) bezeichnen Gebiete, die in einiger Entfernung von der Küste, aber noch im relativ flachen Wasser des Kontinentalschelfs liegen. Für die Energieversorgung haben diese Areale eine besondere Bedeutung. Weit über ein Drittel der weltweiten Ölreserven liegen in den Schelfbereichen. Die Offshore-Bereiche sollen auch verstärkt als Standort für Windkraftanlagen genutzt werden.

Ölschiefer

Verfestigte Tonsteine (→ Sedimentgestein), die einen hohen Gehalt an Bitumen besitzen. Bitumen ist ein natürlicher, aus organischen Stoffen entstehender, brennbarer Stoff. Aufgrund des Bitumengehaltes werden Ölschiefer zur Erdölproduktion genutzt.

Orogenese

Orogenesen (→ Gebirgsbildungen) sind Gesteinsdeformationen, bei denen Falten- und Bruchtektonik auftreten und hohe Gebirge gebildet werden. Die Lagerungsverhältnisse der Gesteine werden bei diesem geologisch gesehen schnell ablaufenden Prozess völlig verändert. Der Ablauf von Gebirgsbildungen wird heute mit plattentektonischen Prozessen erklärt. Folgende Typen der Gebirgsbildung werden unterschieden: Inselbogen-Typ, Andiner Typ, Kollisions-Typ.

Oxidation

Bei der Verwitterung durch Oxidation werden z. B. Eisen und Mangan durch die Aufnahme von Sauerstoff von ihrer zwei- in die dreiwertige Form gebracht. Durch O- und OH-Anlagerungen bei Anwesenheit von Wasser kommt es zu Volumenvergrößerungen und damit zur Gesteinslockerung.

Ozean-Kontinent-Kollision

Bewegen sich ein ozeanischer und ein kontinentaler Erdkrustenbestandteil (→ Lithosphärenplatten) aufeinander zu, kommt es zu einer Ozean-Kontinent-Kollision bzw. zur Gebirgsbildung nach dem Andinen Typ. Ozeanische und kontinentale Erdkrusten unterscheiden sich in ihrer Dichte. Da die ozeanische Kruste schwerer ist, wird sie, wenn sie sich in Richtung einer kontinentalen Platte bewegt, untergetaucht oder subduziert. Die Platte wird in größeren Tiefen aufgeschmolzen und Magma steigt auf: Es entstehen auf der kontinentalen Platte Vulkane. Zudem setzen Verformungen und Faltungen der Gesteine ein und Berge wölben sich auf. Ein typisches Beispiel für diesen Gebirgsbildungstyp sind die südamerikanischen Anden.

Ozeanische Kruste

Bestandteil der Erdkruste. Im Gegensatz zur kontinentalen Kruste ist die ozeanische Kruste wesentlich dünner und schwerer. Die Dichte der ozeanischen Kruste beträgt 3,0 bis 3,1 g/cm^3 (kontinentale K. 2,7 bis 2,8 g/cm^3). Der Erdmantel kommt im Bereich der ozeanischen Platten der Erdoberfläche am nächsten. Die ozeanische Kruste erreicht eine Mächtigkeit von 5 bis 10 km.

P-Wellen

→ Primärwellen.

Paläogeographie

Die Paläogeographie untersucht die in geologischen Zeiträumen aufgetretenen Verteilungen von Land und Meer sowie die Entwicklung der Kontinente. Sie befasst sich mit dem geologisch-morphologischen Erscheinungsbild der Erde in der Erdgeschichte.

Paläomagnetismus

Der in Gesteinen erhalten gebliebene vorzeitliche Magnetismus. Wenn Gesteine entstehen, z. B. bei der Abkühlung von Lava, richten sich bestimmte Minerale und Atomgruppen in den Gesteinen nach dem aktuellen Magnetfeld aus. Da sich das Erdmagnetfeld oft umpolte, haben in unterschiedlichen Zeiten gebildete Gesteine auch eine unterschiedliche Magnetisierungsrichtung, die über Jahrmillionen in den Gesteinen erhalten bleibt (remanenter Magnetismus). Anhand von Bestimmungen der Magnetisierungsrichtung und der Altersbestimmung von Gesteinen wurde eine Zeitskala der magnetischen Umpolungen erstellt.

Paläontologie

Wissenschaft von den pflanzlichen und tierischen Organismen der erdgeschichtlichen Vergangenheit. Siehe → Fossilien.

Pangäa

Bezeichnung für einen Urkontinent, der alle heutigen Kontinente vereinigte. Durch ein sich in der Mitte entwickelndes Meer (→ Tethys) zerfiel Pangaea in das nördliche Laurasia und das südliche Gondwanaland.

Passat

Ganzjährig wehender, mäßiger Wind über den tropischen Ozeanen. Auf der Nordhalbkugel weht er aus nordöstlicher Richtung zum Äquator, auf der Südhalbkugel aus südöstlicher Richtung (Corioliskraft). Passate sind trockene, niederschlagsfeindliche Winde, die zur Bildung von Wüsten führen.

Passatwüste

Wüsten im Einflussbereich der Passatwinde. Da diese beständigen Winde keine ausreichenden Niederschläge bringen, bilden sich in diesen Regionen Wüsten.

Pazifischer Feuerring

Die Pazifische Kontinentalplatte wird überwiegend von Subduktionszonen begrenzt. An diesen Plattengrenzen wird die Pazifische Platte in tiefere Bereiche der Erde geschoben und dabei aufgeschmolzen. Es kommt zum Vulkanismus und zu Erdbeben. Die Form der Pazifischen Platte zeichnet sich im Pazifischen Feuerring ab – dort treten der Plattengrenze folgend Vulkane auf.

Pedogenese

→ Bodenbildung.

Pedosphäre

Fester Teil der Erdoberfläche, wo sich Atmosphäre, Biosphäre, Hydrosphäre und Lithosphäre gegenseitig beeinflussen und Prozesse der Bodenbildung ablaufen.

Periglazial

Der Begriff Periglazial wird im Allgemeinen für Prozesse, Orts- und Zeitbeschreibungen im Zusammenhang mit dem eisfreien Gletscherumland verwendet. Weiter gefasst beschreibt periglazial aber auch Klimaregionen mit häufigem Frost und Frostwechsel. Zu den periglazialen Bildungen gehören z. B. die Solifluktion, Frostsprengung, die Erosion von Schmelzwässern oder die ausblasende Wirkung des Windes.

Permafrost

Permafrost tritt vor allem in polaren Regionen auf, wo die Temperaturen nicht ausreichen, mehr als die obersten Bodenschichten aufzutauen. Die Böden sind die meiste Zeit des Jahres gefroren, nur in den Sommermonaten tauen einige Dezimeter bis wenige Meter des dann stark vernässten Bodens auf.

Phreatomagmatische Eruption

Explosiver Eruptionstyp, für den Wasser im Untergrund oder an der Oberfläche vorhanden sein muss. Bei diesem durch den Kontakt von heißem Magma mit Wasser hochexplosiven vulkanischen Ereignis können Dampf, Wasser, Asche und Gesteinsbrocken kilometerhoch in die Atmosphäre geschleudert werden. Ein Beispiel ist der Ausbruch des Krakatau im Jahre 1883 („Krakatau-Typ").

Physische Geographie

Teilgebiet der Allgemeinen Geographie. Die Wissenschaft Geographie befasst sich mit den Erscheinungen der Erdhülle in ihrem räumlichen Gefüge, ihren örtlichen Verschiedenheiten, zeitlichen Veränderungen und ursächlichen Wechselbeziehungen. Die physische Geographie legt dabei den Schwerpunkt auf die belebte (biotische) und unbelebte (abiotische) Umwelt mit folgenden Faktoren: Gesteine und Böden, Relief, Klima, Pflanzen- und Tierwelt und Wasser.

Pilzfelsen

Häufig isoliert stehende Felsen, deren Basis durch die Schleifwirkung des Windes in ariden Gebieten dünner geschliffen wurde als die überhängenden Felsbereiche.

Pingo

Rundliche Einsenkungen im Erdboden, die durch das Ausschmelzen von Eis während der letzten ausgehenden Kaltzeit entstanden.

Plateaubasalte

Plateaubasalte (auch: Trapp) sind mächtige, basaltische und vor allem flächenhafte Lavaergüsse, die aus

Vulkanspalten austreten. Da die Lava sehr dünnflüssig ist, baut sie keine symmetrischen Kegel auf, sondern sie überdeckt das bestehende Relief. Infolge einer Aufeinanderlagerung mehrerer horizontaler Ergüsse ist der Plateaubasalt, der Ausdehnungen von mehreren 100 km^2 besitzen kann, in mehr oder weniger dünne Schichten gegliedert. Beispiele von Plateaubasalten: Dekkan-Trapp/Indien, Columbia-Plateau/Oregon, Island.

Platte
→ Lithosphärenplatten.

Plattenbewegung
Bewegung der Kontinentalplatten durch Strömungsvorgänge im zähflüssigen Erdmantel. Die Plattenbewegung ist Bestandteil der Plattentektonik-Theorie.

Plattengrenze
Eine Plattengrenze kennzeichnet den Übergangsbereich von einer Kontinentalplatte zu einer anderen. Hier kommt es zu Spannungen und Reibungen, die sich durch Erdbeben und Vulkanismus entladen. Es gibt konvergierende Plattengrenzen (Platten bewegen sich aufeinander zu), divergierende Plattengrenzen (Platten bewegen sich voneinander weg) und konservative Plattengrenzen (Platten gleiten aneinander vorbei).

Plattentektonik
Auf der Lehre der Kontinentalverschiebung und der Unterströmung basierende Theorie über den Krustenbau der Erde und die Entstehung und Verlagerung der Kontinente und Weltmeere. Grundlage hierfür ist die Aufgliederung der festen Erdoberfläche in große, weitgehend starre Platten und deren allmähliche passive Wanderung als Folge von Strömungsvorgängen im Erdmantel. Begleitende Prozesse sind u. a. die Meeresbodenspreizung, Vulkanismus und Erdbebenaktivitäten.

Pleistozän
Geologischer Zeitabschnitt (Epoche). Teil des Quartärs. Das Pleistozän, das vor etwa 2,6 Mio. Jahren begann, war geprägt durch starke weltweite Temperaturrückgänge. In den Kaltzeiten (→ Glazialen) ist es zu Gletschervorstößen von Skandinavien aus bis nach Mitteleuropa und zur Vergletscherung der Alpen gekommen.

Polder
Polder sind eingedeichte Gebiete in Meeresnähe oder in überschwemmungsgefährdeten Niederungen.

Ponor
Schluckloch im Karst, in dem das Wasser eines Flusses oder Sees in unterirdischen Hohlräumen verschwindet. Oft fließt das Wasser dann unterirdisch mehrere Kilometer weiter, bevor es an einer Quelle wieder an die Oberfläche gelangt.

Präglazial
Das Präglazial bezeichnet Zeitabschnitte vor Eis- oder Kaltzeiten.

Präzession
Die Präzession bezeichnet eine kreiselartige Bewegung der Erdachse. Eine volle Umdrehung dieser „Trudelbewegung" dauert zwischen 19.000 und 23.000 Jahren. Die Präzession hat nur eine Auswirkung auf die Stellung der Erdachse, nicht auf die Neigung. In Kombination mit der Exzentrizität und Veränderungen der Erdachsenneigung wird das globale Klima beeinflusst.

Primärwellen
Die sich am schnellsten (6 bis 13 km/s) ausbreitenden Erdbebenwellen. Bei den Primärwellen schwingen die Gesteinspartikel senkrecht zur Ausbreitungsrichtung, das Gestein wird wechselweise komprimiert und gedehnt. Sie können sich in Flüssigkeiten und fester Materie gleichermaßen fortpflanzen, richten aber meistens keine großen Zerstörungen an.

Pseudotektonik
Gesteinsbewegungen, die nicht durch endogene Prozesse entstanden sind. Zur Pseudotektonik werden u. a. Gesteinsdeformationen durch Gletscher, Einstürze von Dolinen oder die Salztektonik gezählt.

Pyroklastika
Vulkanische Förderprodukte aus Aschen und Gesteinstrümmern. Sie entstehen vorwiegend bei explosiven Eruptionen. Sie können als pyroklastischer Strom in einer Glutwolke zu Tal stürzen.

Pyroklastischer Strom
Glutwolke aus heißen vulkanischen Gasen, Aschen und Gesteinsbruchstücken, die bei einer Eruption ähnlich einer Lawine mit hoher Geschwindigkeit talwärts fließt. Handelt es sich nur um heiße Asche, spricht man auch von einem vulkanischen Aschenstrom.

Radiokarbonmethode
→ C14-Methode.

Randgebirge

Schollengebirge sind durch Verwerfungen umgrenzte Bestandteile der Erdkruste, die im Ganzen durch tektonische Prozesse angehoben wurden (z. B. Rheinisches Schiefergebirge, Harz).

Randmeer

Vom offenen Ozean durch Inseln oder Inselketten abgegrenzte, den Kontinenten naheliegende Meeresbereiche (z. B. Nordsee). Binnenmeere hingegen (Ostsee, Mittelmeer) werden fast allseitig vom offenen Ozean abgetrennt.

Randwüste

Als Randwüste (auch: Halbwüste) wird oft das Übergangsgebiet von der Steppe zur Wüste bezeichnet. Randwüsten zeichnen sich durch eine spärliche Vegetation (kleine Sträucher, Büschelgräser) und wenig Niederschlag aus. Im Gegensatz zu Kern- und Vollwüsten, die die inneren Bereiche der Wüsten beschreiben, besitzen die in den Außenbereichen liegenden Randwüsten jedoch mehr Niederschläge.

Rayleigh-Wellen

Erdbebenwellen mit hoher Zerstörungskraft. Während einer Rayleigh-Welle bewegen sich die Gesteinspartikel elliptisch auf einer vertikalen Ebene. Sie sind die Ursache für das bei einem Erdbeben typische Rollen des Bodens. Die Bodenschwingungen sind mit einer Wellengruppe vergleichbar, die über eine Wasseroberfläche läuft. Im Gegensatz zu den Primär- und Sekundärwellen setzen sich Rayleigh-Wellen nur an der Oberfläche fort.

Reg

Geröllwüste. Sie steht für einen ähnlichen Landschaftstyp wie die algerische Serir.

Regenwald

Bezeichnet das Waldökosystem oder die Vegetationsform der immerfeuchten Tropen mit Niederschlägen von mehr als 2.000 mm/Jahr und Jahresmitteltemperaturen von mehr als 18 °C. Charakteristisch ist der Stockwerkaufbau dieser Wälder (Baumriesen bis über 50 m). Regenwälder nehmen etwa ein Drittel der weltweiten Waldflächen ein.

Regression

Zurückweichen eines Meeres aus überfluteten kontinentalen Gebieten. Das Zurückweichen wird entweder durch eine Hebung des Landes oder durch globale Wasserhaushaltsänderungen hervorgerufen.

Relief

Bezeichnet die Oberflächengestalt der Erde einschließlich der Meeresböden.

Reliefenergie

Häufig verwendeter Ausdruck zur Beschreibung von Höhendifferenzen oder Hangneigungen einer Landschaft. Hochgebirge haben eine hohe, Ebenen eine niedrige Reliefenergie. Sie entscheidet u. a. über das Ausmaß der Abtragung, denn je steiler ein Hang ist, desto größer ist die mögliche Erosion.

Reliktformen

Formen, die unter anderen Klimabedingungen als heute gebildet wurden.

Renaturierung

Künstliche Wiederherstellung eines annähernd naturnahen Zustands von Fließgewässern oder Flächen (z. B. von Tagebauen).

Retention

Zurückhalten von Niederschlagswasser. Durch die Speicherung in Böden, Pflanzen oder Seen wird der Abfluss verringert und somit eine mögliche Hochwasserwelle abgeschwächt. Auen sind natürliche Retentionsflächen.

Richter-Skala

Die nach dem amerikanischen Seismologen Charles Richter benannte Skala gibt die Stärke eines Erdbebens an. Sie wird aus dem Maximalausschlag von Seismographen und der Entfernung zum Erdbebenherd berechnet. Obwohl die Richter-Magnitude nach wie vor in der Öffentlichkeit und in den Medien sehr verbreitet ist, wird diese Skala in der seismologischen Forschung kaum noch verwendet.

Riff

Riffe sind Bauwerke koloniebildender Meeresorganismen (z. B. Korallen). Sie reichen bis nahe an oder bis über die Meeresoberfläche (Atoll) und entstehen vorwiegend in warmen, tropischen Gewässern.

Riftzone

Bereiche, an denen tektonische Verschiebungen von Gesteinsschollen stattfinden. Es sind Senken, die sehr viel länger als breit sind. Ihre Bildung steht mit der Plattentektonik in Verbindung.

Rippelmarke

Kleine, im Zentimeterbereich liegende Sandwälle, die unter Wasser und an Land entstehen. Rippel verlaufen mehr oder weniger parallel zueinander, ihre Rücken liegen quer zur Wind- oder Strömungsrichtung. Rippelmarken am Meer besitzen eine symmetrische, die in Dünengebieten oder Flussläufen eine asymmetrische Form. Anhand der Form fossiler Rippel z. B. im Sandstein werden die Ablagerungsbedingungen (marin oder terrestrisch) bestimmt.

Rücken

Unscharfer Begriff für Erhebungen mit größerer Länge als Breite und einer oft abgerundeten Form auf dem Festland (z. B. Bergrücken). Begriff wird auch für die lang gestreckten Ozeanspreizungszonen verwendet (mittelozeanische Rücken).

Rundhöcker

Längliche Hügel aus Fels, an denen Spuren einer Gletscherüberfahrung zu erkennen sind. Schrammen zeigen z. B. die Richtung des Gletschervorstoßes. Vorkommen z. B. in Hochlagen der Alpen. Wird eine Rundhöckerlandschaft vom Meer eingenommen, spricht man von einer Schärenküste.

Rutschung

Rutschungen von Gesteinsmassen verlaufen im Gegensatz zu Stürzen (Bergsturz) eher gleitend als stürzend und die Gesteinsmassen bleiben während der Bewegung im Zusammenhang. Besonders auf tonigen Schichten und bei starker Durchfeuchtung beginnen Gesteinsblöcke und Böden im Verbund zu gleiten.

S-Wellen

→ Sekundärwellen.

Salzstock

Pilzförmige bis zu mehrere tausend m lange Körper aus Steinsalz, die in der Erdkruste liegen. Die Oberseite reicht manchmal auch bis direkt an die Erdoberfläche. Salzstöcke oder Salzdiapire entstehen durch das Aufsteigen von Salzen aus Salzlagerstätten. Salz verhält sich bei Auflast (Druck) plastisch. Es ist daher in der Lage, in Gesteinsklüften aufzusteigen, diese auch zu erweitern und die Salzstöcke zu formen.

Salzwüste

Salzwüsten sind Wüsten, in denen stark salzhaltige Böden, Salzkrusten oder Salzseen liegen. Es sind sowohl klimatisch als auch für Lebewesen besondere Extremstandorte.

Sander

Eine von Gletscherschmelzwässern abgelagerte Aufschüttungsebene aus Sanden, Kiesen und Schottern.

Sandwüste

In Sandwüsten ist Sand das vorherrschende Substrat. Sandwüsten, wie Teile der Sahara oder die australische Wüste, werden von welligen Sandflächen oder Dünen geprägt.

Saures Magma

Saure Magmen, Laven oder Schmelzen besitzen einen hohen Anteil an Kieselsäure (SiO_2). Sie werden auch als granitische Magmen (Laven etc.) bezeichnet, da sich aus ihnen z. B. Granit bildet. Sie stehen damit im Gegensatz zu kieselsäurearmen (basischen) Magmen, aus denen z. B. der Basalt entsteht. Der Kieselsäureanteil von Magmen entscheidet über die Zähflüssigkeit und über die Farbe (je mehr, desto zäher und heller).

Savanne

Vegetationsform der wechselfeuchten Tropen und Subtropen mit Regen- und Trockenzeiten. In Abhängigkeit von den Niederschlagsmengen unterscheidet sich die Vegetation der Dorn-, Trocken- und Feuchtsavanne. Grasland ist vorherrschend, bei Niederschlagsreichtum auch Wälder.

Schalenverwitterung

Vorgang der Gesteinsauflösung durch Schalenablösung. Dabei werden Gesteinsstücke in Form von gebogenen Schalen von einem Gestein abgetrennt. Diese Abschalung von Gesteinsoberflächen entsteht vermutlich aufgrund von schnellen Temperaturwechseln, besonders im wechselfeuchten Klima. Mineralveränderungen in der Oberfläche und eine fehlende Auflast nach Abtragungen sind an dieser Verwitterungsart wahrscheinlich mitbeteiligt. Die Größen der abgelösten Gesteinsfragmente schwanken zwischen Zentimetern bis hin zu 30 m.

Schelf

→ Kontinentalschelf.

Schelfmeer

Schelfmeere sind die relativ flachen Meeresteile mit Wassertiefen bis etwa 200 m. Beispiel: Nordsee. Um den antarktischen Kontinent herum wird das seichte Schelfmeer vom Schelfeis eingenommen.

Schicht

Eine Schicht beschreibt in der Geologie einen tafelartigen Gesteinskörper, dessen Dicke im Vergleich zu seiner horizontalen Ausdehnung gering ist. Die Abgrenzung zweier Schichten ist die Schichtfuge, an der sich die verschiedenen Schichten gut teilen lassen. Unterschiedliche übereinander lagernde Schichten sind eine Schichtfolge.

Schichtlücke

Bezeichnet das Fehlen einer oder mehrerer Gesteinsschichten. Schichtlücken entstehen u. a. durch Abtragung von Schichten oder dadurch, dass sie in bestimmten Räumen nicht abgelagert wurden.

Schichtstufe

Geländestufe, die in einen steilen Hang und eine relativ flache Stufenfläche gegliedert werden kann. Sie entsteht durch flächenhafte Abtragungsvorgänge in flachlagernden, wechselnd widerständigen Gesteinen.

Schichtstufenlandschaft

Die Schichtstufenlandschaft besteht aus einer Abfolge von Schichtstufen.

Schichtvulkan

→ Stratovulkan.

Schieferung

Bezeichnet die Einregelung von Gesteinsbestandteilen als Reaktion auf einen ausgeübten Druck. Die einzelnen Gesteinsbestandteile, wie z. B. Glimmer-Minerale, werden bei einem einseitig wirkenden Druck mit ihrer längsten Achse im rechten Winkel zur Druckrichtung gestellt. Die Folge dieser Mineralieneinrege-

lung ist, dass Schiefergesteine ein deutliches Parallelgefüge aufweisen. Schichtung und Schieferung können in einem gewissen Winkel zueinander stehen.

Schildvulkan

Entsteht durch mehrfache Ausflüsse von Lavaströmen aus einem Zentralschlot (Aufstiegsstelle des Magmas). Da die ausfließende Lava dieses Vulkantyps sehr dünnflüssig ist, besitzt er eine flache bis buckelartige Form mit geringen Hangneigungen. Schildvulkane, die sich zu den Seiten ausbreiten und überlagern, sind die größten Vulkane der Erde. Der Mauna Loa auf Hawaii hat seinen Ursprung 5.000 m unter der Meeresoberfläche, er reicht 4.170 m über das Meer hinaus.

Schlacken

Vulkanische Auswurfprodukte. Sie sind ungerundet und oft scharfkantig. Auch Lavaströme werden als Schlacken bezeichnet, wenn diese stark porös oder blasig sind.

Schlammstrom

An Hängen herabfließende Ströme aus vulkanischen Aschen, Böden oder Sedimenten, die mit Wasser gesättigt sind. Schlammströme können ganze Dörfer unter sich begraben.

Schlammvulkan

Schlammvulkane fördern kein Magma, sondern sie sind Austrittsstellen von Gasen, Grundwasser und aufgeweichten Bodenmaterialien.

Schlick

Feinkörniges Sediment (Ton, Silt) mit einem hohen Anteil an orga-

nischen Substanzen (feinkörnige Tier- und Pflanzenreste). Häufig verwendeter Begriff im Zusammenhang mit den Sedimenten der Gezeitenküsten (Wattgebiete).

Schlot

Aufstiegskanäle des Magmas in Vulkanen.

Schmelzwasser

Das von Gletschern abgegebene Wasser, das als Gletscherbach wieder an die Oberfläche gelangt. Das Schmelzwasser der Gletscher ist ein wichtiger Faktor bei der Landschaftsformung. Durch die abtragende Wirkung der Schmelzwässer sowohl unter als auch vor den Gletschern entstehen z. B. Rinnenseen und Urstromtäler.

Schneegrenze

Oberhalb der Schneegrenze gelegene Gebiete werden ganzjährig vom Schnee bedeckt. Diese Höhengrenze schwankt in den unterschiedlichen Klimazonen (Tropen bei 5.000 m, Alpen bei 2.800 m) und in Abhängigkeit von lokalen Klimaverhältnissen (Nord- oder Südhang).

Schollengebirge

Durch Verwerfungen umgrenzte Bestandteile der Erdkruste, die im Ganzen durch tektonische Prozesse angehoben wurden (z. B. Harz).

Schutt

Schutt ist kantiges Abtragungsmaterial, das u. a. durch Frostsprengung aus dem anstehenden Gestein gelöst und vor den Hängen abgelagert wird. Schutt ist generell unverfestigt und weist eine schlechte Sortierung auf (viele verschiedene Korngrößen). Der Begriff wird allgemein für mehr oder weniger kantige Gesteinsbruchstücke verwendet.

Schuttwüste

Die Schuttwüste (auch Hamada, arab.: die Unfruchtbare) ist eine Felswüste aus eckigem Schutt. Sie entsteht durch die ausblasende Wirkung des Windes, der das feinkörnige Material abtransportiert.

Schwelle

→ Hamada.

Schwemmfächer

Fächerartige Ablagerungen von Flüssen. Da Fließgewässer, die in Bereiche mit geringerem Gefälle gelangen, aufgrund der abnehmenden Fließgeschwindigkeit ihre Transportkraft für Sedimente verlieren, lagern sie die vorher transportierten Materialien ab.

Seafloor-Spreading

An den mittelozeanischen Rücken dringt durch aufsteigende Strömungen immer wieder Magma aus dem Erdinneren an die Erdoberfläche. Dabei werden die ozeanischen Platten auseinandergedrückt und neuer Ozeanboden entsteht. Dieser Vorgang läuft mit wenigen Zentimetern pro Jahr ab.

Sediment

Ablagerungen von verwitterten Gesteinsbruchstücken (klaṣtische S.), aus einer Lösung ausgefällte Ablagerungen (chemische S.) oder Ablagerungen von Pflanzen und Tierresten (biogene S.). Klastische Sedimente sind z. B. Konglomerate, Sand-, Silt-

und Tonsteine. Bei biogenen Sedimenten handelt es sich hauptsächlich um Kalksteine aus karbonathaltigen Schalenresten von Tieren. Chemische Sedimente, wie z. B. Salze, bilden sich häufig aus verdunstendem Meerwasser.

Sedimentation

Prozess der Ablagerung von durch Wasser, Wind und Eis transportierten Materialien (z. B. Aschen, Sand, Gesteinsbruchstücke).

Sedimentgestein

Verfestigte Sedimente. Charakteristisch ist die Schichtung dieser Gesteine, die besonders häufig Fossilien besitzen. Der Prozess des Übergangs von einem Lockersediment zu einem Festgestein wird Diagenese genannt. Porenräume der Lockersedimente werden mit Bindemitteln aufgefüllt oder werden durch Druckwirkung geschlossen. Steigen die Temperaturverhältnisse, unter denen das Sediment verfestigt wird, über 200 °C, spricht man von Metamorphose.

Seebeben

Erschütterungen des Meeresbodens. Sie sind zu einem großen Teil die Auslöser von bis zu 30 m hohen Tsunamis in Küstenbereichen.

Seismik

Die Seismik ist ein Verfahren, das zur Untersuchung der Wellenausbreitung in der Erdkruste angewendet wird. Mit Hilfe von künstlich erzeugten Erdstößen (Sprengseismik) und deren Messung mittels Seismographen wird dabei das Verhalten der Wellen erkundet. Da sich Wellen in unter-

schiedlichen Gesteinsschichten auch mit unterschiedlichen Geschwindigkeiten fortpflanzen, ist dies eine Möglichkeit, den Aufbau der Erde zu bestimmen. Allgemeiner wird der Begriff Seismik auch für Erdkrustenbewegungen oder Erdbebenkunde verwendet.

Seismisches Moment

Maß der mechanischen Krafteinwirkung auf eine geologische Störung bei einem Erdbeben. Die Höhe des seismischen Moments ist abhängig von der Bruchfläche, der Länge der Versetzung und der Elastizität des Gesteins. Es kann aus Seismogrammen und Feldmessungen ermittelt werden.

Seismogramm

Von einem Seismographen aufgezeichnete Messkurve aller Erschütterungen und Bewegungen der Erdoberfläche in einer Zeitperiode. Anhand der Seismogramme lassen sich sowohl die Magnitude als auch die ungefähre Lage des Epizentrums eines Erdbebens bestimmen.

Seismograph

Messgerät zur Aufzeichnung von Erdkrustenbewegungen (Erdbeben).

Seismologie

Erdbebenkunde und Erdbebenforschung.

Sekundärwellen

Die nach den Primärwellen als zweite eintreffenden Erdbebenwellen. Bei den Schwingungen der Sekundärwellen bewegen sich die Bodenteilchen quer zur Ausbreitungsrichtung der Wellen. Das Gestein wird dadurch horizontal oder vertikal verformt und geschüttelt. Im Gegensatz zu den Primärwellen können die S-Wellen nur in festem Gestein wandern und werden daher von den flüssigen Bereichen des Erdinneren „geschluckt".

Semiarid
Ein semiarides Klima liegt vor, wenn die Niederschläge 3 bis 5 Monate im Jahr höher sind als die Wassermenge, die verdunstet.

Semihumid
Ein semihumides Klima liegt vor, wenn die Niederschläge 6 bis 9 Monate im Jahr höher sind als die Wassermenge, die verdunstet.

Serir
Die Serir ist eine flache Geröllwüste. Sie entsteht durch die ausblasende Wirkung des Windes, der das feinkörnige Material abtransportiert.

Silikate
Silikate sind Minerale mit Verbindungen von SiO_2 und basischen Kationen. Silikat-Minerale bestehen aus Tetraedern, bei denen ein Silizium-Ion von vier Sauerstoff-Ionen umgeben ist. Diese Tetraeder haben vier negative Ladungsplätze, die mit Kationen (Na, Ka, Mg usw.) aufgefüllt werden können. Zwei Tetraeder können sich auch ein Sauerstoff-Ion teilen, wodurch verschiedene Strukturen wie Ring-, Ketten-, Schicht- oder Gerüstsilikate entstehen. Silikatische Minerale sind z. B.: Pyroxen (Kettensilikat), Kaolinit (Schichtsilikat), Feldspat (Gerüstsilikat).

Silikatverwitterung
Teil der chemischen Verwitterung. Kationen und Kieselsäure der Silikate werden dabei durch Hydrolyse getrennt und andere Minerale entstehen (sekundäre Minerale, Tonminerale).

Sinter
Meist kalkhaltige Mineralausscheidungen an Quellen. Bei der Bildung von Sinter kommt es durch folgende Faktoren zu einer Ausfällung der Minerale: Kohlendioxidabgabe des Wassers, Temperaturerhöhung, Druckerniedrigung.

Solfatare
Solfatare sind vulkanische Ausgasungen. Sie besitzen einen hohen Gehalt an Schwefelverbindungen, die sich als reiner Schwefel neben den Austrittsstellen absetzen.

Solifluktion
Massenbewegung von Böden und lockeren Gesteinen in Gebieten mit Permafrostböden. Durch ein oberflächennahes Auftauen der Böden beginnen sich die Bodenschichten gleitend auf einem gefrorenen Untergrund zu bewegen.

Speläologie
Wissenschaft der Naturhöhlen. Sie befasst sich mit der Entstehung der Höhlen, den Höhlenformen und in ihnen stattfindenden Prozessen.

Sporn
Deutlich aus Bergen oder Felswänden hervortretende schmalere Vorsprünge unterschiedlicher Größe.

Sprung
Trennfugen in Gesteinen oder Gesteinsschollen, an denen eine Verschiebung oder Verstellung stattgefunden hat. Sie liegen im Bereich von Zentimetern bis hin zu Kilometern. Ein anderer Ausdruck für Sprung ist Verwerfung oder Störung. Die Sprunghöhe ist der vertikale Versatz von zwei gegeneinander verschobenen Gesteinsschollen.

Spülfläche
Spülflächen bilden sich durch die flächenhafte Abtragung von meist tiefgründig verwitterten Böden. Häufig treten sie in Gebieten mit einem Wechsel von Trocken- und Regenzeiten auf. Spülfluten (mehr flächige als lineare Abtragung) schwemmen das leicht erodierbare Material weg und sorgen für die Bildung von fast ebenen Flächen.

Spülrinne
Spülrinnen entstehen durch die Erosion des Wassers. Es sind im Dezimeterbereich liegende, meist geradlinig verlaufende Erosionsrinnen.

Staffelbruch
Stufen- oder treppenartig angeordnete Gesteinsschollen, die meist durch Abschiebungen entstehen. Die Störungslinien, die Orte, an denen die Abwärtsbewegungen der einzelnen Schollen stattfinden, liegen parallel zueinander.

Staukuppe
(auch: Quellkuppen) Kugel- bis kuppelförmige Magmenmassen, die einen Vulkanschlot aufgrund ihrer Zähflüssigkeit ähnlich einem Korken in einer Flasche verschließen.

Staunässe
Auf einer wenig oder nicht wasserdurchlässigen Bodenschicht gestautes

Niederschlagswasser. Staunässe bildet sich in längeren Trockenphasen zurück.

Steinschlag
Aus einem Gesteinsverband (meist) durch Frostsprengung herausgelöste Gesteine, die im freien Fall Hänge herabstürzen.

Steinwüste
Unter Steinwüsten werden die Serir und die Hamada zusammengefasst und den Sandwüsten gegenübergestellt. Beide Wüstentypen entstehen hauptsächlich durch die ausblasende Wirkung des Windes, der das feine Material abtransportiert.

Steppe
Baumlose Graslandschaften, die sich häufig an Wüstengebiete (→ Subtropen) anschließen oder im kontinental geprägten Klima der Mittelbreiten liegen. In den Sommermonaten herrschen Trockenzeiten vor, die Jahresniederschläge sind insgesamt niedrig (um 500 mm). In Nordamerika werden diese Gebiete Prärie, in Südamerika Pampa genannt.

Stratigraphie
Geologische Fachdisziplin, die sich mit der zeitlichen Einordnung von Gesteinsschichten und der Aufstellung der geologischen Zeitskala beschäftigt. Die zeitliche Einordnung der Gesteine erfolgt zum einen durch Leitfossilien (Biostratigraphie), zum anderen anhand anorganischer Merkmale (Lithostratigraphie, z. B. Gesteinszusammensetzung).

Stratosphäre
Schicht der Atmosphäre. Sie liegt oberhalb der Troposphäre, in der sich das Wettergeschehen abspielt. Die Untergrenze der Stratosphäre befindet sich am Äquator in 17 und über den Polen in 8 km Höhe. In durchschnittlich 50 km Höhe, an der Stratopause, liegt der Übergang zur Mesosphäre. Dort liegen die Temperaturen bei ca. 0 °C. Im unteren Bereich liegen sie relativ konstant bei −55 °C.

Stratovulkan
Explosionsartige Ausbrüche von Staub, Asche und anderem Lockermaterial führen zur Bildung von Schicht- oder Stratovulkanen. Dabei baut sich ein steiler Vulkankegel aus einer Wechselfolge von Lavaschichten und Aschenablagerungen auf. Zu den Stratovulkanen gehören z. B. der Ätna oder der Fujiyama.

Stufe
In der Geomorphologie ist eine Stufe ein Steilabfall, der zwei Flächen voneinander trennt. Die Größe und Höhe von Stufen schwankt in einem weiten Bereich. Zur genaueren Beschreibung werden der Stufe Begriffe vorangestellt: Schichtstufe, Talstufe, Bruchstufe. Die Stufe ist auch Bestandteil des stratigraphischen Systems, das die Abfolge von Gesteinsschichten beschreibt und diese gliedert. Es bezieht sich dabei auf den Inhalt von Gesteinsschichten (→ Leitfossilien). Mehrere Stufen bilden die größere Einheit der Serie, mehrere davon werden in einem System zusammengefasst. Mehrere Systeme bilden die Gruppe als höchste Einteilungseinheit.

Sturmflut
Sturmfluten entstehen, wenn Springflut und starke auflandige Winde gleichzeitig auftreten. Die Höhe der Wasserstände und der Brandung ist in diesen Fällen extrem.

Störung
→ Verwerfung.

Subduktion
Subduktion bezeichnet den Vorgang des Absinkens einer ozeanischen Platte unter eine andere Lithosphärenplatte.

Subduktionszone
Eine Subduktionszone ist der Bereich, in dem eine ozeanische Platte unter eine andere Platte abtaucht und dabei in großer Tiefe schmilzt. Subduktionszonen sind durch hohe seismische Aktivität gekennzeichnet.

Submariner Canyon
Untermeerische Talungen, die sich an den Kontinentalhängen befinden. Sie ähneln in ihrem Aussehen unter dem Meeresspiegel liegenden Canyons, werden aber vollkommen anders als diese Talform gebildet. Submarine Canyons entstehen, wenn Trübeströme aus feinkörnigen Materialien am Kontinentalhang in Bewegung kommen und sich dabei in vorher abgelagerte Sedimente einschneiden.

Subpolare Zone
Die subpolare Zone ist der klimatische Übergangsbereich zwischen den kühlgemäßigten Mittelbreiten und der polaren Zone.

Substrat
Der Begriff Substrat wird häufig im Sinne von Ausgangsgestein oder Nährboden verwendet. Das Ausgangs-

gestein ist ein an der Erdoberfläche lagerndes Gestein, das der Verwitterung ausgesetzt ist. Auf und aus dem Ausgangsgestein beginnen sich Böden zu entwickeln.

Subtropen
In den Subtropen liegen die Temperaturen im Jahresdurchschnitt zwischen 12 und 20 °C. Sie schließen sich nördlich und südlich an die Tropen an und reichen über den 40. Breitenkreis auf der Nord- und Südhalbkugel hinaus.

Tafelberg
Tafelberge (oder Mesas) sind Hochebenen in Gebieten mit horizontal gelagerten Gesteinen. Sie sind an der Oberfläche relativ eben und überragen die Umgebung als isolierte Einzelberge. Tafelberge entstehen, wenn eine widerständige horizontal gelagerte Gesteinschicht durch die Abtragung von Flüssen zerschnitten wird. Die Fließgewässer arbeiten sich in die darunterlagernden weicheren Schichten vor und tragen diese Gesteine dann schnell ab. Die Tafelberge sind Überreste, die von der Abtragungskraft der Fließgewässer verschont geblieben sind.

Taiga
Landschaftstyp mit vorwiegend immergrünen Nadelwäldern. Sie tritt im nördlichen Eurasien und Nordamerika auf. Das Klima der Taiga wird geprägt durch kalte, lange Winter und kurze, kühle Sommer.

Talhang
Übergangsbereich zwischen dem Talboden und der oberen Begrenzung des Tals.

Tektonik
Lehre vom Aufbau der Erdkruste, den Bewegungsvorgängen von Erdplatten und den Kräften, die zu diesen Bewegungen führen.

Tektonische Störung
Allgemeine Bezeichnung für eine durch die Bewegungsvorgänge der Erdplatten verursachte Trennlinie in der äußeren Erdkruste. An einer Störung erfolgt die Versetzung oder Verlagerung von Gesteinspaketen.

Tephra
Sammelbezeichnung für alle lockeren vulkanischen Auswurfprodukte.

Tethys
Die Tethys ist das „Urmittelmeer", das sich im Erdmittelalter bildete und so den Urkontinent Pangäa in die beiden Kontinente Gondwana und Laurasia spaltete. Als Restbecken der Tethys sind das heutige Mittelmeer, das Schwarze Meer, das Kaspische Meer und der Aralsee zu betrachten.

Theodolit
Wichtiges Vermessungsgerät aus einem Fernrohr mit Fadenkreuz. Es dient der Bestimmung horizontaler und vertikaler Winkel. Durch eine Dreiecksaufnahme oder „Triangulation" können so große und kleinere Gebiete vermessen werden. Dabei wird ein Gebiet mit Netzen aus Dreiecken überzogen (Haupttriangulation), die wiederum in kleinere Dreiecke unterteilt werden (Kleintriangulation).

Tiefengestein
Tiefengesteine, auch Plutonite genannt, entstehen in der Tiefe der Erdkruste. Dabei dringt Magma in

den unteren Teil der Erdkruste ein und erstarrt dort allmählich zu einem relativ grobkörnigen magmatischen Gestein.

Tiefseesedimente
Ablagerungen, die sich auf den Meeresböden in mehr als 800 m Tiefe befinden. Sie bestehen zum größten Teil aus sehr feinkörnigen Materialien, wie zum Beispiel kalkhaltigen Gehäuseresten einzelliger Organismen (Globigerinenschlamm), kieselsäurehaltige Gehäuseresten von einzelligen Kieselalgen (Diatomeenschlamm) oder Resten von Strahlentierchen (Radiolarienschlamm). Ab einer Meerestiefe von 4.000 m gibt es fast keine kalkhaltigen Ablagerungen mehr. Aufgrund des hohen Kohlendioxidgehaltes in dem kalten und unter hohen Druck stehendem Ozeanwasser wird das Calizumcarbonat aufgelöst (Kalk-Kompensationstiefe). In diesen Meeresbereichen überwiegen dann die roten Tiefseetone.

Tillit
Verfestigte Grundmoränen. Grundmoränen bestehen aus Gesteinsmaterialien, die Gletscher transportiert und abgelagert haben. Tillite belegen Gletscherbewegungen und damit Kaltzeiten. Das Auffinden von Tilliten ist wichtig für die Rekonstruktion des Vorzeitklimas.

Tonminerale
Tonminerale sind Kalium-, Natrium-, Magnesium-, Eisen-, Aluminium- und Kalzium-Silikate (SiO_2-Verbindungen). Die blättchenförmigen und sehr kleinen Tonminerale (< 0,02 mm) entstehen durch Verwitterung aus anderen Mineralen und durch Neubil-

dung. Ihr innerer Aufbau (Schichten) lässt sie bei Wasseranlagerung quellen.

Toteis
Kleinere oder größere Eisreste eines Gletschers oder des Inlandeises. Beim Rückzug und Zerfall eines Gletschers bzw. von Inlandeis wird das Toteis von den Haupteismassen getrennt. Da es meist von Moränenmaterial bedeckt ist, kann es sich relativ lange halten, bevor es schmilzt. Wenn Toteis abschmilzt, entstehen Hohlräume, die sich mit Wasser füllen können und dann Toteisseen genannt werden.

Transformstörung
Horizontale Verschiebung von Gesteinspartien mit teilweise erheblichen Weiten. Als Transformstörungen werden besonders die senkrecht zu den mittelozeanischen Rücken verlaufenden Verschiebungen bezeichnet. Große Transformstörungen wie die San-Andreas-Störung werden auch als konservative Plattengrenzen bezeichnet. An ihnen wird weder Erdkruste aufgeschmolzen, noch neue gebildet, sie sind extrem erdbebengefährdet.

Transversalwellen
→ Sekundärwellen.

Trapp
→ Plateaubasalte.

Treibhaus-Effekt
Kurzwellige Strahlung der Sonne wird an der Erdoberfläche in langwellige Wärmestrahlung umgewandelt. Die langwellige Strahlung wird von Wasserdampf, Kohlendioxid und Spurengasen (Treibhausgasen) teil-weise reflektiert oder absorbiert und daher nicht wieder in das All abgegeben. Ohne diesen Effekt läge die Mitteltemperatur der Erde nicht bei ca. 15 °C, sondern bei -18 °C. Dieser Treibhaus-Effekt ist ein natürlicher Prozess und ein wichtiger Bestandteil für den Wärmehaushalt der Erde. Bei einem Anstieg der Treibhausgase wird mehr langwellige Energie absorbiert als unter natürlichen Bedingungen – die globalen Temperaturen steigen.

Treibhausgas
Gase, die zu einer Erwärmung des globalen Klimas beitragen. Dabei handelt es sich u. a. um Kohlendioxid, Methan, Lachgas, Ozon und zahlreiche schwefel- und fluorhaltige Gase.

Triangulation
→ Theodolit.

Tropen
Die Tropen können klimatisch oder auch über die Lage zwischen den Wendekreisen definiert werden. In Bezug auf das Klima liegen die Tropen innerhalb eines Bereichs mit Jahresdurchschnittstemperaturen von über 20 °C. In Äquatornähe fallen noch über 5.000 mm Niederschlag, in Richtung der Wendekreise nehmen die Niederschläge aber so weit ab, dass nur noch während maximal zwei Monaten im Jahr die Niederschläge höher sind als die Verdunstung.

Troposphäre
Unterste Schicht der Atmosphäre, in der das Wettergeschehen stattfindet. Sie reicht am Äquator bis in 17 und an den Polen bis in 8 km Höhe. Die Temperaturen in dieser Schicht nehmen pro 100 m Höhe um 0,6 °C ab.

Tsunami
Durch untermeerische Vulkanausbrüche, Erdbeben oder Erdrutsche verursachte Flutwelle. Tsunamis können sich über tausende Kilometer ausdehnen, bis zu 30 m hoch werden und ganze Küstenstreifen verwüsten.

Tundra
Baumfreie Kältesteppe. Sie liegt im polaren Klima und ist vor allem von Flechten, Moosen und Zwergsträuchern besiedelt, da die Vegetationsperiode für ein Baumwachstum zu kurz ist.

Überkippung
Über 90° steilgestellte Gesteinsschichten. Die älteren Gesteinsschichten eines überkippten Gesteinsblockes liegen dann über den jüngeren (inverse, umgekehrte Lagerung).

Überschiebung
Aufwärtsbewegung einer Gesteinsscholle relativ zu einer anderen. Im Gegensatz zu Auf- oder Abschiebungen liegen dabei aber die Neigungen der Bruchflächen, an denen die Gesteinspakete verschoben werden, flacher als 45°. Ursache sind tektonischen Einengungen.

Überschiebungsdecken
Überschiebungsdecken entstehen bei tektonischen Verschiebungen von Gesteinsmassen. Im Gegensatz zu Auf- oder Abschiebungen liegen bei Überschiebungen die Neigungen der Bruchflächen, an denen die Gesteinspakete verschoben werden, flacher als 45°. Der Begriff Decke wird verwendet, wenn die Gesteinsschichten annähernd horizontal verschoben werden

und das unterlagernde Gestein überdecken.

Überweidung
Zerstörung der Vegetation besonders in Trockengebieten durch zu starke Beweidung bzw. zu hohen Tierbesatz. Überweidung führt zu Bodenerosion und Desertifikation.

Unterlauf
Unterer Abschnitt eines Fließgewässers. Der Unterlauf eines mitteleuropäischen Flusses (z. B. Rhein) zeichnet sich durch niedrige Fließgeschwindigkeit, niedrigen Sauerstoffgehalt, Temperaturen zwischen ungefähr 18 und 20 °C und schlammigen Untergrund aus. Der Unterlauf bildet ausgedehnte Mäander.

Unterschiebung
→ Subduktion.

Unterschneidung
Natürliche oder künstliche Ausräumung von Material an einem Hang oder Ufer; kann zum Abbrechen der unteren und Nachrutschen darüber liegender Bereiche führen.

Urstromtal
Hauptentwässerungsbahnen von abfließenden Schmelzwässern in Kaltzeiten. Im Norden Mitteleuropas verlaufen die breiten Urstromtäler von Südost nach Nordwest. Das von den Gletschern im Pleistozän (2,6 Mio. bis 11.700 Jahren vor heute) abgegebene Wasser folgte dieser Richtung, da ein Abfließen in Richtung Süden wegen des ansteigenden Reliefs (Mittelgebirge) verhindert wurde. Wichtige Urstromtäler sind das Elbe- oder das Warschau-Berliner-Urstromtal.

Versalzung
Prozess, der zu einem steigenden Salzgehalt in Böden führt. In ariden Gebieten kommt es durch hohe Verdunstungsraten zum Aufsteigen von Grundwasser, wobei in Oberflächennähe die Salze ausfallen. Salzanreicherungen treten aber ebenso in humidem Klima auf (z. B. durch Meerwasser).

Versteinerung
Beim Vorgang der Versteinerung werden organische Substanzen der Organismen durch mineralische Stoffe ersetzt. Durch diesen Prozess entstehen Fossilien.

Verwerfungen
Verwerfungen sind Trennfugen in Gesteinen oder Gesteinsschollen, an denen eine Verschiebung oder Verstellung stattgefunden hat. Verwerfungen liegen im Bereich von Zentimetern bis hin zu Kilometern. Ein anderer Ausdruck für Verwerfung ist Störung.

Verwitterung
Chemischer, physikalischer oder biologischer Prozess, bei dem Gesteine, Mineralien und Böden aufbereitet, umgewandelt oder zerstört werden.

Vollform
Der Begriff Vollform wird v. a. in der Geomorphologie verwendet. Vollformen sind im Gegensatz zu Hohlformen das umgebende Relief überragende Gebilde.

Vorzeitform
Landschaftsformen, die unter anderen Klimabedingungen als heute gebildet wurden.

Vorzeitklima
Bezeichnet die Klimaverhältnisse geologisch vergangener Zeitalter. Infolge der Kontinentaldrift unterlagen die Kontinente verschiedenen Klimazonen. Wechsel von Kalt- und Warmzeiten führten zu lokalen Klimaänderungen in der Vorzeit.

Vulkan
Ein Vulkan ist eine Stelle der Erdoberfläche, wo Magma aus dem Erdinneren an die Oberfläche tritt. Die austretenden Stoffe können fest, flüssig oder gasförmig sein.

Vulkanische Asche
→ Aschen.

Vulkanismus
Bezeichnung für alle mit der Förderung von Magma an die Erdoberfläche verbundenen Vorgänge. Seine wichtigsten sichtbaren Erscheinungsformen sind die Vulkane.

Vulkanit
Vulkanite (auch: Ergussgesteine oder Effusivgesteine) sind eine Gruppe der magmatischen Gesteine. Sie entstehen, wenn Magma bis an die Erdoberfläche dringt und dort schnell abkühlt. Vulkanite besitzen daher immer ein sehr feinkörniges Gefüge, da für die Bildung großer Minerale keine Zeit bleibt. Der häufigste Vulkanit ist der Basalt.

Vulkanschlot
Schlote sind die Aufstiegskanäle der Magmen in Vulkanen.

Waldgrenze
Grenzsaum, in dem sich geschlossene Baumbestände (Wälder) aufgrund von

widrigen Standortfaktoren auflösen. Die alpine Waldgrenze (in Gebirgen) ist bedingt durch niedrige Temperaturen und starke Winde, die polare ergibt sich ebenfalls durch niedrige Temperaturen und die kontinentale durch fehlende Niederschläge.

Warft
Künstlich angelegter Hügel in überschwemmungs- oder flutgefährdeten Gebieten. Warften dienen als Siedlungsplatz für Einzel- oder Gruppensiedlungen. Die Siedlungen auf den Halligen im norddeutschen Wattenmeer liegen auf Warften.

Warmzeit
Zeitabschnitte, die zwei Kaltzeiten voneinander trennen. Sie besitzen ein wärmeres Klima und es kommt zu einem Abschmelzen des Eises. Während der letzten Kaltzeiten gab es folgende Warmzeiten: (Weichsel-Kaltzeit), Eem-Warmzeit: von 128.000 bis 115.000 Jahre vor heute (Saale-Kaltzeit), Holstein-Warmzeit: von 585.000 bis 350.000 Jahre vor heute (Elster-Kaltzeit), Cromer-Warmzeit: von 850.000 bis 760.000 Jahre vor heute.

Warven
Eine Warve ist eine aus hellen und dunklen Lagen bestehende Sedimentschicht in einem See. Die hellen Schichten enthalten Kalzitkristalle, die im Sommer abgelagert werden. Die Ablagerung der dunklen Schichten, die aus organischen Substanzen bestehen, findet im Winter statt. Eine Warve umfasst den Zeitraum eines Jahres.

Warvenchronologie
Altersbestimmung anhand von charakteristisch geschichteten Seesedimenten (Warven).

Wasserhaushalt
Der Wasserhaushalt eines Gebietes wird durch die Faktoren Niederschlag, Verdunstung, Abfluss, Rücklage und Verbrauch beschrieben.

Wasserkreislauf
Der Wasserkreislauf beschreibt schematisch die Bewegungen des Wassers zwischen den Kontinenten, Ozeanen und der Atmosphäre. Der Kreislauf beinhaltet Niederschlag, Verdunstung und Abfluss.

Wasserscheide
Die ober- aber auch unterirdisch verlaufende Grenze zwischen zwei Einzugsgebieten von Flüssen. An der Wasserscheide trennen sich die Niederschläge, indem sie entweder dem einen oder dem anderen Flusssystem zugeführt werden. Die oberirdischen Wasserscheiden sind meist Bergkämme oder -rücken.

Watt
Der flache, phasenweise trockene Meeresbereich einer Gezeitenküste. Während der Ebbe fallen die Wattgebiete trocken, während der Flut werden sie wieder überschwemmt. Das Watt besteht aus einem 10 bis 20 m mächtigen Sedimentkörper aus Sand und Schlick, der nach der letzten Kaltzeit (Weichsel) auf dem Grundmoränenmaterial abgelagert wurde.

Windablagerung
Windablagerungen entstehen, wenn die Windgeschwindigkeit nicht mehr ausreicht, Materialien zu transportieren. Zu den Windablagerungen gehören die Dünen der Küstenbereiche und Trockengebiete, Flugsanddecken und Lössablagerungen. Generell haben Ablagerungen des Windes eine gute Sortierung.

Windabtragung
Die Windabtragung umfasst die Deflation und die Korrasion. Deflation ist die (meist flächenhafte) Abtragung des Untergrundes oder der Gesteinsoberflächen durch den Wind. Die Korrasion bezeichnet die mechanische Schleifwirkung des Sandes an Gesteinsoberflächen.

Windkanter
Einzelsteine der Kälte- wie auch Wärmewüsten, die der abschleifenden Wirkung des Windes (→ Korrasion) ausgesetzt waren oder sind.

Windschliff
→ Korrasion.

Witterung
Die sich im jahreszeitlichen Rhythmus wiederholende charakteristische Abfolge meteorologischer Erscheinungen.

Wüsten
Vegetationslose oder vegetationsarme Gebiete, in denen Wasser- (Trockenwüsten) oder Wärmemangel (Kältewüsten) herrscht. Für die Wüstenbildung gibt es sowohl klimatische als auch reliefbedingte Ursachen. Man unterscheidet deshalb Passatwüsten, Küstenwüsten, Reliefwüsten und kontinentale Wüsten. Nach den vorherrschenden Substrattypen werden Sandwüsten, Hamada und Serir unterschieden.

Zentraleruption

Vulkanische Ausbruchtätigkeit, die von einem Punkt ausgeht. Im Gegensatz dazu stehen Lineareruptionen, bei denen die Ausbruchsstellen auf einer Linie angeordnet sind und Arealeruptionen, die auf eng begrenzten Flächen mit mehreren Austrittsstellen stattfinden.

Zeugenberge

Allein stehende Einzelberge, die aus einem ehemalig zusammenhängenden Gesteinsverband durch Erosionsprozesse abgetrennt wurden. Im engeren Sinne sind Zeugenberge die Reste von zurückweichenden Stufen einer Schichtstufenlandschaft.

Index

GNU Free Documentation License

0. PREAMBLE

The purpose of this License is to make a manual, textbook, or other functional and useful document „free" in the sense of freedom: to assure everyone the effective freedom to copy and redistribute it, with or without modifying it, either commercially or noncommercially. Secondarily, this License preserves for the author and publisher a way to get credit for their work, while not being considered responsible for modifications made by others.
This License is a kind of „copyleft", which means that derivative works of the document must themselves be free in the same sense. It complements the GNU General Public License, which is a copyleft license designed for free software.

We have designed this License in order to use it for manuals for free software, because free software needs free documentation: a free program should come with manuals providing the same freedoms that the software does. But this License is not limited to software manuals; it can be used for any textual work, regardless of subject matter or whether it is published as a printed book. We recommend this License principally for works whose purpose is instruction or reference.

1. APPLICABILITY AND DEFINITIONS

This License applies to any manual or other work, in any medium, that contains a notice placed by the copyright holder saying it can be distributed under the terms of this License. Such a notice grants a world-wide, royalty-free license, unlimited in duration, to use that work under the conditions stated herein. The „Document", below, refers to any such manual or work. Any member of the public is a licensee, and is addressed as „you". You accept the license if you copy, modify or distribute the work in a way requiring permission under copyright law.

A „Modified Version" of the Document means any work containing the Document or a portion of it, either copied verbatim, or with modifications and/or translated into another language.

A „Secondary Section" is a named appendix or a front-matter section of the Document that deals exclusively with the relationship of the publishers or authors of the Document to the Document's overall subject (or to related matters) and contains nothing that could fall directly within that overall subject. (Thus, if the Document is in part a textbook of mathematics, a Secondary Section may not explain any mathematics.) The relationship could be a matter of historical connection with the subject or with related matters, or of legal, commercial, philosophical, ethical or political position regarding them.

The „Invariant Sections" are certain Secondary Sections whose titles are designated, as being those of Invariant Sections, in the notice that says that the Document is released under this License. If a section does not fit the above definition of Secondary then it is not allowed to be designated as Invariant. The Document may contain zero Invariant Sections. If the Document does not identify any Invariant Sections then there are none.

The „Cover Texts" are certain short passages of text that are listed, as Front-Cover Texts or Back-Cover Texts, in the notice that says that the Document is released under this License. A Front-Cover Text may be at most 5 words, and a Back-Cover Text may be at most 25 words.

A „Transparent" copy of the Document means a machine-readable copy, represented in a format whose specification is available to the general public, that is suitable for revising the document straightforwardly with generic text editors or (for images composed of pixels) generic paint programs or (for drawings) some widely available drawing editor, and that is suitable for input to text formatters or for automatic translation to a variety of formats suitable for input to text formatters. A copy made in an otherwise Transparent file format whose markup, or absence of markup, has been arranged to thwart or discourage subsequent modification by readers is not Transparent. An image format is not Transparent if used for any substantial amount of text. A copy that is not „Transparent" is called „Opaque".
Examples of suitable formats for Transparent copies include plain ASCII without markup, Texinfo input format, LaTeX input format, SGML or XML using a publicly available DTD, and standard-conforming simple HTML, PostScript or PDF designed for human modification. Examples of transparent image formats include PNG, XCF and JPG. Opaque formats include proprietary formats that can be read and edited only by proprietary word processors, SGML or XML for which the DTD and/or processing tools are not generally available, and the machine-generated HTML, PostScript or PDF produced by some word processors for output purposes only.

The „Title Page" means, for a printed book, the title page itself, plus such following pages as are needed to hold, legibly, the material this License requires to appear in the title page. For works in formats which do not have any title page as such, „Title Page" means the text near the most prominent appearance of the work's title, preceding the beginning of the body of the text.
A section „Entitled XYZ" means a named subunit of the Document whose title either is precisely XYZ or contains XYZ in parentheses following text that translates XYZ in another language. (Here XYZ stands for a specific section name mentioned below, such as „Acknowledgements", „Dedications", „Endorsements", or „History".) To „Preserve the Title" of such a section when you modify the Document means that it remains a section „Entitled XYZ" according to this definition.

The Document may include Warranty Disclaimers next to the notice which states that this License applies to the Document. These Warranty Disclaimers are considered to be included by reference in this License, but only as regards disclaiming warranties: any other implication that these Warranty Disclaimers may have is void and has no effect on the meaning of this License.

2. VERBATIM COPYING

You may copy and distribute the Document in any medium, either commercially or noncommercially, provided that this License, the copyright notices, and the license notice saying this License applies to the Document are reproduced in all copies, and that you add no other conditions whatsoever to those of this License. You may not use technical measures to obstruct or control the reading or further copying of the copies you make or distribute. However, you may accept compensation in exchange for copies. If you distribute a large enough number of copies you must also follow the conditions in section 3. You may also lend copies, under the same conditions stated above, andyou may publicly display copies.

3. COPYING IN QUANTITY
If you publish printed copies (or copies in media that commonly have printed covers) of the Document, numbering more than 100, and the Document's license notice requires Cover Texts, you must enclose the copies in covers that carry, clearly and legibly, all these Cover Texts: Front-Cover Texts on the front cover, and Back-Cover Texts on the back cover. Both covers must also clearly and legibly identify you as the publisher of these copies. The front cover must present the full title with all words of the title equally prominent and visible. You may add other material on the covers in addition. Copying with changes limited to the covers, as long as they preserve the title of the Document and satisfy these conditions, can be treated as verbatim copying in other respects.
If the required texts for either cover are too voluminous to fit legibly, you should put the first ones listed (as many as fit reasonably) on the actual cover, and continue the rest onto adjacent pages.

If you publish or distribute Opaque copies of the Document numbering more than 100, you must either include a machine-readable Transparent copy along with each Opaque copy, or state in or with each Opaque copy a computer-network location from which the general network-using public has access to download using public-standard network protocols a complete Transparent copy of the Document, free of added material. If you use the latter option, you must take reasonably prudent steps, when you begin distribution of Opaque copies in quantity, to ensure that this Transparent copy will remain thus accessible at the stated location until at least one year after the last time you distribute an Opaque copy (directly or through your agents or retailers) of that edition to the public.
It is requested, but not required, that you contact the authors of the Document well before redistributing any large number of copies, to give them a chance to provide you with an updated version of the Document.

4. MODIFICATIONS
You may copy and distribute a Modified Version of the Document under the conditions of sections 2 and 3 above, provided that you release the Modified Version under precisely this License, with the Modified Version filling the role of the Document, thus licensing distribution and modification of the Modified Version to whoever possesses a copy of it. In addition, you must do these things in the Modified Version:

A. Use in the Title Page (and on the covers, if any) a title distinct from that of the Document, and from those of previous versions (which should, if there were any, be listed in the History section of the Document). You may use the same title as a previous version if the original publisher of that version gives permission.
B. List on the Title Page, as authors, one or more persons or entities responsible for authorship of the modifications in the Modified Version, together with at least five of the principal authors of the Document (all of its principal authors, if it has fewer than five), unless they release you from this requirement.
C. State on the Title page the name of the publisher of the Modified Version, as the publisher.
D. Preserve all the copyright notices of the Document.
E. Add an appropriate copyright notice for your modifications adjacent to the other copyright notices.

F. Include, immediately after the copyright notices, a license notice giving the public permission to use the Modified Version under the terms of this License, in the form shown in the Addendum below.
G. Preserve in that license notice the full lists of Invariant Sections and required Cover Texts given in the Document's license notice.
H. Include an unaltered copy of this License.
I. Preserve the section Entitled „History", Preserve its Title, and add to it an item stating at least the title, year, new authors, and publisher of the Modified Version as given on the Title Page. If there is no section Entitled „History" in the Document, create one stating the title, year, authors, and publisher of the Document as given on its Title Page, then add an item describing the Modified Version as stated in the previous sentence.
J. Preserve the network location, if any, given in the Document for public access to a Transparent copy of the Document, and likewise the network locations given in the Document for previous versions it was based on. These may be placed in the „History" section. You may omit a network location for a work that was published at least four years before the Document itself, or if the original publisher of the version it refers to gives permission.
K. For any section Entitled „Acknowledgements" or „Dedications", Preserve the Title of the section, and preserve in the section all the substance and tone of each of the contributor acknowledgements and/or dedications given therein.
L. Preserve all the Invariant Sections of the Document, unaltered in their text and in their titles. Section numbers or the equivalent are not considered part of the section titles.
M. Delete any section Entitled „Endorsements". Such a section may not be included in the Modified Version.
N. Do not retitle any existing section to be Entitled „Endorsements" or to conflict in title with any Invariant Section.
O. Preserve any Warranty Disclaimers.

If the Modified Version includes new front-matter sections or appendices that qualify as Secondary Sections and contain no material copied from the Document, you may at your option designate some or all of these sections as invariant. To do this, add their titles to the list of Invariant Sections in the Modified Version's license notice. These titles must be distinct from any other section titles.
You may add a section Entitled „Endorsements", provided it contains nothing but endorsements of your Modified Version by various parties--for example, statements of peer review or that the text has been approved by an organization as the authoritative definition of a standard.
You may add a passage of up to five words as a Front-Cover Text, and a passage of up to 25 words as a Back-Cover Text, to the end of the list of Cover Texts in the Modified Version. Only one passage of Front-Cover Text and one of Back-Cover Text may be added by (or through arrangements made by) any one entity. If the Document already includes a cover text for the same cover, previously added by you or by arrangement made by the same entity you are acting on behalf of, you may not add another; but you may replace the old one, on explicit permission from the previous publisher that added the old one.

The author(s) and publisher(s) of the Document do not by this License give permission to use their names for publicity for or to assert or imply endorsement of any Modified Version.

5. COMBINING DOCUMENTS
You may combine the Document with other documents released under this License, under the terms defined in section 4 above for modified versions, provided that you include in the combination

all of the Invariant Sections of all of the original documents, unmodified, and list them all as Invariant Sections of your combined work in its license notice, and that you preserve all their Warranty Disclaimers. The combined work need only contain one copy of this License, and multiple identical Invariant Sections may be replaced with a single copy. If there are multiple Invariant Sections with the same name but different contents, make the title of each such section unique by adding at the end of it, in parentheses, the name of the original author or publisher of that section if known, or else a unique number. Make the same adjustment to the section titles in the list of Invariant Sections in the license notice of the combined work.

In the combination, you must combine any sections Entitled „History" in the various original documents, forming one section Entitled „History"; likewise combine any sections Entitled „Acknowledgements", and any sections Entitled „Dedications". You must delete all sections Entitled „Endorsements".

6. COLLECTIONS OF DOCUMENTS
You may make a collection consisting of the Document and other documents released under this License, and replace the individual copies of this License in the various documents with a single copy that is included in the collection, provided that you follow the rules of this License for verbatim copying of each of the documents in all other respects.
You may extract a single document from such a collection, and distribute it individually under this License, provided you insert a copy of this License into the extracted document, and follow this License in all other respects regarding verbatim copying of that document.

7. AGGREGATION WITH INDEPENDENT WORKS
A compilation of the Document or its derivatives with other separate and independent documents or works, in or on a volume of a storage or distribution medium, is called an „aggregate" if the copyright resulting from the compilation is not used to limit the legal rights of the compilation's users beyond what the individual works permit. When the Document is included in an aggregate, this License does not apply to the other works in the aggregate which are not themselves derivative works of the Document.

If the Cover Text requirement of section 3 is applicable to these copies of the Document, then if the Document is less than one half of the entire aggregate, the Document's Cover Texts may be placed on covers that bracket the Document within the aggregate, or the electronic equivalent of covers if the Document is in electronic form. Otherwise they must appear on printed covers that bracket the whole aggregate.

8. TRANSLATION
Translation is considered a kind of modification, so you may distribute translations of the Document under the terms of section 4. Replacing Invariant Sections with translations requires special permission from their copyright holders, but you may include translations of some or all Invariant Sections in addition to the original versions of these Invariant Sections. You may include a translation of this License, and all the license notices in the Document, and any Warranty Disclaimers, provided that you also include the original English version of this License and the original versions of those notices and disclaimers. In case of a disagreement between the translation and the original version of this License or a notice or disclaimer, the original version will prevail.

If a section in the Document is Entitled „Acknowledgements", „Dedications", or „History", the requirement (section 4) to Preserve its Title (section 1) will typically require changing the actual title.

9. TERMINATION
You may not copy, modify, sublicense, or distribute the Document except as expressly provided for under this License. Any other attempt to copy, modify, sublicense or distribute the Document is void, and will automatically terminate your rights under this License. However, parties who have received copies, or rights, from you under this License will not have their licenses terminated so long as such parties remain in full compliance.

10. FUTURE REVISIONS OF THIS LICENSE
The Free Software Foundation may publish new, revised versions of the GNU Free Documentation License from time to time. Such new versions will be similar in spirit to the present version, but may differ in detail to address new problems or concerns. See http://www.gnu.org/copyleft/.

Each version of the License is given a distinguishing version number. If the Document specifies that a particular numbered version of this License „or any later version" applies to it, you have the option of following the terms and conditions either of that specified version or of any later version that has been published (not as a draft) by the Free Software Foundation. If the Document does not specify a version number of this License, you may choose any version ever published (not as a draft) by the Free Software Foundation.

ADDENDUM: How to use this License for your documents
To use this License in a document you have written, include a copy of the License in the document and put the following copyright and license notices just after the title page:
    Copyright (c) YEAR YOUR NAME.
    Permission is granted to copy, distribute and/or modify this document under the terms of the GNU Free Documentation License, Version 1.2 or any later version published by the Free Software Foundation; with no Invariant Sections, no Front-Cover Texts, and no Back-Cover Texts. A copy of the license is included in the section entitled „GNU Free Documentation License".
If you have Invariant Sections, Front-Cover Texts and Back-Cover Texts, replace the „with...Texts." line with this: with the Invariant Sections being LIST THEIR TITLES, with the Front-Cover Texts being LIST, and with the Back-Cover Texts being LIST.

If you have Invariant Sections without Cover Texts, or some other combination of the three, merge those two alternatives to suit the situation.
If your document contains nontrivial examples of program code, we recommend releasing these examples in parallel under your choice of free software license, such as the GNU General Public License, to permit their use in free software.

Printing and Binding: Stürtz GmbH, Würzburg